国家双高专业群建设配套教材

# 塑料现代分析测试技术

(第二版)

谭寿再　主编
吴丽旋　周延辉　李　美　副主编
何国山　主审

中国轻工业出版社

**图书在版编目（CIP）数据**

塑料现代分析测试技术/谭寿再主编. —2 版. —北京：中国轻工业出版社，2021. 9

ISBN 978-7-5184-3605-7

Ⅰ. ①塑… Ⅱ. ①谭… Ⅲ. ①塑料制品-分析②塑料制品-测试技术 Ⅳ. ①TQ320. 77

中国版本图书馆 CIP 数据核字（2021）第 154731 号

责任编辑：杜宇芳

策划编辑：杜宇芳　　责任终审：滕炎福　　封面设计：锋尚设计

版式设计：霸　州　　责任校对：吴大朋　　责任监印：张　可

出版发行：中国轻工业出版社（北京东长安街 6 号，邮编：100740）

印　　刷：三河市国英印务有限公司

经　　销：各地新华书店

版　　次：2021 年 9 月第 2 版第 1 次印刷

开　　本：787×1092　1/16　印张：20. 5

字　　数：450 千字

书　　号：ISBN 978-7-5184-3605-7　定价：59. 80 元

邮购电话：010-65241695

发行电话：010-85119835　传真：85113293

网　　址：http://www. chlip. com. cn

Email：club@ chlip. com. cn

如发现图书残缺请与我社邮购联系调换

200091J2X201ZBW

# 前　言
## （第二版）

本书是在国家示范性高职院校建设课程改革系列教材《塑料测试技术》基础上编写的，原版教材曾获得 2014 年中国轻工业优秀教材二等奖。

高分子材料智能制造技术国家资源库

本次修订结合了高分子材料智能制造技术国家资源库（www.icve.com.cn/gfzcljgjs）和《塑料测试技术》（http://mooc1.chaoxing.com/course/200804315.html）广东省精品开放课程的资源素材，采用线上线下相结合，很多实训操作案例可以扫码进行线上视频学习。在此特别感谢智慧职教（http://www.icve.com.cn)提供强大的网络平台，感谢高分子材料加工技术专业国家资源库建设团队成员提供丰富的视频素材资源。

本教材由广东轻工职业技术学院谭寿再、周延辉、李美、吴丽旋，广州市质量监督检测研究院肖智仁共同编写。谭寿再编写项目 1、项目 5、项目 7 和项目 8 的 8.5 塑料耐化学药品性能测试；周延辉编写了项目 6 和项目 8，吴丽旋编写项目 2、项目 9、项目 11 和项目 3 的 3.1 红外光谱分析，李美编写项目 3 和项目 10，肖智仁编写了项目 4 和项目 12。

全书由谭寿再负责统稿，广州市质量监督检测研究院何国山教授级高级工程师负责主审。

在编写过程中，我们参考了大量公开发表的专著、教材、论文、标准等文献；赛默飞世尔科技（中国）有限公司、沃特世科技（上海）有限公司、MTS 工业系统（中国）有限公司、济南兰光机电技术有限公司、承德市金建检测仪器有限公司、广州启亚检测技术股份有限公司等国内外著名的仪器公司（厂）提供了设备说明书和操作视频等资源。在此致以崇高的敬意和衷心感谢。

原版教材主审王玫瑰教授，编者何国山、潘永红等对本教材的出版给予了大力的支持，在此也一并致以谢忱。

由于编者水平有限，书中难免存在不足之处，敬请广大同仁和本书读者不吝赐教，以使之不断完善。

编者

2021 年 3 月

# 前　言

## （第一版）

进入 21 世纪，低碳经济催生我国塑料工业快速发展与技术进步，并使我国由塑料生产大国向塑料生产强国迈进。塑料工业新材料、新工艺、新技术、新装备等领域不断缩小与世界先进国家的技术水平之间的差距，形成具有高附加值，高技术含量，低碳环保的绿色产业链。塑料测试技术贯穿于塑料产品研发、原料供应、生产和销售的全过程，是塑料产品质量控制的眼睛，也是质量监督和科研不可缺少的手段。随着人们质量意识的增强，人们对塑料制品的质量安全日益关注，世界各国制定的技术法规和标准不断增多，技术门槛也不断提高，因此，塑料测试已成为塑料研发、生产、流通、检验企业的一个核心岗位。

本书针对高职类高分子材料加工技术专业编写，也可供从事塑料生产、检验相关技术人员参考。

基于工作过程导向，以项目化教学展开是本教材特色之一。塑料产品种类多、应用广，性能各异，如机械、汽车、飞机、电器等工业配件、建材、包装材料、医药器械、日用品、电缆料、功能改性塑料等，想将各种塑料产品性能测试方法在本书一一介绍是不现实的。我们根据不同产品相同项目检验技术具有相同性的特点，以企业测试工作流程及功能分类，序化为塑料分析鉴别、单项性能测试、塑料产品检验、实验室管理 4 个模块。以完成测试项目设置了塑料分析与鉴别、塑料力学性能测试、塑料热性能测试、塑料耐燃烧性能测试、塑料电性能测试、塑料耐老化性能测试、塑料工艺性能测试、塑料其他性能测试、塑料制品质量检验、塑料测试实验室管理共 10 个项目，每个项目细化工作任务。

本教材是校企合作的成果，由广东轻工职业技术学院谭寿再、周延辉，广州市质量监督检测研究院何国山、潘永红共同编写。周延辉编写了项目 1 和项目 4，谭寿再编写项目 5、项目 7、项目 8 和本书的延伸与阅读部分，潘永红编写项目 2、项目 3、项目 6，何国山编写项目 9 和项目 10。在编写过程中，我们参考了大量公开发表的专著、教材、论文、标准等文献，这些我们尽量在参考文献中指出，在此向这些作者们表示敬意和谢忱。

广东轻工职业技术学院校外实习基地，高分子材料加工技术教研室的同仁们也给予通力合作，中国轻工出版社的编辑对本教材的出版做了大量的工作。本教材中引用的大量仪器插图和使用说明书得到了塞默飞世尔科技（中国）有限公司、沃特世科技（上海）有限公司、 MTS 工业系统（中国）有限公司、济南兰光机电技术有限公司、承德市金建检测仪器有限公司等国内外著名的仪器公司（厂）的大力支持，在此也一并致以谢忱。

全书由谭寿再负责修改并定稿，广东轻工职业技术学院王玫瑰教授负责主审。

项目化教学是新生事物，加之编者水平有限，书中难免存在不足之处，敬请广大同仁和本书读者不吝赐教，以使之不断完善。

编者

2013 年 4 月

# 目 录

项目1

# 塑料分析测试基础

## 学习目标

1907 年 7 月 14 日，列奥 · 亨德里克 · 贝克兰（Baekeland. Leo Hendrik，美籍）注册了世界上第一种完全合成的塑料专利——酚醛塑料。从此，塑料就以不同的形状和非常的性能占据了我们生活的每一个角落，大到飞机轮船，小到儿童玩具，处处都有它们的身影。目前塑料的种类已达 300 多种，常用的近 40 种。由于塑料的品种多，不同塑料的组成和结构差别很大，性能也不一样。因此，正确评价塑料的性能，掌握塑料分析测试技术，对塑料的生产、应用和科研十分重要。本项目的学习目标如表 1-1 所示。

表 1-1　学习目标

| 序号 | 类别 | 目　标 |
|---|---|---|
| 1 | 知识 | ①了解塑料性特点与测试方法关系<br>②了解标准的相关知识<br>③掌握数据处理与误差分析的知识<br>④理解塑料性能测试的影响主要因素 |
| 2 | 能力 | ①能完成塑料测试试样的制备<br>②能查阅塑料性能测试的标准<br>③能进行正确记录测试结果和分析数据<br>④能正确使用测试基本量具 |
| 3 | 职业素质 | ①团队合作与沟通能力<br>②自主学习、分析与解决问题的能力<br>③安全生产、质量与环境保护意识<br>④客观公正，严谨认真的职业道德 |

## 工作任务

本项目学习重点是掌握塑料性能测试试样的制备方法，试样的预处理和实验环境条件的设定，正确使用量具。具体工作任务如表 1-2 所示。

表 1-2　工作任务

| 序号 | 任务名称 | 要　求 |
|---|---|---|
| 1 | 试样的制备 | ①按测试项目要求，完成测试取样<br>②准备试样制备所需的仪器<br>③完成试样制备工艺设置<br>④制备试样，并进行预处理 |

续表

| 序号 | 任务名称 | 要　求 |
| --- | --- | --- |
| 2 | 测试量具的使用 | ①正确选用测试量具<br>②能使用分析天平完成称量操作<br>③能正确使用游标卡尺测量试样尺寸<br>④能正确使用千分尺测量试样尺寸 |
| 3 | 数据分析与处理 | ①能正确记录实验数据<br>②能对试验误差进行分析<br>③能完成数值修约与计算<br>④能正确计算试验结果 |

## 1.1 塑料的特点及应用

### 1.1.1 什么是塑料

塑料是以合成树脂为基体，在一定温度和压力下能塑化流动成型并冷却后能保持其既定形状的可塑性材料。合成树脂是由合成的单体或某些天然高分子（如纤维素）经化学改性所得到的聚合物的总称。合成的单体主要是从石油、天然气或煤裂解物中提炼和合成的低分子碳（C）、氢（H）化合物，也有些分子结构中含有少量的卤素（Cl、F）、氮（N）、氧（O）、硫（S）原子。如：乙烯、丙烯、苯乙烯、氯乙烯、乙烯醇等。如图 1-1 塑料来源示意图所示。由于合成树脂的相对分子质量都在 $10^4$ 以上，所以也称为高分子化合物。

图 1-1　塑料来源示意图

塑料的组成中除了合成树脂外，一般还含有某些具有特定用途的添加剂（助剂），主要有稳定剂、润滑剂、着色料、增塑剂、填料（包括增强材料）等。显然，合成树脂是塑料的最基本的也是最重要的组分，它决定着塑料的基本性质。

### 1.1.2 塑料的分类

塑料分类方法很多。如按成型加热时的表现行为可划分热塑性塑料和热固性塑料两大类。

热塑性塑料在加热时会变软，达到一定温度（熔点）以上会成为具有一定流动性的黏稠物质。此时具有可塑性，可塑制成一定形状的制品，冷却后硬化定型；若再加热，它又软化并熔融，可再塑制成别的形状制品，冷却后又定型。如聚乙烯（PE）、聚丙烯（PP）、聚氯乙烯（PVC）的等常用的塑料都是热塑性塑料。热固性塑料在加工初期，具有一定的可塑性，可制成一定形状的制件，但继续加热或加入固化剂后则随化学反应的进行而变硬（固化），使形状固定下来而不再具有可塑性（定型）。固化定型后的塑料，质地坚硬而不溶于溶剂之中，即使再加热也不会软化或具有可塑性，温度过高就会发生分解。

根据塑料的主要应用领域，塑料又可划分为通用塑料和工程塑料两大类。通用塑料是产量较大、用途较广、成本较低、性能多样的一类常用塑料。如 PVC、 PE、 PP、聚苯乙烯（PS）等。工程塑料具有优良的力学性能，耐热性能，能作为工程材料或结构材料的一类塑料，可用于需要承载或使用在环境温度较高的场合。如聚酰胺（PA）、聚甲醛（POM）、聚碳酸酯（PC）、聚砜等，常用作齿轮、轴承等机械零部件或代替金属材料使用。

此外，按塑料结构形态也可以分为结晶塑料和非结晶（无定形）塑料。结晶塑料具有明显的熔点，耐热性、阻隔性较好，非结晶塑料没有明显的熔点，透明度较高。

### 1.1.3　塑料的性能特点

与其他材料相比，塑料具有很多有优异的性能，主要表现为以下几个方面。

（1）质量轻、比强度高。塑料的密度一般在 0.9 ~2.0g/cm$^3$ 之间，发泡塑料的密度甚至低于 0.1g/cm$^3$。但塑料的比强度（材料的强度与密度的比值），如表 1-3 列出了几种材料的比强度值，比金属高。塑料用于替代金属材料可以实现轻量化，减重降耗，可以在汽车、高铁、飞机，航天飞行器、导弹、火箭和弹药等对质量要求苛刻的场合使用。

**表 1-3　　几种材料的比强度值**

| 材料名称 | 比强度 | 材料名称 | 比强度 |
|---|---|---|---|
| 玻璃纤维增强环氧树脂 | 467 | PS | 40 |
| 石棉酚醛塑料 | 200 | 低密度聚乙烯(PE-LD) | 15 |
| 增强 PA | 130 | 高级合金钢 | 200 |
| PA66 | 64 | 铝 | 23 |
| 有机玻璃(PMMA) | 42 | 铸铁 | 13 |

（2）优异的电气绝缘性能。塑料的体积电阻率高达 $10^{10}$ ~$10^{20}$ Ω·cm，介电常数在 2 左右，介电损耗低到 $10^{-10}$。因此，塑料作为优良的电气绝缘材料，用于制备电机、电器、电线电缆的绝缘层，在储能、 5G 等电子信息产业，可以作电磁屏蔽、电容器介质材料使用。

（3）优良的减摩、耐磨性能。塑料的摩擦因数很小，具有优良的减摩、耐磨和自润滑特性。其力学强度范围宽，从柔顺到坚韧、从刚到脆，因而具有广泛的应用领域。例如，各种氟塑料以及用氟塑料增强的 POM、 PA 塑料就是优异的耐磨材料。

（4）化学稳定性好。塑料对酸、碱等化学物质有良好的抗腐蚀性能，特别是聚四氟乙烯，在“王水”中十几个小时也不会被腐蚀，因此被称为“塑料王”。这种特性可用于制备化工机械设备、化学品输送管道、承载容器、船舶设备以及在高温、盐雾条件下使用的设备。

（5）保温阻隔性能好。塑料的热导率小，是热的不良导体或绝热体，如泡沫塑料的热导率与静止的空气相当。因此，塑料常被用作绝热保温材料，广泛应用于冷藏、建筑、节能装置和其他工程。

（6）方便、灵活的可加工性。塑料可以采用注塑、模压、挤出、压延、吹塑等成型方法直接制备各种塑料制件，生产效率高，加工成本低，也可以采用机械加工（切削、车、刨、锯）等方法制造机械零部件。

由于塑料组成和结构特点，其性能也有不足之处。如耐热性比金属材料差、塑料使用温度一般在 60 ~70℃，易于燃烧，易变形，耐老化性较差，制品在使用过程中易产生蠕变、疲劳等性能缺陷，而且塑料废弃物会造成环境污染，这些都限制了塑料的使用。但是，随着合成和塑料改性技术的进步，人们正研究攻克这些缺点的方法，未来塑料材料的发展将更安全、绿色和可持续。

### 1.1.4 塑料的应用

塑料的体积产量已超过金属，成为世界上第一大基础材料，在工农业生产、日常生活、国防以及科技领域中获得广泛的应用。

（1）农业方面：现代农业离不开塑料，各种塑料薄膜（地膜、大棚膜）、排灌管道、渔网和养殖浮标、农具（水桶、泥锹）等广泛使用，促进农业增产增收。

（2）工业方面：各种电线、电缆、半导体、芯片等绝缘材料和封装材料，各类电器（冰箱、电视机，电风扇）的塑料件，各种机器的塑料齿轮、轴承、轴瓦等零部件；化工用的塑料容器、管道及防腐蚀材料；飞机、列车、船舶，汽车、舰艇上的塑料装饰件和结构件等。

（3）建筑方面：塑料门窗、楼梯扶手、地板、天花板、隔热隔音板，供排水管，装饰板和卫生洁具，还有用塑料建造的商亭、房屋等。

（4）医学方面：各种医用防护服，医用口罩，注射器、注射针栓等医疗用品，牙齿、人造骨骼、人造血管、心脏瓣膜、支架等人造器官很多是塑料的。

（5）日常生活中：人们吃、住、穿、用、行各个方面都可以看到塑料的踪迹。如塑料牙刷、梳子、肥皂盒、面盆、衣扣、衣架、洗衣板、杯、盘、碗、调赛、水瓶、水桶，塑料雨衣、塑料鞋，各种食品、药品的包装等。

随着塑料技术的进步，在信息产业、 5G 设备，火箭，飞船、卫星以及武器弹药等高精尖端领域，塑料将获得更广泛的应用。

## 1.2 塑料分析测试方法

### 1.2.1 塑料分析测试的目的

塑料分析测试是研究用一定的技术手段测定塑料的结构或某些特性（物理性能、化学性能）的学科。随着塑料生产、开发和使用的日益发展，人们质量意识的增强，对塑料性能的评价显得越来越重要，已经成为塑料新材料开发与制品生产，提高产品质量的重要手段。塑料分析测试的主要目的可以概括为以下几点：

① 研究塑料材料结构和性能之间的关系，开发和应用新材料。

② 了解塑料材料的使用范围，正确选取合适的材料与配方，满足不同的使用目的。

③ 塑料制品生产过程中，确定最佳的工艺条件，控制产品质量。

④ 作为塑料原辅材料及制品购销双方仲裁的依据。

⑤ 使塑料材料与制品生产规格化与标准化。

### 1.2.2　塑料分析测试的方法

塑料分析测试的方法一般包括塑料材料的结构与形态表征和塑料性能测试两方面。

（1）塑料结构与形态表征属于研究性测试范畴，通过对塑料内部的分子结构进行测试，研究微观结构对材料性能的影响。如塑料的原子类型、化学键、端基、相对分子质量及其分布等化学结构；分子链的构象、结晶型、非结晶型之类的聚集态结构；以及材料分子链的运动对外界因素的响应等。塑料的结构表征一般采用仪器分析方法，如测定聚合物的链结构或聚集态结构，可以采用 X 射线衍射法（大角）、电子衍射法、色谱-质谱、紫外吸收光谱、红外吸收光谱、拉曼光谱、核磁共振法、透射电子显微镜、扫描电子显微镜等仪器分析方法。测定结晶度可用 X 射线衍射法、电子衍射法、核磁共振吸收（宽线）、红处吸收光谱、密道法、热分析法。

（2）塑料性能测试主要是为生产和使用服务的。通过测试塑料的某一性能参数，如物理性能、力学性能、热性能、流变性能、电性能、光学性能、燃烧性能、降解性能和耐老化、耐化学性能等，对控制产品质量，了解加工性能和使用范围，评价和应用新型材料，研究结构与性能的关系有着重要的意义。为了使不同塑料或制品的某一性能指标具有可比性，测试需要在相同规定的试验条件下进行。因此，塑料性能测试通常按标准方法测试，采用严格统一的技术规定，测试结果作为不同材料之间性能比较选择的依据。

### 1.2.3　塑料测试的性能特点

由于塑料的品种多，不同塑料的组成和结构差别很大，性能也不一样。例如，热塑性塑料和热固性塑料在硬度、刚度、耐热性、工艺性等方面都有很大的差别。即使同是热塑性塑料，如增强的 PA 与 PE 的力学性能也是无法比较的。其次，塑料成型加工方法多，有注塑、挤出、压延、吹塑等各类不同的成型方法，制成的塑料制品千差万别，影响塑料制品质量的因素也十分复杂，原料配方（树脂、助剂），工艺条件、加工设备等都对制品的性能产生较大的影响。因此，虽然塑料性能测试与很多金属材料或非金属材料的测试方法有许多相同之处，但其又有特殊的一些规定。从测试的角度来讲，塑料性能行为主要有如下特点。

① 应变率高，塑性区大。塑料在常温下具有较高的弹性应变率，此值大大高于金属、木材、陶瓷等材料。塑料材料是一种黏弹材料，有很宽的塑性区，塑料性能测试必须考虑它的存在，而不能像弹性区一样的去处理问题。

② 温度效应明显。塑料材料的链段结构和活动对温度的依赖性极明显，往往在温度改变十几度或几十度时就明显地出现性能的巨大变化。

③ 时间效应明显。由于塑料材料的黏弹性，在受力后的蠕变现象和应力松弛现象较严重，这是分子链在外力作用下逐渐发生构象和位移的变化所造成的。

④ 形变速度影响明显。在静拉伸下表现出具有良好弹性的材料，在高速拉伸时会明显地表现出脆性。这是塑料材料内分子链的结构和外力作用下滑动机理所决定的。这种形变速度的影响远大于金属材料。

⑤ 测定数据易显分散。由于塑料材料的相对分子质量分散，链段结构各异，因此，对于制备试样的条件、规定试样尺寸相同的一组试样，其单个试样测试结果会差异很大。如一组力学冲击性能试样，其单个值之间的差异达 100‰也是常见的。因此，结果数据的取舍等必须有明确的规定，否则无法相比较。

因此，塑料测试条件应尽量接近生产和使用条件，正确理解性能测试结果，科学分析和掌握塑料的性能，而不曲解和误用。

## 1.3 影响测试结果的主要因素

在塑料测试中，除了材料的种类与结构是决定材料性能的主要因素外，外界因素影响也不可忽视。如：成型条件、试样形态、环境温度、湿度、测试条件等会对塑料的密度、结晶度、结晶形态、取向性等结构特征产生影响。当塑料的种类与结构确定之后，外界因素则成为决定塑料性能测试结果的主要方面。

### 1.3.1 试样的影响

试样的制备有两个途径：一是从板、片、棒上直接裁取（简称“直接裁取”法），再经机械加工成标准尺寸的试样；二是由液状、粉状或粒状的试料经模塑成型为标准尺寸的试样（简称“直接模塑”法）。直接裁取制样方法，试样的裁取部位、机械加工的质量对测试结果有很大的关系。需要按产品标准规定抽样和制样。模塑制样时，模具结构、成型温度、成型压力、冷却速度及模具内试料的分布等对试样的性能有直接影响关系。如图 1-2 所示注塑过程对试样性能的影响关系。因此，模塑法制试样时，要规定合理的制样条件，除按试样制备通用试验方法外，很多产品标准中还专门注明试样的制备条件。

试样尺寸对测试结果也有明显的影响。如图 1-3 和表 1-4 所示，试样厚度和宽度对试样拉伸强度都有明显的影响。这种因试样尺寸不同而引起的测试结果不一致的现象，称为“尺寸因素效应”。尺寸因素效应是由试样自身的微观缺陷和微观不同性所引起的。

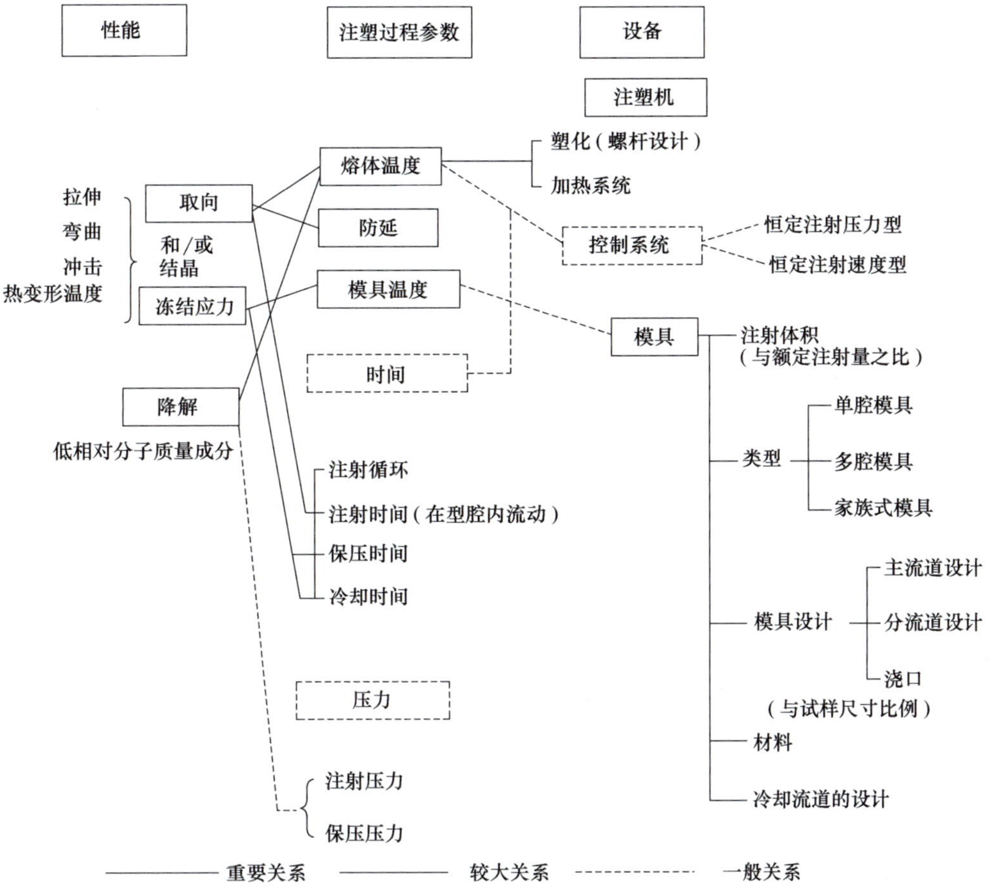


图 1-2　注塑工艺过程与试样性能的关系

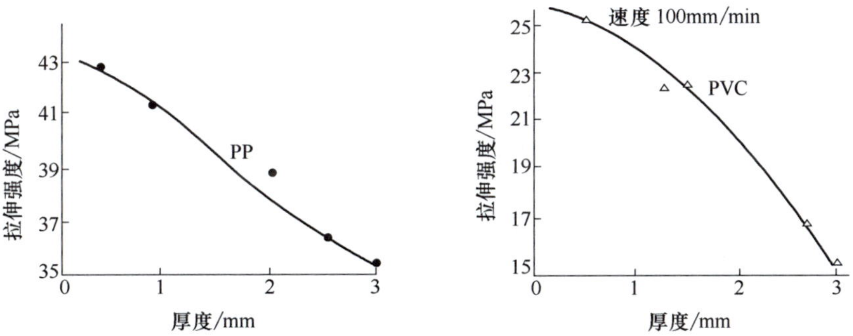


图 1-3　试样厚度对拉伸强度大影响

微观缺陷是指试样在制备或加工过程中，受到热、力或其他因素的作用而产生的显微隙缝、气泡、收缩、应力等缺陷。微观不同性是材料结构上存在的缺陷或不均匀性，如相对分子质量分布、结晶等不均匀等现象。可见，宏观上完好无损的同一材料的试样中，可能在微观上存在各种的形式和程度不同的致命缺陷，而这些缺陷往往决定试样的测试结果。试样的尺寸越大，存在“致命”缺陷的概率就越大。另外，塑料是热的不良导体，在长期的动态测试中（如疲劳试验），厚试样的内热比薄试样更难散发，导致试样内部温度增高，产生物理态的变化，影响测试结果。因此，为了使不同材料的测试有可比性和重复性，塑料性能测试要求采用标准试样。即对试样的形状、尺寸作了严格的规定，并按标准的制备方法制样。

表 1-4 试样宽度对拉伸强度的影响

| 塑料名称 | 宽度/mm | |
|---|---|---|
| | 3.0 | 4.5 |
| | 拉伸强度/MPa | |
| PS | 50.1±3.76 | 48.5±2.30 |
| HIPS | 49.9±0.87 | 42.2±2.25 |
| AS | 79.5±3.28 | 76.0±4.38 |
| ABS | 45.2±0.84 | 43.0±0.69 |

## 1.3.2 试验条件影响

（1）温度的影响

图 1-4 为 PE 拉伸性能与温度的关系。可见，拉伸强度随温度升高逐渐降低，如温度由10℃升至 30℃时拉伸强度约下降 15%，而断裂伸长率出现随温度升高逐渐增大的现象。由于高分子链的热运动受环境温度的影响。随温度升高，高分子内部分子间距变大，分子间作用力减小，出现强度降低而断裂伸长率增加的现象。温度还影响高分子的取向度、结晶度和密度。如温度高能使成型过程中产的应力渐消除，分子的取向度可能减弱，结晶度可能增加，密度也会发生变化。一般热塑性塑料相对热固性塑料受温度影响更大；耐热性低的塑料比耐热性高的塑料大。因此，测试的环境温度需要按标准设置，我国标准规定塑料测试温度为 23℃±2℃。

（2）湿度的影响

试样在存放过程中，与空气接触，水分子会在大气与试样内部之间不停地运动，使试样内部水分与空气中水分达到动态平衡。当环境湿度改变，这种动态平衡发生改变，从而影响试样的力学性能以及电学性能。图 1-5 是几种塑料拉伸强度与湿度的关系，可以看到，湿度升高，塑料的拉伸强度降低。对于不同种类的塑料，试样的湿度对其影响程度也不相同。热塑性塑料比热固性塑料更敏感，极性分子塑料比非极性塑料敏感。

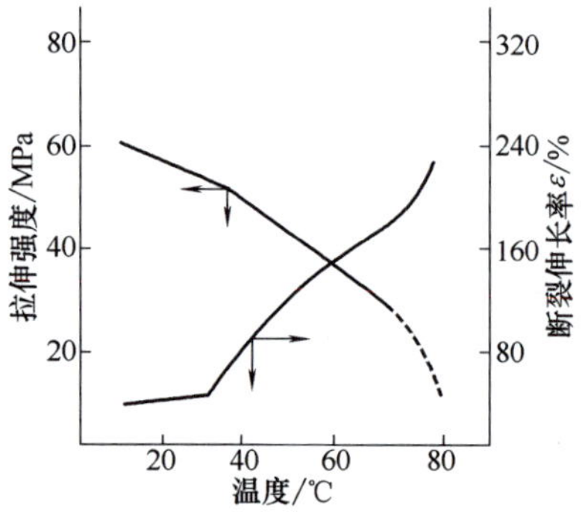


图 1-4 温度对拉伸性能的影响

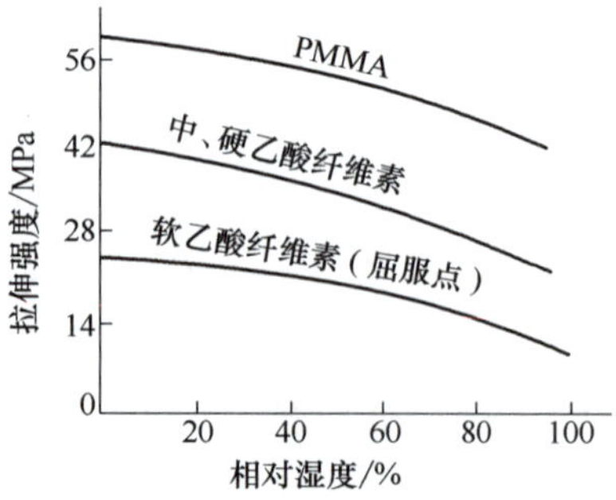


图 1-5 湿度对拉伸性能的影响

### 1.3.3 试样状态调节

试样存放条件（温度、湿度）和制备中残存的应力都会影响塑料性能测试的结果。因此，塑料性能测试需要对试样进行状态调节（预处理）。即：试验前，把试样在规定条件下放置一段时间，使试样与试验环境建立某种“平衡”的过程。除特殊试验要求外，塑料试样的状态调节条件按《GB/T 2918—2018 塑料　试样状态调节和试验的标准环境》设定，如表1-5所示。

表1-5　　塑料试样状态调节标准环境

| 标准环境符号 | 等级 | 空气温度/℃ | 相对湿度（RH）/% | 备注 |
|---|---|---|---|---|
| 23/50 | 1 | 23±1 | 50±5 | 非热带地区 |
| | 2 | 23±2 | 50±10 | |
| 27/65 | 1 | 27±1 | 65±5 | 热带地区 |
| | 2 | 27±2 | 65±10 | |

注：①标准环境数值适用于大气压强在86~106kPa之间，海拔高度及空气循环速率≤1m/s的场合；②温湿度允差是配合成对的，即1级允差或2级允差都是相对于温湿度两者而言的；③超出表中规定的温湿度允差不能被认为是标准恒定环境。

状态调节时间根据材料性能或测试标准而定。当没有适用的标准规定时，状态调节时间应按如下规定执行：

（1）对于标准环境23/50和27/65调节，不少于88h；

（2）对于18~28℃的室温调节，不少于4h。

## 1.4 试样的制备

塑料测试试样制备一般采用：一是从制品上直接取样；二是用原材料制样两种。根据测试项目不同，塑料试样制备方法有不要的要求，如表1-6所示。

表1-6　　塑料力学性能试样的制备方式

| 试样的制备方式 | | 适用范围 | 说　明 |
|---|---|---|---|
| 从制品上直接取样 | 直接裁切法 | 薄膜、软管、软质板材、薄片 | 用锋利刀片或剪刀按所需形状尺寸进行裁切 |
| | 成型裁刀冲切法 | 薄膜、软质板材、片材、管材 | 用所需形状尺寸的成型裁刀冲切 |
| | 机械加工法 | 硬质板材、管材、异形材 | 用制样机对塑料材料进行铣削操作制成所需形状尺寸的试样 |
| 用原材料制样 | 模压成型 | 粉料制备各类试样 | 将粉料放入成型温度下的模具型腔中闭模加压并固化成型 |
| | 注塑成型 | 粒料制备各类试样 | 热塑性塑料粒子注射模塑直接成型 |
| | 吹膜成型 | 粉料或粒料制备薄膜 | 将塑料粒子加热融化再吹成薄膜 |

由于试样的制备方法、加工工艺条件、模具的结构等都会影响测试的结果，因此，一般的产品测试标准对试样的制备都有严格的规定。各国也对每个产品的试样制备提出了一些指导性

的通则，制定了试样制备方面的标准。目前我国已制订的试样制备方法标准有：

①《GB/T 17037.1—2019 塑料 热塑性塑料材料注塑试样的制备 第1部分：一般原理及多用途试样和长条形试样的制备》；

②《GB/T 17037.3—2003 塑料热塑性塑料材料注塑试样的制备 第3部分：小方试片》；

③《GB/T 9352—2008 塑料热塑性塑料压塑试样的制备》；

④《GB/T 5471—2008 塑料热固性模塑料压塑试样制备方法》；

⑤《GB/T 11997—2008 塑料多用途试样的制备和使用》。

注意：不同方法制样的试验结果不具备可比性；而同一种制样方法，为保证测试结果的重现性及复现性，要求制样工艺参数和工艺过程需要一致。试样制备好后，要按相关要求在恒温恒湿条件下放置处理。

## 1.4.1 热塑性塑料注射成型试样制备

注塑试样操作

《GB/17037 热塑性塑料材料注塑试样的制备》标准规定了注塑试样制备方法，包括设备要求和工艺条件。

（1）设备要求

注塑试样所用设备主要有模具和注射成型机。注塑机要求模塑体积与注塑机最大注射量之比应在20%~80%之间。只有当有关材料的标准规定或制造厂家推荐时，才可以使用较高的比例的注塑机。

注塑机的控制系统应该能够使操作条件保持在下列允许的偏差内。注射时间：±0.1s；模具温度：±3℃（≤80℃时）；±5℃（>80℃时）；保持压力：±5%；保压时间：±5%；模具件质量：±2%；熔体温度：±3℃；可以配备必要的设备以控制注塑条件。

模具通常有3种基本类型，如图1-6所示。即单型腔模具、多型腔模具和家族式模具。

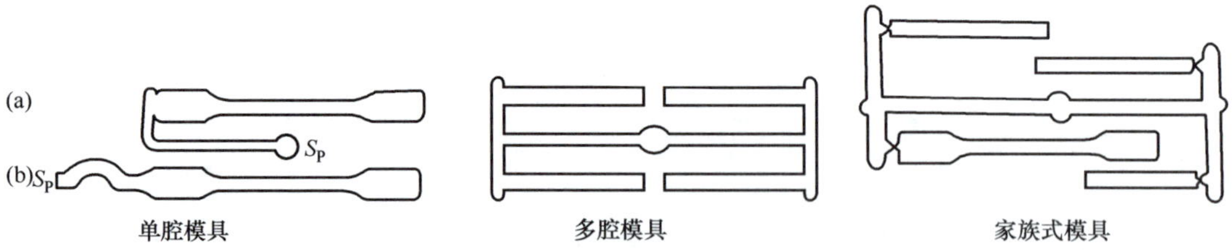


图1-6 模具的基本类型

单型腔模具的型腔可以是哑铃型、圆形和其他形状，一般情况下，在测定某些性能时单型腔模具制备的试样与标准模具制造的试样测定值不同。多型腔模具中包含两个或多个相同且与流动方向平行排列的型腔。多型腔模具中相同几何形状的流道和对称的型腔位置能保证一次注射的所有试样在性能上是相同的。家族式模具中包含一个以上并具有不同几何尺寸的型腔。一个家族式模具可以同时制备矩形、哑铃型和圆形等试样，只有当注塑出的试样和标准模具注塑出的试样一致时，才可以使用家族式模具。

（2）操作要求

塑料材料在注塑前应进行干燥处理，使其中水分含量限制在允许范围内，干燥过的塑料，在试样制备过程中应予以保温，防止重新吸湿。

根据有关材料的标准的规定设定注塑机的操作条件。如果没有相应标准则按供需双方商定的条件进行。注射时尽可能减少注塑速度和压力的变化。工艺设计要求注塑的样条没有凹痕、空洞和其他可见的缺陷，允许有最小限度的溢料。物料变化时，应该彻底、仔细地清理注塑机。使用新材料注射试样时，在收集前应至少弃去 10 模试样。

为了避免各个试样处理的差异，脱模后的试样可放在实验室内逐渐冷却到实验室的环境温度。对大气暴露敏感的热塑性塑料试样应保存在加入干燥剂的密闭容器中。

## 1.4.2　热塑性塑料压塑试样制备

热塑性塑料压塑试样制备按《GB/T 9352—2008 塑料　热塑性塑料压塑试样的制备》标准进行。

压塑试样制备

（1）主要试验设备

模压机要求能够提供 10MPa 的合模压力，压板温度为 240℃，并能提供急冷、缓冷几种冷却方式。

模具分溢料式和非溢料式模具（图 1-7）。溢料式模具适合制备厚度相似或具有可比性的低内应力的试样及片料。不溢料式模具适合制备表面坚固平整、内部没有孔隙的试样。

模具材料要求能够耐模塑温度及压力。与模塑材料接触的模具表面需要抛光或镀铬。为了防止粘模具，可在模板上覆一层铝箔或聚酯膜，不允许使用脱模剂。

图 1-7　压制模具类型

（2）压制方法

① 按有关标准的规定或材料提供者的说明进行干燥。若无规定，则在 70℃±2℃的烘箱内干燥 24h。

② 通常塑料材料直接模塑能得到平整均匀的片料。如果塑料需要均匀塑化时，可以用热熔辊或混炼的预成型方法使之均匀塑化。混炼时物料的熔融状态时间不要超过 5min。

③ 调节压板或模具的温度至规定温度，并恒温。向模具型腔加入称量过的物料，把模具置于模压机的压板上。闭合压板，在接触压力下对材料预热 5min，然后施加全压 2min，随即

按要求冷却后脱模。

④ 取出的压制试样，检查外观与尺寸。把有缩痕、收缩孔、变色的试样舍弃。同时，还要按有关标准的规定，确认没有材料降解或不需要交联现象。

### 1.4.3 热固性塑料的压制成型试样制备

热固性试样制备

热固性塑料试样制备，按《GB/T 5471—2008 塑料热固性塑料压塑试样的制备》标准或产品标准进行。

（1）主要设备

压机要求在整个模塑期间，能对模塑塑料施加并保持规定的压力。最好使用有两种闭模速度的压机。为了避免模塑料在闭模前开始固化，采用快速闭模（150~300mm/s）可以防止空气及挥发分气体包入材料中，后期采用慢速闭模（5mm/s）。

模具用能承受模塑温度和压力的钢材制备，模具结构采用能使压力传递给模塑料而无明显损失的形式，脱模斜度一般小于 3（°）。

模具可以是单腔模或多腔模，全压式或半压式，为了保证模具所需要的最佳温度，应设置有效的加热、测温、控温装置。全压式的模具应在模具的阴、阳模靠近处，半压式的模具应在模套中部开测温孔。模具应有足够将模塑料一次装入的模腔，模腔的大小为模塑试样体积的 2~10 倍。

（2）制备方法

模塑料必须储存于密封容器中，或按产品标准的规定进行。

① 当模塑料体积大大超过模具装料室的容积时，允许将模塑料预压成锭。压锭的条件由试样决定或按产品标准规定。

② 模塑试验用酚醛、氨基模塑料试样，可按下列条件预热：酚醛模塑料 90℃±3℃、30min 或 105℃±3℃、15min；氨基模塑料 90℃±3℃、30min。将模塑料铺成薄层，预热后立即模塑。酚醛和氨基模塑料也可采用高频预热以缩短固化时间。

③ 按产品标准规定设计模塑工艺条件。

④ 当预热模具到规定的温度后，将已经称量好的模塑料加进模具的型腔里，立即合模，加热加压。当压力达到规定的模塑压力值时，开始计时。固化结束后，卸压、脱模、立即取出试样置于试样的定型板上冷却。

为防止加入模塑料在模具内过早固化而影响充模，加料后必须迅速闭模。一般加料时间不应超过 20s。有些模塑料在压塑当中还需要卸压排气。压制的试样，应检查是否完全固化，充模是否完整，外观是否合格等。对不符合质量要求的试样要重新制备。

### 1.4.4 机械加工方法制备试样

机械加工的方法制备试样要根据材料选取合适工具。对软性的片材、薄膜可以直接用锋利的冲模切割器和配套的压机切割。较硬或厚的材料则先用锯切割成矩形的坯料，再选用车、铣、磨等加工工艺。机械加工时，刀具的刃口，切削的线速度要按标准执行，应避免过热引起试样的性能改变，要适当冷却。

为了满足塑料产品多项性能测试的要求，减少因试样制备工艺条件的差异而引起测试结果的误差。制定了国家标准《GB/T 11997—2008 塑料多用途试样的制备和使用》。多用途试样的基本形状和尺寸如图 1-8 和表 1-7 所示。

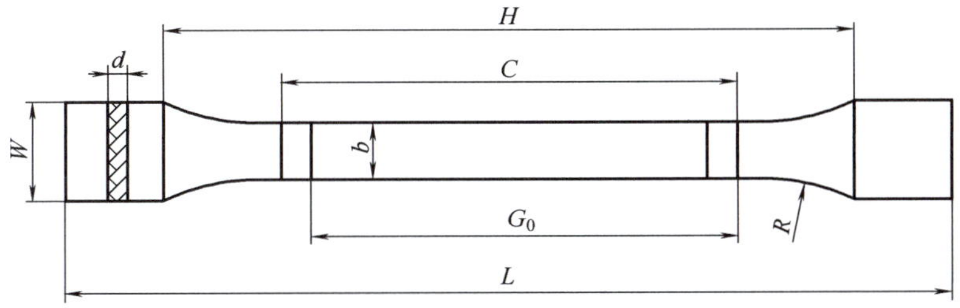


图 1-8　多用途试样

表 1-7　多用途试样的结构与尺寸

| 代　号 | 名　　称 | 尺寸/mm | 代　号 | 名　　称 | 尺寸/mm |
|---|---|---|---|---|---|
| $R$ | 圆弧半径 | ≥60 | $H$ | 夹具间起始距离 | 115±0.5 |
| $b$ | 狭长平行部分宽度 | 10±0.2 | $L$ | 总长 | ≥150 |
| $G_0$ | 测量标距 | 50±0.5 | $W$ | 端部宽度 | 20±0.2 |
| $C$ | 狭长平行部分长度 | 60±0.5 | $d$ | 厚度 | 4±0.2 |

多用途试样按相关规定的条件模塑，使用单模腔模具，浇口的最小直径至少应等于试样的最小尺寸，浇口位置按要求商定。按标准规定制备的试样，可以直接或经过简单的机械加工即可用于多种力学性能及热性能的测试。表 1-8 列出了多用途试样及其经过简单机加工后的试样的应用项目。

表 1-8　多用途试样及其经过简单机加工试样应用项目

| 应用项目 | 试样尺寸①/mm | | 试验方法 |
|---|---|---|---|
| | $L\times W/b\times d$ | $L_1$②$\times b\times d$ | |
| 拉伸弹性模量 | 150×20/10×4 | — | GB/T 1040 |
| 断裂/屈服拉伸应力 | 150×20/10×4 | — | GB/T 1040 |
| 断裂/屈服拉伸应变 | 150×20/10×4 | — | GB/T 1040 |
| 拉伸蠕变 | 150×20/10×4 | — | ISO 899 |
| 弯曲弹性模量 | — | 80×10×4 | GB/T 9341 |
| 断裂/屈服弯曲应力 | — | 80×10×4 | GB/T 9341 |
| 悬臂梁冲击强度 | — | 60×10×4 | GB/T 1843 |
| 简支梁冲击强度 | — | 60×10×4 | GB/T 1043 |
| 球压痕硬度 | — | 80×10×4 | GB/T 3398 |
| 环境应力开裂 | — | 80×10×4 | ISO 4600 |
| 热变形温度 | — | 80×10×4 | GB/T 1634 |
| 维卡软化点 | — | 50×10×4 | GB/T 1633 |
| 塑料的燃烧性能 | — | >80×10×4 | GB/T 2406、GB/T 2408 |

注：①表中所用符号与表 1-7 相同；②$L_1$为从多用途试样上截取的长度。

在把多用途试样加工成试验试样时，应注意以下几点：

① 试样的中部表面应保持原始标准状态；

② 长度小于 60mm 的试样，从多用途试样中间部分截取；

③ 长度大于 60mm 的试样，应从多用途试样的宽端部加工到中间平行部分的宽度，加工部分的宽度为 10~10.2mm；

④ 把多用途试样横切成较短试样时，应使其中心与原试样相同。

## 1.5 塑料测试标准化

标准是现代化科学技术成果和生产实践经验相结合的产物，它来自生产实践，反过来又为发展生产服务，而且随着科学技术和生产的发展不断完善提高。标准化是制定标准、宣传贯彻标准、对标准的实施进行监督管理、根据标准实施情况修订标准的过程。

标准按制定机构和适用范围的不同分为：国际标准、国家标准、行业标准、地方标准、企业标准和团体标准等不同级别。按标准属性分强制性标准和推荐性标准。强制性标准具有法律属性，在一定范围内通过法律、行政法规等强制手段加以实施的标准。推荐性标准又称自愿性标准，是在生产、交换、使用等方面通过经济手段调节而自愿采用的一类标准。

塑料生产、经销、检测等活动都需按标准进行。塑料标准有树脂与塑料标准、塑料添加剂标准、塑料检测方法标准、塑料制品标准、塑料模具标准等类别。

（1）国际标准

国际标准是指国际标准化组织（International organization for standardization，ISO）、国际电工委员会（International Electrotechnical Commission，IEC）和国际电信联盟（ITU）制定的标准，以及国际标准化组织确认并公布的其他国际组织制定的标准。国际标准在世界范围内统一使用。我国鼓励参与国际标准的制定，结合国情采用国际标准及国外先进标准。采用国际标准有两种形式：①等同采用（代号 IDT），指与国际标准在技术内容和文本结构上相同，或者与国际标准在技术内容上相同，只存在少量编辑性修改。②修改采用（代号 MOD）指与国际标准之间存在技术性差异，并清楚地标明这些差异以及解释其产生的原因，允许包含编辑性修改。修改采用不包括只保留国际标准中少量或者不重要的条款的情况。

ISO 是世界上最大的国际标准制修订机构，1947 年 2 月成立。ISO 设有 165 个技术委员会（TC）、645 个分委员会（SC）和 1500 多个工作组（WG）。

ISO 标准编号主要由顺序号及批准或修订年份组成，前面冠以“ISO”。ISO 后带 R 者为推荐标准；TR 为技术报告。推荐的标准，成员国组织可以认可通过，作为最高的职能标准，也可以否决。例如：

ISO 294.5—2017 塑料—塑材料试样的注塑第 5 部分：研究各向异性用标准样品的制备；

ISO/TR 4616—1980 塑料-聚氯乙烯热稳定性的测定。

TC61 是塑料技术委员会，共分为 10 个分会，分别是 SC1 术语、SC2 机械性能、SC3 燃烧性能、SC5 物理化学性能、SC6 耐老化、耐化学和抗环境性能、SC9 热塑性材料、SC10 泡沫塑料、SC11 制品、SC12 热固性材料、SC13 复合材料和增强纤维。

IEC 是世界上最早的国际电工标准化机构，1906 年 6 月成立。IEC 负责有关电气和电子领域的国际标准化工作，其他领域由 ISO 负责。

其他国际组织被国际标准化组织确认并公布的主要有：国际计量局（BIPM）、国际航空运输协会（IATA）、国际辐射单位和测试委员会（ICRU）、国际电信联盟（ITU）、国际理论与应用化学联合会（IUPAC）、材料与结构研究实验所国际联合会（RILEM）、国际海关组织（WCO）、国际卫生组织（WHO）、世界知识产权组织（WIPO）等。此外，一些区域性国家集团或标准化团体发布一些区域标准，有部分也被收录为国际标准。如欧洲标准化委员会（CEN）、泛美标准化委员会（CCPANT）、太平洋区域标准大会（PASC）、亚洲标准化咨询委员会（ASAC）、非洲标准化组织（ARSO）等机构发布的标准。

（2）国家标准

国家标准是指由国家的官方标准化机构或国家政府授权的有关机构批准、发布，在全国范围内统一和适用的标准。国家标准由国务院标准化行政主管部门编制计划和组织草拟，并统一审批、编号和发布。

我国国家标准分为强制性标准和推荐性标准。保障人身健康和生命财产安全、国家安全、生态环境安全以及满足经济社会管理基本需要的技术要求的国家标准是强制性标准，其他国家标准、行业标准及地方标准均是推荐性标准，团体标准及企业标准不做强制性及推荐性的区分。

我国国家标准的编号由国家标准代号、国家标准发布的顺序号和国家标准发布的年号 3 部分构成。强制性国家标准的代号为“GB”，推荐性国家标准的代号为“GB/T”。例如：

GB 12671—2008　聚苯乙烯树脂；

GB/T 6670—2008　软质聚氨酯 泡沫塑料回弹性能的测定。

其他国家标准，如：美国国家标准（ANSI）、英国国家标准（BS）、澳大利亚国家标准（AS）、日本工业标准（JIS）、德国国家标准（DIN）、法国国家标准（NF）、意大利国家标准（UNI）、俄罗斯国家标准（ГОСГР）等。

（3）行业标准

《标准化法》规定：“对没有推荐性国家标准、需要在全国某个行业范围内统一的技术要求，可以制定行业标准”。行业标准由国务院有关行政主管部门编制计划，组织草拟，统一审批、编号、发布，并报国务院标准化行政主管部门备案。行业标准是对国家标准的补充，行业标准在相应国家标准实施后，自行废止。

行业标准代号由国务院标准化行政主管部门规定。目前，已批准发布了 57 个行业标准代号。如轻工行业标准的代号为“QB”、建材行业标准的代号为“JC”。行业标准的编号由行业标准代号、标准顺序号及年号组成。

（4）地方标准

对没有国家标准和行业标准而又需要在省、自治区、直辖市范围内统一的工业产品的安全和卫生要求，可以制定地方标准。注意：地方标准不得与国家标准、行业标准相抵触，在相应的国家标准或行业标准实施后，地方标准自行废止。

地方标准由省、自治区、直辖市人民政府标准化行政主管部门编制计划，组织草拟，统一审批、编号、发布，并报国务院标准化行政主管部门和国务院有关行政主管部门备案。地方标准的代号，由汉语拼音字母“DB”加上省、自治区、直辖市行政区划代码前两位数、再加斜线、顺序号和年号共 4 部分组成。

（5）企业标准

标准法规定企业生产的产品在没有相应的国家标准、行业标准和地方标准时，应当制定企业标准，作为组织生产的依据。在有相应的国家标准、行业标准和地方标准时，国家鼓励企业在不违反相应强制性标准的前提下，制定反映市场、顾客和消费者要求的，严于国家标准、行业标准和地方标准的企业标准，在企业内部适用。

企业标准应符合国家标准《GB/T 1.1 标准化工作导则　第 1 部分：标准的结构和编写规则》规定。标准内容不能违反有关法律、法规和强制性标准，应包括概述、正文、补充 3 个部分。

企业标准由企业组织专家起草制定，标准草案完成后，应组织标准审定会，对标准内容、条款、格式进行审定，形成审定结论。企业标准由企业法人代表或法人代表授权的主管领导批准、发布，由企业法人代表授权的部门统一管理。

企业标准编号：Q/企业代号+登记顺序号+发布年分号。企业标准的信息公开在“企业标准信息公共服务平台”（http：//www. qybz. org. cn/）发布和查询。

（6）团体标准

团体标准是由社会团体按照团体确立的标准制定程序自主制定发布，由社会自愿采用的标准。随着我国社会发展，市场化深入的需要， 2017 年 11 月 4 日第十二届全国人民代表大会常务委员会第三十次会议通过新修订的《国家标准化法》，赋予团体标准的法律地位。

团体标准制定应符合国家标准《GB/T 1.1 标准化工作导则　第 1 部分：标准的结构和编写规则》规定，内容不能违反有关法律、法规和强制性标准。团体标准的信息可在“全国团体标准信息平台”（http：//www. ttbz. org. cn/）发布和查询。

此外，如美国材料与试验协会标准（ASTM）、美国食品与药物管理局（FDA）标准、美国石油学会标准（API）、英国石油学会标准（IP）、德国电气工程师协会（VDE）标准等国际性团体标准在塑料行业也常被采用。

## 1.6 数据分析处理

### 1.6.1 测量误差

“实验结果都存在误差，误差自始至终存在于一切科学实验中”——误差公理。显然，在分析测试中，无论仪器多么精密、操作多么准确，测试结果总是有有差异，彼此不想等。因此，我们对测试结果进行科学评价，分析误差产生的原因，采取必要措施减少误差，使结果尽可能接近客观真值。

（1）误差的概念

误差是评定测量精度的尺度，误差越小表示精度越高。在定量分析中，误差就是测量值与真值之差，用绝对误差和相对误差表示。

① 绝对误差。绝对误差是某量的给出值与它的真值之差，又称真误差。

$$\varepsilon = X - \mu \tag{1-1}$$

式中：$\varepsilon$——绝对误差；

$X$——给出值；

$\mu$——理论真值。

给出值系是指测量值、实验值、计算近似值、标称值、示值、预置值，一般以测量结果的算术平均值表示。真值是一个理想的概念，一般不可能准确知道。通常从高一级的计量机构获得向下级传递的量值，称为约定真值（标准值），其误差可以忽略不计。

② 相对误差。相对误差（$\delta$）是绝对误差 $\varepsilon$ 与真值 $\mu$ 的比值。

$$\delta = \frac{\varepsilon}{\mu} \times 100\% \tag{1-2}$$

相对误差更能反映检测结果的准确性。$\delta$ 越大，测定值 $X$ 偏离真值越远，检测的准确度就越差。实际计算时，可以近似地用测定值 $X$ 代替分母中的真值 $\mu$。

例如：分析三盐基硫酸铅标样中铅总含量，测得 $m_{Pb}$ 为 36.20、36.23、36.30、36.27，计算分析结果的误差。已知标样 $m_{Pb}$ 为 36.28。

解：$\bar{X} = \frac{X_1 + X_2 + \cdots + X_n}{n} = \frac{36.2 + 36.23 + 36.30 + 36.27}{4} = 36.25$

绝对误差相对误差：$\varepsilon = \bar{X} - \mu = 36.25 - 36.28 = -0.03$

相对误差：$\delta = \frac{\varepsilon}{\mu} \times 100\% = \frac{-0.03}{36.28} \times 100\% = -0.8\%$

（2）误差来源与分类

引起测量误差的原因是多方面的，但从误差的性质和来源上可分为系统误差、随机误差和过失误差。

① 系统误差。系统误差是指在重复性条件下，对同一被测量进行无限多次测量所得结果的平均值与被测量真值之差。系统误差决定了检测的正确度，系统误差越小，检测结果的正确度就越高。系统误差的特点是在多次测量中重复出现，数值大小比较固定，对真值来说具有单一方向性，即正误差或负误差。在大多数情况下，系统误差需通过实验来确定，一般可以修正或消除。

产生的原因系统误差主要有以下几点：a）测量仪器结构上的不完善而引起的误差，为仪表本身所固有；b）测量方法不当引起的误差；c）测量人员本身的习惯和偏向，以及由于人的感觉器官不完善造成的误差；d）测量环境变化或测量条件与正常条件不同而引起的误差。

② 随机误差。随机误差又叫偶然误差。当在同一条件下对同一对象反复进行测量时，在消除系统误差的影响后，每次测量的结果还会出现差异，这时产生的误差就叫做随机误差。随机误差影响测量数据的精密度，随机然误差小则精密度高。

随机误差的特点是其数值和方向（正负）均无定势，有时大，有时小；有时正，有时负。当在同样的条件下，对同一个物理量作了多次的测量时，可以发现随机误差完全服从统计性的规律，即同样大小的正误差和负误差出现的机会相等。小误差出现的概率高，大误差出现的几率少。如图 1-9 所示，图中横坐标代表误差的大小，以总体标准偏差（$\sigma$）为单位，纵坐标代表误差发生的频率。可见，随机误差不能消除，但可通过增加平行测定的次数来减小。

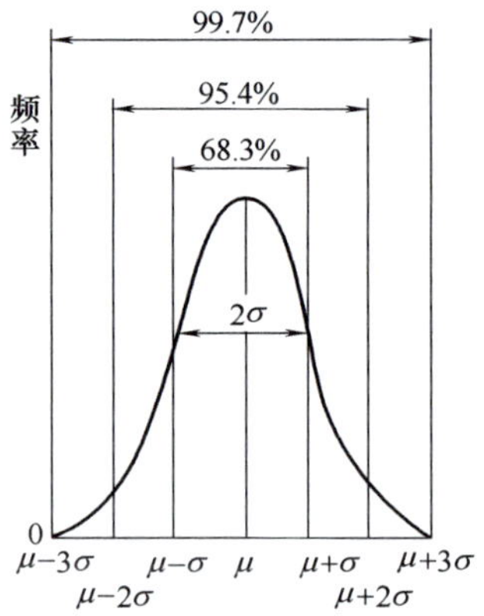

图 1-9 误差的正态分布

随机误差产生的原因是多方面的，具有偶然性和难以控制的。例如，取样、制样的不均匀性、不稳定性；仪器性能的微小变化；实验环境的温度、湿度、气压的微小波动，供电电压的突然起伏，室外车辆通过造成的振动等；分析人员情绪波动，操作的微小变化，分析条件控制稍有出入等都可能带来误差。

③ 过失误差。过失误差又称粗大误差，是指一种显然偏离实际值的误差。它没有任何规律可循，纯属偶然引起的。如检测时，由于分析者工作疏忽，不遵守实验操作规程而出现的器皿不洁净、试液丢失、加错试剂、读错、记错及计算错误等造成测量值的变化。过失误差不属于客观存在的误差，只要认真注意是可以避免的。因此，操作者须严格遵守实验操作规程，养成良好的实验习惯，耐心细致地进行实验操作。

（3）正确度、精密度和准确度

① 正确度。正确度（trueness）指多次检测值的算术平均值与真值的相符程度。

正确度是对系统误差分量的度量，通常用“偏倚（bias）”表示，偏倚小则说明正确度高，偏倚大则说明正确度低。在检验中大都用标准方法、标准物质、回收率、偏倚试验等验证正确度的高低。

② 精密度。精密度（precision）指在规定条件下，多次检测结果彼此相符的程度。精密度仅仅依赖于随机误差的分布，与真值或接受参照值无关。

考察反映实验室间检测技术、检测方法的精密度需要对验证实验数据进行汇总统计分析，用实验室间相对标准偏差、重复性限 $r$ 和再现性限 $R$ 表示。精密度越低，标准差越大，重复性和再现性就差。

③ 准确度。准确度（accuracy）是检测结果中系统误差与随机误差的综合，表示检测结果与真值的一致程度，由正确度和精密度两个指标表征。

正确度和精密度是保证准确度的先决条件。准确度高，表明测定随机误差与系统误差得到控制，正确度和精密度一定高；但精密度和正确度若只是其中一个高，不可能保证准确度高。因为正确度低，说明试验存在系统误差，精密度再高，准确度也不会高。精密度低说明测定条件不稳定，随机误差未能得到有效控制，检测数据的离散程度大，可比性差，因此所测的结果也不可靠。

## 1.6.2　数值修约与运算

（1）有效数字

由于误差存在，测量数据或经数据处理给出的最终结果都不可能是客观真值，只是被测量的近似值（或估计量）。对一个近似数而言，从左边第一个不是 0 的数字起，到精确到的位数止，所有的数字都叫做这个数的有效数字。

例如：5.355 为 4 位有效数，00357 为 3 位有效数，前面 3 个 0 不是有效数字，而 150.00 为 5 位有效数字，后面 3 个 0 都是有效数字。

有效数字位数应与所用的测量方法和使用仪器的准确度一致。例如，用感量为万分之一的分析天平称取某试样，由于分析天平能称准至±0.0001g，故测量结果应取 4 位有效数字。若称量得到试样的质量为 0.7621g，则最后 1 位就是可疑的数字。

注意：①有效数字位数的多少，不仅表示其数值的大小，而且反映测量结果的不确定度。测量值的有效数字位数越多，测量的相对不确定度越小；有效数字位数越少，相对不确定度就越大。②当改变数据的单位时，不能改变有效数字位数。如某试样质量为 80.0g，有效数字是 3 位，当单位变为 mg 时，应记为 $8.00\times10^4$mg，有效数字仍为 3 位。

（2）数值修约

塑料分析测试的结果一般需要将试验测定的数据经各种运算后求得，而各种测定数据的有效数字位数又不尽相同，为了计算简便，使各测定数据的有效数字彼此相适应，需要对数据进行修约，即舍去某些测定数据多余的有效数字。数值修约就是用修约后的数值代替修约前的数值。

有效数字的修约采用“四舍六入五成双”修约规则。即在拟舍弃的有效数字中，若左边第一个数字等于或小于 4 时，该数字应舍弃；等于或大于 6 时，则进“1”；等于 5 时，若 5 后面的数字并非全部为 0，则进“1”；若 5 后面的数字皆为 0，尾数为偶数则舍弃，尾数为奇数则进“1”。

例：将下列测量值修约为两位有效数字

| | | |
|---|---|---|
| 3.147（3.1） | 5.3768（5.4） | 0.34500（0.34） |
| 0.3350（0.34） | 0.34501（0.35） | 1232.0（$1.2\times10^3$） |

数字修约时，只允许对原测量值一次修约到所需的有效数字，不得分次连续修约。例如：5.3478 修约为两位有效数字，应为 5.3，不得分次连续修约为 5.347→（5.35）→（5.4）。

（3）有效数字运算

① 加减法。当几个数字相加或相减时，它们的和或差应以小数点后位数最少的数字为依据来确定有效数字的保留位数。

例如：32.3（小数点后 1 位数）、5.45（小数点后 2 位数）和 0.66382（小数点后 5 位数）3 个数相加，应为（32. 3+5. 4+0. 7）= 38. 4，而不是（32. 3+5. 45+0. 66382）= 38. 41382。

② 乘除法。当几个数字相乘或相除时，它们的积或商应以有效数字位数最少或相对误差最大的数字为依据，来确定有效数字的保留位数。

例如： 0. 0243 ×7. 105 ×70. 06 ÷16. 42 = 0. 0243 ×7. 10 ×70. 1 ÷16. 4 = 0. 737

③ 对近似数进行乘方或开方时，计算的结果从第一个不是 0 的数字起，应保留的数字和原来近似数的有效数字的位数相同。

④ 在多步运算时，中间步骤计算的结果，所保留的数字要比上面的规定多取一位。

⑤ 对于一些无穷小数（无理数）参与的运算，则应根据需要而取。对于在求算术平均值时，如果是 4 个以上的数进行平均，则平均值的有效位数可多取一位。因为平均值的误差要比其他任何一个数的误差小。在对于测量结果和评定这个测量结果的精确度时，它们的末位应取得一致，如（3. 74±0. 125）应写成（3. 74±0. 12）。

### 1. 6. 3 数据处理

（1）算术平均值

塑料性能分析测试通常是抽取部分产品（子样），然后按试验标准方法制备几组试样，对试样逐一进行相应测试试验。如果从总体中，随机抽取一个大小为 $n$ 的子样（样本），将这 $n$ 个试样进行试验，可以得到 $n$ 个试验数据 $X_1$，$X_2$，…，$X_n$，则这 $n$ 个数据的算术平均值就称为样本平均值，用 $\overline{X}$ 表示，即：

$$\overline{X} = \frac{X_1 + X_1 + \cdots + X_n}{n} = \frac{1}{n}\sum_{i=1}^{n} X_i \tag{1-3}$$

式中： $n$——样本数；

$X_i$——每次测量值。

样本（数据即测量值）的平均值反映数据的平均性质，表征这些数据的集中状况。对各个试验数据，可看作是围绕着这个平均值分布。

（2）标准偏差

几个试验数据 $X_1$，$X_2$，…，$X_n$，它们的平均值为 $\overline{X}$，每一个试验值与平均值 $\overline{X}$ 之差，称为偏差，即：

$$U_i = X_i - \overline{X} \quad (i = 1,2,3,\cdots\cdots n) \tag{1-4}$$

偏差表示各试验值偏离均值的大小。各偏差的绝对值越大，说明数据也就越分散。在分析试验数据时，常采用样本的标准偏差 $S$ 作为评价数据分散性。标准偏差 $S$ 按式（1-5）计算。

$$S = \sqrt{\frac{\sum_{i=1}^{n}(x_i - \bar{x})}{n - 1}} \tag{1-5}$$

$S$ 越大，表示试验数据越分散； $S$ 越小，表示数据离散性越小。

（3）测量不确定度

在进行检测或测量时，不管方法和仪器设备如何完善，其测量结果，始终存在着不确定性。也就是说，测量数据或经数据处理给出的最终结果都不可能是客观真值，只是被测量的近似值（或估计量）。因此，经过一定的程序处理后的测试结果至少包含两个基本量：被测量的估计值和不确定度。例如，被测量 $y$ 的测量结果正确表达式为： $y \pm U$。其中 $y$ 是被测量的估计值， $U$ 是测量不确定度。

测量不确定度 $U$ 可以是标准偏差或其倍数，或说明了置信水平的区间的半宽度，它代表被测量值的可能分散区间。以标准差表示的不确定度称为标准不确定度，以标准差的倍数表示的不确定度称为扩展不确定度。

不确定度越小，则测量结果的可疑程度越小，可信程度越大，测量结果的质量越高。由于测量不确定度是人经过分析和评定得到的，与人的认识程度有关。例如，测量结果可能非常接近真值（即误差很小），但由于认识不足，评定得到的不确定度可能较大。也可能测量误差实际上很大，但由于分析估计不足，给出的不确定度却偏小。因此，在进行不确定度分析时，应充分考虑各种影响因素，并对不确定度的评定加以验证。

（4）异常值的取舍

在试验结果数据中，有时会发现个别数据比其他数据明显过大或过小，这种数据称为异常值。国家标准《GB/T 4883—2008 数据的统计处理和解释、正态样本异常值的判断和处理》、《GB/T 6379. 2—2004 测量方法与结果的准确度（正确度与精密度）第 2 部分：确定标准测量方法重复性与再现性的基本方法》都对异常值处理有以下几种方式。

① 异常值保留在样本中，参加其后的数据分析；

② 剔除异常值，即把异常值从样本中排除；

③ 剔除异常值，并追加适宜的测试值计入；

④ 找到实际原因后修正异常值。

在测试中出现异常值时，要先从技术上找原因，分析是什么原因造成的。如果是试验操作过失原因，通常将异常值剔除或修正，否则应用统计方法判断。

① $Q$ 检验法。例如：测试数据由小到大排列： $x_1$， $x_2$，…， $x_{n-1}$， $x_n$，其中 $x_1$、 $x_n$ 可能为可疑值。

若 $x_1$ 为可疑值，统计因子 $Q=\dfrac{x_2-x_1}{x_n-x_1}$；

若 $x_n$ 为可疑值，统计因子 $Q=\dfrac{x_2-x_{n-1}}{x_n-x_1}$。

若 $Q \geqslant Q_{表}$，则舍弃可疑值；若 $Q \leqslant Q_{表}$，则应保留可疑值。 $Q_{表}$数据见表 1-9 所示。

**表 1-9　　　　$Q$ 值表（置信概率 90%和 95%）**

| 测定次数 $n$ | 3 | 4 | 5 | 6 | 7 | 8 | 9 | 10 |
|---|---|---|---|---|---|---|---|---|
| $Q_{0.90}$ | 0. 94 | 0. 76 | 0. 64 | 0. 56 | 0. 51 | 0. 47 | 0. 44 | 0. 41 |
| $Q_{0.95}$ | 0. 98 | 0. 85 | 0. 73 | 0. 64 | 0. 59 | 0. 54 | 0. 51 | 0. 48 |

② $t$ 检验准则。 $t$ 检验准则又称罗曼诺夫斯基准则，其特点是首先剔除一个可疑的测得值，然后按 $t$ 分布检验被剔除的测量值是否为异常值。例如：若对某量作重复测量 $n$ 次，得测量值 $x_1$，$x_2$，$x_3$，…，$x_{n-1}$，$x_n$，其中 $x_j$ 可能为可疑值。

将 $x_i$ 剔除后计算平均值：$\bar{x}=\frac{1}{n-1}\sum_{\substack{i=1\\i\neq j}}^{n}x_i$。

求得测量列的标准差（计算时不包括 $U_i=x_i-\bar{x}$）：$\sigma=\sqrt{\frac{\sum_{i=1}^{n}v_i^2}{n-2}}$。

根据测量次数 $n$ 和选取的显著度 $\alpha$，由表 1-10 查得 $t$ 分布的检验系数 $K$（$n$， $\alpha$）。

若：$|x_j-\bar{x}|>k_n(a)\sigma$，则认为测量值 $x_j$ 含有粗大误差，剔除 $x_j$ 是正确的，否则，认为 $x_j$ 不含有粗大误差，应予保留。

**表 1-10　　$t$ 分布在不同置信概率 $p$ 与自由度 $v$ 的 $t_p$（$v$）值表**

| 自由度 | 置信概率 | | | | |
|---|---|---|---|---|---|
| | 50% | 90% | 95% | 99% | 99.5% |
| 1 | 1.000 | 6.314 | 12.706 | 63.657 | 127.32 |
| 2 | 0.816 | 2.920 | 4.303 | 9.925 | 14.089 |
| 3 | 0.765 | 2.353 | 3.182 | 5.841 | 7.453 |
| 4 | 0.741 | 2.132 | 2.776 | 4.604 | 5.598 |
| 5 | 0.727 | 2.015 | 2.571 | 4.032 | 4.773 |
| 6 | 0.718 | 1.943 | 2.447 | 3.707 | 4.317 |
| 7 | 0.711 | 1.895 | 2.365 | 3.500 | 4.029 |
| 8 | 0.706 | 1.860 | 2.306 | 3.355 | 3.832 |
| 9 | 0.703 | 1.833 | 2.262 | 3.250 | 3.690 |
| 10 | 0.700 | 1.812 | 2.228 | 3.169 | 3.581 |
| 20 | 0.687 | 1.725 | 2.086 | 2.845 | 3.153 |
| ∞ | 0.674 | 1.645 | 1.960 | 2.579 | 2.807 |

③ 4d 检验法。首先求出可疑值以外的其余数据的平均值 $\bar{x}$ 和平均偏差 $\bar{d}$，然后将可疑值与平均值进行比较，如绝对差值大于 $4\bar{d}$，则应舍弃可疑值，否则保留。

### 1.6.4　测试报告

测试报告是重要的技术文件，一般包括的内容有：测试目的、测试原理及采用的标准、测试材料及制品（名称、牌号、产地）、测试设备及条件、测试结果、结论、测试中的异常情况、建议、测试人员及日期等。实际工作中，通常把测试报告简化成表格形式。

# 1.7　常用量具的使用与维护

塑料分析测试常用到天平、游标卡尺、千分尺等计量工具，掌握正确使用方法对保证测试结果十分重要。

## 1.7.1　分析天平的使用

分析天平是常见的一种精密计量仪器，用于准确称量物质的质量。根据天平的构造和原理，分析天平分为机械式天平（杠杆天平）和电子天平两大类。电子天平是将现代电子技术应用到天平上而制成的计量仪器，它的最大特点是称量速度快而准确，能在瞬间显示出被称物体的质量。目前，电子天平已逐渐取代机械式分析天平了。

分析天平

电子天平采用电磁力平衡原理，它的支撑点是弹性簧片，没有机械天平的宝石或玛瑙易损件，没有升降装置，不需要砝码，用数字显示代替指针刻度式显示。具有自动校正、超载指示、故障报警等功能。内置标准输出口，可连接打印机、计算机等设备作现场质量控制。电子天平有多种规格，大的有几千克的，小的有几十毫克的，还有十万分之一克的超微量天平。图1-10是常见的电子天平结构示意图。

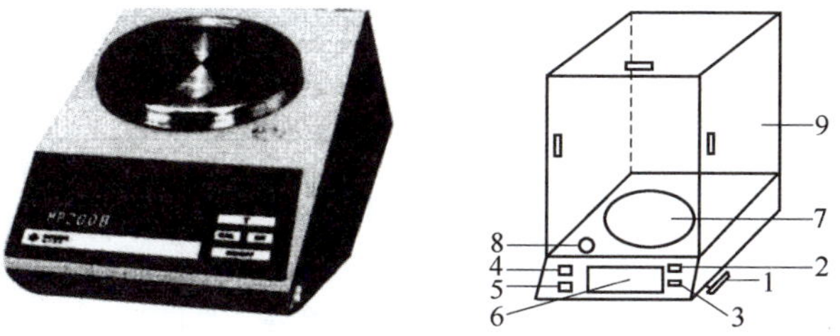


图1-10　电子天平结构示意图

1—水平调节螺丝　2—“ON”键　3—“OFF”键
4—“CAL”校正键　5—“TAR”清零键　6—显示屏；
7—称量盘　8—气泡式水平仪　9—侧门

使用电子天平前应阅读使用说明书。使用时，注意以下几点。

① 安装天平主机，通过调整天平后底部的水平调整脚，将天平调整至水平状态；

② 将天平的秤圈、秤盘等活动部件安装到位，有些称盘需要旋转才能固定好；

③ 松开运输固定螺丝或键钮等止动装置（有些电子天平没有此装置）；

④ 将电子天平的外接电源选择键钮调至当地供电电压挡上，把外接电源、插销插入外接电源插座内；

⑤ 打开电子天平的电源开关，显示窗应显示“CH-0”到“CH-9”后出现“0”；刚开机时显示的数据有飘移现象是正常的，过一段时间后可稳定下来，当秤盘显示不为零时，按“T”键使回零；

⑥ 预热30min后，天平就可正常称量。取一洁净干燥的小烧杯，轻轻放在秤盘上；待天平稳定后按“T”键，天平显示“0”，用药勺慢慢加样品于小烧杯中，直至达到所需量，记下数据；取下小烧杯，天平显负值，按“T”键，使显示“0”；称量完毕，关上电源开关，拔下插头。

### 1.7.2 游标卡尺的使用

游标卡尺使用

游标卡尺是一种结构简单的精密量具，可以直接测量出试样的内、外尺寸（如长度、宽度、厚度、内径和外径），孔距，高度和深度等。常用的游标卡尺结构形式如图 1-11 所示。它由主尺和副尺（游标尺）组成。主尺与固定量爪制成一体，游标尺和活动量爪制成一体，并能在主尺上滑动。游标卡尺有 0.02、0.05、0.10mm 3 种测量精度。

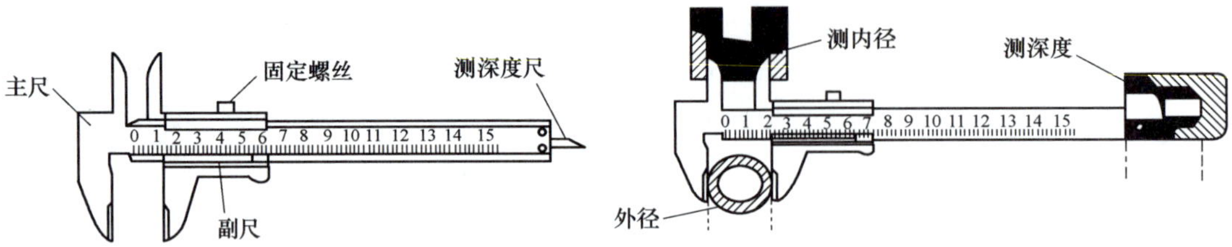


图 1-11　游标卡尺的结构

（1）游标卡尺的测试原理

游标卡尺的读数装置由主尺和游标尺两部分组成的，主尺的尺身和游标尺上面都有刻度。下面以准确到 0.1mm 的游标卡尺为例进行说明：

尺身上的最小分度是 1mm，游标尺上有 10 个小的等分刻度，总长 9mm，每一分度为 0.9mm，比主尺上的最小分度相差 0.1mm。量爪并拢时尺身和游标的零刻度线对齐，它们的第一条刻度线相差 0.1mm，第二条刻度线相差 0.2mm，…，第 10 条刻度线相差 1mm，即游标的第 10 条刻度线恰好与主尺的 9mm 刻度线对齐。当测量的物体线度为 0.1mm 时，游标尺向右应移动 0.1mm。这时它的第一条刻度线恰好与尺身的 1mm 刻度线对齐。同样当游标的第五条刻度线跟尺身的 5mm 刻度线对齐时，说明两量爪之间有 0.5mm 的宽度，……，依此类推。在测量大于 1mm 的长度时，整的毫米数要从游标“0”线与尺身相对的刻度线读出。

当游标尺上的活动量爪与主尺上的固定量爪贴合时，游标尺上的“0”刻线（也称“游标零线”）与主尺“0”刻线对齐，此时活动量爪与固定量爪之间的距离为零。测量时，需要游标尺向右移动到某一位置，这时活动量爪与固定量爪之间的距离，就是被测尺寸。

（2）游标卡尺的使用

游标卡尺的内量爪带刀口形，用于测量宽度和内径；外量爪带平面和刀口形的测量面，用于测量长度和外径；尺身背面带有深度尺，用于测量深度和高度。使用时，应注意以下几点。

① 检查游标和主尺身的零刻度线是否对齐。用软布将量爪擦干净，使其并拢，如果对齐就可以进行测量；如没有对齐则要记取零误差。游标的零刻度线在尺身零刻度线右侧的叫正零误差，在尺身零刻度线左侧的叫负零误差。

② 测量时，右手拿住尺身，大拇指移动游标，左手拿待测外径（或内径）的物体，使待测物位于外测量爪之间，当与量爪紧紧相贴时，即可读数。

读数方法：第一步读整数，即读出游标尺零线左面主尺上的整毫米数；第二步读小数，即读出游标尺与主尺对齐刻线处的小数毫米数；第三步把两次读数加起来。

图 1-12 为用 0. 02mm 游标卡尺测量某试样，主尺读数： $h$ = 17. 0mm，游标尺+0. 7mm；测量结果： 1. 7. 0+0. 70 = 17. 7mm。

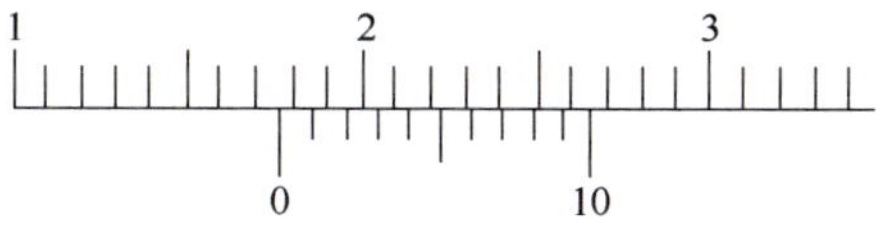

图 1-12　0. 02mm 游标卡尺的尺寸读法

## 1. 7. 3　千分尺的使用

千分尺有外径千分尺、内径千分尺、深度千分尺等，它的精度比游标卡尺高。图 1-13 所示为测量范围 0~25mm 的外径千分尺。

（1）千分尺的刻线原理

千分尺由主尺和副尺组成。弓架左端有固定砧座，右端的固定套筒在轴线方向上刻有一条中线（基准线），上、下两排刻线互相错开 0. 5mm，即主尺。活动套筒左端圆周上刻有 50 等分的刻线，即副尺。活动套筒转动一圈，带动螺杆一同沿轴向移动 0. 5mm。因此，活动套筒每转过 1 格，螺杆沿轴向移动的距离为 0. 5/50 = 0. 01mm。

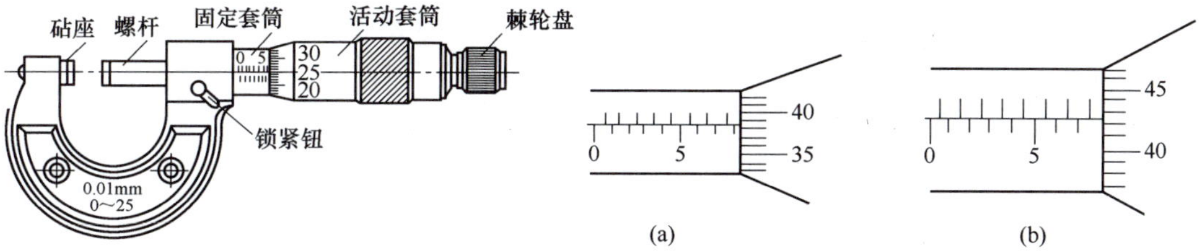

图 1-13　外径千分尺

(a) 读数为 8. 384mm　(b) 读数为 7. 923mm

（2）千分尺的读数方法

先以微分筒的端面为准线，读出固定套管下刻度线的分度值（只读出以毫米为单位的整数），再以固定套管上的水平横线作为读数准线，读出可动刻度上的分度值，读数时应估读到最小刻度的十分之一，即 0. 001mm。如果微分筒的端面与固定刻度的下刻度线之间无上刻度线，测量结果即为下刻度线的数值加可动刻度的值；如微分筒端面与下刻度线之间有一条上刻度线，测量结果应为下刻度线的数值加上 0. 5mm，再加上可动刻度的值，如图 1-13（a）读数为 8. 384mm，（b）读数为 7. 923mm。

外径千分尺的读数：被测试样的尺寸 = 副尺所指的主尺上整数（应为 0. 5mm 的整倍数）+ 主尺中线所指副尺的格数 ×0. 01。

## 项目总结

塑料具有优异的性能，广泛应用于国民经济和日常生活各领域。塑料分析测试是塑料生产、应用和科研的重要手段，随着塑料的发展而产生，而且技术手段不断创新。

塑料测试一般分结构形态表征和塑料性能测试两个方面。塑料性能测试主要是为生产、使用服务，测试一般要按标准进行。

标准是科学技术发展的产物，根据标准的制定和颁布机构的不同，标准分国际标准、国家标准、行业标准、地方标准、企业和团体标准。

塑料测试试样的制备方式包括两种：一是从制品上直接取样；二是用原材料制样。从制品上直接取样又分为了直接裁切法、成型裁刀裁切法、机械加工法等；用原材料制样有模压成型、注塑成型、吹膜成型等。试样的制备、预处理和实验条件对塑料的测试结果都有相当大的影响。

塑料分析测试都存在误差。根据引起误差的性质和来源上分为系统误差、随机误差和过失误差。随机误差不能消除，可以通过增加测试次数减少误差的影响。因此，塑料测试结果基本是近似值，以算术平均值表示。计算结果需要对测试数据进行有效数值修约。

塑料测试常用的量具有游标卡尺、千分尺和分析天平等，它们都是精密仪器，要求规范使用，正确保养与维护。

## 思考题

（1）塑料分析测试的目的是什么？

（2）塑料分析测试分为哪几种方法？各测试重点是什么？

（3）标准怎么分类的？什么情况下是要制定强制性标准？

（4）塑料测试为什么要按标准进行？

（5）影响塑料测试的因素主要有哪些？

（6）塑料测试试样制备方法有哪些？如何制备热塑性塑料注塑试样？

（7）塑料测试误差有哪些？偶然误差如何产生的，有什么特点？

（8）塑料测试精密度、准确度和什么条件有关？

（9）使用游标卡尺要注意哪些问题？

（10）如何确定电子天平的测量精度？

项目2

# 塑料分析与鉴别

## 学习目标

塑料已经占据了我们生活的每一个角落，处处都有它们的身影。由于塑料的品种多，不同塑料的结构组成和性能差别很大。因此，掌握塑料一些简单的鉴别方法，了解塑料性能特点和用途，无论是塑料生产、流通和应用，以及环境保护都十分必要。通过本项目学习掌握塑料简易鉴别的原理和操作方法，具体学习目标如表 2-1 所示。

表 2-1　学习目标

| 序号 | 类别 | 目　标 |
| --- | --- | --- |
| 1 | 知识 | ①了解塑料种类和性能一般知识<br>②掌握塑料组成的结构特征<br>③理解塑料简单鉴别的原理与方法<br>④熟悉塑料燃烧行为现象 |
| 2 | 能力 | ①能设计一般塑料的简单鉴别方案<br>②能准备塑料简易鉴别仪器、工具，配制密度液<br>③能根据塑料外观特征、密度等简单判别塑料的种类<br>④能完成塑料燃烧法鉴别塑料的试验操作 |
| 3 | 职业素质 | ①团队合作与沟通能力<br>②自主学习、分析与解决问题的能力<br>③安全生产、质量与环境保护意识<br>④客观公正，严谨认真的职业道德 |

## 工作任务

塑料简易鉴别一般采用外观法，密度法、燃烧法，以及简单的化学方法定性分析塑料的种类。方法简单、迅速，一般的企业及简单培训的人员都能完成。本项目工作任务如表 2-2 所示，综合运用外观法、密度法、燃烧法鉴别常用塑料。

表 2-2　工作任务

| 序号 | 任务名称 | 要　求 |
| --- | --- | --- |
| 1 | 外观法鉴别塑料 | ①查阅《GB/T 16288—2008 塑料制品的标志》标准，掌握各塑料制品规范标识<br>②了解塑料的结构组成与外观性能的关系<br>③能用看、摸、听、闻、掂等方法来鉴别塑料<br>④正确记录实验结果，完成测试报告 |
| 2 | 密度法鉴别塑料 | ①检索和阅读简易鉴别塑料的方法相关文献资料<br>②理解塑料密度的基本概念，掌握密度法鉴别塑料的原理与操作<br>③熟悉鉴别塑料密度液的配置方法，规范使用量筒、液体比重计等仪器<br>④正确记录实验结果，完成测试报告 |

续表

| 序号 | 任务名称 | 要　求 |
|---|---|---|
| 3 | 燃烧法鉴别塑料 | ①检索和阅读简易鉴别塑料的方法相关文献资料<br>②了解塑料的不同结构组成与燃烧行为<br>③掌握燃烧法鉴别塑料的原理与操作<br>④正确记录实验结果，完成测试报告 |

## 2.1 塑料的简单鉴别

塑料简易鉴别

塑料的简易鉴别通常是采用外观、物理和化学分析方法区分塑料及制品的类别，如热固性塑料、热塑性塑料，通用塑料［聚乙烯（PE）、聚氯乙烯（PVC）、聚苯乙烯（PS）、聚丙烯（PP）］，工程塑料［丙烯腈-丁二烯-苯乙烯共聚物（ABS）、聚碳酸酯（PC）、聚甲醛（POM）、聚对苯二甲酸乙二醇酯（PET）］等。这种方法简单、迅速，只需要少量工具及药品即可完成。

### 2.1.1 外观法鉴别塑料

塑料一般分为热固性塑料和热塑料性塑料。热塑性塑料根据结晶度不同，分结晶型塑料和无定形塑料两类。结晶型塑料外观呈半透明，乳浊状或不透明，硬度从柔软到角质不等。在薄膜状态下呈透明状，如 PE 薄膜外观呈半透明。无定形塑料一般为无色，在不加添加剂时基本透明，硬度从硬于角质到橡胶状（此时常加有增塑剂等添加剂）。热固性塑料不含填料时为透明，且强度较低，通常使用的热固性塑料都添加填料，为不透明塑料。

塑料外观鉴别法是根据各种塑料制品的特征和用途，用看、摸、听、闻、掂等方法来鉴别塑料。这种方法简单、方便，可以初步判断出塑料种类，属于热塑性塑料还是热固性塑料。如果知道塑料的用途，可以根据物品使用性能来进行分类。如塑料门窗大多数用 PVC 制造；制造仪器的透明罩，如车灯罩、路灯罩透明硬质塑料大多数是 PMMA、PC、PET 和 PS；食物透明包装瓶主要由 PET 或 PC 制造；食物包装袋往往是无毒塑料 PE、PP、PET 等制成的。

为规范不同塑料制品标识分类，便于废旧塑料回收再利用， GB/T 16288—2008《塑料制品的标志》规定塑料制品设置统一的规范性标志，根据标志可区分塑料的种类。

**任务实施**

查阅并领会 GB/T 16288—2008 标准。

### 2.1.2 密度法

密度是材料的质量 $m$ 与体积 $V$ 的商。不同种类的塑料其密度值是不同的，因此，根据塑料的密度差异可以鉴别塑料。常用塑料的密度值见表 2-3。

表 2-3　　常用塑料密度值

| 材料 | 密度/g·cm$^{-3}$ | 材料 | 密度/g·cm$^{-3}$ |
|---|---|---|---|
| PP | 0.85~0.92 | 聚醋酸乙烯酯 | 1.17~1.20 |
| 低密度聚乙烯(PE-LD) | 0.89~0.93 | 增塑 PVC | 1.19~1.35 |
| 聚丁烯-1 | 0.91~0.92 | 双酚 A 型 PC | 1.18~1.22 |
| 聚异丁烯 | 0.91~0.93 | 交联聚氨酯 | 1.20~1.26 |
| 高密度聚乙烯(PE-HD) | 0.94~0.98 | 未填充酚醛树脂 | 1.26~1.28 |
| PA12 | 1.01~1.04 | 纸、纤维填充酚醛树脂 | 1.30~1.41 |
| PA11 | 1.03~1.05 | 聚氟乙烯 | 1.30~1.40 |
| ABS | 1.04~1.06 | PET | 1.20~1.30 |
| | | 聚对苯二甲酸丁二醇酯(PBT) | 1.31~1.32 |
| PS | 1.04~1.08 | 硬 PVC | 1.38~1.41 |
| 聚苯醚 | 1.03~1.07 | POM | 1.34~1.43 |
| 苯乙烯-丙烯腈共聚物 | 1.06~1.10 | 氯化聚乙烯 | 1.41~1.45 |
| PA610 | 1.07~1.09 | 酚醛氨基塑料(无填充料) | 1.50~2.0 |
| PA6 | 1.12~1.15 | 聚偏氟乙烯 | 1.7~1.8 |
| PA66 | 1.13~1.16 | 玻璃纤维增强环氧、不饱和树脂 | 1.8~2.3 |
| 环氧、不饱和树脂 | 1.10~1.40 | 聚偏氯乙烯 | 1.86~1.88 |
| 聚丙烯腈 | 1.14~1.17 | 聚三氟氯乙烯 | 2.1~2.2 |
| 聚甲基丙烯酸甲酯 | 1.16~1.20 | 聚四氟乙烯 | 2.1~2.3 |

从表中可以看到，每种塑料的密度值都分布在一定范围内。但是市场的塑料制品多数是由多组分组成的复合材料制备的，其中加入了各种助剂及填充料，这必然要影响到密度大小。因此，密度法适用于鉴别单一塑料及其制品。

加入较多填充料或助剂的塑料在鉴别前，需要进行预处理。先把试样溶解后经沉淀、萃取等方法除去添加剂后再用密度法鉴别。泡沫塑料及制品、多组分的复合塑料，一般不用密度鉴别法进行鉴别。

## 任务实施

（1）按表 2-4 配制好不同密度值的溶液，然后将要鉴别的塑料试样放在不同的密度液中，观察其在密度液中的沉浮状况，判断样品的密度范围，从而鉴别塑料。

表 2-4　　常用的密度液配制

| 密度液 | 密度/g·cm$^{-3}$ | 密度液 | 密度/g·cm$^{-3}$ |
|---|---|---|---|
| 95%乙醇 | 0.79 | 饱和氯化钠溶液 | 1.19 |
| 58.4%乙醇水溶液 | 0.91 | 饱和氯化钙溶液 | 1.27 |
| 55.4%乙醇水溶液 | 0.925 | 饱和氯化镁溶液 | 1.34 |
| 蒸馏水 | 1.0 | 饱和氯化锌溶液 | 2.01 |

（2）查阅《GB/T 1033.1—2008 塑料非泡沫塑料密度的测定》，按标准规定测定塑料的密度。

### 2.1.3　熔融法

不同种类的塑料加热特征各不相同，热塑性塑料加热软化，易熔融；热固性塑料加热不能溶解也不熔融。结晶型热塑性塑料在温度升高时，材料逐渐变软，在很窄的温度范围内（熔点）变成清亮透明的熔体。非结晶型塑料在温度升高到玻璃化转变温度时，材料逐渐变成软而富有弹性的黏弹体，当达到某一温度时，则成为能流动的熔体。因此根据不同塑料的熔点或软化温度的不同特点可以鉴别塑料。

常见塑料软化温度和熔点见表 2-5。

表 2-5 常用塑料的软化点和熔点

| 塑料材料 | 熔点（软化）温度/℃ | 塑料材料 | 熔点（软化）温度/℃ |
|---|---|---|---|
| PS | 70~115 | PE(d=0.92) | 110 |
| 聚甲基丙烯酸甲酯(PMMA) | 120~160 | PE(*d*=0.94) | 120 |
| POM | 165~185 | PE(*d*=0.96) | 130 |
| PVC | 75~90 | PP | 160~170 |
| PC | 220~230 | PET | 250~260 |
| 聚醋酸乙烯 | 35~85 | 单体浇铸 PA | 216 |
| 乙烯-醋酸乙烯酯 | 65~90 | PA6 | 215~225 |
| 聚四氟乙烯 | 325~330 | PA1010 | 195~210 |
| 聚氨酯(线形) | 150~185 | PA66 | 240 |
| 聚砜 | 174 | 聚苯醚 | 210 |
| ABS | 87~104 | 聚酰亚胺 | 360 |

## 任务实施

（1）查阅并领会《GB/T 16582—2008 塑料用毛细管法和偏光显微镜法测定部分结晶聚合物熔融行为（熔融温度或熔融范围）》。

（2）通过温度-形变曲线测定塑料的软化点或熔点。

### 2.1.4 溶解法

塑料溶解性能除与其化学组成有关外，很大程度上还受其聚合物基材的结构、溶剂的种类、溶解条件等因素的影响。温度较低时，聚合物及溶剂各自分子间作用力强，难以溶解。特别是溶解结晶型聚合物，首先必须破坏其晶格。如 PA 之类的极性聚合物与苯酚、甲醛之类的极性溶剂作用时，聚合物的非晶部分则先受到溶剂分子作用而产生放热效应，放出的热量足以使与之相邻的晶格解体，这样极性聚合物在较低的温度下就能溶解在极性溶剂中。而非极性的 PE、 PP 之类的塑料，其非晶区部分溶于非极性溶剂时，产生的热效应低，不能破坏其晶格。所以非极性结晶性塑料在常温下一般不能被溶剂溶解。只有溶剂被加热到足够高的温度时，才能产生被溶剂溶解的过程。表 2-6 是一些塑料的溶剂与非溶剂。

表 2-6 塑料溶解性

| 聚合物 | 溶剂 | 非溶剂 |
|---|---|---|
| PE、PP | 对二甲苯、四氢萘、十氢萘、癸烷、二氯乙烯、三氯代苯、1-氯萘醚 | 极性溶剂、醇、酯、汽油、环己酮 |
| 聚异丁烯 | 醚、汽油、己烷、苯-四氯化碳、四氢呋喃 | 醇、酯、丙酮 |

续表

| 聚合物 | 溶剂 | 非溶剂 |
|---|---|---|
| PS | 甲乙酮、氯代烃、乙酸丁酯、环己酮、吡啶、芳烃、二氧杂环己烷(二氧六环)、四氢萘、二甲基甲酰胺、二硫化碳 | 低级醇、脂肪烃、乙醚(溶胀)、水 |
| ABS | 二氯甲烷 | 醇、水、脂肪烃 |
| PVC | 二甲基甲酰胺、四氢呋喃、环己酮、氯苯、甲乙酮、六甲基磷酸三酰胺 | 醇、二氧杂环己烷、乙酸丁酯、烃 |
| 氯化聚氯乙烯 | 二氯乙烷、环己烷、苯、甲苯、四氯乙烯、酮、乙酸乙酯 | — |
| 氯醋树脂 | 二氯甲烷、环己酮、四氢呋喃 | 醇、烃 |
| 聚四氟乙烯 | 热的氟烃油 | 所有的溶剂 |
| 聚醋酸乙烯 | 芳烃、氯代烃、酮、甲醇、酯 | 脂肪烃 |
| 聚甲基丙烯酸酯类 | 芳烃、乙酸乙酯、氯代烃、丙酮、四氢呋喃 | 醇、醚、脂肪烃 |
| POM | 二甲基甲酰胺(150℃)、二甲亚砜、丁内酯(140℃) | 醇、酮、酯、烃 |
| 聚苯醚 | 苯、氯仿 | 甲醇、乙醇 |
| PET | 浓硫酸、间甲酚、邻氯苯、硝基苯、三氯乙酸 | 甲醇、脂肪烃、丙酮 |
| PC | 二氧杂环己烷、二甲基甲酰胺、氯代烃、环己酮、甲酚 | 脂肪烃、醇、水 |
| PA | 间甲酚、二甲基甲酰胺、甲酸、浓无机酸、三氟乙醇、甲醇-氯化钙、六甲基磷酸三酰胺、 | 醇、酮、酯、烃 |
| 聚砜 | 酮、卤代烃、芳烃 | — |
| 聚氨酯 | 四氢呋喃、二甲基甲酰胺、间甲酚、乙酸乙酯、六甲基磷酸三酰胺、甲酸 | 醇、脂肪烃、苯、醚、水、盐酸 |
| 不饱和聚酯(未固化) | 酮、苯乙烯、丙烯酸酯 | 脂肪烃 |
| 环氧树脂(未固化) | 醇、二氧杂环己烷、酯、酮 | 烃、水 |
| 酚醛树脂(未固化) | 醇、酮、水 | 氯代烃、脂肪烃 |

## 任务实施

溶解法鉴别塑料是使用一系列溶剂对塑料进行溶解，根据溶解情况判断塑料种类的方法。称取少量试样粉末放入盛有试验溶剂的试管中，在摇动下观察溶解状况，如溶胀、粉末消失、溶剂粘度增加等。持续一段时间后，若无明显的现象产生，则改用加热或回流方式进行溶解试验。然后过滤或静置分层试验液，取上层清液几滴于表面皿中，加热挥发溶剂，观察是否有残留物。也可以向澄清的试验液中加入几滴该试样不良溶剂，观察有否沉淀产生。这样可以判定塑料是否溶解在溶剂中了。把欲鉴别的试样与溶解试验结果跟表中对照，就可以粗略估计塑料的品种。

### 2.1.5　燃烧法

燃烧法鉴别塑料是一种简便而且非常有用的识别方法。

塑料燃烧是在高温下发生伴之有光、热产生的激烈氧化反应。塑料材料的组成不同，其燃烧行为不一样，不同品种表现出的差异较大。例如：燃烧时产生的光的强弱、颜色，产生的低分子物的气味、烟雾，燃烧时滴落物的状态，试样的开裂、残渣等均有不同。表 2-7 是一些塑料的燃烧显示的现象。

表 2-7　　燃烧试验塑料行为

| 可燃性 | 火焰外观 | 气味 | 材料 |
|---|---|---|---|
| 不燃 | — | — | 硅塑胶 |
| | — | 刺激性(HF) | PTEE、聚三氟氯乙烯 |
| | — | — | 聚酰亚胺 |
| 难燃，离火后熄灭 | 亮、有烟 | 苯酚、甲醛 | 酚醛树脂 |
| | 亮、黄色 | 氨、胺类、甲醛 | 氨基树脂 |
| | 绿色边缘 | HCl | PVC、聚偏二氯乙烯 |
| | 耀眼、有烟 | — | 聚碳酸酯 |
| | 黄色、灰烟 | — | 硅橡胶 |
| | 橙黄色、蓝烟 | 角质燃烧味 | PA |
| 在火焰中燃烧，离火后慢慢熄灭 | 黄色 | 苯酚、烧纸味 | 酚醛树脂层压板 |
| | 黄色 | 苯酚 | 环氧树脂(玻纤增强) |
| | 橙黄色 | 烧橡胶味 | 聚氯丁二烯 |
| | 橙黄色、有烟 | 甜、芳香味 | PET |
| | 黄边、蓝边 | 刺激性 | 聚氨酯 |
| | 黄色、蓝色中心 | 烧蜡气味 | PE、PP |
| | 耀眼、有烟 | 强刺激性 | 聚酯树脂(玻璃纤维增强) |
| | 耀眼、分解 | 刺激喉咙 | 聚乙烯醇 |
| 易燃，离火后仍有燃烧 | 耀眼、有烟 | 甜、中性气体 | PS |
| | 暗黄、稍有烟 | 乙酸 | 聚醋酸乙烯酯 |
| | 耀眼、蓝色中心、喷溅 | 甜、水果味 | PMMA |
| | 浅蓝色 | 甲醛 | POM |
| | 暗黄、稍软 | 乙酸、丁酸 | 乙酸丁酸纤维素 |
| | 亮绿、闪光 | 乙酸 | 乙酸纤维素 |
| | 橙黄 | 烧纸味 | 纤维素 |
| | 亮、剧烈 | 氧化氮 | 硝酸纤维素 |
| | 暗黄、有烟 | 烧橡胶味 | 橡胶 |

## 任务实施

用镊子夹住试样，然后慢慢伸向火焰，观察其可燃性、火焰色泽、烟的浓淡、燃烧时气味、自熄情况等，同时观察其灰烬，据此判断是何种塑料。

火源最好使用酒精灯或微型煤气灯。

### 2.1.6　热解法

热解法鉴别塑料是在热解试管中加入少量塑料试样，加热至热解温度使试样裂解出气体，使覆盖在试管口的试纸或者经过处理的滤纸变色的方法。

塑料分子结构中除含有 C、H 元素外，可能还含有 S、N、P、O、卤素等元素。塑料在高温分解时，生成易挥发的 $CO_2$、$H_2O$、$H_2S$、$SO_2$、$NH_3$ 及合成塑料的单体之类的小分子。如表 2-8 所示，这些裂解产物带酸或碱性，会使石蕊试纸、 pH 试纸产生显色反应。

表 2-8 塑料裂解气体使试纸、石蕊试纸颜色变化

| 石蕊试纸 | 红色 | 基本不变色 | 蓝色 |
|---|---|---|---|
| pH 试纸 | 0.5~0.4 | 5.0~5.5 | 8.0~9.5 |
| 聚合物 | 含卤素的聚合物、PET、纤维素酯、聚乙烯基酯、线形酚醛树脂、不饱和树脂 | 聚乙烯缩醛、聚乙烯基醚、聚烯烃、PMMA、POM、PC、硅酮塑料、聚氨酯、环氧树酯、酚树酯、PS | 甲酚－甲醛树酯、胺基树酯、ABS、PA、聚丙烯腈 |

## 任务实施

把欲鉴别的试样粉末放入试管，试管口上放一条浸湿的石蕊试纸或 pH 试纸，用夹子夹住试管的上端，在火焰上缓慢加热，观察试管中被加热试样的变化，被分解聚合物释放出的气体使管口上试纸颜色的变化。若检验氯离子，可以将馏出气体引到盛有硝酸银的试管中，观察有否白色沉淀。

# 2.2 塑料中元素检测鉴别法

塑料中元素检测的方法是将高分子试样进行分解后，使其中的元素转化为离子形式，然后对其进行测定的。常有钠熔法和氧瓶燃烧法两种。

## 2.2.1 钠熔法

在裂解管中放入 50~100mg 塑料碎末及一粒豌豆大小的金属钠，在本生灯上加热致使金属钠熔化，再把此裂解管放入盛有蒸馏水的小烧杯内，让玻璃炸裂，反应产物溶于水后，用移液管吸取烧杯中的液体，作分析杂元素用。该反应主要是金属钠在熔化状态时与试样中的杂原子反应，生成氰化钠、硫化钠、氯化钠、氟化钠、磷酸钠等化合物，通过鉴别这些化合物而推测试样的类型。

（1）卤素的测定

把所得试液用稀硝酸酸化并煮沸，以除去硫化氢、氢氰酸。加入质量浓度为 20g/L 的硝酸银溶液几滴。若有白色沉淀，再加入过量的氨水，若沉淀溶解，则试样中含有氯元素。

若出现浅黄色沉淀，且难溶于过量的氨水中，则试样中含有溴元素；若产生黄色沉淀，不溶于氨水，则含有碘元素。

$$Ag^++Cl^- \longrightarrow AgCl\downarrow \quad (2-1)$$

$$Ag^++Br^- \longrightarrow AgBr\downarrow \quad (2-2)$$

$$Ag^++I^- \longrightarrow AgI\downarrow \quad (2-3)$$

（2）氟的测定

在用醋酸酸化的试液中，加入 0.5mol/L 的氯化钙溶液，若有凝胶状沉淀生成，则试样中含有氟元素。

$$CaCl_2+2F^- \longrightarrow CaF_2\downarrow \qquad (2-4)$$

（3）氮的测定

在制得的试液中加入一小勺硫酸亚铁，迅速煮沸，冷却后，加几滴质量浓度为 15g/L 的三氯化铁溶液，再用稀盐酸酸化至氢氧化铁恰好溶解。若溶液变成蓝绿色，并出现普鲁士蓝沉淀，则含有氮元素；若试样中氮元素含量少，则形成微绿色溶液，静置几小时后才有沉淀产生；若试样中无氮元素，则溶液仍为黄色。

$$6NaCN+FeSO_4 \longrightarrow Na_2SO_4+Na_4[Fe(CN)_6] \qquad (2-5)$$

$$3Na_4[Fe(CN)_6]+4FeCl_3 \longrightarrow Fe_4[Fe(CN)_6]_3\downarrow+12NaCl \qquad (2-6)$$

（4）硫的测定

在制得的试液 1~2mL 中加入质量浓度为 10g/L 的亚硝酸铁氰化钠溶液，若出现深紫色，则表示有 S 元素存在。

$$Na_2S+Na_2[Fe(CN)_5NO] \longrightarrow Na_4[Fe(CN)_5NOS] \qquad (2-7)$$

还可以在 1~2mL 试液中加几滴醋酸酸化之后，再加入 2mol/L 醋酸铅溶液几滴，有黑色沉淀生成则表明试样中含有 S 元素。

$$S^{2-}+Pb^{2+} \longrightarrow PbS\downarrow \qquad (2-8)$$

（5）溴的测定

取 1mL 的试液、 1mL 冰醋酸和几毫克二氧化铅，在小试管中进行混合，用一张质量浓度为 10g/L 的荧光黄乙醇溶液浸湿的滤纸盖住试管口。若发现滤纸变为品红色，则说明存在溴元素；若变为棕色，则存在碘元素。

## 2.2.2 氧瓶燃烧法

氧瓶燃烧法是将高分子材料在充满氧气的燃烧瓶中进行燃烧，待燃烧产物被吸入吸收液后，再采用适宜的分析方法来检查或测定卤素、氮、硫、磷等元素的含量。

（1）溶液的制备

如图 2-1 所示的燃烧瓶，磨口、硬质玻璃锥形瓶，有 500mL、1000mL 或 2000mL 规格。瓶塞应严密、空心， 底部熔封铂丝一根（直径为 1mm），铂丝下端作成网状或螺旋状，长度约为瓶身长度的 2/3。

图 2-1 氧燃烧瓶

精确称取研细的塑料试样（10~50） mg，用一小块定量滤纸包好，紧紧固定于铂丝下端的网内或螺旋处，使尾部露出。在燃烧瓶的底部注入 5mL 浓度为 0.2mol/L 的氢氧化钠作为吸收液，并将瓶口用水湿润，小心急速通入氧气约 1min，立即用表面皿覆盖瓶口，移置别处；在通氧的最后阶段，点燃包有试样的滤纸尾部，迅速放入燃烧瓶中，按紧瓶塞，并将燃烧瓶小心倾斜。燃烧刚开始时，应压紧瓶塞，勿使其冲出。燃烧完毕（应无黑色碎片），使燃烧瓶恢复直立，充分振摇，使生成的烟雾完全吸入吸收液中，放置15min，用20mL蒸馏水冲洗瓶塞及铂丝，合并洗液及吸收液，得到25mL的测试溶液。并按同样的方法，另外做一个空白燃烧试验，以作比较。

（2）氯的测定

取5mL试液，加入1mL硫酸铁铵溶液混匀，加入1.5mL硫氰酸汞溶液。若试样中含氯，则溶液将变成橘红色。将溶液放置10min后，可利用分光光度计在460nm的波长下用标准曲线法进行定量分析。

（3）硫的测定

取5mL试液，加入两滴过氧化氢及1.2mL 1mol/L的盐酸，混合均匀后，一边摇动，一边加入2.0mL的沉淀剂。当试样中含有硫元素时，溶液中将出现局部浑浊现象。将混合溶液静置30min后摇匀，可用分光光度计于700nm波长下采用标准曲线法进行定量测定。

（4）氮的测定

称取0.1g间苯二酚，用0.5mL冰醋酸溶解，加入5mL试液，混匀后加入0.1g硫酸铁铵。若试样中含有氮元素，溶液将呈绿色，而空白应为灰黄色。将溶液静置20min后可用分光光度计在690nm的波长下用标准曲线法进行定量测定。

（5）磷的测定

取2mL试液，加入40mL蒸馏水和4mL钼酸铵溶液，完全混匀后加入0.1g抗坏血酸，煮沸1min。在流水中冷却10min，用蒸馏水稀释至50mL。若试样中含有磷元素，则溶液将呈蓝色，空白试验为灰黄色。静置20min后，可用分光光度计在820nm下用标准曲线法对其进行定量测定。

（6）氟的测定

取20mL蒸馏水和2.4mL茜素络合物溶液混匀，加入1mL试液，混匀后离心分离。再加入0.0005mol/L的硝酸铈溶液2mL后混匀。若试样中存在氟元素，溶液呈紫红色，空白为粉红色。静置10min后，可用分光光度计于600nm波长下用标准曲线法进行定量分析。

## 2.3 塑料的鉴别流程

在各种试验方法中，应先采用不需要大量的仪器与化学药品的物理鉴别方法，如密度法；化学鉴别法中的燃烧法也可以先采用。如果上面的方法还不能准确判定塑料试样的种类时，则使用化学鉴别方法。

物理方法用于大致鉴别塑料品种，化学方法用于准确鉴别塑料的种类。但无论哪种鉴别方法都有其局限性，例如在某种方法中不同的试样可能表现出相同或类似的行为而难以区分，所以需要采用将多种方法鉴别的结果结合起来，综合鉴别塑料。图2-2是一般塑料综合性鉴别流程图。

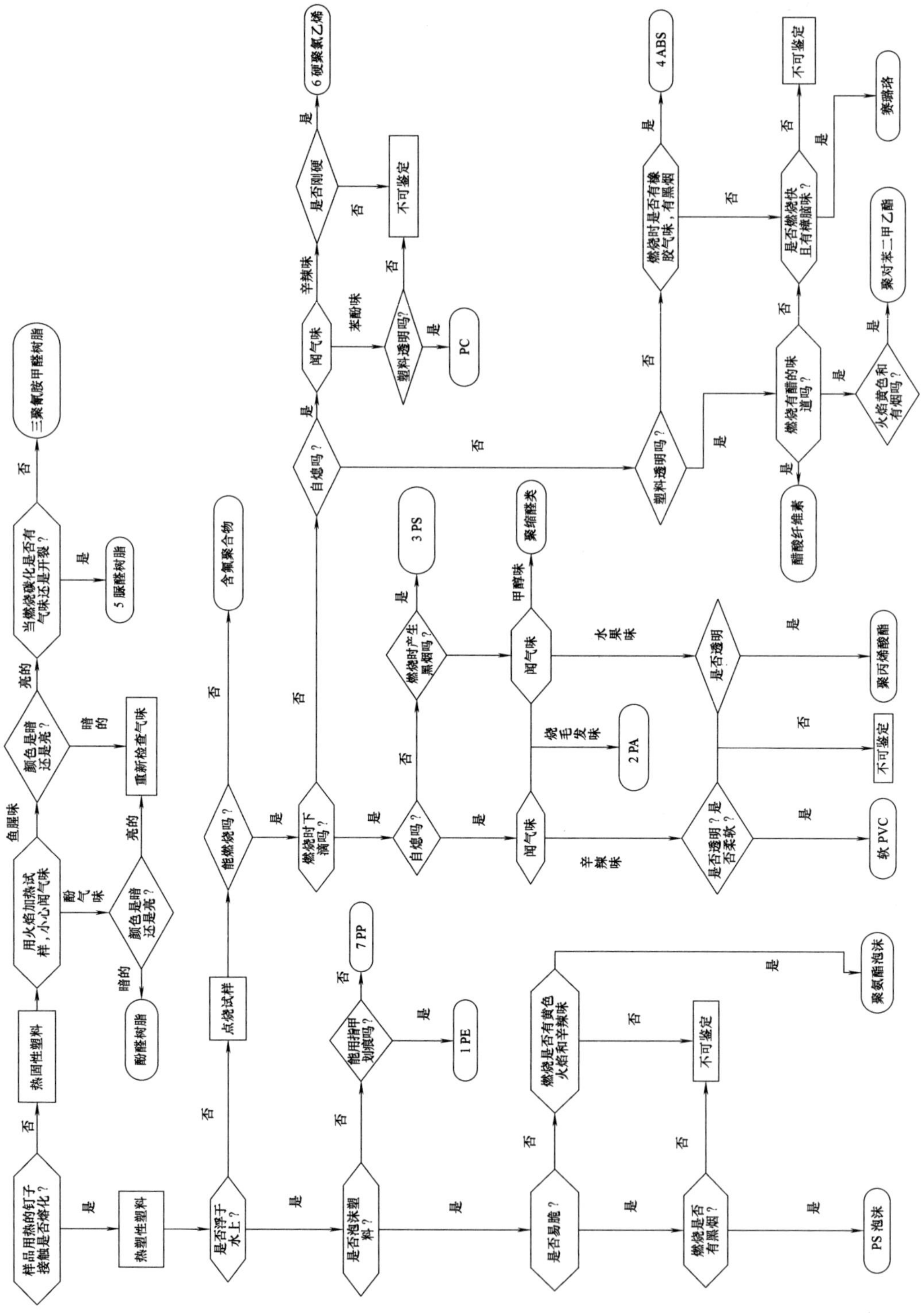


图 2-2 一般塑料综合鉴别流程图

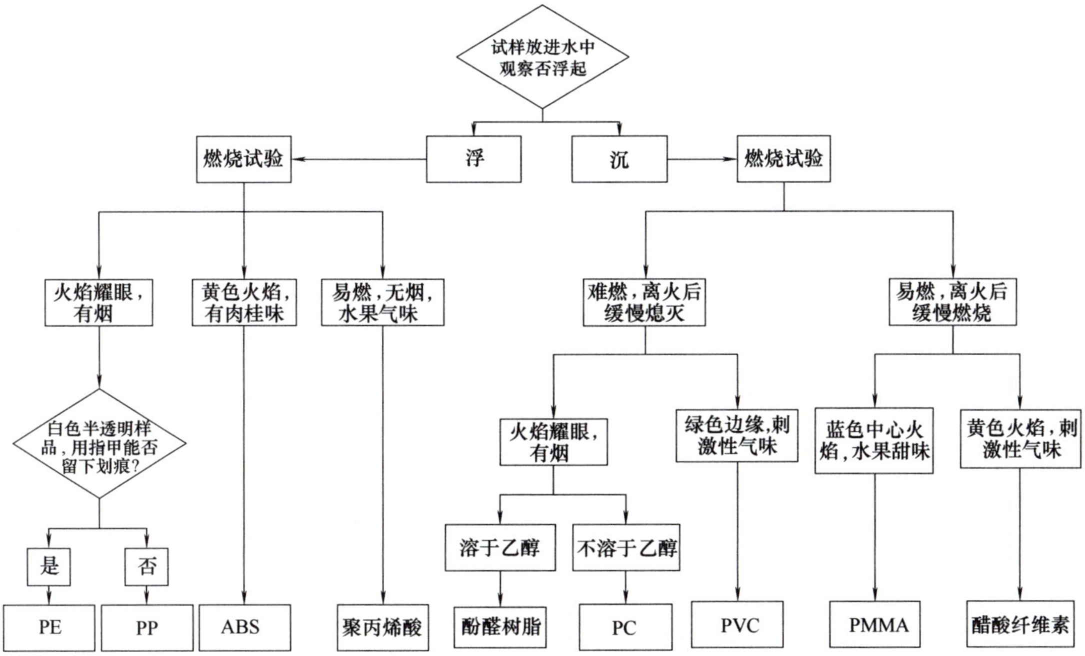


图 2-3　鉴别流程示意图

## 任务实施

鉴别 PVC、PS、ABS 3 种材料。

（1）分析：3 种样品的特征信息见表 2-9。

表 2-9　　3 种塑料样品的特征信息表

| 特征参数 | | 硬 PVC | PS | ABS |
|---|---|---|---|---|
| 外观 | | 表面坚硬平滑，敲击时没闷声 | 无色透明体，表面硬而有光泽；它容易着色，色泽晶亮；PS 的制品落地或敲打时发出类似金属的清脆声音 | 微黄色固体，有一定的韧性 |
| 结构 | | 有氯元素 | 含有苯环结构 | 含有—CN，氮元素和苯环结构 |
| 密度/g·cm$^{-3}$ | | 1.38~1.41 | 1.04~1.08 | 1.04~1.06 |
| 软化点（熔点）/℃ | | 75~90 | 70~115 | 87~104 |
| 溶解性 | 溶剂 | 二甲基甲酰胺、四氢呋喃、环己酮、氯苯、甲乙酮、六甲基磷酸三酰胺 | 甲乙酮、氯代烃、乙酸丁酯、环己酮、吡啶、芳烃、二氧杂环己烷（二氧六环） | 二氯甲烷 |
| | 非溶剂 | 醇、二氧杂环己烷、乙酸丁酯、烃 | 低级醇、脂肪烃、乙醚（溶胀）、水 | 醇、水、脂肪烃 |
| 燃烧现象 | | 难燃离火后熄灭，绿色边缘、有 HCl 气味 | 易燃，离火后仍有燃烧，耀眼，有烟；有甜、中性气味 | 易燃，离火后仍有燃烧；黄色火焰，有烟；具有特殊肉桂味 |
| 热解法 | 石蕊试纸 | 红色 | 基本不变色 | 蓝色 |
| | pH 试纸 | 0.5~0.4 | 5.0~5.5 | 8.0~9.5 |

（2）根据塑料的特征表采用图 2-3 所示的鉴别流程。

## 项目总结

外观鉴别法是通过看、摸、听、闻、掂等手段可以初步判断塑料的种类。

密度法是根据材料的密度差异，通过液体比重法、浸渍法、滴定法等对单一成分塑料制品进行鉴别；熔融法是根据不同塑料的熔点或软化温度以及表现的差异鉴别塑料；溶解法是通过对比材料在溶剂中溶解表现，粗略检测塑料种类。

燃烧法鉴别是最常用的一种简易鉴别方法，根据塑料元素燃烧时产生的光的强弱、颜色，低分子物的气味、烟雾，燃烧时滴落物的状态，试样的开裂、残渣等不同现象推断塑料的元素组成；此外，通过化学分析方法鉴别塑料，包括热解法、钠熔法和氧瓶燃烧法等。每种塑料简易鉴别方法都有其局限性，应综合多种方法相互印证。

## 思考题

（1）如何根据塑料外观特性识别日用塑料制品（塑料袋、容器）的种类？举例说明。

（2）如何用简单的鉴别方法（燃烧法和密度法）鉴别 ABS、PVC、PA、PE-HD 4 种塑料？要求设计试验方案（仪器、试样、试剂、步骤、现象）。

（3）化学方法鉴别塑料的依据是什么？

（4）如何区分热塑性塑料与热固性塑料？

（5）结晶塑料与非结晶塑料各有什么性能特点？

项目3

# 塑料的仪器分析

## 学习目标

现代测试分析技术已成为高分子材料科研、技术开发和实际生产中必不可少的手段。在高分子材料组成测定、结构表征及结构性能关系研究、产品质量检验分析，确定加工工艺条件，以及开发新材料新产品等领域，都发挥着越来越重要的作用。因此，了解现代测试分析技术的基本原理，及其在塑料测试分析中的应用范围，掌握应用常用的测试分析方法，作为高分子专业的学生以及从事高分子相关工作的科技人员十分必要。本项目学习目标如表 3-1 所示。

表 3-1　　项目学习目标

| 序号 | 类别 | 目　标 |
| --- | --- | --- |
| 1 | 知识 | ①了解塑料结构与形态和材料性能的关系知识<br>②了解现代分析技术在聚合物测试表征的应用范围<br>③了解常用的仪器分析方法的基本原理<br>④掌握常用仪器分析的样品制备和图谱解析技术 |
| 2 | 能力 | ①能根据塑料结构分析项目选用合适的分析方法<br>②能完成分析测试样品的制备<br>③能对测试图谱进行分析表征<br>④能正确使用常用的仪器分析仪器 |
| 3 | 职业素质 | ①团队合作与沟通能力<br>②自主学习、分析与解决问题的能力<br>③安全生产、质量与环境保护意识<br>④客观公正，严谨认真的职业道德 |

## 工作任务

由于聚合物的分子结构、形态和聚集态的复杂性，研究塑料材料结构与性能的关系，需要借助现代分析测试技术。目前，已开发了很多分析方法，而且还在不断的发展中。如测定链结构的方法有 X 射线衍射法，电子衍射法，裂解色谱-质谱，紫外外吸收光谱，红外吸收光谱，核磁共振法、电子能谱等。因此，本项目选择在聚合物研究中最常用的几种分析方法，简明介绍其基本原理和在塑料分析中的应用，具体工作任务如表 3-2 所示。

表 3-2　　学习工作任务

| 序号 | 任务名称 | 要　求 |
| --- | --- | --- |
| 1 | 红外光谱法分析塑料 | ①查阅文献，了解红外光谱分析的在聚合物中的应用<br>②了解傅里叶红外光谱仪的结构与原理<br>③能制备红外光谱的测试试样<br>④能正确使用红外光谱仪塑分析测试料<br>⑤掌握红外光谱法图的解析技术 |

续表

| 序号 | 任务名称 | 要　求 |
| --- | --- | --- |
| 2 | 电子显微镜分析塑料 | ①查阅文献，了解电子显微镜在塑料分析中的应用<br>②了解的扫描电子显微镜（SEM）和透射电子显微镜（TEM）的结构与成像原理<br>③能制备 SEM 和 TEM 测试试样的制备<br>④能根据 SEM 和 TEM 的测试结果分析聚合物的结构特征 |
| 3 | 热重（TG）分析 | ①查阅文献，了解 TG 分析在塑料分析中的应用<br>②了解的 TG 分析测试仪的结构和工作原理<br>③能制备 TG 试样和进行测试操作<br>④能根据 TG 测试结果分析聚合物的热稳定性能 |
| 4 | 差示扫描量热仪（DSC）分析测试 | ①查阅文献，了解 DSC 分析在塑料分析中的应用<br>②了解的 DSC 分析测试仪的结构和工作原理<br>③能制备 DSC 试样和进行测试操作<br>④能对 DSC 测试结果进行分析 |

## 3.1 红外光谱分析

### 3.1.1 红外光谱分析原理

（1）红外光谱的产生

红外光谱是波长介于可见光区和微波区之间的电磁波谱（0.7～1000μm）。按波长分成 3 个区：近红外区（0.78～2.5μm），中红外区（2.5～25μm）和远红外区（25～1000μm）。

红外吸收光谱是由分子不停地作振动和转动运动而产生。分子振动是指分子中各原子在平衡位置附近作相对运动，一般分为两大类。

① 伸缩振动（stretching vibration）。伸缩振动是原子沿键轴方向伸缩，使键长发生变化的振动方式。又分对称伸缩振动（用 $v_s$ 表示）和非对称伸缩振动（用 $v_{as}$ 表示）。

② 弯曲振动（deformation vibration）。弯曲振动是原子垂直于价键方向的振动。此类振动会引起分子内键角发生变化，也称为变形振动，用 $\delta$ 表示。弯曲振动又可分为面内弯曲振动（包括平面及剪式两种振动）、面外弯曲振动（包括非平面摇摆及弯曲摇摆两种振动）。

多原子分子组成的振动方式比较复杂，其振动自由度与原子数有关。一个质子在空间的位置需要由 3 个坐标（$x$，$y$，$z$）确定，即每一个原子在空间运动有 3 个自由度。一个含 $n$ 个原子的分子有 $3n$ 个自由度，除去分子的平动和转动自由度外，振动自由度应为（$3n-6$），而对于直线分子是（$3n-5$）个振动自由度。图 3-1 是亚甲基 $CH_2$ 的伸缩和弯曲振动的示意图。

在聚合物材料中，一般是由许多基团组成的。不同的分子结构发生的振动形式也不相同，所以一种材料的红外光谱图上会出现许多的吸收峰，对应的是不同基团的不同运动方式产生的吸收。

注意！不是每种振动都会产生红外吸收光谱，必须满足两个条件：

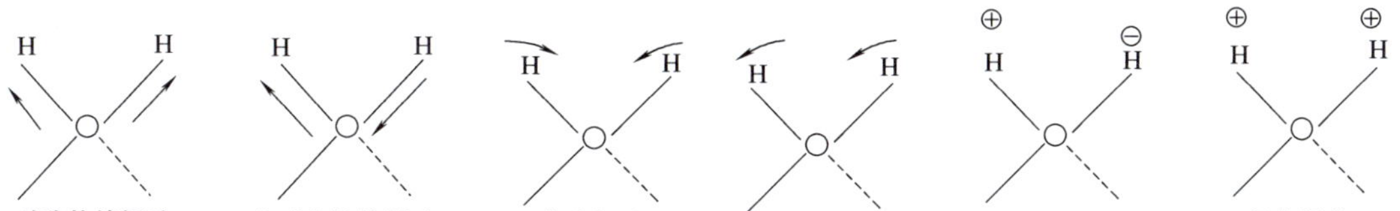


图 3-1　亚甲基的振动示意图

① 只有能引起分子偶极矩变化的振动（称为红外活性振动）才能产生红外吸收光谱；

② 只有红外辐射的能量和振动的能级差相当，这样频率的红外辐射才能被吸收，产生吸收谱带。

（2）红外光谱的表示方法

当样品受到频率连续变化的红外光照射时，分子吸收了某些频率的辐射，并由其振动或转动运动引起偶极矩的变化，产生分子振动和转动能级从基态到激发态的跃迁，使相应于这些吸收区域的透射光强度减弱。把样品对红外光的吸收情况记录下来，就得到红外光谱图。

红外光谱图以波长或波数为横坐标，表示吸收谱带的位置；以原始光在通过样品后透过光的强度变化百分比（透过率）或样品吸收的红外光强度（吸光度）为纵坐标。

① 透过率：

$$T=\frac{I}{I_0}\times 100\% \tag{3-1}$$

② 吸光度：

$$A=\lg\frac{1}{T}=\lg\frac{I_0}{I} \tag{3-2}$$

式中：$I_0$——入射光的光强度；

$I$——透射光的光强度。

图 3-2 为同一种 PE 分别以透光率和吸光度表示的红外光谱图。

红外光谱图中有许多峰（也称谱带），它们分别对应于分子中某个或某些基团的吸收，其峰的位置、峰的强度和峰的形状是分析分子结构信息的 3 个关键要素。

① 峰的位置是官能团的特征吸收频率，是红外定性分析和结构分析的依据。注意，官能团的特征吸收频率会随分子中基团所处的不同状态及分子间的相互作用而发生相应的变动。

② 峰的强度常用来作为红外定量计算的依据。一般物质含量越高则特征吸收峰的强度就越大。其次，吸收峰的强度也可以指示官能团的极性强弱。极性较强的官能团在振动时偶极矩的变化较大，因此有很强的吸收。另外，官能团的偶极矩与结构的对称性有关，对称性越强，振动时偶极矩变化越小，吸收峰越弱。

峰强度习惯用以下符号表示：*s*-强吸收；*b*-宽吸收带；*m*-中等强度吸收带；*w*-弱吸收；*sh*-尖锐吸收缝；*v*-吸收强度可变。

③ 峰的形状在指证官能团时起到一定作用，可以按吸收峰的宽度来区别在同一特征吸收频率处峰的不同官能团。如—OH、—NH 的伸缩振动峰都在 3400～3200$cm^{-1}$，但二者峰形状有显著不同。

（3）基团的特征频率

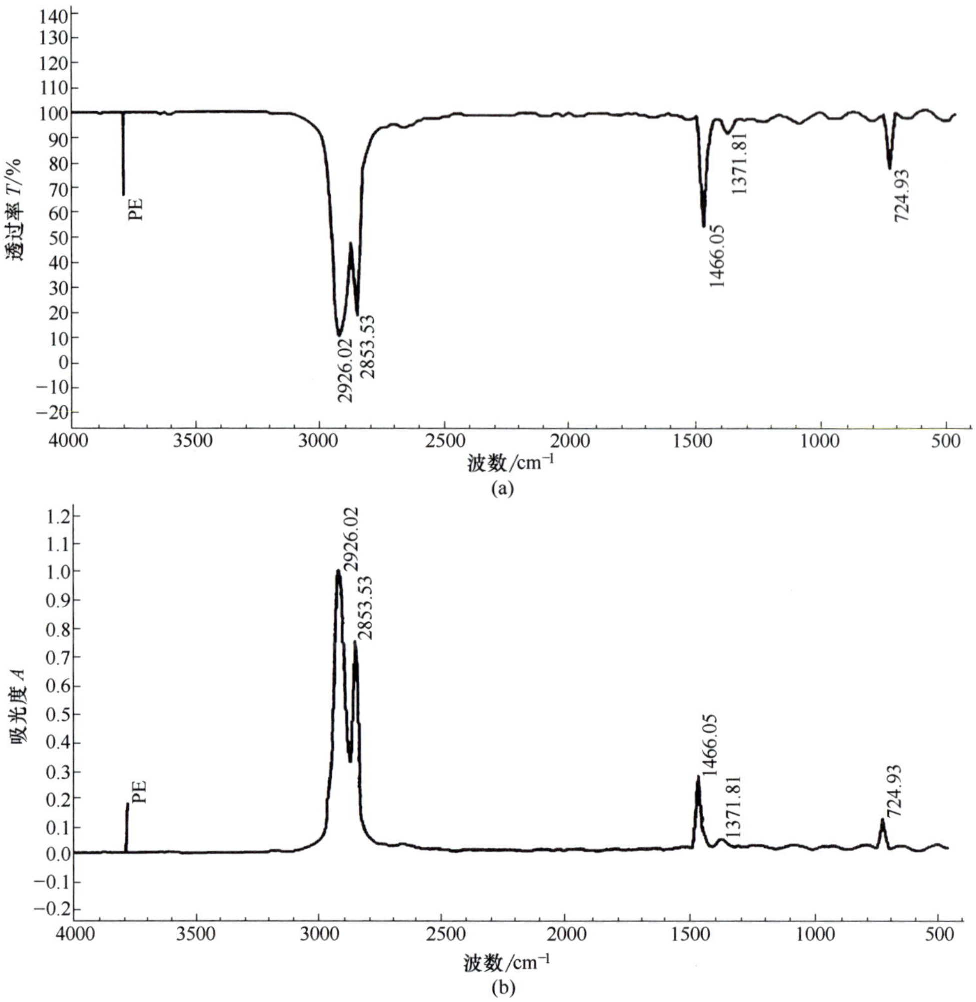


图 3-2 PE 的红外光谱

（a）以透光率表示 （b）以吸光度表示

特征频率是指具有相同化学键或官能团的一系列化合物有近似的共同的红外吸收频率，这种频率称为化学键或官能团的特征振动频率，也称为基团频率。表 3-3 是一些常见基团的特征频率。

在红外光谱中，4000~1300cm$^{-1}$ 区域属于含氢基团和多键原子的伸缩振动产生的谱带，和聚合物官能团有比较明确的对应关系，通常用来鉴定官能团，称为官能团区。波长在 1300cm$^{-1}$ 以下的区域中，振动谱带和整个分子结构有关，同系物或结构相近的分子在该区的吸收都有细微的差异，如同人的指纹一样，因此称为指纹区。指纹区不仅能有助于认定相似结构的化合物，还可以作为化合物存在某种官能团的旁证。

聚合物红外光谱中吸收最强的谱带对应于其主要基团的吸收。如含有酯、酸、酰胺、酰亚胺、苯醚、脂肪醚、醇等极性基团，或者含有硅、硫、磷、氯和氟等原子化合物，明显地反映出这种聚合物的结构和预示这类化合物的存在。

表 3-3　　基团特征频率表

| 特征区域 | 光谱区域/$cm^{-1}$ | 基团 | 备注 |
|---|---|---|---|
| X—H 区 | 3100~3700 | O—H | 判断有无醇、酚类和有机酸的重要依据 |
| | 3300~3500 | N—H | 和 O—H 重叠，但峰形更为尖锐 |
| | 3000~3300 | 不饱和 C—H | 烯烃、炔烃、芳烃的伸缩振动 |
| | 2800~3000 | 饱和 C—H | 三元环的$=CH_2$ 在 3000 以上（在 3070 左右） |
| | 2550~2600 | S—H | |
| | 2280~2450 | P—H | |
| | 2100~2360 | Si—H | |
| 三键、累积双键区 | 2000~2500 | —C≡C—<br>—C≡N<br>—C=C=C<br>—C=C=O | |
| 双键区 | 1500~2000 | C=O、C=C、C=N 和芳环中的双键 | 羰基伸缩振动在 1600~1900，羰基化合物，醛、酮、羧酸、酯、酰胺、酸酐都有非常强的吸收带；C=O 还和邻接基团有密切的关系，常用来鉴别羰基化合物 |
| 单键及指纹区 | 1380 | $—CH_3$（对称弯曲） | 1460，不对称弯曲$—CH_3$ 可以作为有无甲基的判断标准 |
| | 1000~1300 | C-O | 醇（1000~1200）、酚（1200~1300） |
| | 500~1400 | C—X | C—F（1000~1400）、C—Cl（600~800）、C—Br（500~600）C — I（500） |
| | 720 | $—CH_2—$ | 大于 4 个$—CH_2—$平面的摇摆振动出现在 720 左右，随着$—CH_2—$减少，吸收谱带向高波数方向位移 |

附录 1 列出光谱各区所包含的主要聚合物的最强谱带和特征谱带。可以归纳如下几点：

① 1800~1700$cm^{-1}$ 区域有最强谱带，羰基伸缩振动，最常见有聚酯、聚羧酸和聚酰胺（PA）等聚合物。

② 1700~1500$cm^{-1}$ 区域有最强谱带的聚合物，主要有 PA 类、聚脲和天然多肽。

③ 1500~1300$cm^{-1}$ 区域有最强谱带的聚合物，主要有饱和聚烃类和一些有极性基团取代的聚烃类。

④ 1300~1200$cm^{-1}$ 区域有最强谱带的聚合物，主要有芳香族聚醚类、聚砜类和一些含有氯的聚合物。

⑤ 1200~1000$cm^{-1}$ 区域有最强谱带的聚合物，主要有脂肪族聚醚类、醇类和含硅、含氟的聚合物。

⑥ 1000~600$cm^{-1}$ 区域有最强谱带的聚合物，主要有含有取代苯、不饱和双键和一些含氯的聚合物。

### 3.1.2　影响红外光谱的因素

① 诱导效应。由于分子中各基团具有不同的电负性，通过静电诱导作用，引起分子中电荷分布的变化，从而改变了键力常数，使基团的特征频率发生了位移。一般随着取代原子电负

性的增大或取代数目的增加，诱导效应越强，吸收峰向高频方向移动的程度越显著。例如：与烷基酮羰基上的碳原子相连的甲基被电负性强的卤素所取代，由于电子的吸引力的增强而使电子云更接近键的几何中心，从而降低了 C ═O 的极性，使它的双键性增强，因此振动频率增高。

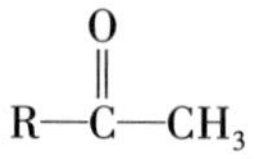

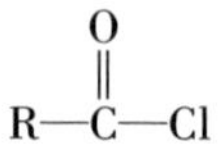

$1715cm^{-1}$ $1780cm^{-1}$ （3-3）

② 共轭效应。共轭效应的结果使共轭体系中电子云密度更趋于均匀化，使单键变短双键伸长，使双键具有单键特性而单键具有双键特性。例如 1，3-丁二烯由于共轭效应使伸缩振动频率向低频位移，同时吸收增加，正常的 C ═C 伸缩振动频率在 $1650cm^{-1}$ 附近，而它的 C ═C 在 $1597cm^{-1}$ 处。当 C ═C 键与苯环共扼时，因为苯环的双键性较弱，所以位移较少，出现在 $1625cm^{-1}$ 处。又如在苯乙酮（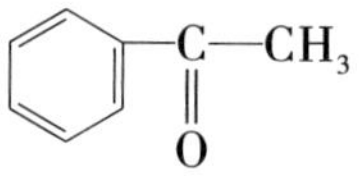）中，由于 C ═O 与苯环形成共轭体系，使羰基的频率降到 $1680cm^{-1}$。

③ 环的张力效应和空间位阻的影响。正常情况下， C 原子位于正四面体中心，它的键角为 109°28′，但当结合条件改变而使键角发生变化时，引起键能的改变，从而使吸收光谱的频率发生位移。当分子中含有较大的基团时，因立体效应可能影响氢键的形成和共轭效应。例如：在含有极性取代基的苯环中，由于大体积基团叔丁基的存在，影响分子能电子的分布，进而对分子内氢键的形成和共轭效应产生影响，最终影响伸缩振动频率。

④ 氢键效应。氢键是一个分子（R—X—H）与另一个分子（R′—Y）相互作用而生成 R—X—H……Y—R′的形式。 X 为负电性原子， Y 为具有未共用电子对的原子。氢键除了与原子极性有关之外，还与原子本身的尺寸有关。例如 O、N、F、S、P 等原子都能生成氢键，但 S、P 等原子由于本身极性弱，生成的氢键也很弱； Cl 原子虽然极性很强，但它本身体积大，因此生成的氢键也很弱。对于伸缩振动，由于氢键的形成，常常使正常的共价键的键长伸长，键能降低，特征频率也随之降低，谱带变宽。氢键越强，谱带越宽，吸收强度越大，向低频方向位移就越大。但对于弯曲振动，氢键引起谱带变窄，同时向高频方向位移。氢键有分子间和分子内之分。分子间的氢键受溶剂种类、浓度和温度变化的影响；分子内的氢键与分子本身的结构有关，与生成氢键的两个基团的极性，彼此间的距离以及夹角都有关。

⑤ 耦合效应。两个频率相同或相近的基团连接在一起的时候会发生耦合作用，使原来的振动频率发生分裂，一个向高频移动，一个向低频移动。例如异丙基，由于两个甲基与同一个碳原子相连，相互耦合作用使甲基的对称变形振动分裂成为 $1383cm^{-1}$ 和 $1365cm^{-1}$ 两个谱带，这对于确认异丙基是很有用的。

⑥ 费米共振影响。当一个基团的倍频或合频与另一个基团的基频频率相近，且具有相同的对称性时，可能产生共振使谱带分裂，并使强度很弱的倍频或合频变得异常的强，这种现象称为费米共振。例如苯甲醛 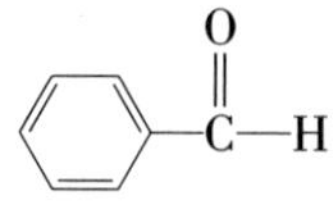 中的伸缩振动（$2800cm^{-1}$）和 C—H 的面内弯曲振

动（1400cm$^{-1}$）的第一倍频相互共振，使谱带分裂成2780cm$^{-1}$和2700cm$^{-1}$两吸收带。又如环戊酮的C—O伸缩振动与环的呼吸振动的倍频发生费米共振而分裂成1746cm$^{-1}$和1728cm$^{-1}$两条谱带。

⑦ 外部因素影响。主要有测试试样的状态以及溶剂效应等因素。同一物质的不同状态，因其分子间相互作用力不同，所得到光谱往往不同。如：在气态下，分子间相距较远，基本可认为不受周围分子的影响。而在液态中，分子间相互作用较强，会使谱带发生位移。有些化合物分子在溶剂中，还发生氢键作用使基团频率降低。在结晶的固体中，分子晶格中的规则的排列，加强了分子间的相互作用使谱带分裂。一般化合物在气相时振动频率最高，在非极性溶剂中次之，在极性溶剂、液态或固态中测定的频率最低。

## 3.1.3　傅里叶红外光谱分析

（1）傅里叶红外光谱仪结构与原理

图3-3为傅里叶红外光谱仪结构图。主要由光源、迈克尔逊干涉仪、监测器和计算机组成。其中迈克尔逊干涉仪是光谱仪的核心组件，由互成直角的定镜F和动镜M，光束分裂器和检测器等构成，动镜周期性沿箭头方向移。

傅里叶红外光谱原理

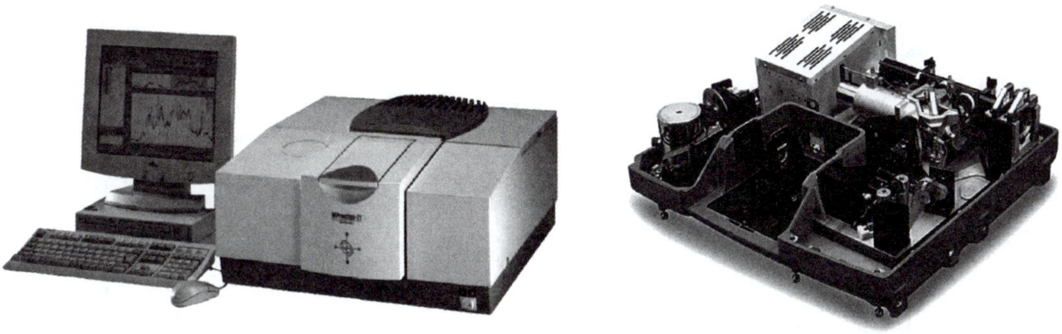

图3-3　傅里叶红外光谱仪的结构

如图3-4所示，当红外光源发出的红外光经过凹面镜反射成为平行光束照射到光束分裂器上，被分成相等的两部分：光束Ⅰ和光束Ⅱ。光束Ⅰ射向动镜M，再反射回分束器，然后射向样品到达检测器D。光束Ⅱ射向定镜并由定镜反射射向分束器，透过分束器射向样品，与光束Ⅰ在检测器汇合。到达检测器的两束光的光程差随动镜M的往复移动做周

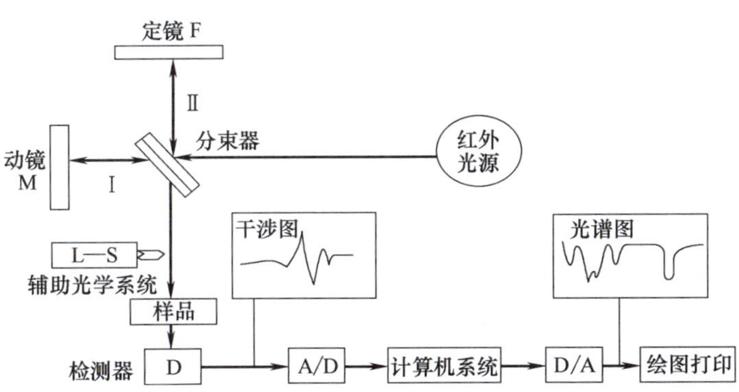


图3-4　傅里叶红外光谱仪的工作原理示意图

期性的变化，在检测器得到的光的强度变化为余弦形式的光干涉图。

对于单色光源来说，干涉图的强度变化的数学表达式为：

$$I(x)=B(\gamma)\cos(2\pi\gamma x) \tag{3-4}$$

式中：$I(x)$——干涉图的光强度；

$I$——光程差 $x$ 的函数；

$B(\gamma)$——入射光源的强度，它是频率 $\gamma$ 的函数，当光源为单色光时，$B(\gamma)$ 是一个恒定值；当光源为多色光时，它的干涉图的光强度变化数学表达式为：

$$I(x)=\int_{-\infty}^{+\infty}B(\gamma)\cos(2\pi\gamma x)\,\mathrm{d}\gamma \tag{3-5}$$

这一多色光干涉图的光强度变化等于所有各单色光干涉图的光强度变化的加和。当经过样品后、被吸收了一定频率的红外光经过迈克耳逊干涉仪之后，在检测器上所得到的干涉图的光强度曲线就会发生变化，而不同的基团的红外吸收也就会产生不同的干涉图。由于傅里叶变换的可逆性，上式可通过计算机快速地变换成光源的光谱分布，也就是我们所需要的红外光谱，变换后的数学表达式为：

$$B(\gamma)=\int_{-\infty}^{+\infty}I(x)\cos(2\pi\gamma x)\,\mathrm{d}\gamma \tag{3-6}$$

傅里叶红外光谱分析操作

傅里叶红外光谱仪属于高精密仪器，须严格按生产厂家提供的仪器说明书和《傅里叶变换红外光谱方法通则（GB/T 6040—2002）》的要求设置工作环境和使用仪器。

（2）分析样品的制备

红外光谱测试使用的试样可以是固体、液体和气体。

① 液体试样制备。液体试样制备常用有液膜法和液体池法。

液膜法一般用于非水溶性且沸点较高的试样。取两片 KBr 盐片，用丙酮棉花清洗其表面并晾干。在一盐片上滴 1 滴试样，另一盐片压于其上形成液膜。直接装入到可拆式液体样品测试架中进行测定。黏度大的试样可直接涂在一片盐片上测定。也可以用 KBr 粉末压制成锭片来替代盐片。

对于沸点较低、挥发性较大的试样或黏度小且流动性较大的高沸点样品可以注入封闭液体池中进行测试，液层厚度一般为 0.01~1mm。

② 固体样品制备。固体样品制备包括压片法、石蜡糊法和薄膜法。

a. 压片法。所用工具有压机、模具和玛瑙研钵，如图 3-5 所示。将测待测样品与干燥的 KBr 或 KCl 按 1∶100 的配比在玛瑙研钵中研细（粒径在 2.5μm 以下），因为 KBr、KCl 在中红外区（4000~400$\text{cm}^{-1}$）完全透明，没有吸收峰。将样品与 KBr（或 KCl）混合物均匀装入压模器的模腔内，压制成直径 13mm、厚度 1mm 左右的锭片。制备试样锭片装入固体样品测试架进行红外光谱测试。

b. 石蜡糊法。将干燥处理后的试样研细，与液体石蜡或全氟代烃混合，调成糊状，夹在盐片中测试。

c. 薄膜法。主要用于高分子化合物的测定，对于一些低熔点的低分子化合物也可应用。

玛瑙研钵

压机

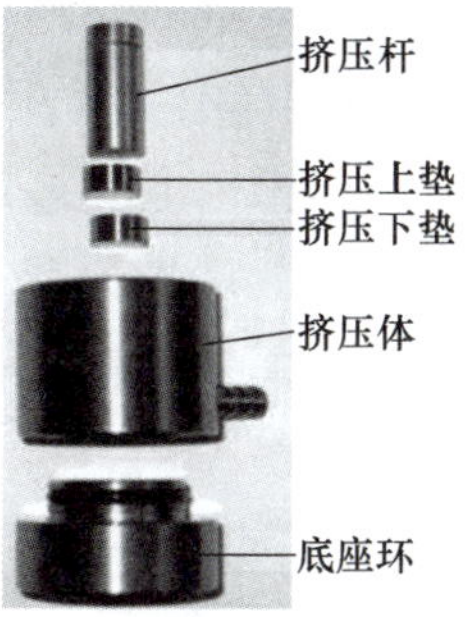


压模器

图 3-5 压片法制备试样

可将它们直接加热熔融后涂制或压制成膜，也可将试样溶解在低沸点的易挥发溶剂中，涂到盐片上，待溶剂挥发后成膜来测定。薄膜厚度一般约为 10~30μm，且厚薄均匀。

③ 气体试样。气体试样一般直接注入到专用的玻璃气槽内进行测定，但需先将气槽抽真空，然后注入被测试样。

对于一些特殊样品，如：金属表面镀膜，无机涂料板等试样，可以采用特殊智能附件。如：镜反射、ATR、漫反射等进行测试，具体详见附件的使用说明书。

注意，试样的制备和处理方法对红外光谱图的质量影响非常大。在制备样品时应注意以下几点：

① 试样的浓度和厚度应适当。浓度太小，厚度太薄，弱的吸收峰和光谱的细微部分不能显示出来；浓度过大，过厚，主要的谱带都吸收到顶，彼此连成一片，看不出准确的波数位置和精细结构。

② 试样中不能有游离水。水的存在不仅会侵蚀吸收池的盐窗，而且水分本身在红外区有吸收会影响测试结果。

③ 试样应该是单一组分的纯物质。多组分的试样在测定前应尽量预先进行组分分离。否则，各组分光谱相互重叠，以致对图谱无法进行正确的解释。

④ 溴化钾对钢制模具表面的腐蚀性很大，模具用后须及时清洗干净，然后放入干燥器中。

（3）红外光谱图解析方法

红外光谱解析是利用基团振动频率与分子结构的关系，确定吸收谱带的归属，确认分子中基团或键的存在。一般先从官能区（4000~1350$cm^{-1}$）入手，按红外光谱图上出现的强峰到弱峰的顺序，依次确认可能存在的基团，并结合指纹区（1350~850$cm^{-1}$）的吸收峰加以肯定。指纹区虽没有明显的基团或键与特征振动频率的对应关系，但它能反映整个分子结构的特点，尤其是对分子骨架的振动吸收很敏感。

图 3-6 是红外光谱鉴定聚合物官能团的基本流程图。

聚合物红外光谱的解析方法有直接法、否定法、肯定法等。

① 直接法。根据样品的来源、性能以及使用等情况，并结合其谱图特征，初步区分样品的类别。然后与图库类似高聚物的标准红外谱图一一比对，作出定性分析。但在对照谱图时应

考虑制样条件对谱带位置、形状和强度的影响。

② 否定法。根据红外光谱与分子结构的关系，当谱图中出现某些波数的吸收峰就可推断某基团的存在。当谱图中不出现某吸收峰时，则否定该种基团的存在的可能。实践中，一般先检查官能区（$1300cm^{-1}$ 以上），确定没有哪些官能团，再查 $1000cm^{-1}$ 以下的区域，检查是否存在碳氢键面外振动形式，最后检查 $1000\sim1300cm^{-1}$ 区域，就可确定没有哪些基团了。

③ 肯定法。由于聚合物每种分子都具有特征的红外光谱，谱图上的每个吸收谱带代表分子中某一基团或键的一种振动形式，由特征吸收谱带的位置、强度和形状确定所含基团或键的类型。

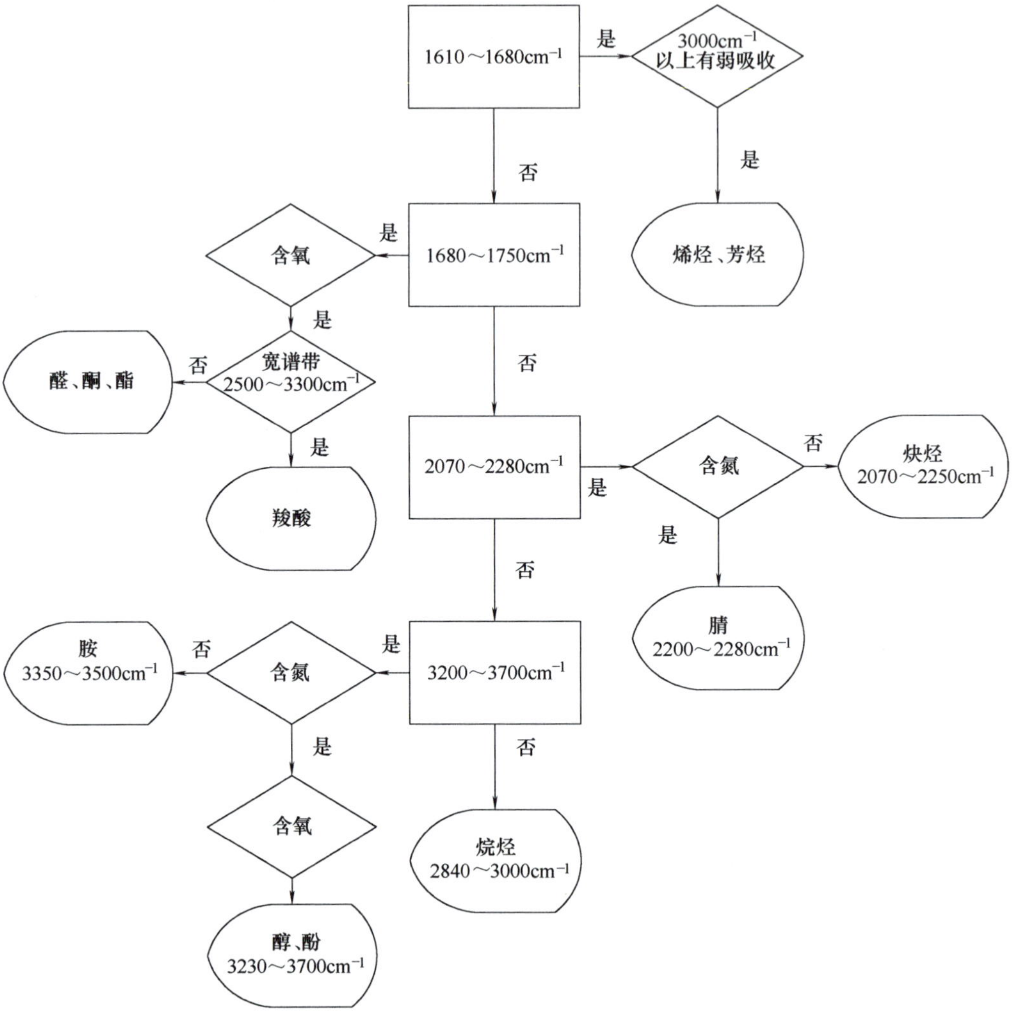


图 3-6 官能团鉴定流程图

### 3.1.4 红外光谱的应用

红外光谱分析应用

红外吸收光谱峰的位置、波峰的数目和形状反映了分子结构上的特点，可以用来鉴定未知物的结构组成或确定其化学基团，而吸收谱带的吸收强度与分子组成或化学基团的含量有关，还可进行定量分析。

鉴别未知聚合物。

例1：图3-7为一个未知塑料样品的红外光谱，如何判断该样品为何种塑料？

分析如下：①谱图中没有出现O—H、N—H和C≡N基团的吸收带，排除这3个基团的存在；②3000~3100$cm^{-1}$有吸收带，说明有芳环或烯烃类的C—H伸缩振动产生的；③1600、1580$cm^{-1}$有苯环的骨架振动谱带，760$cm^{-1}$和690$cm^{-1}$有单取代苯的谱带，1668~2000$cm^{-1}$出现一系列低强度谱带，应该是苯环上C—H面外弯曲振动的倍频和合频，可以推断该聚合物含有苯环。由此可以肯定2800~3000$cm^{-1}$的谱带是饱和碳氢化合物的C—H伸缩振动谱带；④1400~1500$cm^{-1}$的谱带是 $>CH_2$ 和C—H的变形振动有关的谱带，而965$cm^{-1}$谱带是反式不饱和基团的C—H面外弯曲振动的特征谱带，990$cm^{-1}$和910$cm^{-1}$与末端的乙烯基有关的谱带。

由上述分析，该聚合物含有单取代苯环，又有反式双键和末端双键的化合物，由碳氢组成，不含其他的元素。因为它含有反式双键，也不可能由单烯类单体聚合而成，最后与标准谱图上查证比对，应该是丁二烯和苯乙烯的共聚物。

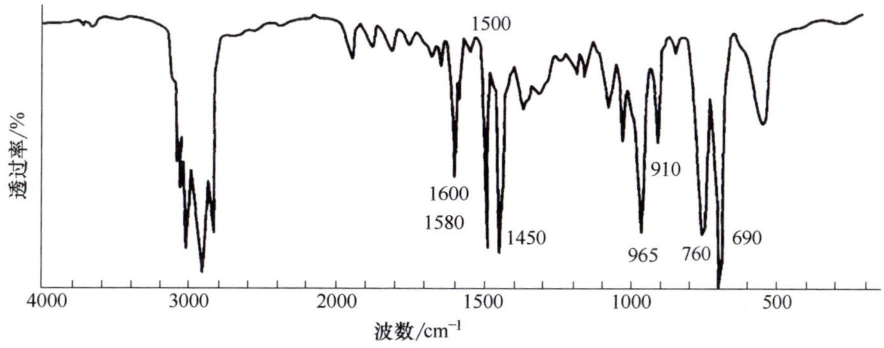


图3-7 某未知聚合物的红外光谱

例2：有一个塑料制品的红外光谱，如图3-8所示，请分析为何种塑料制品。

分析如下：

① 谱图中3030$cm^{-1}$处的吸收峰可能是苯环的C—H伸缩振动；② 从1500$cm^{-1}$和1590$cm^{-1}$吸收峰的出现，推断有苯环骨架振动，820$cm^{-1}$是对位取代苯环上相邻两个氢的面外弯曲振动，而1700~2000$cm^{-1}$的一组不强的吸收带是苯环的C—H面外弯曲振动的倍频和合频，证明有苯环的存在；③ 1760$cm^{-1}$是C═O的伸缩振动谱带，但频率比一般的碳基高些，可能存在由相连接的基团或原子的诱导效应的影响造成的。1220、1190、1160$cm^{-1}$等谱带是C—O的伸缩振动吸收带（见附录1-2），1080$cm^{-1}$和1050$cm^{-1}$是C—O—与苯环相连的醚键的伸缩振动，1380$cm^{-1}$和1360$cm^{-1}$这双峰吸收特征性很强，是两个甲基同连接在一个碳原子上的偕二甲基的特征峰（例如双酚A的两个甲基）；④ 2950$cm^{-1}$和2850$cm^{-1}$是$CH_3$上的饱和C—H伸缩振动吸收带。

根据上述分析，把可能归属的聚合物的范围缩小了。最后查证标准谱图，证明是PC，其

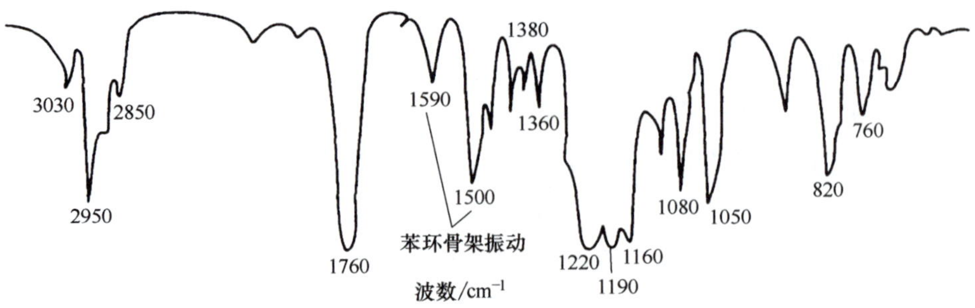


图 3-8　样品的红外光谱

结构式为：

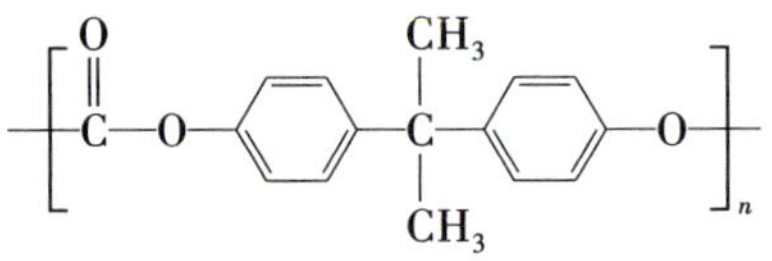

（3-7）

例 3：图 3-9 是某未知高聚物的红外光谱。

图上可见，在 3100~3000cm$^{-1}$ 有吸收峰，可知含有芳环或烯类的 C—H 伸缩振动，但究竟是哪种类型振动？由于在 2000~1668cm$^{-1}$ 区域、 757cm$^{-1}$ 及 699cm$^{-1}$ 出现相应的峰，可知为苯环的单取代基，这样可以推断 3100~3000cm$^{-1}$ 处的峰为芳环中 C—H 的伸缩振动。再检查苯的骨架振动，发现在 1601、 1583、 1493cm$^{-1}$ 和 1452cm$^{-1}$ 有吸收峰，进一步证实苯环存在。图谱 3000~2800cm$^{-1}$ 的峰应该是饱和碳氢化合物的吸收，而且在 1493cm$^{-1}$ 和 1452cm$^{-1}$ 有的强吸收，说明有 $CH_2$ 或 CH 弯曲振动与苯环骨架振动的重叠。由上可判断为 PS 的红外光谱。

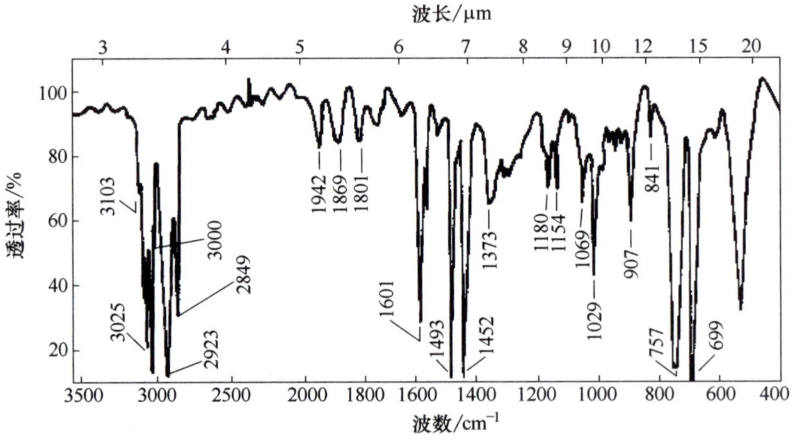


图 3-9　某聚合物的红外光谱

例 4：图 3-10 是 PVC 的红外光谱。

分析如下： PVC 的链节是$\left( CH_3—CH_2Cl \right)_n$。由于氯原子的影响，使 C—H 的弯曲振动谱带 1250cm$^{-1}$ 和 1340cm$^{-1}$ 增强， $>CH_2$ 的变形振动也由于氯原子的影响而增加，其波数比正常的 $>CH_2$ 变形振动 1475cm$^{-1}$ 向低频位移了近 50cm$^{-1}$，出现在 1430cm$^{-1}$ 处。在 600~800cm$^{-1}$ 间

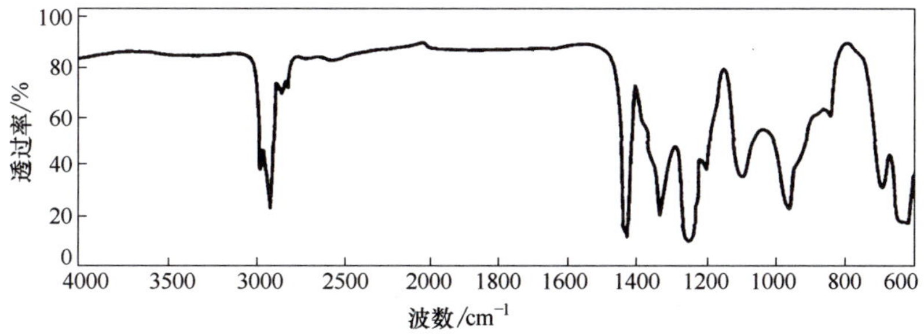


图 3-10　PVC 的红外光谱

出现强而宽的谱带应是 C—Cl 的伸缩振动。此外，在 $960cm^{-1}$ 有 $\rangle CH_2$ 面内摇摆谱带，在 $1100cm^{-1}$ 有 C—C 伸缩振动谱带。

## 3.2　紫外光谱分析

紫外光谱是在经典比色法的基础上发展起来的。当紫外光照射样品分子或原子时，外层的电子吸收一定的波长的紫外线，由基态跃迁至激发态而产生的光谱。不同结构的分子，其电子跃迁方式不同，吸收的紫外线波长也不同，吸收率也不同。根据分子吸收波长的范围，吸收强度可以对物质进行定性、定量和结构分析。

### 3.2.1　基本原理

电子光谱的波长范围为 10～800nm，分可见光区（400～800nm），近紫外区（200～400nm）和远紫外区（10～200nm）。由于空气中的 $O_2$、$N_2$、$CO_2$ 和水蒸气在远紫外区有吸收，对测定有干扰。因此，通常所说的紫外光谱分析是指近紫外光区。

（1）紫外光谱的产生

物质分子的运动分为价电子运动、原子的振动和分子绕其重心的转动。即分子具有电子能级、振动能级和转动能级。当紫外光照射分子时，基态的分子从外界吸收能量后，便发生分子的能级跃迁，即从基态能级跃迁到激发态能级。分子的能级是量子化的，其吸收能量也具有量子化的特征，即分子只能吸收等于两个能级之差的能量：

$$\Delta E = E_2 - E_1 = hv = hc/\lambda \qquad (3\text{-}8)$$

式中：$E_1$，$E_2$——始态、终态的能量，eV；

$h$——普朗克常数，$6.62\times10^{-34}$ J/s；

$v$——频率，Hz；

$c$——光速，$3\times10^{8}$ m/s；

$\lambda$——波长，nm。

3 种能级跃迁为电子能级为 1～20eV，振动能级为 0.05～1eV，转动能级为 0.05eV。物质分子吸收紫外线后引起的跃迁是电子跃迁，所以紫外光谱也称为电子光谱。

当不同波长的紫外光连续照射样品时，其中特定波长的光子被吸收，使透射光强度发生改变，于是产生了以吸收谱线组成的吸收光谱。以波长为横坐标，百分透光率（$T\%$）或吸光度（$A$）为纵坐标即可得到被测物质的紫外吸收光谱，如图 3－11 所示。

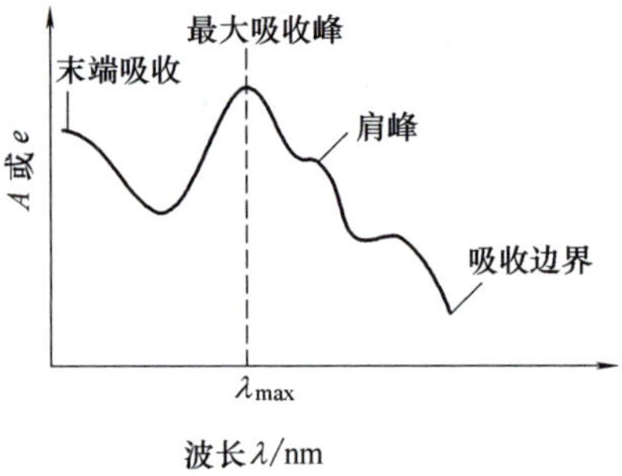

图 3-11　紫外吸收光谱示意图

紫外光吸收光谱的位置、强度和形状是鉴定化合物的标志。吸收光谱最大吸收值所对应的波长称为最大吸收波长（$\lambda_{max}$），曲线的低谷对应波长称为最低吸收波长（$\lambda_{min}$）；在峰旁边一个小的曲折称为肩峰；在吸收曲线的波长最短一端，吸收相当大但不成峰形的部分称为末端吸收。

（2）朗伯-比尔定律

朗伯-比尔定律是吸收光谱定量分析的理论基础，其数学表达式为：

$$A=\log\frac{I_0}{I_1}=\log\frac{1}{T}=\varepsilon cl \tag{3-9}$$

式中：$A$——吸光度，表示单色光通过样品液时被吸收的程度；

$I_0$——入射光强度；

$I_1$——透过光强度；

$T$——透光率也称为透射率；

$l$——试样的光程长，cm；

$c$——溶液的浓度，mol/L

$\varepsilon$——摩尔吸光系数，L/（mol · cm）。

$\varepsilon$ 是在一定波长下的特征常数，表示物质对光能的吸收程度。吸光度具有加和性，即在某一波长 $\lambda$，当溶液中含有多种吸光物质时，该溶液的吸光度等于溶液中每一种成分的加和，这是紫外光谱进行多组分测定的依据。

朗伯-比尔定律表明在一定测试条件下，吸光度与溶液的浓度成正比，但通常样品只在一定的低浓度范围才成线性关系，因此，定量测定时必须注意浓度范围、温度、放置时间、pH 等因素也会对样品的光谱产生影响，测定时也必须注意。

（3）电子跃迁类型

一般所说的电子光谱是指分子外层电子或价电子的跃迁所得到的吸收光谱。有机化合物中，常见的电子跃迁有：$\sigma\rightarrow\sigma^*$，$n\rightarrow\sigma^*$，$n\rightarrow\pi^*$和 $\pi\rightarrow\pi^*$跃迁 4 种类型，如图 3－12 所示。

① $\sigma\rightarrow\sigma^*$的跃迁。分子中成键 $\sigma$ 轨道上的电子吸收辐射能后，被激发到反键 $\sigma^*$轨道上。

$\sigma\rightarrow\sigma^*$的跃迁所需的能量大，相当于真空紫外区的辐射能。在饱和烃中 $\sigma\rightarrow\sigma^*$跃迁，

吸收光谱一般在波长低于 20nm 的区域才能观察到。如甲烷的最大吸收峰在 125nm 处，乙烷在 135nm 处有一个吸收峰。

② n→σ*跃迁。分子中非键 n 轨道上的电子吸收辐射能后，被激发到反键 σ*轨道上。需要的能量比 σ→σ*跃迁小，其吸收光谱波长在 150 ~250nm。

③ n→π*跃迁。分子中非键 n 轨道上的电子吸收辐射后，被激发到反键 π*轨道上。n→π*跃迁和 π→π*跃迁所需的能量一般较低，吸收光谱的波长都大于 200nm。

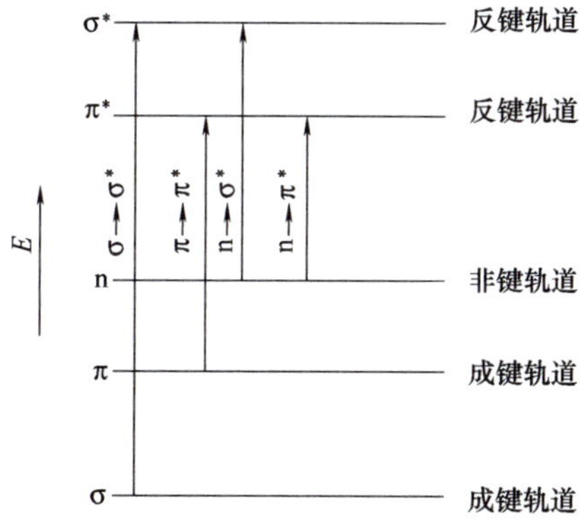

图 3-12　分子的电子能级

④ π→π*跃迁。分子中成键 π 轨道上的电子吸收辐射后，被激发到反键 π*轨道上。

n→π*跃迁和 π→π*跃迁是有机化合物的紫外-可见吸收光谱的分析的基础。这两类跃迁均要求有机化合物分子中含有不饱和键官能团。主要差别在于吸收峰的强度不同。n→π*跃迁所产生的吸收峰，其吸收系数 ε 很小，一般在 10~100L/(mol · cm) 范围内；π→π*跃迁所产生的吸收峰，其吸收系数 ε 一般比 n→π*跃迁的 ε 大 100~1000 倍。另外，溶剂的极性对两类跃迁所产生吸收峰位置的影响不同。

(4) 溶剂对紫外吸收光谱的影响

紫外吸收光谱测试制样最重要的是溶剂选择，用不同溶剂制样得到的光谱将会有所不同。一般选择溶剂应注意以下几点：

① 选择能将高聚物充分溶解的溶剂；

② 选择在测定范围内，没有吸收或吸收很弱的溶剂。在测定样品前应先对选定的溶剂进行测试，检测是否符合要求。用 10mm 石英比色皿装上溶剂，以空比色皿为参比测定的吸收不得超过 0.2；对波长为 250~300nm 的，溶剂的吸收不得超过 0.1；对波长在 300nm 以上的，溶剂的吸收不得超过 0.05。

③ 溶剂对紫外吸收光谱的影响比较复杂。一般来说，当从非极性变成极性时，光谱变得光滑，精细结构消失。溶剂极性对光谱的另一影响就是改变谱带极大值的位置；当溶剂的极性增加时，n→π*跃迁所产生的吸收峰通常向短波方向移动，称为紫移或短移；而 π→π*跃迁所产生的吸收峰则向长波方向移动，即发生红移。另外，溶剂的酸碱性也会对谱带产生影响，一般当试样溶液的 pH 发生变化使物质的共轭体系发生变化，若增加了共轭则发生红移，反之则发生紫移。

### 3.2.2　谱带类型与常用术语

(1) 吸收谱带的类型

在紫外吸收光谱谱带分析中，往往将谱带分为 4 种类型。

① R 吸收带。含有—C ═O、—N ═O、—$NO_2$ 和—N ═N—基的有机物可产生这类谱带。它是 n→π＊跃迁形成的吸收带，由于 ε 很小，吸收谱带较弱，易被强吸收谱带掩盖，并容易受溶剂极性的影响发生偏移。

② K 吸收带。共轭烯烃取代芳香化合物可产生这类谱带。它是 π→π＊跃迁形成的吸收带，$\varepsilon_{max}$>10000，吸收谱带较强。

③ B 吸收带。 B 吸收带是芳香化合物及杂芳香化合物的特征谱带。在这个吸收带有些化合物容易反映出精细结构。溶剂的极性、酸碱性等对精细结构的影响较大。

④ E 吸收带。它也是芳香化合物的特征谱带之一，吸收强度大， ε 在 2000~14000，吸收波长偏向紫外的低波长部分，有的在真空紫外区。

在有机物和高分子的紫外吸收光谱中，R、K、B、E 吸收带的分类不仅反映了各基团的跃迁方式，而且还揭示了分子结构中各基团间的相互作用。

（2）常用的名词术语

① 发色团或称为生色团。指在一个分子中产生紫外吸收带的官能团，一般为带有 π 电子的基团。常见的发色团有：羰基、硝基、双键、三键以及芳环等。

② 助色团。有些原子或原子团单独在分子中存在时，吸收波长小于 200nm，而与一定的发色团相连时，可以使发色团所产生的吸收峰位置红移，吸收强度增加，具有这种功能的原子或原子团称为助色团。助色团一般带有孤电子对的原子或原子团与发色团的 π 键相连，发生 p-π 共轭效应，使电子的活动范围增大，容易被激发，使吸收波长向长波方向移动。常见的助色团有—OH、—OR、—NHR、—SH、—SR 等。

③ 红移也称为向长波移动。当有机物的结构发生变化或受到溶剂效应的影响时，其吸收带的最大吸收波长向长波方向移动的效应。

④ 蓝移也称向短波移动。与红移相反的效应。

⑤ 增色效应或称浓色效应。使吸收带的吸收强度增加的效应，反之称为减色效应，或浅色效应。

⑥ 强带。在紫外光谱中，凡摩尔吸光系数大于 $10^4$ 的吸收带称为强带。产生这种吸收带的电子跃迁往往是允许跃迁。

⑦ 弱带。凡摩尔吸光系数小于 1000 的吸收带称为弱带。产生这种吸收带的电子跃迁往往是禁阻跃迁。

⑧ 吸收峰。吸收曲线上吸光度最大的地方，它对应的波长称为最大吸收波长。

⑨ 峰谷。峰与峰之间的最低部位，其对应的波长为最小吸收波长。

⑩ 肩峰。在一个峰旁边产生的曲折，称为肩峰。

### 3.2.3 紫外光谱仪

紫外光谱仪主要包括光源、分光系统、吸收池、检测系统和记录系统 5 个部分。

① 常用的光源由氢灯或氘灯、白炽灯提供。紫外光谱范围为 160~390nm 由氢灯或氘灯提

供。波长范围为350~800nm的可见光由白炽灯提供。

② 分光系统（或单色器）是将来自光源的复色光按波长顺序分解为单色光，并能任意调节波长的位置。由入射狭缝、准直镜、色散原件和出射狭缝组成。其中，色散原件通常为棱镜或衍射光栅。

③ 吸收池通常有石英和玻璃两种。石英池可用于紫外光区和可见光区，玻璃池只用于可见光区。吸收池的光程有0.1~10cm多种规格。

④ 检测系统是将光信号转换为电信号，并检测其强度。常用的检测器有光电池、光电管和光电倍增管3种。

⑤ 现在紫外光谱仪基本通过仪器配用的微型计算机系统，直接进行数据处理和结果输出，通过打印机打印谱图曲线或峰值数据。

目前，紫外-可见分光光度计主要有5种类型，即单光束分光光度计、双光束分光光度计、双波长分光光度计、多通道分光光度计和探头式分光光度计。

图3-13是双波长分光光度计的基本光路示意图。由同一光源发出的光被分成两束，分别经过两个单色器，得到两束不同波长（$\lambda_1$和$\lambda_2$）的单色光；利用切光器使两束光以一定的频率交替照射同一吸收池，然后经过光电倍增管和电子控制系统，最后由显示器显示出两个波长处的吸光度差值$\Delta A$。通过光学系统转换，使双波长分光光度计能很方便地转化为单波长工作方式。

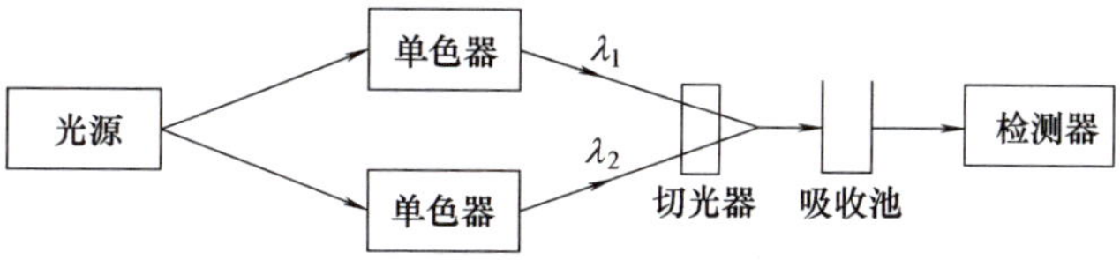


图3-13 双波长分光光度计的光路示意图

## 3.2.4 紫外光谱在聚合物测试中的应用

（1）定性分析

紫外光谱的定性分析主要是对某些有机化合物和官能团进行鉴定及结构分析，也能用于纯物质的分析及杂质的检验。但由于高聚物的紫外吸收峰通常只有2~3个，且峰形平缓，因此选择性不如红外光谱。而且紫外光谱主要决定于分子中生色团和助色团的特性，而不是整个分子的特性，所以仅靠紫外光谱数据鉴定未知化合物具有很大的局限性，需要与其他分析方法，如红外光谱法、核磁共振法、质谱法等分析方法配合，才能较好地对未知物进行鉴定。

一般紫外定性分析是利用标准谱图进行对照来得出结论，若没有相应的高聚物标准谱图，则可根据表3-4中有机化合物中生色团的出峰规律来分析。

（2）定量分析

紫外光谱法的吸收强度比红外光谱法大得多，同时紫外光谱法的灵敏度高，测量的准确度高于红外光谱法，因此，紫外光谱分析在定量分析中应用较广。适合于研究共聚组成、微量物质测定和聚合反应动力学等。

紫外光谱法定量分析的方法一般有校正曲线法、标准对照法和联立方程求解法等。

表 3-4 典型生色团的紫外吸收特征

| 生色团 | $\lambda_{max}$/nm | $\varepsilon_{max}$ |
|---|---|---|
| C═C | 175,185 | 14000,8000 |
| C≡C | 175,195 | 10000,2000 |
| C═O | 223,160 | 150,18000 |
| C═C═C═C | 217,184 | 20000,60000 |
| 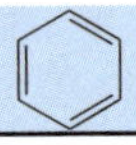 | 200,255 | 4400,204 |

## 3.3 X 射线分析

X 射线是波长在 0.001~10nm 的电磁波。1895 年由德国物理学家伦琴发现的，也称为伦琴射线。因为 X 射线的波长正好与原子间距同属于一个数量级，且与原子的中心电子层相互作用，成为研究测量晶体结构的有力工具。

在聚合物研究中，X 射线波长在 0.1~0.2nm 左右。X 射线与晶体结构相互作用，从而产生散射。当晶体内微观结构的长度与波长相近时，其散射角度大，称为广角 X 衍射（WAXS）；当晶体内微观结构的长度比波长大时，其散射角度小，称为小角 X 散射（SAXS）。

### 3.3.1 广角 X 射线衍射

（1） X 射线衍射的原理

当一束单色 X 射线入射到晶体时，由于晶体是由原子有规则排列成晶胞组成的，这些有规则排列的原子间距离与入射 X 射线波长有相同数量级，故由不同原子散射的 X 射线相互干涉叠加，在某些特殊方向上产生强 X 射线衍射，衍射方向与晶胞形状及大小有关，衍射强度与原子在晶胞中排列方式有关。

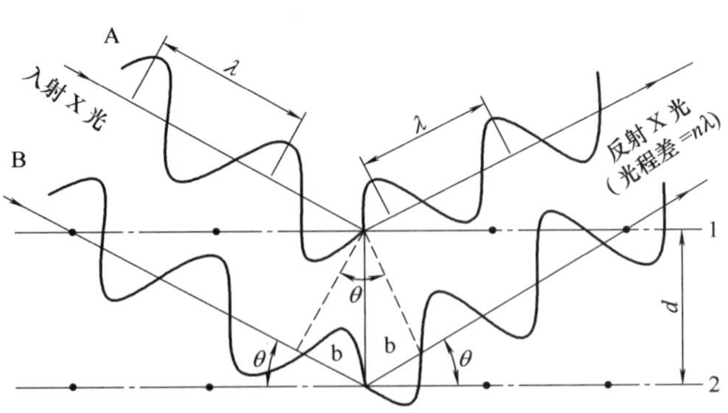

图 3-14 晶体产生 X 射线衍射（布拉格反射）的条件

晶体在三维方向都具有周期性结构。如图 3-14 所示，设晶体一组间距为晶面（格子面），各点代表晶格中的原子，以 $\theta$ 角入射的 X 射线在点上产生的衍射可以看作是对于晶面的反射，图上 A 和 B 两束光晶面 1 和 2 反射后有相同方向，B 与 A 的光程差为 $2b$。显然只有当这段光程差等于波长的整数倍时才会产生叠加而加强。因为满足衍射的条件是：

$$n\lambda = 2b = 2d\sin\theta \qquad (3\text{-}10)$$

即：

$$n\lambda = 2d\sin\theta \qquad (3\text{-}11)$$

这就是布拉格定律。其中，$n$ 为正整数，称为衍射级数；$\theta$ 为掠射角。当用单色 X 射线测定时，波长 $\lambda$ 已知，$\theta$ 可从实验求出，因而可求得晶面间距 $d$。

X 射线在晶体中的衍射实质上是晶体中各原子散射波之间的干涉结果。但是，一束可见光以任意角度透射到镜面上都可以产生反射，而原子面对 X 射线的反射并不是任意的，只有当 $\lambda$、$\theta$ 和 $d$ 三者之间满足布拉格方程时才能发生反射。所以 X 射线的反射称为选择反射。

注意两点：①入射光束、反射面的法线和衍射光束一定共面；②衍射光束与透射光束之间的夹角等于 $2\theta$，这个角称为衍射角。

在晶体中产生衍射的波长是有限度的。在电磁波的宽阔波长范围里，只有在 X 射线波长范围内的电磁波才适合探测晶体结构。根据布拉格方程：$n\lambda/(2d)=\sin\theta<1$，即 $n\lambda<2d$。对衍射而言，$n$ 的最小值为 1（$n=0$ 相当于透射方向上的衍射光束，无法观测）。所以产生的衍射条件为 $\lambda<2d$。

（2） X 射线衍射仪

获取物质衍射图像的方法按使用的设备分粉末照相法和衍射仪法。X 射线衍射仪由 X 射线发生器（X 射线管）、测角仪、X 射线探测器和计算机控制处理系统组成。

① X 射线管由阴极灯丝、阳极、聚焦罩等组成，功率大部分在 1～2kW。图 3-15 是 X 射线管及工作原理示意图。X 射线靶材有 W、Ag、Mo、Ni、Co、Fe、Cr、Cu 等。

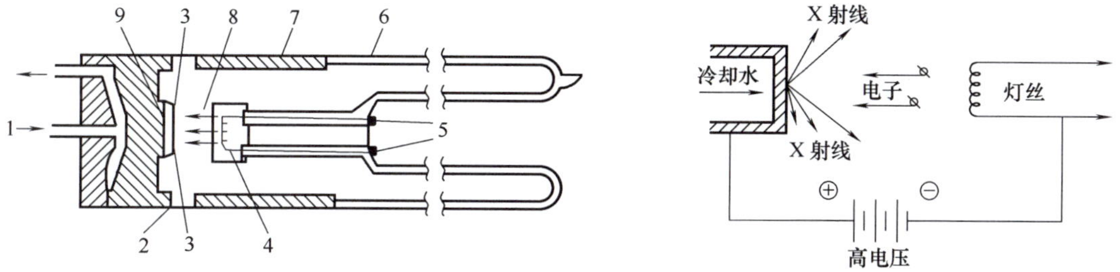


图 3-15　X 射线管及工作原理示意图

1—冷却水　2—铍窗口　3—X 射线　4—灯丝　5—插口　6—玻璃　7—铅罩　8—电子束　9—靶极（阳极）

② 测角仪是 X 射线衍射仪的核心部件，主要由索拉光阑、发散狭缝、接收狭缝、防散射狭缝、样品座及闪烁探测器等组成。

③ 探测器是利用荧光现象的粒子探测器。带电粒子经过荧光物质时，会引起原子的激发或电离，当它们返回基态时便产生荧光，其强度与粒子的能量成正比。这种荧光再转换为可以测量的电流。由于输出的电流和计数器吸收的 X 光子能量成正比，因此可以用来测量衍射线的强度。

④ 衍射仪的主要操作都是由计算机自动完成，扫描操作完成后，衍射原始数据自动存入计算机硬盘中供数据分析处理。

X 射线分析的样品主要有粉末样品、块状样品、薄膜样品、纤维样品等。样品不同，分析目的不同（定量或定性分析），样品的制备方法也不同。

（3）广角 X 射线衍射在高分子方面的应用

① 不同晶型的鉴别。如聚丙烯（PP）有 3 种晶型，α 晶型（单斜晶系）、β 晶型（六方晶系）、γ 晶型（三方晶系）的衍射图完全不同，很容易识别。

② 结晶度的测定。把衍射曲线得到的峰分解为结晶和非晶部分，结晶峰面积与总峰面积之比就是结晶度。由于聚合物的 X 射线衍射曲线，其结晶衍射峰由于弥撒往往会部分地重叠在一起，同时结晶峰与非晶峰一般是完全重合的。需要把部分结晶的高聚物 X 射线衍射曲线准确地分解为结晶和非晶部分，可以采用计算机和适当的软件进行数据校正。

③ 塑料薄膜的研究。塑料薄膜具有取向结构，结晶型聚合物薄膜有晶粒分布和晶型等不同结构情况，可以用 X 射线进行研究。

④ 微晶尺寸的测定。由于晶粒尺寸有限，所以结晶高聚物的衍射曲线是锐峰，晶粒越小，衍射峰的半峰宽 B 越大，晶粒尺寸与半峰宽的关系可用谢乐方程来描述：

$$D=\frac{\lambda}{b\cos\theta_{B}} \tag{3-12}$$

式中：$D$——晶粒线度；

$\theta_{B}$——峰位置对应的衍射角；

$b$——半峰宽。

⑤ 取向程度的测定。聚合物材料在挤压、拉伸等加工过程中，晶区作择优取向，使分子链沿加工方向排列。与此同时，非晶区的分子链趋于向拉伸方向排列，导致非晶向结晶转变，造成取向“诱导结晶”。描述结晶区分子链轴方向取向情况可用取向函数表示。

$$F=\frac{1}{2}\left(3\overline{\cos^{2}\theta}-1\right) \tag{3-13}$$

式中：$\cos^{2}\theta$——取向参数，代表结晶分子链轴参考向（拉伸方向）之间夹角的方向余弦；

$\theta$——分子链主轴与取向方向间的夹角。

在实际分析中，对于轴取向样品，常采用下面的经验公式计算取向指数（$R$）。

$$R=\frac{180^{\circ}-B}{180^{\circ}}\times 100 \tag{3-14}$$

式中：$B$——沿赤道线上 Debye 环（常用最强环）的强度分布曲线的半峰高，用度来表示。

⑥ 高聚物物相鉴定分析。对一些结晶高聚物材料，如聚乙烯（PE）、PP、聚四氟乙烯、PA 类、聚甲醛（POM）、聚酯等，可用 X 射线方法鉴定，是否和已知材料相同，用 X 射线衍射方法测定一目了然。

⑦ 高聚物材料中各种添加剂的剖析。对高聚物材料中各种添加剂的剖析，特别是无机填料， X 射线衍射是不可缺少的手段。它不仅能测定每一组分的状态（结构），而且还能给出各组分是否有同分异构。

## 3.3.2 X 射线小角散射

X 射线小角散射（SAXS）是在靠近原光束附近很小角度内电子对 X 射线的漫散射现象，

也就是在倒易点阵原点附近处对 X 射线相干散射现象。理论证明，小角散射花样、强度分布与散射体的原子组成以及是否结晶无关，仅仅与散射体的形状、大小分布及周围介质电子云密度差有关。也就是说，小角散射的实质是由于体系内电子云密度差异所引起的。

（1） SAXS 原理

X 射线小角散射法（SAXS）同样是用 X 射线作为光源，但散射角 $\theta$ 小于 2°，且在仪器构造、测试原理和应用范围上与广角 X 射线衍射有很大差异。由于一般 X 射线管射出 X 射线束宽 1°~2°，所以小角散射在普通大角衍射图中被淹没，在投射束内而观察不到。若要观察小角散射，首先准直系统要长，而且光栅或狭缝要小，才能使焦点变细，由此要求 X 射线源要强。其次为消除空气对 X 射线散射作用的影响，整个系统要置于真空中。

常用来记录小角散射的方法有照相法和计数器法。前者能观察到散射花样全貌，特别是用针孔准直时，有利于定性分析；后者沿子午线做连续扫描，可得到散射强度分布的曲线，便于数据处理。近年来采用位置敏检测器记录小角散射花样，并结合采用电子同步辐射加速器光源，可以大大节省测定时间，而且可以显著提高测定质量。

（2） SAXS 在高分子材料中的应用

SAXS 分析方法在高分子的应用主要有以下几个方面。①粒子（微晶、片晶、球晶、填充剂、硬段微区等）的尺寸、形状及其分布；②粒子的分散状态（粒子重心的空间分布、取向度及相互取向的空间相关性）；③高分子链结构和分子运动；④多相聚合物的界面结构和相分离等。

例如：①等同周期的测量。在小角度散射的条件下， $\sin 2\theta \approx \theta$ ， $\varepsilon \equiv 2\theta$ 则依据布拉格公式，用下式计算同等周期（平均值）： $n\lambda = L\varepsilon$ 。

②晶粒尺寸的测定。小角散射中心强度与粒子尺度有如下关系：

$$I = mn^2\varphi(\varepsilon) \tag{3-15}$$

式中： $I$——测得的强度；

$m$——体系中的粒子数；

$n$——每个粒子中电子的数量；

$\varphi(\varepsilon)$——与形状大小有关的函数。

## 3. 3. 3 X 射线光电子能谱

XPS 分析微课

X 射线光电子能谱（X-ray photoelectron spectroscopy， XPS）是用 X 射线照射样品，使样品中的原子或分子的电子受激发而发射出来，测量这些电子的能量分布，从中获得所需信息的谱图。

（1） XPS 的基本原理

当具有一定能量 $h\upsilon$ 的光子照射样品时，电子就可以从原子中的某能级发射出来，这些电子称为光电子，其现象称为光电离或光致发射，有时又称为光电效应，表示为：

$$M + h\upsilon = M^+ + e^- \tag{3-16}$$

式中：M——中性体系；

$M^+$——单电离体系。

光电过程服从 Einstein 关系式。对于自由分子和原子，则为：

$$h\upsilon = E_b + \frac{1}{2}mv^2 \quad (3-17)$$

式中：$h\upsilon$——入射光子能量；

$E_b$——电子的结合能；

$\frac{1}{2}mv^2$——射出光电子的动能。

气体样品可近似地看作自由原子或分子，固体样品的真空能级与表面状态有关，易于改变。

（2） XPS 的结构原理

电子能谱仪的主要部件有激发光源、电子能量分析器、探测器、记录控制系统、真空系统、外磁场屏蔽系统等，如图 3-16 所示。

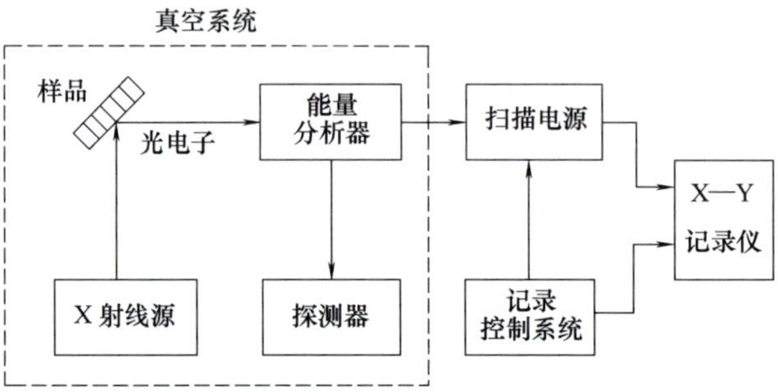


图 3-16 电子能谱仪组成简图

由激发源发射出来的光束照射在样品上，样品中的束缚电子受激发而电离，进而发射光电子。光电子在能量分析器中按期能量或动量被色散和聚焦，由探测器接收，探测器输出的脉冲信号经放大、甄别、整形，输入到记录控制系统，最后输入至 X-Y 记录仪的 Y 轴驱动器上。对光电子能量的扫描，可通过连续地或步进地控制分析器电压或电流变化来实现。将此扫描电压同时输入至 X-Y 记录仪的 X 轴驱动器上，这样即可输出光电子能谱，其中， X 轴表示能量， Y 轴表示强度。各种元素都有特征的电子结合能，因此，在能谱图中出现特征谱线。根据谱线的位置可以鉴定元素的种类，根据谱线的强度（峰面积）确定元素的相对含量。

（3） XPS 采样和扫描

XPS 能谱测试要根据样品的来源、性质和分析要求，采用相应的制样方法。对聚合物块状样品可直接进行分析。

XPS 的采样深度与光电子的能量和材料的性质有关。一般采样深度为光电子平均自由程的 3 倍。根据平均自由程的数据可以大致估计各种材料的采样深度：金属样品为 0.5~2nm，无机物为 1~3nm，有机物为 3~10nm。

如果样品表层组成未知，一般先对样品进行全扫描，获得全谱以鉴定存在的元素，然后对所选择的谱峰进行窄扫描，以鉴定化学状态。全扫描是在 0~1100eV 范围内扫描，只要求出峰，以便鉴定样品中存在的元素；窄扫描是在了解元素组成后，对元素的化学状态进行鉴定和对样品中组分含量进行定量时，选择谱峰进行窄扫描，以便测定有关谱峰的位置和形状。

（4） X射线光电子能谱在聚合物的应用

XPS分析技术的信息主要来自10nm以内的近表面层，表面灵敏度远高于红外全反射法，特别适合于研究高分子材料的表面性质。以下简单介绍其在聚合物中的应用。

① 表面元素的定性分析。XPS的宽扫描谱图结合给出样品中除H和He之外的所有元素的内层电子的结合能，可以利用每个元素的特征结合能来鉴别材料中的化学成分。如对塑料添加剂成分的分析。

② 表面元素的半定量分析。XPS提供的定量数据是以原子百分含量表示的，是一种半定量的分析结果。注意，XPS仅提供表面信息，其组成不能反映体相成分。

③ 表面元素的化学价态分析。由于原子处于不同的化学环境而引起的结合能位移称为XPS化学位移。它受核内电荷和核外电荷分布的影响，因而化学位移可以帮助鉴别元素在高分子材料中的化学状态。

④ 高分子材料表面结构研究。XPS技术是以探测材料的表面层为特征，加之样品处理较为简单且不损伤样品的优点，使它在高分子材料表面结构及表面化学研究中起重要的作用。如研究材料的表面老化、等离子聚合反应、共聚物表面元素的富集情况、表面处理的增强材料与处理结合情况等。

例如：PP室内加速老化研究。对于纯PP样品，经200h老化后，PP的$C_{1s}$组分分析及O/C强度比率如表3-5所示。可以看出，当起飞角为15°时，$C_{1s}$谱由4个组分峰组成，而在45°和75°下，$C_{1s}$谱只有—C—O—一种基团，并且O/C强度比减小，说明PP表相受氧化的程度比体相要大。

表3-5 PP老化200h后的$C_{1s}$组成分析及O/C强度比与起飞角$\theta$的关系

| $\theta$/° | 组分/% | | | | (O/C)/% |
|---|---|---|---|---|---|
| | C—H | C—O | C=O | O—C=O | |
| 15 | 90.9 | 4.6 | 2.6 | 1.9 | 10.5 |
| 45 | 96.9 | 3.1 | — | — | 1.9 |
| 75 | 98.0 | 2.0 | — | — | 1.4 |

XPS技术用于碳纤维的表面表征中，能够给出碳纤维经不同的表面处理后表面化学组成及其结构信息。利用XPS技术可以测定碳纤维表面的$C_{1s}$和$O_{1s}$的峰面积比，而$O_{1s}/C_{1s}$比值反映含氧官能的比例。故可以比较不同碳纤维表面处理的效果，从而对碳纤维的处理工艺提出更合理的要求。

⑤ 元素沿深度方向的分布分析。XPS可以通过多种方法实现元素沿深度方向分布的分析。

## 3.4 核磁共振波谱分析

核磁共振波谱（nuclear magnetic resonance spectroscopy，NMR）测量原子核对射频辐射（4～900MHz）的吸收现象，这种吸收只有在高磁场中才能产生。NMR是当代化学中一种重要的谱学研究手段。其应用范围非常广泛，例如用高分率核磁共振技术研究液相生物大分子的空间结构，用固体 NMR 方法研究材料等。核磁共振波谱成像技术已广泛用于医疗诊断，测试大脑功能活动等方面。

目前常用的核磁共振波谱仪分为连续波及脉冲核磁共振谱仪两大类。

### 3.4.1　NMR 的基本原理

我们知道，原子核带正电荷并有自旋运动，其自旋运动必将产生磁矩，称为核磁矩 $\mu$。$\mu$ 具有方向性，核磁矩与原子核的自旋角动量 $p$ 成正比，即

$$\mu=\gamma p \tag{3-18}$$

其中，$\gamma$——旋磁比，旋磁比 $\gamma$ 实际上是原子核磁性大小的量度，$\gamma$ 值大表示原子核的磁性强。原子核的自旋角动量与原子核的自旋量子数 $I$ 有关。$I$ 的数值的取决于原子核的质量数和原子序数。$I$ 数值分为 3 类：$I=0$，$I=1/2$，$I>1/2$。$I=0$ 的原子核没有自旋现象。

当把有磁矩的核（$I\neq0$）置于某磁场中，该原子核在磁场的行为就好似陀螺的运动-拉莫尔运动，其频率由下式决定：

$$\omega_0=2\pi\nu_0 \tag{3-19}$$

式中：$\omega_0$——角频率；

$\nu_0$——拉莫尔运动频率。

当外加射频场的频率与原子核的拉莫尔频率相等时，处于低能态的核便吸收射频能，从低能态跃迁到高能态-发生核磁共振现象。没有自旋的原子核没有磁矩，没有 NMR 信号。

用频率适当的电磁辐射照射到原子核，如果电磁辐射光子能量 $h\nu$ 恰好为两相邻核能级之差 $\Delta E$，则原子核就会吸收这个光子的能量 $h\nu$，使磁核在相邻两能级之间发生跃迁。因此，发生核磁共振的频率条件是：

$$\nu=\Delta E/h=\gamma H_0/2\pi \tag{3-20}$$

### 3.4.2　核磁共振波谱仪

图 3-17 为连续波核磁共振波谱仪的示意图。主要由磁铁、探头、射频发生器或场频扫描单元，信号接收放大及记录单元。

① 磁铁。磁铁是 NMR 谱仪中最重要的部分，NMR 的灵敏度和分辨率主要决定于磁铁的质量和强度。NMR 常用的磁铁有 3 种：永久磁铁、电磁铁和超导磁铁。

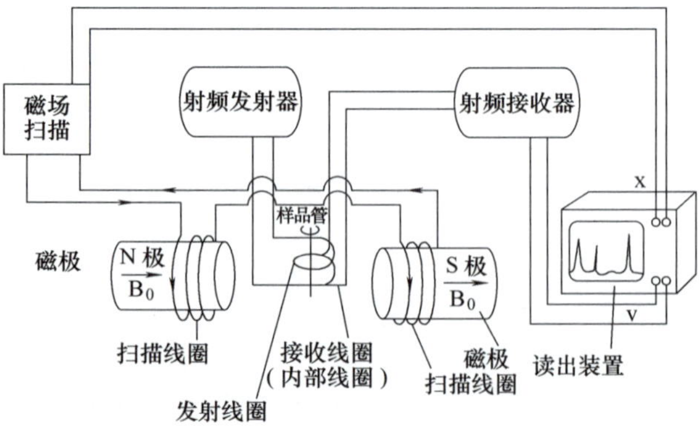

图 3-17　连续波 NMR 谱仪的结构简图

② 探头。探头是一种用来使样品管保持在磁场中某一固定位置的器件，探头中不仅包含样品管，而且包括扫描线圈合接收线圈，以保证测量条件的一致性。

③ 扫描线圈。在连续波 NMR 谱仪中，扫描方式最先采用扫场方式，通过在扫描线圈内加上一定电流，产生 $10^{-3}T$ 磁场变化来进行核磁共振扫描。

④ 射频源。 NMR 谱仪通常采用恒温下石英晶体振荡器产生基频，经过倍频、调谐及功率放大后馈入与磁场成 90°角的线圈中。为了提高分辨率，频率的波动必须小于 $10^{-8}$，输出功率小于 1W，切在扫描时间内波动小于 1%。

⑤ 信号检测及记录处理系统。共振核产生的射频信号通过探头上的接收线圈加以检测，产生的电信号通常要放大 $10^5$ 倍后才能记录， NMR 的记录仪的横轴驱动与扫描同步，纵轴为共振信号。 NMR 仪常配有一套积分装置，在 NMR 波谱上以阶梯的形式显示出积分数据，可以通过它来估计各类核的相对数目及含量，有助于定量分析。

### 3.4.3 $^1$H-核磁共振波谱

（1）化学位移

对于一个磁铁，以质子为例，在核磁共振条件下它所发生吸收的磁场强度是质子所感受的有效磁场，而这个有效磁场并不等于外加的磁场强度，它取决于质子的环境—包括质子附件电子云密度和存在附近的其他质子。所以质子会由于在分子中的环境不同而显示不同的吸收峰，峰位置的差距称为化学位移。

化学位移是由于电子云的屏蔽作用而产生的，它与外加磁场 $H_0$ 有正比关系，因而常用相对单位 $\delta$ 来表示：

$$\delta=\frac{H_{sample}-H_0}{1000000H_0} \tag{3-21}$$

或改变频率扫描时：

$$\delta=\frac{v_{sample}-v_0}{1000000v_0} \tag{3-22}$$

但在化合物中，质子不是孤立存在的，其周围还连着其他的原子和基团，他们彼此间会相互作用，从而影响质子周围的电子云密度，使吸收峰向左（低场）或向右（高场）位移。

（2）影响化学位移的各种因素

化学位移是由于核外电子云密度不同造成的，因此影响核外电子云密度分布的因素都会影响化学位移，包括诱导效应、共轭效应、磁各向异性效应、范德华效应、溶剂效应和氢键效应。其中，诱导效应、各向异性效应和范德华效应是在分子内起作用，的溶剂效应是在分子间起作用的因素，氢键效应则在分子内和分子间都会产生。

### 3.4.4 $^{13}$C-核磁共振波谱

与 $^1$H-NMR 相比，$^{13}$C-NMR 在测定有机分子结构中具有更大的优越性，主要体现以下几点：

① $^{13}$C-NMR 提供的是分子骨架信息，它给出了组成分子骨架的碳的信息，而不是外围质子（如氢、氧）的信息，这一点对于结构解析及其重要，因为有机物均含有碳这种必需的元素。

② 对大多数有机分子来说，$^{13}$C-NMR 谱的化学位移范围达 200，而$^{1}$H-NMR 的化学位移只在 10 左右，两者相比碳谱的化学位移要宽得多，这就意味着在$^{13}$C-NMR 中复杂化合物的峰重叠比质子 NMR 要小得多。

③ 有机化合物中，$^{13}$C 与相邻的$^{13}$C 不会发生自旋耦合，有效地降低图谱的复杂性。

④ 全去偶技术及其他去偶技术已经十分成熟，在实验中可以有效地消除$^{13}$C 与质子之间耦合，可以得到只有单线组成的$^{13}$C-NMR 谱，对图谱解析极其有利。

## 3.4.5 核磁共振技术在高分子材料方面的应用

核磁共振技术应用在聚合物表征主要有以下几种形式：共混及三元共聚物的定性定量分析，异构体鉴别，端基表征，基团鉴别，均聚物立体规整性分析，序列分布及等规度分析等。

现代 NMR 谱仪用于高聚物研究通常采用两种方法，一种是选用合适的溶剂，提高温度，或采用高场仪器的液体高分辨技术；另一种是利用固体高分辨 NMR，采用魔角旋转及其他技术，直接得出分辨良好的窄谱线。

（1）液相核磁共振波谱技术

用液体$^{13}$C-NMR 技术对以乙烯为骨架的共聚物进行结构分析。如乙烯-丙烯共聚物是一个嵌段共聚物体系，包括了复杂的共聚结构。实验所用溶剂为带有少量氘代苯的 1，2，4-三氯苯或氘代四氯乙烷，实验温度为 125℃。用超导核磁共振氢谱成功地分析聚乙烯-乙烯基酯中乙烯酯质量分数在 10%～17%的产物。醋酸乙烯酯含量可通过 CHO 质子共振和乙酰基共振来测得。乙酰基共振分裂成两个单峰，这是由于醋酸乙烯酯-醋酸乙烯酯、醋酸乙烯酯-乙烯二元组的存在造成的，在 CHO 区域，只发现了少量二元组裂分。对于共聚物中乙烯单元的短支链，其结构可通过$^{13}$C-NMR 光谱测得。

（2）固体核磁共振波谱技术

固体高分辨率 NMR 技术特别适用两种情况：一是样品是不能溶解的聚合物，例如交联体系；二是需要了解样品在固体状态下的结构信息，如高分子构像、晶体形状、形态特征等。由于$^{13}$C 的自然丰度较低，磁旋比小，所以对样品往往采用魔角旋转、交叉极化及偶极去偶等技术来强化监测灵敏度。固体 NMR 谱的各向异性加宽作用可以通过魔角旋转加以消除，从而获得与溶液谱一样的自旋多重化精细谱带，使峰变窄，提高分辨率。

在高分子形态研究，高分子结晶型和无定型相区在 NMR 中化学位移不同，可以很容易地加以区别。当各相的共振峰化学位移差别很小时，可以采用 NMR 技术的各种弛豫参数来鉴别多相体系的结构。相结构研究中常用的弛豫参数有自旋-晶格弛豫，自旋-自旋弛豫及旋转坐标中自旋-晶格弛豫等。对于多相聚合物体系，如热塑性弹性体，由于软硬相在凝聚态结构、玻璃化温度上的明显差别，在 NMR 实验时，可以利用软硬段的弛豫时间不同，来研究软硬度相的相互作用及互溶性。弹性体在玻璃化转变温度之上可以进行取向运动，且在高弹态时偶极耦合作用比玻璃态小，特别适用于固体 NMR 来进行结构分析。

## 3.5 电子显微镜分析

电子显微镜，简称电镜，它是电子束对样品放大成像的一种显微镜，包括扫描电镜（scanning electron microscope SEM）和透射电镜（transmission electron microscope TEM）两大类型，其分辨率最高达到 0.01nm，放大倍率高达 80~100 万倍。

电子束射到样品上，如果能量足够大的话，就能穿过样品而无相互作用，形成投射电子，反之电子和样品有相互作用，而产生散射。散射有两类，如果只是被反射而没有能量损失，称为弹性散射；如果有能量损失，称为非弹性散射，会产生不同的射线。这些射线包括：①透射电子，即直接透射电子以及弹性或非弹性散射的透射电子用于 TEM 的成像和衍射；②背景散射电子，即入射电子穿透到离核很近的地方被反射，而没有能量损失。它能量较高，基本上不受电场作用而呈直线运动进入检测器；③二次电子，是入射电子撞击样品表面原子的外层电子，把它激发出来，就形成了低能量的二次电子，在电场的作用下它可呈曲线运动。二次电子散射和背景散射共同用于 SEM 的成像。其他产生的射线还有特征 X 射线、俄歇电子、阴极荧光等，用于其他方法的分析。下面主要只介绍 TEM 和 SEM。

### 3.5.1 TEM 分析

TEM 是一种具有高分辨率、高放大倍数的光学仪器，在高分子研究中有重要应用。可用来观察高分子晶体的形貌和结晶结构，研究高分子材料的网络，测定高分子的分子量分布和多孔膜的微孔大小与分布，还可对高分子晶体的晶格甚至高分子本身直接成像。

TEM 成像原理

（1）基本原理

TEM 把经加速和聚集的电子束投射到样品上，电子与样品中的原子碰撞而改变方向，从而产生立体角散射。散射角的大小与样品密度、厚度相关，可以形成明暗不同的影像，影像在放大、聚焦后在成像器件上显示出来。在放大倍数较低的时候，TEM 成像的对比度主要是由于材料的厚度和成分对电子的吸收不同造成的。当放大倍数较高时，复杂的波动作用会造成成像亮度的不同，因此需要专业知识来对所得的图像进行分析。

（2）TEM 的仪器设备

图 3-18 是 TEM 的结构示意图。主要包括电子光学系统、真空系统和电器 3 部分。

① 电子显微镜的电子光学系统放置在电镜的镜筒内，其核心是磁透镜。光学显微镜是以玻璃透镜使光束聚焦，电子显微镜是以磁透镜使电子束聚焦。电子光学系统是电子显微镜的主

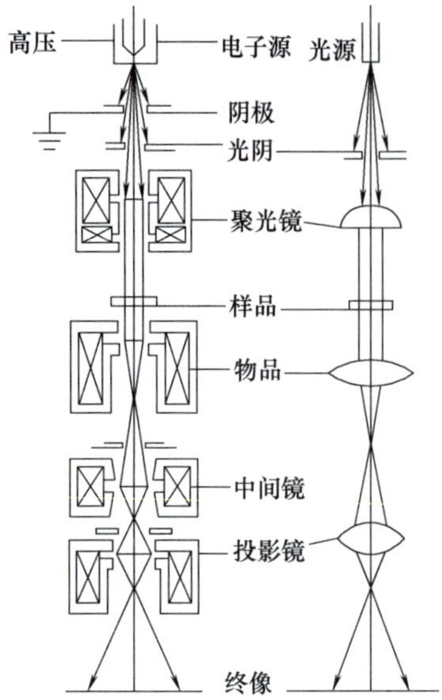

图 3-18 TEM 的结构示意图

体，它可以说是一个透镜组。电镜的上端是电子枪部分，下端是观察和照相部分，中间则为成像系统，还有样品室。

② 真空系统。电镜的镜筒内部处于高真空状态，电子显微镜的真空系统由机械泵、扩散泵、真空管道和阀门以及空气干燥器、冷却装置、真空指示器等组成。

③ 电镜的电器主要包括：电子枪的高压电源、磁透镜激磁电流的电源、各种操作及调整设备的电器、真空系统电源和安全用电保护器。现代电镜采用的晶体管和集成电路等电子新技术，大大提高了电源的稳定性。

（3）样品的制备

TEM 可以观察到非常细小的结构，因此供 TEM 观察的样品既小又薄，通常可观察的最大尺度不超过 1mm，样品厚度一般小于 100nm。较厚的样品会产生严重的非弹性散射，因色差而影响图像质量；样品太薄没有足够衬度也不行。高分子材料一般要通过各种技术制备为适合电镜观察的样品。具体的制样方法请查阅相关资料。

（4） TEM 的应用

TEM 可用于研究高分子的结构及形态、高分子结晶的聚集态及聚合物和共混物等。 TEM 在高分子材料研究中的应用主要包括对形貌的观察，研究颗粒（晶粒）的形状、形态、大小和分布等。结构观察包括两相间相互之间的关系、杂质相的分布等。与 SEM 不同， TEM 还可用于使用电子衍射技术进行晶体结构分析、物相鉴定、晶体取向分析等。下面简单介绍 TEM 在高分子材料研究中的应用。

① 分析固体颗粒的形状、大小和粒度分布等。凡是粒度在 TEM 观察范围内的粉末颗粒样品，均可用 TEM 对颗粒形状、大小和粒度分布等进行观察。例如，通过研究聚合物乳胶粒子的 TEM 照片，可以在聚合的不同阶段取样，观察颗粒大小及均匀度，研究聚合工艺条件和聚合机理。

② 研究材料的微观结构。材料的某些微观结构特征能由表面的起伏现象表现出来，或者通过某种腐蚀的方法，将材料内部的结构特点转化为表面起伏的差异，然后用复型的方法在 TEM 中显示试样表面或断面的特征。

③ 研究两相体系高聚物的结构形态。电子显微镜在研究两组分共混高分子、嵌段共聚物、接枝共聚物等两相聚合物织态结构以及界面结构方面是不可缺少的工具。图 3-19 为高岭土、钙化高岭土和 β -高岭土的高倍 TEM 图像以及选区电子衍射谱（SAED patterns）。从（a）和（b）可见，高岭土为无定形粒子。（c）和（d）显示，经 0.01%乙酸钙水溶液浸湿并 180℃低温煅烧后，在高岭土表面形成高结晶度碳酸钙壳层，二维晶格条纹间距为 0.38nm，对应于碳酸钙（JCPDF # 47-1743）的（012）晶面衍射。从（f）白线虚框内的 TEM 图像可见，

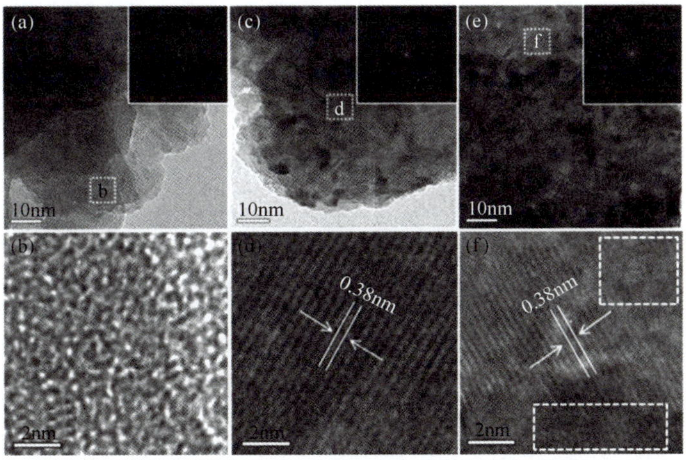

(a)、(b)钙化高岭土的TEM照片　(c)、(d) β-高岭土的TEM照片(e)、(f)

图 3-19　高岭土粒子的 TEM 照片

钙化高岭土负载 PA 后破坏了碳酸钙的结晶，导致其二维晶格条纹模糊。

④ 研究聚合物的结晶结构研究。用电镜可观察到伸直链结构、纤维状晶体和串晶等特殊高聚物的结晶形态。例如，根据聚合物单晶的电镜照片和电子衍射实验，提出导致晶态聚合物折叠链结构模型；基于电镜研究非晶态的 PET 样品，发现非晶态电镜照片中存在球粒结构的研究结果，提出非晶态高聚物凝聚态存在局部有序的概念。

### 3. 5. 2　SEM 分析

1965 年英国剑桥仪器公司生产第一台 SEM，自此， SEM 在已成为高分子科学、高分子材料科学和高分子工业中必备的分析研究手段和重要的原料与产品的检验工具，在表面、断面和颗粒的形貌观察、成分分析和晶体结构研究等方面得到广泛的应用。

（1） SEM 的结构与原理

SEM 成像原理

SEM 是用二次电子加背景散射电子成像。电子束在样品表面扫描，与样品发生各种相互不同的作用，产生不同的信号。二次电子是样品在入射电子的激发下原子的核外电子离开该原子而形成的，能量比较小（小于 50eV），在样品中的平均自由程也小，只有在近表面（约 10nm 数量级）二次电子才能逸出表面被接收器接收并用于成像。背射电子是入射电子与样品中的原子作用，发生弹性散射形成。能量比较大，信息深度比较大，大约 1μm。

SEM 的主机结构如图 3-20 所示，主要分为 5 部分：电子束会聚系统、样品室、真空系统、电子学系统和显示部分。

① 电子束会聚系统由电子枪、磁透镜及扫描线圈组成。由于三极电子枪所发射出来的电子束直径一般为 30~50μm，而最终要求电子束直径为 1~5nm 的电子探针，因此需要 2~3 个磁透镜组成，即双聚光镜和物镜。扫描线圈通常由两个偏转线圈组成，在扫描发生器的作用下，电子束在样品表面做光栅状扫描。

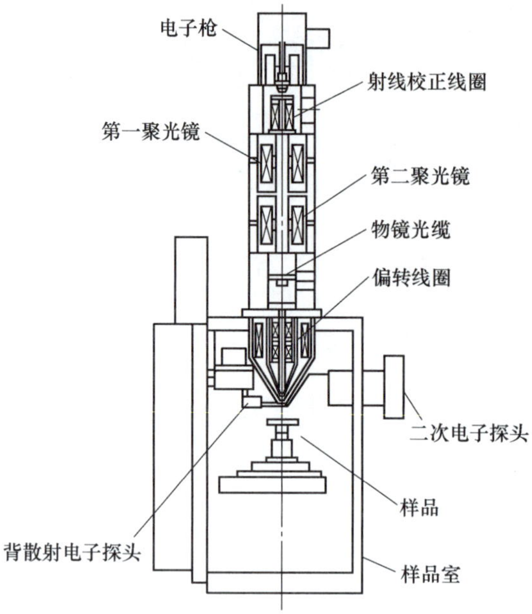


图 3-20　SEM 主机结构图

② 样品室是固定样品以及电子束和样品相互作用产生各种信号电子的场所。样品用导电胶或双面胶规定在样品台上，经过喷金，装入样品座。

③ 真空系统还有水压、停电和真空自动保护装置，置换样品和灯丝时有气锁装置。 SEM 的镜体和样品室内部都需要保持 0.000133~0.0133 的真空度，因此需要采用机械泵和扩散泵进行抽真空。

④ 电子学系统包括电源系统和信号电子成像系统。信号电子成像系统把电子探针和样品相互作用产生的信号电子进行收集、放大、处理，最后在显像管上显示图像。扫描电镜可以接收从样品上发出的多种信号电子来成像，不同的信号电子用不同的探测器。

⑤ 显像管把电子透镜像普通显微镜里的物镜和目镜那样结合起来，把物体放大到几万、几十万倍。将信号放大器获得的输出调制信号通过显像管转换成图像。用照相机拍照或计算机直接将图像及设置的参数输出。

（2） SEM 的应用

SEM 主要表征聚合物的表面形貌、微观结构和进行微区化学成分分析。

SEM 制样与操作

SEM 样品可以是粉末状的，也可以块状的。观察断口的形貌，一般将样品在液氮中低温淬断观察。对于导电性差或绝缘的材料，需要采用金、银或炭真空蒸发膜作导电层，也可以直接向试样表面喷涂抗静电剂或吸附锇酸。

① 聚合物的冲击断面的研究。如图 3-21（a）、（b）未改性氢氧化铝（ATH）填充 PP，（c）、（d）改性填料 1 和改性填料 2 填充 PP 断面 SEM 照片。 由图可见，纯 PP 冲击断裂面较为平坦，表面几乎没有褶皱，呈现为明显的放射状条纹，属于典型的脆性断裂形态。未改性氢氧化铝填充 PP 复合材料中，可观察到 PP 断裂面较为平滑，同时填料 ATH 和 PP 有清晰的界面，ATH 大量脱落，断面观察到较多空洞，说明 ATH 与 PP 界面黏结不牢固，导致 PP 拉伸和冲击强度等显著降低。改性填料填

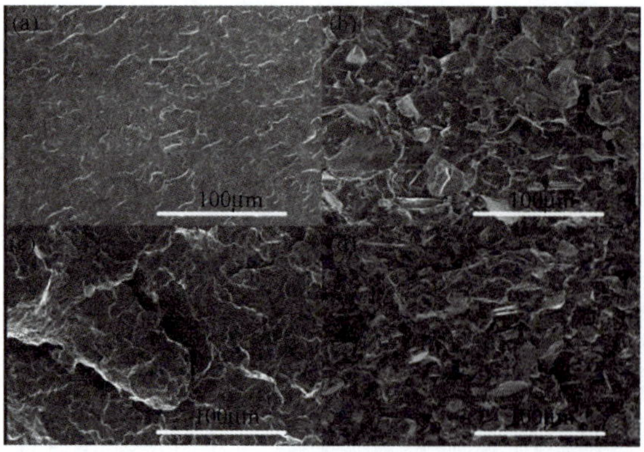


图 3-21　PP 改性试样冲击断面 SEM 照片

充 PP 的冲击断面呈现为断面不平滑，明显的褶皱变形，显示出良好的冲击韧性。但改性填料 1 填充 PP 复合材料的冲击断面，界面填料和 PP 仍有清晰的界面，不能改善 PP 与填料界面黏结，但断面出现大范围的褶皱，显示一定程度的韧性断裂。而改性填料 2 填充 PP 的冲击断面不平滑，明显的褶皱变形，显示出良好的冲击韧性，且填料与 PP 界面不清晰，所以表现出较好的冲击韧性。

② 聚合物两相的分布情况。如图 3-22 是 PP 与不同牌号的 PE 以 85/15 比例共混后两相分布情况 SEM 照片。由图可见，不同牌号的 PE 与 PP 共混后，两树脂基体的相容性不同，导致 PE 在 PP 树脂基体中的分布不同。

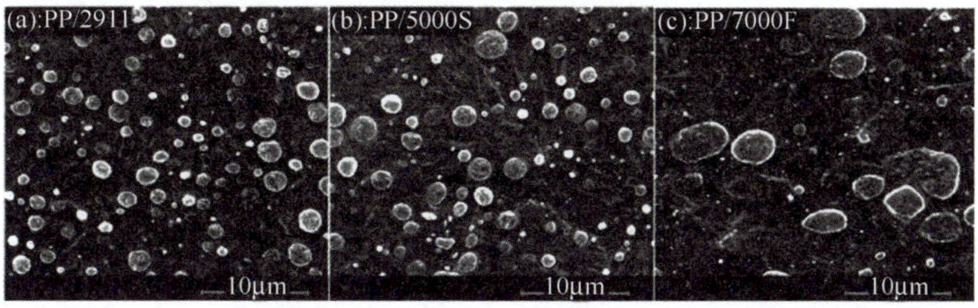


图 3-22　PP 与不同牌号的 PE 以（85/15）比例共混的两相分布图

③ 聚合物界面的黏结情况。图 3-23 是未改性硅灰石填充 PP（a）和改性硅灰石填充 PP（b）的断面 SEM 照片。发现未改性的硅灰石与 PP 界面黏结作用不强，冲击断裂时几乎全部从 PP 基体中拔出，而改性硅灰石填充 PP 的冲击断面如（b）所示，填料与 PP 界面黏结作用

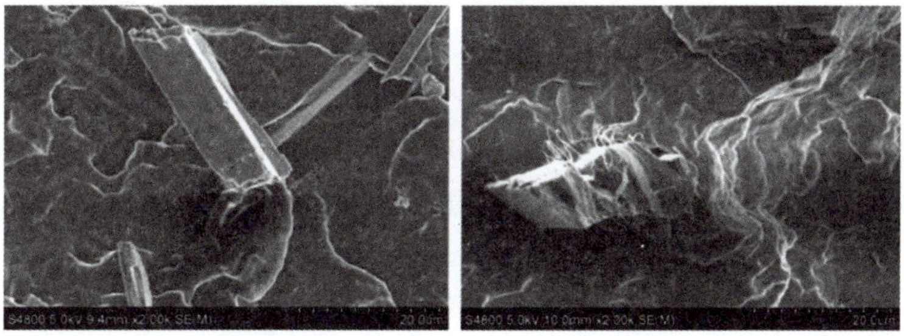

(a) 5W/95PP　　(b) $5W_{100}/95PP$

图 3-23　未改性硅灰石填充 PP（a）和改性硅灰石填充 PP（b）的断面图

强，冲击断裂时，填料还是紧紧包裹在 PP 基体中。

## 3.6 热分析方法

热分析是表征材料的基本方法之一，广泛应用于科研和工业生产中。特别是高分子材料研究领域，热重法、差热分析法以及差热扫描量热法的应用最为广泛。

### 3.6.1 热重分析

热重分析（thermo gravimetric analysis，TGA）是在程序控温下，测量物质的质量与温度关

系的一种技术。

（1）基本原理

如图 3-24 所示，热重分析仪主要由温度程序控制系统、检测系统和记录系统 3 部分组成。其中热天平是检测系统是重要的组成部件，主要包括微量电子天平、炉子、温度程序器、气氛控制器和数据采集与处理系统。

测试原理：在加热过程中，试样无质量变化时天平能保持初始平衡状态；而有质量变化时，天平就失去平衡，并立即由传感器检测并输出天平失衡信号，这一信号经测重系统放大并以自动改变平衡复位器中的电流。通过平衡复位器中电圈的电流与试样质量变化成正比。因此，记录电流的变化即能得到加热过程中试样质量的连续变化的信息。由测温热电偶同时测定试验温度并记录，于是得到图 3-25 所示的试样质量与温度（或时间）关系的曲线。

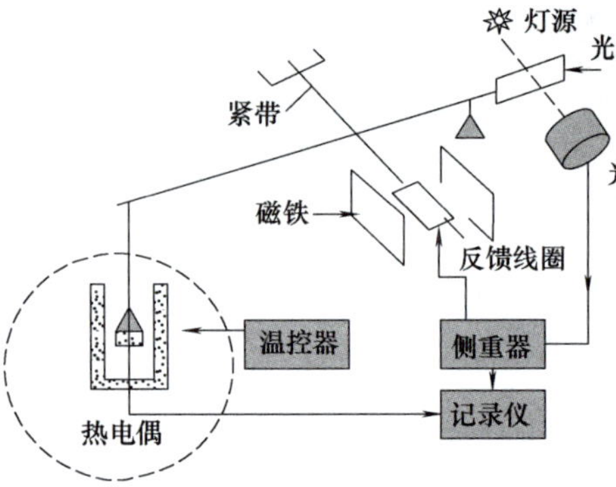


图 3-24 TGA 的工作原理图

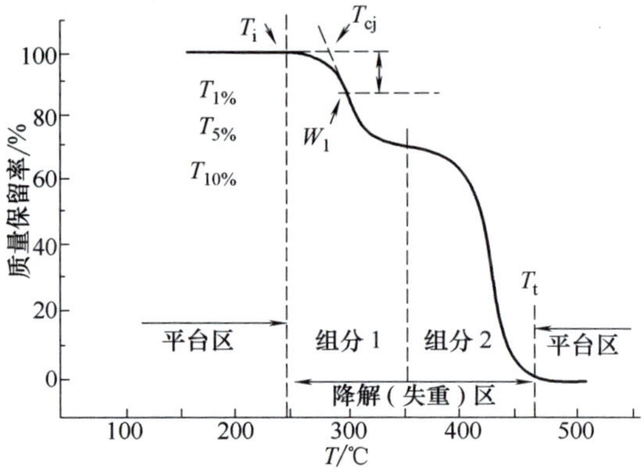


图 3-25 TGA 曲线及其代表的特征温度

横坐标为温度（$T$）或时间（$t$），纵坐标为样品保留质量的分数，用以表征物质的热稳定性。有的聚合物受热时不只一次失重，每次失重百分数可由该失重平台所对应的纵坐标数值直接得到。

（2） TGA 谱图与关键温度表示

TGA 谱图一般以试样的质量残余量 $Y$（%）对温度 $T$ 的曲线（TG 曲线）和试样的质量残余量 $Y$（%）随时间的变化率 dy/dt（%/min）对温度 $T$ 的曲线（DTG 曲线）表示。

如图 3-26 所示， $T$ 开始时，由于试样残余小分子物质的热解吸，试样有少量的质量损失，损失率为（$100-Y_1$）%；经过一段时间的加热后，温度升至 $T_1$，试样开始出现大量的质量损失，直至 $T_2$； 损失率达到（$Y_1-Y_2$）%；在 $T_2$ 到 $T_3$ 阶段，试样存在着其他的稳定相；然后，随着温度的继续升高，试样进一步分解，$T_1$ 称为分解温度。

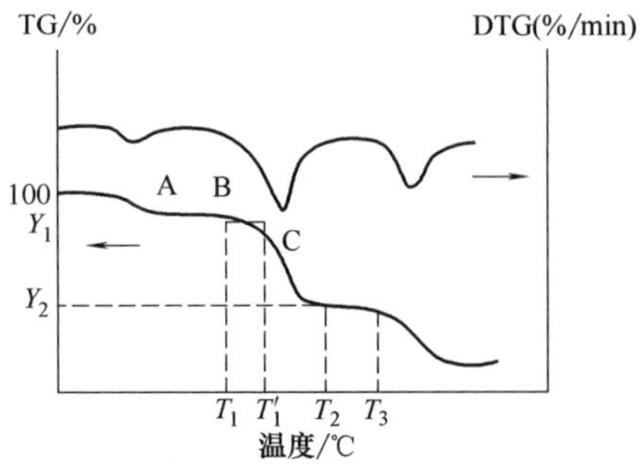


图 3-26 TGA 图谱

一般以 TG 曲线的特征温度表征材料的稳定性，常用有以下几个关键温度。

① 始点温度：材料开始失重的温度，偏离基线的温度点 $T_i$；

② 外推始点温度：TGA 曲线的基线延长线与最大斜率点切线的交点的温度为 $T_{ei}$。一般选取外推始点温度为热分解温度。

③ 定失重温度：规定一个失重百分数，求材料在该失重量下对应温度，如 1%、5%、10%和 50%的温度。

④ 终止温度：材料结束失重的温度 $T_f$；

⑤ 平台区：不发生质量变化的区域平台；

⑥ 降解区：发生质量变化的区域。

（3）TGA 测试操作

TGA 测试操作要按设备的使用说明书进行。

TGA 样品制备对测试结果有较大的影响。制备过程中，要考虑样品的形态、样品量和装填等因素，样品不能受到污染。

热重分析操作

（4）TGA 的主要影响因素

测定的 TG 和 DTG 曲线与实验条件，仪器、试样等密切相关，影响因素主要包括下列几方面：仪器因素—浮力、试样盘、挥发物的冷凝等；实验条件—升温速率、气氛等；试样的影响—试样质量、粒度等。

① 浮力变化是由于升温使样品周围的气体产生热膨胀，从而相对密度下降，浮力减小，使样品的表观增重。一般 300℃时浮力可降低到常温时浮力的 1/2，900℃时可降低到约 1/4。所以，在试样质量没有变化的情况下，由于升温，似乎试样在增重，这种现象通常称之为表观增重。需要进行校正予以消除。

② 试样盘的影响包括盘的大小，形状和材料的性质等。通常采用的试样盘以轻巧的浅盘最好，试样在盘中摊成均匀的薄层，有利于热传导和热扩散。常用盘材料为铂、铝和陶瓷等。

③ 分解产物从样品中挥发出来会在低温处再冷凝，如果冷凝在试样皿上会造成测定的失重结果偏低。而当温度进一步升高，冷凝物再次挥发会产生假失重，使 TG 曲线变形。解决的办法是加大气体的流速，使挥发物立即离开试样皿。

④ 升温速率对热重的影响比较大。升温速率越快，温度滞后越严重，会使曲线的分辨率下降，会丢失某些中间产物的信息，导致测定的起始分解温度和终止分解温度偏高。

⑤ 热重法通常可在静态气氛或动态气氛下进行测定。为了获得重复性好的实验结果，一般在严格控制的条件下采用动态气氛。气氛的性质、纯度和流速对实验结果的重复性有影响，因此需要选择合适的气氛和通入气氛的条件很重要。

⑥ 试样的影响。试样量一般为 2~5mg。如果试样量多，传质阻力大，试样内部温度梯度大，甚至试样产生热效应会使试样温度偏离线性程序升温，使热失重曲线发生变化。试样粒度对热传导，气体扩散有着较大的影响。粒度越小反应速率越快，TG 曲线上的起始分解温度和终止分解温度降低，反应区间变窄，试样颗粒度大往往得不到较好的 TG 曲线。

（5）TGA 在塑料研究中的应用

TGA 在塑料研究中的应用，主要包括以下几个方面。①高分子材料热稳定性的评定；②塑料添加剂的分析；③共聚物和共混物的分析；④塑料中水分（含湿量）的测定；⑤例如

TGA 测试塑料材料氧化诱导期的测定。此外，还可以研究固相反应和塑料材料的鉴定等。

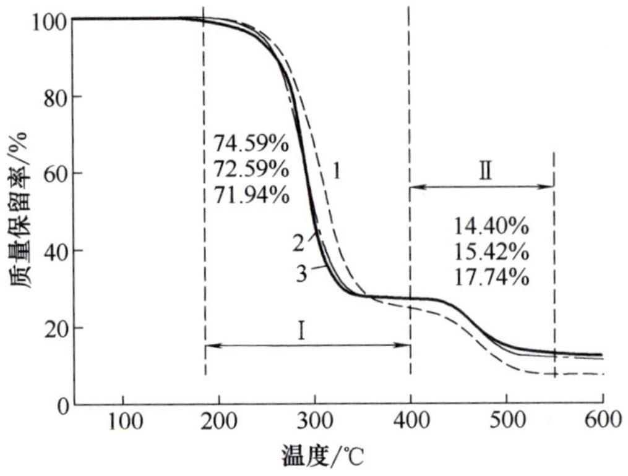


图 3-27 不同体系的 TG 曲线

1—纯 PVC 2—硬脂酸钙/锌稳定剂+PVC

3—马来酸单三甘醇酯-钙/锌稳定剂+PVC

例如，如图 3-27 是为纯 PVC、硬脂酸钙/锌和马来酸单三甘醇酯-钙/锌稳定剂（TAM-Ca/Zn）的 TG 曲线。从图上可以看到，PVC 的热失重主要有两个阶段，第一阶段为 180～400℃为 PVC 受热释放 HCl；第二阶段为 400～550℃为 PVC 长链断裂，除了释放 HCl 之外还生成多烯、苯等化合物。根据 TG 曲线所示，相比于空白试样，添加 TAM-Ca/Zn 的试样两个阶段的热失重率分别降低了 2.65% 和 3.34%。与硬脂酸钙/锌热稳定剂相比也有一定程度的提高，热损失率分别降低了 0.65% 和 1.02%。这证明了 TAM-Ca/Zn 在阻止两个阶段的热失重过程中，都有一定的效果。不仅可以延缓 HCl 的释放，还能阻止长链的断裂，最终达到提升热稳定性的效果。

## 3.6.2 差热分析

差热分析（DTA）是指在相同条件下加热（或冷却）试样和参比物，并记录下它们之间所产生的温度差别的一种分析技术。参比物一般选择测量温度范围内本身不发生任何热效应的稳定物质，它的热容及热导率和样品尽可能相近，如 $\alpha$-$Al_2O_3$、石英粉、氧化镁粉末等。

（1）基本原理

图 3-28 为 DTA 的原理示意图。当参比物和试样置于加热炉中的托架上，在等速升温或降温时，若试样不发生热效应，在理想情况下，试样温度和参比温度相等，$\Delta T=0$，差示热电偶无信号输出，记录仪上记录温差的笔划出一条直线，称为基线。当试样产生吸热反应时，试样温度比参比温度低，即 $\Delta T<0$，则 DTA 曲线偏离基线向下。若试样放热，即 $\Delta T>0$ 时，则向上划曲线。在 DTA 曲线上，由峰的位置可确定发生热效应的温度，由峰的面积可确定热效应

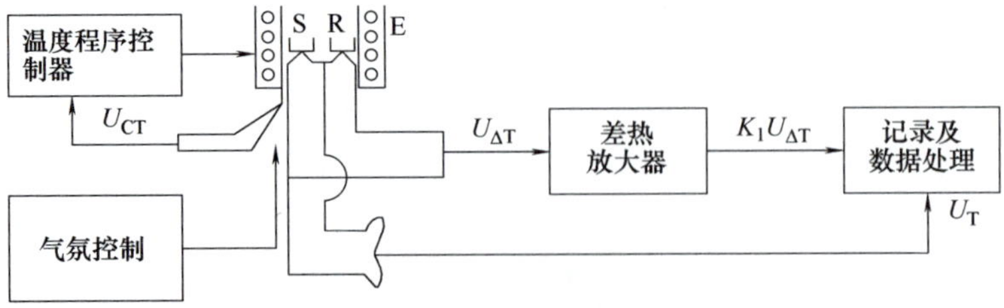


图 3-28 DTA 原理示意图

S—试样 $U_{CT}$—由控温热电偶送出的 mV 信号 R—参比物 $U_T$—由试样下面的热电偶送出的 mV 信号

E—电炉 $U_{\Delta T}$—由差示热电偶送出的 mV 信号 $K_1$—放大系数

的大小，峰的形状可了解有关过程的动力学特性。

（2） DTA 在高分子材料测试中的应用

DTA 法可用于测定高分子材料熔点、熔化热、汽化热、纯度、多晶转变、液晶相变、玻璃化温度；可用于制作相图，研究固相反应、脱水反应、热分解反应、异构化反应、催化剂性能、高聚物性能和反应动力学等。

由于差热曲线的峰面积与热量的比值随温度而变化，给热量定量分析带来一定的困难。

### 3.6.3　差示扫描量热分析（DSC）

（1）基本原理

DSC 是在 DTA 的基础上发展起来的。DSC 是在控制温度变化情况下，以温度（或时间）为横坐标，以样品与参比物间温差为零所需供给的热量为纵坐标所得的扫描曲线。DTA 是测量 $\Delta T$-$T$ 的关系，而 DSC 是保持 $\Delta T=0$，测定 $\Delta H$-$T$ 的关系。两者最大的差别是 DTA 只能定性或半定量，而 DSC 的结果可用于定量分析。根据仪器结构原理不同，DSC 分为热流型和功率补偿型。

如图 3-29 所示，热流型是在给予样品和参比品相同的功率下，测定样品和参比品两端的温差（$\Delta T$），然后根据热流方程，将温差 $\Delta T$ 换算成热量差（$\Delta Q$）作为信号的输出。功率补偿型则是在样品和参比品始终保持相同温度的条件下，测定为满足此条件样品和参比品两端所需的能量差，并直接作为信号热量差（$\Delta Q$）输出。试样和参比物分别具有独立的加热器和传感器。热流型的基线稳定，高灵敏度；功率补偿型具有精确的温度控制和测量，更快的响应时间和冷却速度，分辨率高。

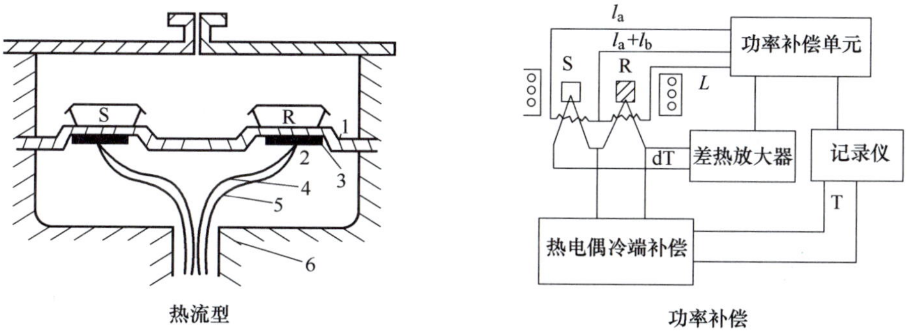


图 3-29　DSC 结构示意图

1—康铜盘　2—热电偶热点　3—镍铬板　4—镍铝丝　5—镍铬丝　6—加热块

（2） DSC 的应用

DSC 是物质组分和结构分析、热力学和动力学研究的重要手段。图 3-30 是典型 DSC 测试谱图，横坐标为温度 $T$ 或时间 $t$，纵坐标为热流率。一般峰向上表示吸热，峰向下表示放热，峰包围的面积正比于热焓的变化。曲线上的几个主要参量的作用：

① 转变温度。样品在升温或降温的过程中结构发生变化，就有吸热或放热现象，DSC 曲

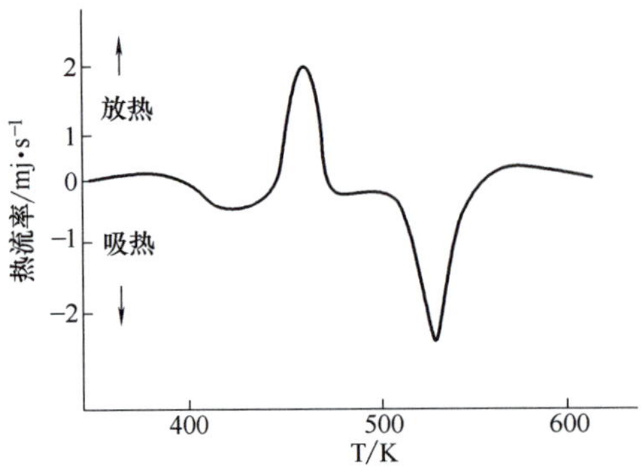


图 3-30 典型的 DSC 曲线

线上就会出现一个吸热峰或放热峰。DSC 曲线上峰对应的温度就是结构发生转变的温度。如高聚物的玻璃化转变温度 $T_g$、结晶、熔融、交联固化和分解发生的热效应等。

② $T_g$。用于评价两种聚合物共混的相容性，如果完全相容，DSC 只有一个 $T_g$ 峰，不相容则有两个 $T_g$ 峰。

③ 焓变 $\Delta H$。焓是一个重要的热力学参数，样品分子的物理变化（如相变）和化学变化（如物质的分解、链的断裂）都与焓有关。对于压力不变的过程，$\Delta H$ 等于变化过程所吸收的热量 $Q$。通过计算样品的焓，可以研究涉及化学反应的热行为，如研究聚合物阻燃机理、热固性塑料的固化反应、聚合物材料热氧化及分解机理等方面。

④ 比热容。在 DSC 测试中，样品是处在线性的程序温度控制下，流入样品的热流率是连续测定的，并且所测定的热流速率 $dQ/dt$ 与样品的瞬间比热容成正比，因热流速率可用下列方程式表示：

$$dQ/dt = mc_p dT/dt \tag{3-23}$$

式中：$Q$——热量；

$m$——样品的质量；

$c_p$——比热容。

样品的比热容即可通过上式测定。

⑤ 样品的纯度。样品的纯度对 DSC 曲线的峰高和峰宽有明显的影响。因此，通过简单的峰形对比可简便地估计样品的纯度，具有快速、准确和样品用量少的特点。

（3） DSC 测试操作

DSC 测试操作要根据仪器使用说明书进行。下面以 $T_g$ 测定进行简单介绍。

试验前，接通仪器电源至少热机 1h，以便电器元件温度平衡。测量时，应避免环境温度、气压或电源电压剧烈波动。

试样可以是粉末、颗粒、细粒或从样品中切下的碎片状。从样片上切取试样时应小心，以防止聚合物受热重新取向或其他可能改变其性能的现象发生。对粒料或粉料样品，应取两个或多个样品进行测试。试样应按材料相关标准规定或供需双方商定的方法进行状态调节。试样量为 5~10mg，要求精确到 0.1mg。

温度扫描按以下方法扫描样品：

① 在开始升温操作之前，用氮气预先清洗 5min。

② 以 20℃/min 的速率开始升温并记录。将试样皿加热到足够高的温度，以消除试验材料以前的热历史。通常高于熔融外推终止温度（$T_{efm}$）约 30℃。并保持温度 5min。

样品和试样的热历史及形态对聚合物的 DSC 测试结果有较大影响。进行预热循环并进行第二次升温扫描测量是非常重要的。若材料是反应性的或希望评定预处理前试样的性能时，可取第一次热循环时的数据。试验报告中应记录与标准步骤的差别。

③ 以 20℃/min 的速率进行降温并记录，直到比预期的 $T_g$ 低约 50℃。

④ 保持温度 5min。然后以 20℃/min 的速率进行第 2 次升温并记录，加热到比外推终止温度（$T_{efm}$）高约 30℃。有关双方同意，可以采用其他升温或降温速率。特别是，高的扫描速率使记录的转变有高的灵敏度，另一方面，低的扫描速度能提供较好的分辨能力。选择适当的速率对观察细微的转变是重要的。

⑤ 将仪器冷却到室温，取出试样皿，观察试样皿是否变形或试样是否溢出。

⑥ 重新称量皿和试样，精确到±0.1mg。

⑦ 如有任何质量损失，应怀疑发生了化学变化，打开皿并检查试样。如果试样已降解，舍弃此试验结果，选择较低的上限温度重新试验。变形的样品皿不能再用于其他试验。

如果在测试过程中有试样溢出，应清理样品支持器组件。清理按照仪器制造商的说明进行，并用至少一种标准样品进行温度和能量的校准，确认仪器有效。

⑧ 测试结果表示，各品牌的仪器都有相关的数据分析软件对测试数据进行处理分析。图 3-31 是测试曲线上 $T_g$ 的变化情况。

（4）影响 DSC 的实验因素

影响 DSC 测试的因素主要有试样、试验条件和仪器等。

① 试样用量和粒度都会影响测试结果。试样量多会使试样内部传热慢，温度梯度大，导致峰形扩大、分辨力下降。试样的粒度影响比较复杂，通常大颗粒热阻较大，而使试样的熔融温度和熔融热焓偏低。但是，当测试结晶的试样研磨成细颗粒时，往往由于晶体结构的歪曲和结晶度的下降也可导致相类似的结果；对于带静电的粉状试样，由于粉末颗粒间的静电引力使粉状形成聚集体，也会引起熔融热焓变大。

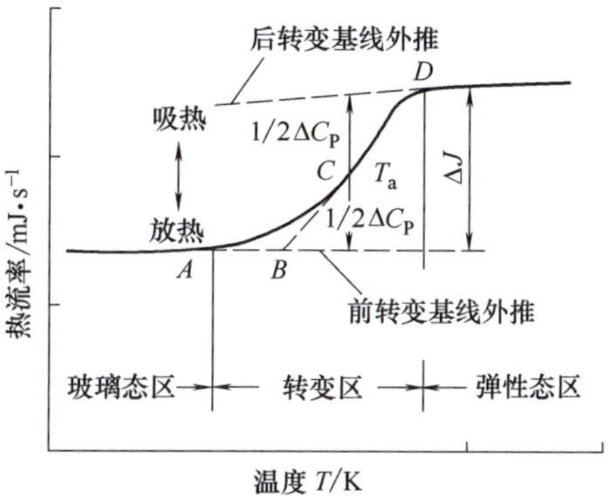

图 3-31　聚合物的玻璃化转变温度

② 升温速率（$\Phi$）主要影响 DSC 曲线的峰温和峰形，一般 $\Phi$ 越大，峰温越高，峰形越大和越尖锐。

③ 气氛的影响。一般对所通气体的氧化还原性和惰性比较注意，而往往容易忽略对 DSC 峰温和热焓值的影响。

DMA 应用操作

### 3.6.4　动态热分析

聚合物材料具有黏弹性，其力学性能受时间、频率和温度影响很大。黏弹性材料的力学行为既不服从胡克定律，也不服从牛顿定律，而是介于二者之间，应力同时依赖于应变与应变速率，形变与时间有关。

动态力学分析（dynamic mechanical analysis， DMA）指在程序控温下，测量物质在受震荡性负荷下动态模数或阻尼与温度关系的一种技术，用于研究材料力学性能与速率的依赖性。

DMA 测量的温度范围低至液氮冷却温度-170℃，最高温度可达到 500～600℃，聚合物材料的动态力学分析通常在 $10^{-2}$～$10^{6}$Hz 之间。研究聚合物材料动态力学性能的仪器很多，各种仪器测量的频率范围不同，被测试样受力的方式也不相同，所得到的模量类型也就不同。表 3-6 列出常用的一些测试方法。

**表 3-6　　动态力学试验方法**

| 振动模式 | 形变模式 | 模量类型 | 频率范围/Hz |
|---|---|---|---|
| 自由振动 | 扭转 | 剪切模量 | 0.1～10 |
| 强迫共振 | 固定-自由弯曲 | — | 10～$10^4$ |
| | S 形弯曲 | 弯曲模量 | 3～60 |
| | 自由-自由扭转 | 剪切模量 | $10^2$～$10^4$ |
| | 纵向共振 | 纵向模量 | $10^4$～$10^5$ |
| 强迫非共振 | 拉伸 | 弹性模量 | $10^{-3}$～200 |
| | 单向压缩 | 弯曲模量 | |
| | 3 点弯曲 | 弯曲模量 | |
| | 扭转 | 剪切模量 | |
| | S 形弯曲 | 弯曲模量 | $10^{-2}$～85 |
| | 平行板扭转 | 剪切模量 | 0.01～10 |
| 声波传播 | 声波传播 | 弹性模量 | 3×($10^3$～$10^4$) |
| | 超声波传播 | 纵向与剪切模量 | 1.25×($10^6$～$10^7$) |

在一定频率下，聚合物动态力学性能随温度的变化称为动态力学温度谱，即 DMA 温度谱。聚合物的组成、结构、形态等不同，其 DMA 温度谱各不相同。从 DMA 温度谱上得到的各转变温度在聚合物材料的加工与使用中具有重要的实际意义。

① 研究高聚物的玻璃化转变。 $T_g$是塑料的最高使用温度，也是橡胶的最低使用温度。材料的 $T_g$ 与温度、频率、升温速率有着密切的关系。从玻璃化转变峰的高度和宽度可以看出高分子材料的松弛特性。如果 $T_g$ 峰高，说明链段松弛转变困难，需要更大的能量， $T_g$ 峰宽，反映了链段运动的分散性大，说明链段松弛过程，链段松弛与不同组分的相互作用、界面及相容性有关。

② 研究高聚物 $T_g$ 以下的次级松弛运动和低温性能。采用 DMA，尤其是频率扫描模式，即在恒温、恒应力下测动态模量和损耗随频率的变化曲线，可相当明显的观察到这种现象。

③ 共混高分子材料的相容性表征。共混物的动态力学性能主要由参与共混的两种聚合物的相容性所决定的。如果完全相容，则共混物的性质和具有相同组成的无规共聚物几乎相同。如果不相容，则共混物将形成两相，这时动态模量-温度曲线上将出现两个台阶，损耗温度曲线出现两个损耗峰，每个峰均对应其中一种组分的 $T_g$。如果二者有一定相容性，则二者 $T_g$ 将

互相靠近。同时，从峰的强度还可判断出共混物中相应组分的含量多少。强度高，相应组分的含量多。

④ 表征高分子材料的阻尼性能。阻尼材料要求高内耗，即 $\tan\delta$ 大，理想的阻尼材料应在整个工作温度区间内都有较大的内耗，即材料的 $\tan\delta-T$ 曲线变化平缓，于温度及温度坐标之间的包络面积尽量大。利用材料的 DMA 温度谱，很容易选择出适合于在特定温度范围内使用的阻尼材料。

⑤ 研究热固性材料的固化过程，确定工艺参数，进行质量控制。热固性材料的固化过程可采用时间扫描模式来研究。时间扫描模式是在恒温恒频率下测定材料的动力学性能随时间的变化，以研究材料动力学性能的时间依赖性。实际应用中常用于热固性树脂如环氧树脂及其复合材料的固化过程研究，选择最佳固化工艺参数等。

## 项目总结

高分子材料随着温度或时间变化表现出玻璃态、高弹态和黏流态，呈现出的物理和力学性能不同。即使同一种结构已经确定的物质，由于处在不同的状态下，其分子运动方式不一样，会显示出不同的物理和力学性能。为了弄清楚高聚物的结构和结构与性能的关系，需要借助现代分析测试技术，从各个角度来进行研究考察。目前，用于材料结构与形态的测试表征的仪器方法很多，而且还在不断的发展中。因此，本项目重点是了解常用的红外光谱、紫外光谱、X 射线分析、核磁共振波谱分析、热分析和电子显微分析等方法特点、测试原理，仪器结构和应用范围，掌握谱图分析和试样制备技术。

## 思考题

（1）试用傅里叶红外光谱分析法测试 PS 材料的谱图，并对测试结果进行分析。

（2）紫外光谱分析与红外光谱分析各有什么特点?

（3）广角 X 光射线和小角 X 光射线分析方法在应用上有什么不同?

（4）比较核磁共振中氢谱与碳谱分析各有什么特点?

（5）红外吸收光谱产生的必要条件是什么?

（6）如何利用热重分析测试塑料的热稳定性?

（7）红外光谱在聚合物定性、定量分析的基本依据是什么?

（8）红外光谱常用的制样方法有哪些?

（9）如何利用 DSC 测试塑料的 $T_g$ 和熔点?

项目4

# 塑料力学性能测试

## 学习目标

塑料力学性能是指材料在不同环境（温度、介质、湿度）下，承受各种外加载荷（拉伸、压缩、弯曲、扭转、冲击、交变应力）等作用时所表现出的力学特征。通过本项目的学习，了解塑料常规力学性能测试的基本原理，熟悉测试仪器的结构、使用与维护，掌握塑料力学性能测试的基本知识和技能，理解影响测试结果的主要因素，为开发、使用合适的高分子材料提供帮助。具体学习目标见表4-1。

表4-1 项目学习目标

| 序号 | 类别 | 目标 |
|---|---|---|
| 1 | 知识 | ①掌握塑料冲击、硬度、拉伸、弯曲等常规力学性能测试方法与原理<br>②熟悉测试试样的制备与处理方法<br>③了解主要力学性能测试仪器的结构原理<br>④了解实验数据处理与结果计算方法 |
| 2 | 技能 | ①能按测试项目和塑料种类,选取和制备试样,对试样状态调节<br>②能按标准方法完成塑料拉伸、弯曲、冲击、硬度等力学性能测试<br>③能根据测试项目要求,准备测试仪器设备<br>④能记录整理测试数据,分析测试结果,完成测试报告 |
| 3 | 职业素养 | ①具有团队合作与沟通能力<br>②具有自主学习、分析与解决问题的能力<br>③具有安全生产、质量与环境保护意识<br>④具有客观公正,严谨认真的职业道德 |

## 工作任务

塑料力学性能是在机械应力作用下，测定塑料材料变形乃至破坏的有关数据。根据塑料材料变形及破坏所需的时间长短，塑料力学性能试验可分为短期、长期及表面类。短期如拉伸试验、压缩试验、弯曲试验、剪切试验、冲击试验等；长期如蠕变、应力松弛、疲劳等；表面如硬度、磨耗等。本项目的主要学习工作任务见表4-2。

表4-2 学习工作任务

| 序号 | 任务名称 | 要求 |
|---|---|---|
| 1 | 测试塑料的拉伸性能 | ①检索和阅读塑料拉伸试验标准及相关文献<br>②按标准要求,讨论制定测试方案<br>③熟悉电子万能试验机的使用与维护,了解其结构原理<br>④完成拉伸试样制备和状态调节<br>⑤完成数据分析处理,撰写测试报告 |

续表

| 序号 | 任务名称 | 要　求 |
| --- | --- | --- |
| 2 | 测试塑料的冲击性能 | ①检索和阅读塑料冲击试验标准方法等文献<br>②讨论制定塑料冲击测试方案<br>③检查摆锤冲击试验机完好性并校准<br>④完成试样制备与状态调节<br>⑤完成简支梁和悬臂梁冲击试验，撰写测试报告 |
| 3 | 测试塑料的硬度 | ①检索和阅读塑料硬度试验标准及相关文献<br>②根据测试材料性质，讨论制定测试方案<br>③选择合适塑料硬度试验计<br>④准备塑料硬度测试试样<br>⑤完成洛氏硬度和邵氏硬度试验，撰写测试报告 |
| 4 | 测试塑料的弯曲强度 | ①检索和阅读塑料弯曲试验标准及相关文献<br>②根据测试材料性质，讨论制定测试方案<br>③制备塑料弯曲试验试样，并进行状态调节<br>④完成塑料弯曲试验<br>⑤记录试验结果，完成测试报告 |

## 4.1　塑料冲击性能测试

塑料在使用过程中，有时候会受到快速的应力加载或冲击载荷，一般使用冲击性能测试来评估塑料承受这些载荷的能力。冲击试验是一种实用性试验，分为摆锤冲击试验法、落锤冲击试验法。

摆锤冲击试验，指将试样放在冲击试验机规定位置上，使具有一定高度的摆锤自由落下，试样受到锤的冲击而破坏，以试样破坏时单位面积所吸收的冲击能量表示冲击强度，以此来衡量材料的冲击韧性。锤冲击试验又分简支梁（Charpy）法和悬臂梁（Izod）法。不同材料、不同用途的制品可选择不同的试验方法。

### 4.1.1　摆锤冲击试验机

摆锤冲击试验机按指示机构的显示方式可分为指针式、液晶电子显示和微机控制的试验机。目前生产的机型多数是组合式的，通过更换试样支座/钳具可以进行简支梁式或悬臂梁式冲击试验。如图 4-1 所示，摆锤冲击试验机由摆锤、摆杆、机架、试样支座/钳具、底座和指示机构等组成。摆锤带有弯曲冲击试验所使用淬火钢的冲击刃，刃角为 30°±1°。对于简支梁冲击试验冲击刃倒成 2mm ±0.5mm 的倒圆；对于悬臂梁冲击试验，冲击刃带有曲率半径为 0.8mm ±0.2mm 的圆柱形表面，其轴应是水平并与摆锤的摆动平面垂直。

试验时，把摆锤抬高挂于机架的扬臂上，这时摆杆的中心线与轴中心的铅垂线成一扬角 $\alpha$，摆锤便获得了一定的位能，当摆锤自由落下，则位能转化为动能打在试样上，试样被冲断成两部分后，剩余能量使摆锤又升到某一高度，升角为 $\beta$，见在整个冲击试验过程中，按照能

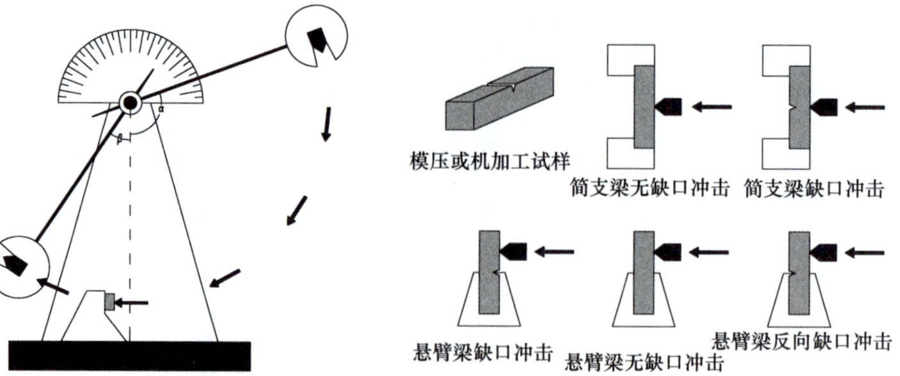


图 4-1 摆锤冲击试验机及试样放置示意图

量守恒原理有如下关系：

$$mL\left(1-\cos\alpha\right)=WL\left(1-\cos\beta\right)+A+A_{\alpha}+A_{\beta}+\frac{1}{2}mv^{2} \tag{4-1}$$

式中： $m$——摆锤质量；

$L$——摆锤摆长；

$\alpha$——摆锤冲击前的扬角；

$\beta$——冲击试样后摆锤的升角；

$A$——冲断试样所消耗的功；

$A_{\alpha}$——摆锤在 $\alpha$ 角度内克服空气阻力所消耗的功；

$A_{\beta}$——摆锤在 $\beta$ 角度内克服空气阻力所消耗的功；

$\frac{1}{2}mv^{2}$——试样断裂时飞出部分所具有的动能。

一般试验中，$A_{\alpha}$、$A_{\beta}$、$\frac{1}{2}mv^{2}$ 比较小，可以忽略不计。则冲断试样所消耗的功为：

$$A=mL\left(\cos\beta-\cos\alpha\right) \tag{4-2}$$

在摆锤的摆动过程中，若无能量消耗，则 $\alpha=\beta$。材料的韧性不同，$\beta$ 的大小也不同，因此，根据摆锤冲断试样后升角 $\beta$ 的大小，由读数盘或显示屏直接读出冲断试样所消耗的功。每台机器都配有不同大小的多个试验摆锤，可以根据试样破坏时所需的能量选择合适的摆锤，使消耗的能量在摆锤总能量的 10%~ 80%范围内。试验前应认真阅读所使用设备的操作使用说明书，并依照标准规定进行试验操作。

### 4.1.2 简支梁冲击试验方法

简支梁冲击试验方法按《GB/T 1043.1—2008 塑料　简支梁冲击性能测定　第 1 部分：非仪器化冲击试验》进行。

（1）试样

简支梁冲击试验所用的试样有 1、2、3 种类型，试样尺寸（厚度 $d$、宽度 $b$ 和长度 $l$）应符

合 $d \leqslant b < l$ 的规定，见表 4-3。

表 4-3　　简支梁试样的类型、尺寸和跨距　　单位：mm

| 试样类型 | 长度 $l$ | 宽度 $b$ | 厚度 $d$ | 跨距 $L$ |
| --- | --- | --- | --- | --- |
| 1 | 80±2 | 10.0±0.2 | 4.0±0.2 | 62.0~62.5 |
| 2 | 25 $h$ | 10 或 15 | 3 | 20 $h$ |
| 3 | 11 $h$ 或 13 $h$ | 10 或 15 | 3 | 6 $h$ 或 8 $h$ |

板材试样，优选选择厚度 $d$=4mm。如果试样由板材或构件切取，其厚度应为板材或构件的原厚，最大为 10.2mm。从厚度大于 10.2mm 的制品上切取试样时，如果板材厚度均匀并且仅含一种均匀分布的增强材料，试样应单面加工到 10mm ±0.2mm。

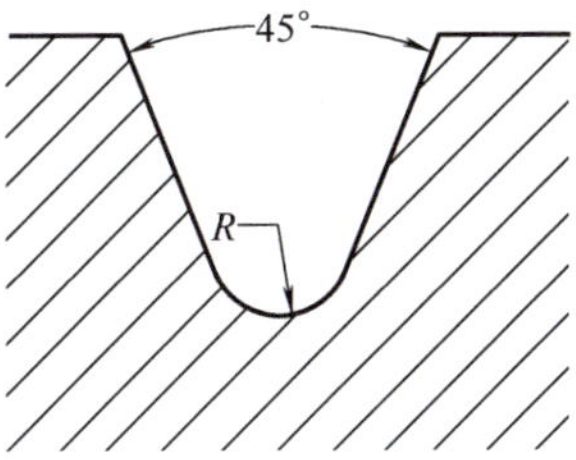

图 4-2　缺口试样示意图

缺口试样，缺口位于试样中心。如图 4-2 所示，根据缺口底部半径的不同划分为 A 型 $R$=（0.25±0.05） mm； B 型 $R$=（1.00±0.05） mm； C 型 $R$=（0.10±0.02） mm 3 种缺口，优选 A 型缺口；如果 A 型缺口试样在试样中不破坏，则采用 C 型缺口试样。制备试样应按标准规定的方法直接由材料压塑或注塑标准试样。由模塑料压塑或注塑的板材采用机械加工制备。

每组试验至少测试 10 个试样。如果要在垂直和平行方向试验层压材料，每个方向应测试 10 个试样。

（2）测试步骤

摆锤冲击试验操作

试样按 GB/T 2918—2018 规定的 23/50 标准环境下调节 16h 以上，或按有关各方协商的条件对试样进行状态调节。缺口试样应在缺口加工后计算调节时间。

① 测量每个试样中部的厚度 $h$ 和宽度 $b$ 或缺口试样的剩余宽度 $b_N$，精确至 0.02mm。

② 按消耗的能量处在标称能量的 10%~80%的范围内来选取摆锤。如果符合要求的摆锤不止一个时，应使用具有最大能量的摆锤。摆锤冲击试验机达到规定的冲击速度为 2.9m/s 或 3.8m/s。

③ 先检查和调整试验机的零点，把试样按照规定的冲击方向放置于试验机的规定位置，试样中心或缺口（缺口背向摆锤位置）位置对准摆锤。

④ 将摆锤挂在规定扬角的机架上，然后释放摆锤，记录试样吸收的冲击能量，并检查试样被击断后其断面情况。

试样须完全断裂或部分断裂时才可以取值。如因有缺陷而被击穿的试样应作废。每个试样只能作一次冲击，如试样没冲断时，不可取值，应更换试样再用较大能量的摆锤重新进行试验。对于模塑和挤塑材料，试样可能会有 4 种破坏形式，在试验报告中应标明。

C——完全破坏：试样断裂成两片或多片。

H——铰链破坏：试样未完全断裂成两部分，仅靠一薄层以铰链形式连在一起。

P——部分破坏：不符合铰链断裂定义的不完全断裂。

N——不破坏：试样未断裂，仅弯曲并穿过支座，可能兼有应力发白现象。

（3）结果计算

简支梁冲击强度是指试样破坏时所吸收的冲击能量与试样原始横截面积之比，单位为千焦每平方米（$kJ/m^2$）。

无缺口试样的简支梁冲击强度（$a_{cU}$）的计算：

$$a_{cU} = \frac{E_C}{h \cdot b} \times 10^3 \tag{4-3}$$

式中：$E_C$——已修正的试样破坏时吸收的能量，J；

$d$——试样厚度，mm；

$b$——试样宽度，mm。

缺口试样的简支梁冲击强度（$a_{cN}$）的计算：

$$a_{cN} = \frac{E_C}{n \cdot b_N} \times 10^3 \tag{4-4}$$

式中：$E_C$——已修正的试样破坏时吸收的能量， J；

$d$——试样厚度， mm；

$b_N$——试样剩余宽度， mm。

试验结果以每组 10 个试样的算术平均值表示。

### 4.1.3 悬臂梁冲击试验方法

悬臂梁冲击试验方法按《GB/T 1843—2008 塑料 悬臂梁冲击强度的测定》进行。

（1）试样

试样类型、尺寸见表 4-4。如果因试样需要时，也可对称的将试样的长度减至 63. 5mm。缺口的纵向总是平行于厚度 $h$。缺口类型与简支梁的 A、 B 型缺口一致。

**表 4-4 悬臂梁试样的类型、缺口类型和尺寸** 单位：mm

| 方法名称 | 试样 | 缺口类型 | 缺口底部半径 $r_N$ | 跨距/$L$ |
|---|---|---|---|---|
| GB/T 1843/U | 长 $l$ =80±2<br>宽 $b$ =10. 0±0. 2<br>厚 $d$ =4. 0±0. 2 | 无缺口 | — | — |
| GB/T 1843/A | | A | 0. 25±0. 05 | 8. 0±0. 2 |
| GB/T 1843/B | | B | 1. 00±0. 05 | |

对于模塑和挤塑材料，试样应使用一种类型的缺口，缺口应处于试样的中间，优选的缺口类型是 A 型。

对于长纤维增强材料和板材，推荐试样厚度 $d$ 为 4mm。如果是从板材或构件上切取的试样，其厚度应与板材或构件的原厚相同。当板材的厚度均匀，且只含有一种规则分布的增强料时，厚度大于 10. 2mm 时，则从板材一面加工到 10. 2mm ±0. 2mm。试验无缺口试样，为了避免表面影响，试验中应使试样原始表面处于拉伸状态。

对于模塑和挤塑材料，通常由原材料压塑或注射成型。或者由模塑料压塑或注塑成板材，然后按要求机械加工而成。试样缺口一般采用机械加工方法制成。如果受试样材料规定，可使用模塑缺口试样，但测试结果同机加工试样测试结果不可比。

除受试材料另有规定，一组试验应当测试 10 个试样。当变异系数小于 5%时，只需测试 5 个试样。

（2）测试步骤

冲击试验前，试样按 GB/T 2918 规定的 23/50 标准环境下调节 16h 以上，或按有关各方协商的条件对试样进行状态调节。缺口试样应在缺口加工后计算调节时间。

① 测量每个试样中部的厚度 $h$ 和宽度或缺口试样的剩余宽度 $b_N$，精确至 0. 02mm。

② 选取摆锤。按消耗的能量在标称能量的 10%~80%的范围内来选取摆锤。如果符合要求的摆锤不止一个时，应使用具有最大能量的摆锤。

③ 用合适的夹持力把试样固定在夹持台上，调节试验机的零点，将摆锤挂到预定扬角的位置上，然后释放摆锤冲击试样，检查试样的破坏状态，从刻度盘或其他显示装置读取试样吸收的冲击能量。

悬臂梁冲击试验一般是冲击试样的侧面，冲击方向平行于板平面。对层压增强塑料，如果其尺寸满足 $h=b=10$mm 时，可考虑平行或垂直于板面进行冲击试验。

（3）结果计算

在悬臂梁冲击破坏过程中，试样所吸收的能量与试样原始横截面积之比称为悬臂梁冲击强度，单位为千焦每平方米（$kJ/m^2$）。

无缺口试样的悬臂梁冲击强度（$a_{iU}$）的计算：

$$a_{iU}=\frac{E_C}{h\cdot b}\times 10^3 \tag{4-5}$$

式中：$E_C$——已修正的试样断裂吸收能量，J；

$d$——试样厚度，mm；

$b$——试样宽度，mm。

缺口试样的悬臂梁冲击强度（$a_{iN}$）的计算：

$$a_{iN}=\frac{E_C}{d\cdot b_N}\times 10^3 \tag{4-6}$$

式中：$E_C$——已修正的试样断裂吸收能量，J；

$d$——试样厚度，mm；

$b_N$——试样剩余宽度，mm。

试验结果以每组 10 个试样的算术平均值表示。如果要在垂直和层压方向试验层压材料，每个方向应测试 10 个试样。

### 4.1.4 影响因素讨论

（1）试样因素

塑料在成型过程中由于原料、工艺、模具的不完备性而产生缺陷，包括气孔、龟裂、焊接痕等，都将直接影响试验中各项能量的测定。

试样断裂后飞出所需要的能量反映在最后的刻度盘上，有时竟占相当大的比重。如聚甲基丙烯酸甲酯（PMMA）类材料标准试样，断裂后飞出功占冲断试样所消耗能量的50%左右，酚醛塑料占40%左右。同时，对同一跨度来说，试样越厚，飞出功越大。因此，需要对这部分能量进行修正，特别是对消耗冲击能量最小的脆性材料更需要进行修正。

由于塑料冲击特性包括两个主要因素：开始发生裂纹所需的能量；扩大裂纹所需的能量。在有缺口的试样中，因为表观裂纹已经存在，所以破坏所需的能量主要取决于裂纹扩展所需的能量。在没有缺口的试样中，开始产生裂纹所需的能量是主要的，这个能量加上裂纹扩展所需的能量才是试样破坏所需的能量。

（2）预处理及试验环境因素

高分子链运动对温度的依赖性十分明显，运动程度越大材料的韧性越大，冲击强度随之增大。因为随高分子链的运动程度增强，使应力集中减少，许多能量由于很大的力学衰减而以热的形式逸散，从而增大了破坏所需的能量。因此，温度越高，材料韧性越大，冲击强度也越高。

湿度方面，湿度对试验结果影响主要是通过吸水率产生作用。湿度越高，吸水率越大，吸水后材料韧性增加，故冲击强度越高。另外，缺口试样由于表面树脂膜被破坏，且吸水较集中于试样缺口处，因此湿度对其冲击强度的影响比无缺口试样大。

（3）试验设备因素

摆锤冲击试验机各项基本参数有允许存在的误差范围，这就造成有的为正误差，有的为负误差，从而影响试验过程中摆锤的冲击速度、摆锤的断面角度、支座断面角度、摆锤能量大小、摆锤轴承处的摩擦损耗的大小等方面，因而可能使两台试验机的测试结果存在差异。刻度的精确度或计算机读数的分辨力，也将直接影响试验误差，尤其对小能量的试验结果更不容忽视。试验设备的因素均属于系统误差，只要根据相关规范对试验机作很好的维护和校正，这些因素都可以忽略。

（4）操作技术因素

试验人员在测量试样尺寸及读取数据时不可避免地要造成误差，操作不当也会造成很大的误差。例如：试样放置不正，使缺口没有正好对准摆锤打击中心；放置试样时，手拿试样太紧，造成放手离开时将试样带动而没有察觉，使试样没有靠紧支座，从而使测试结果偏高。

### 4.1.5 落锤冲击试验

落锤式冲击试验，是在规定的冲击条件下，从已知高度垂直下落的重锤冲击试样，测定其产生50%破坏所需要的能量 $E_{50}$（又称中值破坏能量）或者测定一定数量试样中的破坏比例。试验时，允许两种调节能量的方法，即在固定高度下改变质量（恒高度法，通常采用）和在固定质量下改变高度的方法。对于某些塑料制品，如管材、片材及薄膜等落锤冲击试验更具有实际意义。

塑料落锤冲击试验的标准主要有《GB/T 9639. 1—2008 塑料薄膜和薄片抗冲击性能试验方法　自由落镖法》、《GB/T 11548—1989 硬质塑料板材耐冲击性能试验方法　落锤法》、《GB/T 14153—1993 硬质塑料落锤冲击试验方法　通则》、《JB/T 9389—2008 非金属材料落锤式冲击试验机　技术条件》。另外，在部分塑料相关制品（如门窗用 PVC-U 型材、绝缘电工套管等）的产品标准中也规定了特定的落锤冲击方法。

（1）试验设备

落锤冲击试验机一般包括落锤、主机、高度测量部分、工作台、释放和捕捉装置、防二次冲击机构等及部分。图 4-3 是一种典型的落锤冲击试验机的示意图。

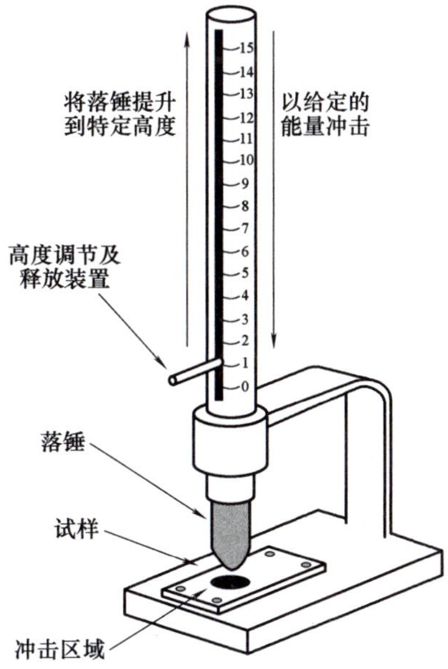


图 4-3　一种典型的落锤冲击试验机示意图

（2）试样

试样应比夹板内径至少大 40mm，以便夹紧，每个试样的厚度与同组试样的平均厚度的偏差不大于 5%，每组试样至少 20 个。每个试样应光滑平整，无裂纹，无损伤或其他缺陷。

试验前，试样应在 23/50 标准环境下预处理至少 40h。对于吸水性强的材料，试验前应做干燥处理，试验时再从干燥器中取出试样。

（3）测试步骤

落锤冲击试验操作

落锤冲击试验要根据试样要求，选用合适标准方法，按设备说明书进行测试操作。

① 选择锤头类型，准备试验装置。一般情况下，均采用 A 形锤头（半径 10mm）或 B 形锤头（半径 20mm）， B 形锤头适用于挤出板材和材料的研究与开发。 C 形锤头（半径 5mm）适用于 A 形锤头不能破坏的强韧性或较厚的板材。

② 测量和记录试样冲击区的厚度。将试样夹紧，每次试验必须以同样表面为冲击面。

③ 调节落锤总质量，使能破坏 50%的试样。对于冲击速率敏感的塑料必须采用恒高度法。

④ 将落锤提升到适当的冲击高度，通常起始冲击高度取 0. 65m ± 0. 01m。释放落锤，进行试验。取下试样，检查是否破坏。如第一个试样破坏，则调低落锤质量或高度一个增量 mM（mH）；反之，则增加一个增量。按此步骤，试验 20 个试样，每个试样只允许冲击一次。

欲得到最佳结果，采用的质量增量或高度增量可约等于该试样冲击结果的估计标准差 SM

（SH）。通常，mM（mH）为 SM（SH）的 0.5~2 倍可得到满意的结果。

注意，在进行高低温试验时，试样应在离开预处理环境后的 15s 内完成冲击。不能将只是永久变形的现象当作破坏。

⑤ 将破坏情况记录于表格中，以符号“×”表示试样破坏，以符号“○”表示试样未破坏。例如：某塑料板材恒质量落锤冲击记录如表 4-5 所示。

**表 4-5　　　　某塑料板材恒质量落锤冲击记录表**

| 落锤高度/mm | 试验结果（×=破坏；○=不破坏） | | | | | | | | | | | | | | | | | | | |
|---|---|---|---|---|---|---|---|---|---|---|---|---|---|---|---|---|---|---|---|---|
| | 1 | 2 | 3 | 4 | 5 | 6 | 7 | 8 | 9 | 10 | 11 | 12 | 13 | 14 | 15 | 16 | 17 | 18 | 19 | 20 |
| 460 | | | | | × | | × | | | | | | × | | | | | | | |
| 440 | | | | ○ | | ○ | | × | | × | | ○ | | × | | × | | | | ○ |
| 420 | × | | ○ | | | | | | ○ | | ○ | | | | ○ | | × | | ○ | |
| 400 | | ○ | | | | | | | | | | | | | | | | ○ | | |

（4）结果计算

根据数据记录，按式（4-7）（恒高度法）或式（4-8）（恒质量法）计算落锤冲击强度。

$$E_{50}=m_{50}\times g\times H \tag{4-7}$$

$$E_{50}=m\times g\times H_{50} \tag{4-8}$$

式中：$E_{50}$——50%试样被破坏时的冲击破坏能量，J；

$H$——固定的下落高度，m；

$m$——固定的下落质量，kg；

$g$——自由落体加速度，取 9.81m/s$^2$；

$H_{50}$——中值破坏高度，m；

$m_{50}$——中值破坏质量，kg。

中值破坏质量（恒高度法）及中值破坏高度（恒质量法）分别按式（4-9）及式（4-10）计算。

$$m_{50}=m_{a}+m_{M}(A/N\pm0.5) \tag{4-9}$$

$$H_{50}=H_{a}+m_{H}(A/N\pm0.5) \tag{4-10}$$

式中：$m_a$——试验中试样破坏或不破坏的最小质量，kg；

$H_a$——试验中试样破坏或不破坏的最小高度，m；

$m_M$——落锤质量增量，kg；

$m_H$——落锤高度增量，kg；

$N$——破坏和未破坏两者试样中数目较小的数。

当 $N$、$n_i$ 为破坏数时，式（4-9）、式（4-10）中圆括弧内取负号计算；当 $N$、$n_i$ 为未破坏数时，反之取正号计算。

$$A=\sum_{i=0}^{h}Z_{i}n_{i} \tag{4-11}$$

式中：$i$——落锤质量或下落高度等级序列号；

$n_i$——分别在落锤质量为 $m_i$ 或在高度为 $H_i$ 时破坏或不破坏的试样数；

$Z_i$——落锤质量 $m_a$ 或下落高度 $H_a$ 增加的次数，见式（4-12）或式（4-13）；

$m_H$——落锤高度增量，kg；

$N$——破坏和未破坏两者试样中数目较小的数。

$$Z_i=\frac{m_i-m_a}{m_M} \tag{4-12}$$

$$Z_i=\frac{H_i-H_a}{m_H} \tag{4-13}$$

## 任务实施

（1）查阅并理解 GB/T 1043. 1—2008、GB/T 1843—2008、GB/T 9639. 1—2008 等塑料冲击性能测试标准。

（2）阅读摆锤式冲击试验机使用手册，了解仪器的结构与工作原理，熟悉仪器软、硬件的使用与维护。

（3）准备测试仪器与工具，检查仪器的完好性。

（4）按标准规定要求，完成测试试样的制备和预处理。

（5）根据测试标准和仪器使用手册，完成测试聚丙烯（PP）或丙烯腈-丁二烯-苯乙烯共聚物（ABS）模塑料的悬臂梁和简支梁冲击试验。

（6）分析测试记录，正确处理试验数据，完成试验报告。

# 4.2　塑料拉伸性能测试

## 4.2.1　测试原理

塑料拉伸试验是在规定的温度、相对湿度和拉伸速度下，通过对试样的纵轴方向施加拉伸负荷使试样产生形变直至材料破坏或达到某一预定值的过程，测量在这一过程中试样承受的负荷及其伸长的变化。

图 4-4 是典型的塑料拉伸应力-应变曲线。

通过应力-应变曲线我们可以判断塑料的强弱、软硬、韧脆，也可以粗略地估计塑料所处的状态和其拉伸取向过程：例如曲线 a 为脆性材料，断裂应变低并且无屈服；曲线 d 为柔软材料，断裂应变较大（>50%）。

应力-应变曲线一般分为弹性变形区和塑性变形区两个部分。在弹性变形区域，材料发生可完全恢复的弹性变形，应力-应变曲线成正比例关系。曲线中直线部分的斜率即是拉伸弹性模量值，它代表材料的刚性，弹性模量越大刚性越好。在塑性变形区域，材料发生的变形不能完全恢复（塑性变形），应力和应变增加不再成正比例关系。

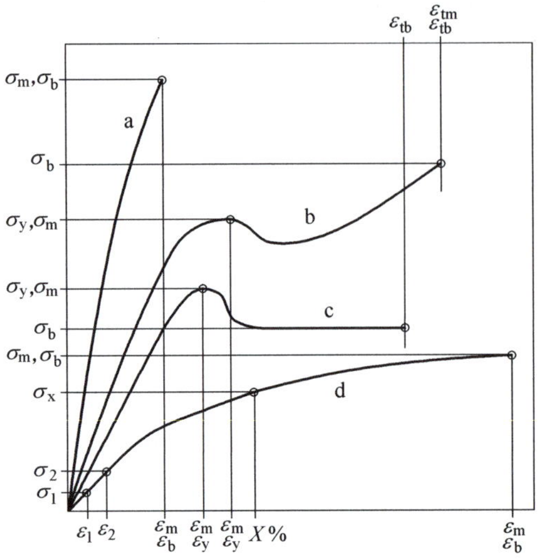

图 4-4　典型应力/应变曲线

## 4.2.2　试验设备

拉伸试验使用的仪器主要是拉力试验机，包括负荷指示仪装置、引伸计、各类夹具等附件，测量试样尺寸的测微计或游标卡尺。试验机应符合《GB/T 16825.1—2008 静力单轴试验机的检验　第 1 部分：拉力和（或）压力试验机测力系统的检验与校准》标准要求。试验机一般分为两类：一类是由杠杆和摆锤组合的测力系统测定负荷的试验机，称为摆锤式拉伸试验机；另一类是用换能器将负荷转变为电信号的测力系统测定负荷的试验机，称为电子万能试验机。

电子万能试验机由主机、电气控制系统、夹具和试验软件系统 4 部分组成。图 4-5 是典型的电子万能试验机结构示意图。

主机由两根滚珠丝杠、一个移动横梁、一个底部支撑结构、 4 根支撑光杠、一个上横梁、两个铝合金侧罩组成。当试样固定在试验装置上，由滚珠丝杠驱动移动横梁运动，对试样

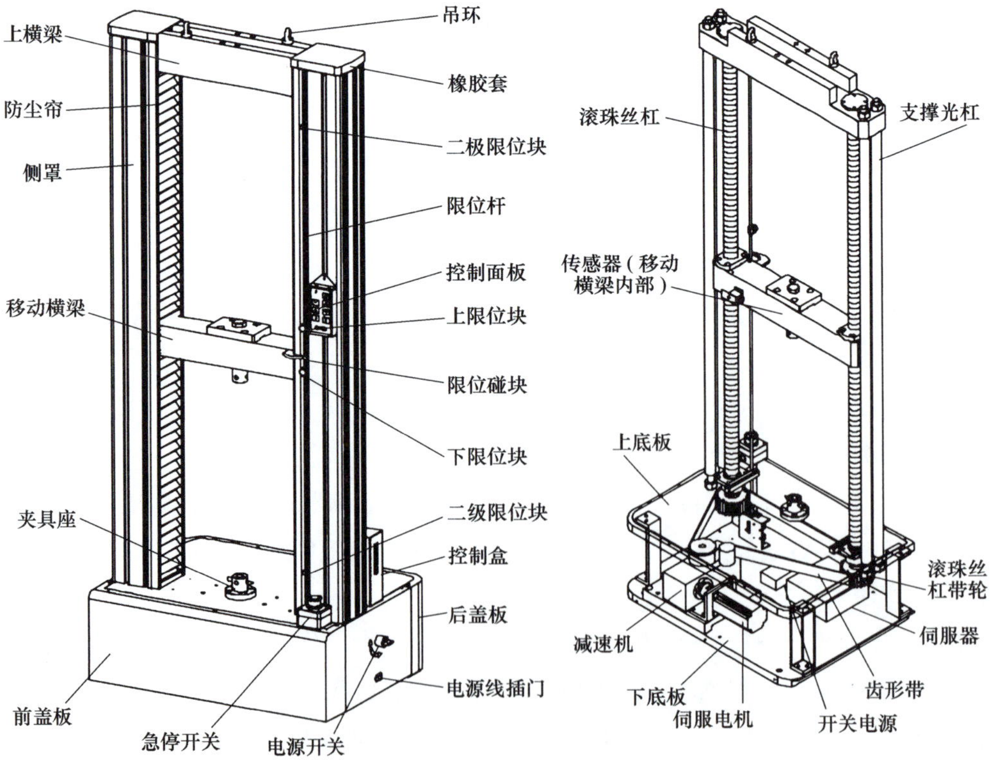

图 4-5　典型的双丝杆电子万能试验机结构示意图

施加拉向或压向的试验力。

机械传动部分由伺服电机、减速机、联轴器、带轮等组成。伺服电机通过联轴器带动减速机运动，减速机通过带轮和齿形带带动两根滚珠丝杠转动。

限位装置由限位杆、限位开关、上下限位块、限位碰块组成。限位装置可以约束移动横梁的移动距离。当移动横梁移动到设置好的限位位置时，限位碰块将会接触到上或下限位块，上或下限位块固定在限位杆上，带动限位杆触发安装在试验机底座内的限位开关。与限位开关相连的电路将使移动横梁的运动停止。

电气控制系统提供与计算机、传感器、大变形、电子引伸计等的连接接口，实施对整个系统的控制及力和位移的采集、处理和显示。

控制面板固定在试验机右侧侧罩上，通过它手动控制移动横梁的运动，有慢速移动、快速移动、运行、停止、试样保护等功能。

试验软件部分主要通过计算机实现人机对话，进行试验方案制定与选择、试验的结果分析和存储，显示试验的曲线，编辑试验报告，打印各种结果和曲线报告。

电子万能试验机的操作应依照设备说明或用户使用手册进行。一般应包括以下几点：

（1）开机、停机。开机前先检查设备，确保所有的接线都连接正确，主机的电源和用户电源一致。启动电源，主机和主机的控制单元通电，检查一下控制面板的指示灯是否点亮。同时分别开启电脑和其他外部附件，如打印机等。设备应至少预热 15min 后才可进行试验。

（2）设定限位。开始试验前，一定要设定好上、下限位块的位置。松动限位块的螺钉，将限位块沿着限位杆滑动至试验所需的停止位置，然后将螺钉拧紧，就可以设置移动横梁的移动距离。

（3）试验。试验一个试样，需要将它安装到夹具或试验装置上。夹具或试验装置安装在加力的移动横梁和固定的底梁之间。在电脑上安装好试验所需的软件，设定好试验的参数，如移动横梁移动的速度和方向等。当运行试验的时候，与试样串联在一起的传感器将把这些试验力转换成电信号，传送给控制系统进行测量和显示。软件将会按照设定好的参数控制移动横梁的运动。

（4）试验结束。按下控制面板上的“停止”按钮将使移动横梁停止在当前的位置上。遇到设备失控或出现其他紧急情况下，可快速按下设备面板的急停开关，以防止移动横梁上冲或下冲而损坏设备。顺时针转动急停开关可以重新启动系统，但从急停状态到解除急停状态，其间隔不应少于 1min 时间。

### 4.2.3　测试方法

塑料拉伸试验

在《GB/T 1040.1—2018 塑料　拉伸性能的测定　第 1 部分：总则》标准方法的基础上，结合《GB/T 1040.2—2006 塑料　拉伸性能的测定　第 2 部分：模塑和挤塑塑料的试验条件》、《GB/T 1040.3—2006 塑料　拉伸性能的测定　第 3 部分：薄膜和薄片的试验条件》、《GB/T 1040.4—2006 塑料　拉

伸性能的测定　第 4 部分：各向同性和正交各向异性纤维增强复合材料的试验条件》、《GB/T 1040.5—2008 塑料　拉伸性能的测定　第 5 部分：单向纤维增强复合材料的试验条件》等标准规定的试验条件，构成了塑料拉伸的整个测试方法体系。

（1）试样

每个测试方向的试样数量最少 5 个，如果需要精密度更高的平均值，试样数量可以多于 5 个。不同材料使用的试样类型如表 4-6 和图 4-6 所示。

**表 4-6　　拉伸试验选用试样类型**

| 材　料 | 依据标准 | 可选用试样类型 |
|---|---|---|
| 模塑和挤塑塑料 | GB/T 1040.2 | 1A 型、1B 型、1BA 型、1BB 型、5A 型、5B 型 |
| 薄膜和薄片 | GB/T 1040.3 | 1B 型、2 型、4 型、5 型 |
| 各向同性和正交各向异性纤维增强复合材料 | GB/T 1040.4 | 1B 型、2 型、3 型 |
| 单向纤维增强复合材料 | GB/T 1040.5 | A 型、B 型 |

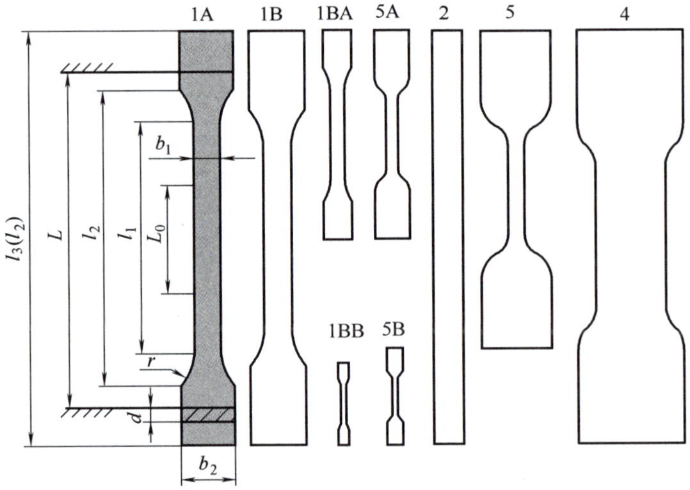


图 4-6　拉伸试样示意图

（2）测试步骤

① 试验前，按试样要求有关材料标准规定对试样进行状态调节。缺少这方面的资料时，应优选 23/50 标准环境并至少调节 16h。

② 在每个试样中部距离标距每端 5mm 以内记录宽度和厚度的最大值和最小值，并确保其在相应材料标准的允差范围内。宽度精确至 0.02～0.1mm，厚度精确至 0.02mm。使用多型腔模具时，应确保型腔之间的试样尺寸偏差不超过 0.25%；从片材或薄膜上冲压出来的试样，可认为冲模中间平行部分的平均宽度与试样的对应宽度相等。

③ 将试样放到夹具中，使试样的长轴线与试验机的轴线成一条直线。夹持力不应导致试样的破裂或挤压。

如果需要测量模量，试验开始时的预应力 $\sigma_0$ 为正值但不应超过拉伸弹性模量 $E_t$ 的 1/2000；当测量相关应力时，如 $\sigma^*$ = 拉伸屈服应力 $\sigma_y$ 或拉伸强度 $\sigma_m$，　$\sigma_0$ 应为正值但不大于

$\sigma^*$ 的 1/100。如果试样被夹持后应力超过上述范围，则可用 1mm/min 的速度缓慢移动试验机横梁直至试样受到的预应力在允许范围内。如果用于模量或应力调整预应力的值未知，则进行预试验来获得这些估计值。

④ 设置预应力后，将校准过的引伸计安装到试样的标距上并调正，或装上纵向应变计。如要测定泊松比，则应在纵轴和横轴方向上同时安装两个伸长或应变测量装置。用光学方法测量伸长时，如果系统需要，应在试样上标出测量标线。引伸计应对称放置在试样的平行部分中间并在中心线上。应变计应放置在试样的平行部分中间并在中心线上。

通常，应力-应变曲线上屈服点以前，以拉伸应变 $\varepsilon$ 作为横坐标，试样拉伸到屈服点后，自动转为拉伸标称应变 $\varepsilon_t$ 为横坐标。当然，不需要测试屈服拉伸应变、拉伸弹性模量等物理量时，可以不安装引伸计时，这时，应力-应变曲线将直接以拉伸标称应变 $\varepsilon_t$ 为横坐标。

⑤ 根据有关材料的相关标准确定试样速或与相关方商定。测定拉伸模量时，选择的试样速度应尽可能使应变速率接近每分钟 1%标距。在测试中改变试验速度时，确保速度变化发生在应变不大于 0.3%以内。对于其他测试，不同试样使用不同试验速度。

⑥ 最好记录试验过程中试样承受的负荷及与之对应的标线间或夹具距离的增量。

（3）结果计算

① 应力计算。按式（4-14）计算应力值：

$$\sigma = F/A \tag{4-14}$$

式中：$\sigma$——应力，MPa；

$F$——所测的对应负荷，N；

$A$——试样原始横截面积，$mm^2$。

② 应变计算。试样在屈服前和到达屈服点的应变，用式（4-15）计算所有应变：

$$\varepsilon = \Delta L_0/L_0 \tag{4-15}$$

式中：$\varepsilon$——应变，用比值或百分数表示；

$L_0$——试样的标距，mm；

$\Delta L_0$——试样标距间长度的增量，mm。

如果材料出现颈缩，应使用标称应变来描述屈服点后应变的演变。可按下面两种方法来测定标称应变。

A 法——记录从试验开始时机器夹具间的位移，由式（4-16）计算标称应变：

$$\varepsilon_t = L_t/L \tag{4-16}$$

式中：$\varepsilon_t$——标称应变，用比值或百分数表示；

$L$——夹距，mm；

$L_t$——试验时夹距的增加量，mm。

B 法——有屈服和颈缩的多用途试样优选 B 法。但其屈服应变已用引伸计精确测定。记录从试验开始时机器夹具间的位移，由式（4-17）计算标称应变：

$$\varepsilon_t = \varepsilon_y + \Delta L_t/L \tag{4-17}$$

式中：$\varepsilon_t$——标称应变，用比值或百分数表示；

$\varepsilon_y$——屈服应变，用比值或百分数表示；

$L$——夹距，mm；

$\Delta L_t$——屈服点之后夹距的增加量，mm。

③ 拉伸模量计算。用弦斜率法［式（4-18）］或回归斜率法［式（4-19）］计算拉伸模量。

$$E_t=\frac{\sigma_2-\sigma_1}{\varepsilon_2-\varepsilon_1} \tag{4-18}$$

$$E_t=\frac{d\sigma}{d\varepsilon} \tag{4-19}$$

式中：$E_t$——拉伸模量，MPa；

$\sigma_1$——应变值 $\varepsilon_1=0.0005$（0.05%）时测量的应力，MPa；

$\sigma_2$——应变值 $\varepsilon_2=0.0025$（0.25%）时测量的应力，MPa；

$d\sigma/d\varepsilon$——在 $0.0005\leqslant\varepsilon\leqslant0.0025$ 应变区间部分应力/应变曲线的最小二乘回归线性拟合的斜率，MPa。

④ 泊松比计算。对试样宽度或厚度作图作为屈服点前应力/应变曲线部分标距区域的函数，不包含受到试验速度变化影响的区域。

测定宽度（厚度）变化对标距变化曲线的斜率 $\Delta n/\Delta L_0$。如适用，在曲线的线性部分两界限间用线性最小二乘法回归分析来计算此斜率，最好在模量区域后面并确保速度变化。泊松比用式（4-20）进行计算：

$$\mu=\frac{\Delta\varepsilon_n}{\Delta\varepsilon_1}=-\frac{L_0}{n_0}\frac{\Delta n}{\Delta L_0} \tag{4-20}$$

式中：$\mu$——泊松比；

$\Delta\varepsilon_n$——$\Delta\varepsilon_1$ 增加时法向应变的减少量，单位为比值或百分数；

$\Delta\varepsilon_1$——纵向应变的增加量，单位为比值或百分数；

$L_0$——纵向的初始标距，mm；

$n_0$——法向的初始标距，mm；

$\Delta n$——试样法向标距的减少量，mm；

$\Delta L_0$——纵向标距相应的增加量，mm。

根据轴向，泊松比表示为 $\mu_b$（宽度方向）或 $\mu_d$（厚度方向）。

在应变范围 $0.3\%\leqslant\varepsilon\leqslant\varepsilon_y$ 优选更高的应变区域测定泊松比。根据 $\Delta n$ 对 $\Delta L_0$（法向尺寸的变化对纵向尺寸的变化）的曲线来测定有效的泊松比区域。从此曲线的线性部分的斜率来测定泊松比。

### 4.2.4 影响因素

（1）试样尺寸的影响

同一材料所选取的试样尺寸不同，其拉伸强度有很大差别。试样越厚，其拉伸强度越低。

试样工作部分的宽度对拉伸强度也有影响。试样越宽，拉伸强度和拉伸应变越低。

试样尺寸对测试结果的影响原因，主要是材料在制造加工过程中，不可避免地要产生缺陷，如气孔、杂质、低分子物质及局部应力集中等，缺陷存在的多少（概率）与试样的体积和表面积有关，试样尺寸大，缺陷存在概率就越高，而试样受力破坏时，首先是在最危险的缺陷处发生。

（2）温度与湿度的影响

塑料力学松弛过程除了与变形速率相关外，与温度关系也很大，当温度升高时，分子链段热运动增加，松弛过程加快，在拉伸过程中必然表现出较大的变形和较小的强度。热塑性塑料在升高温度后强度下降幅度很大，而热固性塑料在升高温度后强度下降幅度较小。另外，相对湿度对拉伸试验也有一定影响。对于一般吸水性小的塑料，受湿度的影响不显著。而吸水性强的材料，湿度提高，等于对材料起增塑作用，塑性增加，强度降低，如聚酰胺（PA）。

（3）拉伸速度的影响

塑料属于黏弹性材料，它的应力松弛过程与变形速率紧密相关，应力松弛需要一段时间过程。当低速拉伸时，分子链来得及位移和重排，呈现韧性行为，表现为拉伸强度减小，而断裂拉伸应变增大。高速拉伸时，高分子链的运动跟不上外力作用速度，呈现脆性行为，表现为拉伸强度增大，断裂拉伸应变减小。不同品种的塑料对拉伸速度的敏感不同。硬而脆的塑料对拉伸速度较敏感，一般采用较低的速度拉伸。韧性塑料对拉伸速度的敏感度小，可以采用较高的速度拉伸，以缩短试验周期，提高效率。

（4）预处理和放置时间的影响

材料在加工过程中，由于加热和冷却时间、速度不同，产生不同程度的局部应力集中。经过一定温度和时间的预处理，可以消除内应力。预处理的温度和时间以及试样测试前在测试温度、湿度下的放置时间，对拉伸强度和拉伸应变都有一定的影响。这就要求试样按产品技术条件和试验标准中规定的预处理方法进行预处理和放置后，方能进行测试。

洛氏硬度试验

## 4.3　塑料的硬度测试

硬度是表示材料抵抗其他较硬物体压入的能力，是材料软硬程度的有条件性的定量反映。硬度本身不是一个单纯的物理量，而是由材料的弹性、塑性、韧性等一系列力学性能组成的综合指标。硬度的测量仪器和方法很多，因此硬度的数据与硬度计的类型、试样的形状以及测试条件有关。为了得到可以比较的硬度值，必须使用同一类型的硬度计和相同条件下的试验方法，否则就无比较意义。

### 4.3.1　洛氏硬度试验

塑料洛氏硬度试验采用《GB/T 3398.2—2008 塑料　硬度测定　第 2 部分：洛氏硬度》的标准方法进行。

（1）测试原理

洛氏硬度测试原理如图 4-7（a）所示。在规定的加荷时间内，在受试材料上面的钢球上施加一个恒定的初负荷，压头压入试样的压痕深度为 $h_1$；随后施加主负荷，压头在总负荷作用下的压痕深度为 $h_2$；然后压头在总负荷作用下保持一定时间后卸除主负荷，只保留初负荷，压痕因试样的弹性回复而最终形成压痕深度 $h_3$；最后用 $h$ 表示前后两次初负荷作用下的压痕深度差，即 $h=h_3-h_1$，从而求出硬度。

洛氏硬度标尺每一分度表示压头垂直移动 0.002mm。即，洛氏硬度值由式（4-21）求出：

$$H_R = 130-e \tag{4-21}$$

式中：$H_R$——洛氏硬度值；

$e$——主负荷卸除后的压入深度，以 0.002mm 为单位的读数。

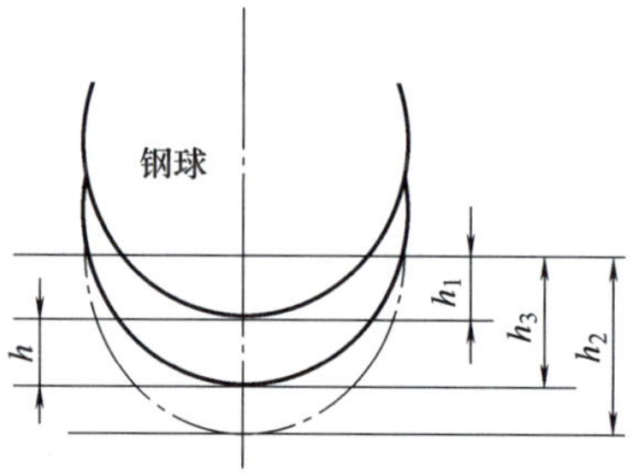

(a) 测定原理

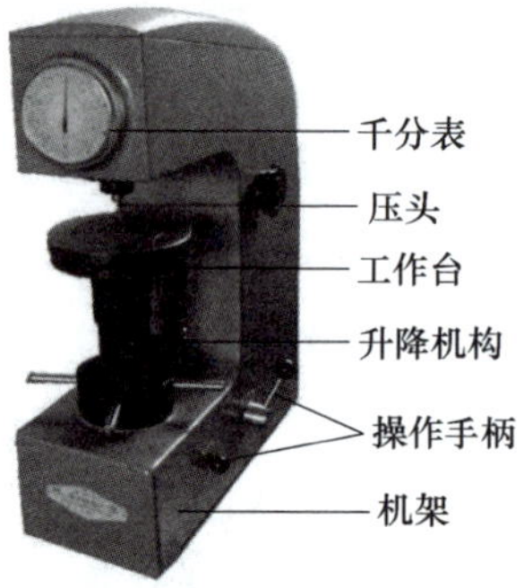

(b) 设备示意图

图 4-7　洛氏硬度测定原理与设备示意图

（2）试验设备

洛氏硬度计主要由机架、压头、加力机构、硬度指示器和计时装置组成，如图 4-7（b）所示。压头为可在轴套中自由滚动的硬质抛光钢球。每台硬度计有多种规格的压头，其直径大小与负荷组成洛氏硬度标尺，见表 4-7。

表 4-7　测试洛氏硬度的不同标尺的试验负荷与压头直径

| 洛氏硬度标尺 | 初负荷/N | 主负荷/N | 压头直径/mm |
|---|---|---|---|
| R | 98.07±2% | 588.4±2% | 12.7±0.015 |
| L | 98.07±2% | 588.4±2% | 6.35±0.015 |
| M | 98.07±2% | 980.7±2% | 6.35±0.015 |
| E | 98.07±2% | 980.7±2% | 3.175±0.015 |

硬度计一般配有千分表或其他合适的装置测量压入深度，精确至 0.001mm。当仪器直接标刻硬度值时，千分表上通常有黑、红两种刻度，后者自动推算 M、 L 及 R 标尺洛氏硬度的常数 130。

（3）试样

洛氏硬度推荐试样尺寸为 50mm × 50mm × 6mm。当试样厚度小于 6mm 时，可用相同厚度的试样叠成，但要求每片试样的表面都应紧密接触，不得被任何形式的表面缺陷分开。

试样应厚度均匀、表面光滑、平整、无气泡、无机械损伤及杂质等，试验后在支撑面上不应有压头的压痕。

测量洛氏硬度只需一个试样，对各向同性的材料，每一试样至少应测量 5 次。当材料是各向异性时，应规定压痕的方向与各向异性轴的关系，当需要测定不止一个方向上的硬度值时，则应准备足够尺寸的试样，以使每个方向上至少可以测定 5 个洛氏硬度值。

试验前，试样应在 23/50 标准环境或受试材料有关的规定环境条件下进行状态调节。

（4）测试步骤

测试时，根据材料的软硬程度选择合适的标尺，尽可能使洛氏硬度值处于 50～115，少数材料不能处于此范围时，硬度值不能超过 125。

同一材料宜选用同种标尺。如果某种材料可以采用两种标尺进行试验时，所得硬度值都处于范围内，则选用较小值的标尺。由于手调不能使压头正确地安装在轴承支座中，更换钢球后的第一次读数必须废弃。需要主负荷的全部压力才能使压头安装在轴承支座中。

（5）结果表示

洛氏硬度值用标尺字母作为前缀的数字表示。如 HRR95，表示用 R 标尺测定的洛氏硬度值为 95。硬度值可从数字显示式硬度计直接读取，或按式（4-21）计算。

试验结果以 5 个单个测定值的算术平均值表示，取 3 位有效数字。

标准偏差按式（4-22）进行计算：

$$\sigma=\sqrt{\frac{\sum x^2-n\bar{x}^2}{n-1}} \tag{4-22}$$

式中：$\sigma$——标准偏差；

$x$——洛氏硬度的单个值；

$\bar{x}$——结果的算术平均值；

$n$——结果的数目。

## 4.3.2　塑料邵氏硬度试验

塑料邵氏硬度是指在规定的测试条件下，将规定形状的压针压入试验材料，测量垂直压入的深度来表示塑料的硬度值。测试方法按《GB/T 2411—2008 塑料和硬橡胶　使用硬度计测定压痕硬度（邵氏硬度）》标准进行。

（1）试验设备

邵氏硬度计由压座、压针、指示装置和已校准的弹簧组成。压座中心有一直径（3±0.5）mm 的孔，离压座的任一边至少 6mm。压针是由直径为（1.25±0.15） mm 的硬化钢制成。指示装置是一个刻度从 0～100 的指示表盘。当压针全部伸出时长度为（2.5±0.04） mm，表盘读数定为 0，压座和压针与平面玻璃接触，伸出长度为 0mm 时表盘读数定为 100。

根据压针头的形状，邵氏硬度分为邵氏 A 型和邵氏 D 型硬度计，如图 4-8 所示。

弹簧施加于硬度计上的负荷 $F$ 与硬度值有如下关系：

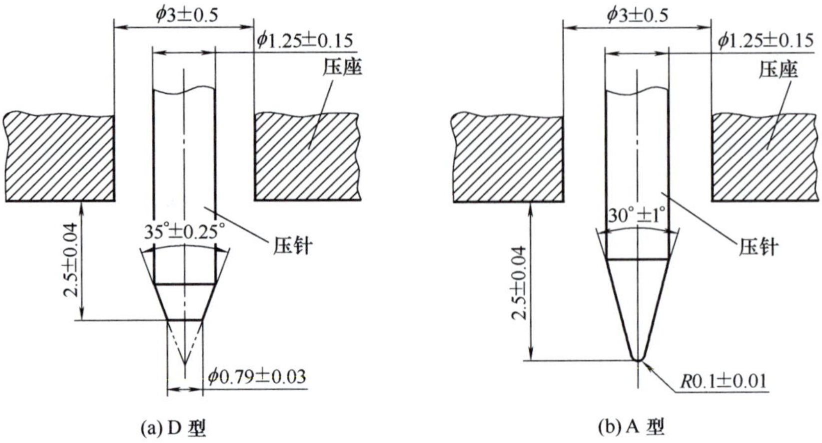


图 4-8 邵氏硬度计

$$F_A = 550 + 75H_A \tag{4-23}$$

$$F_D = 445H_D \tag{4-24}$$

式中：$F_A$——施加于邵氏 A 型硬度计上的负荷；

$F_D$——施加于邵氏 D 型硬度计上的负荷；

$H_A$——邵氏 A 型硬度计的读数；

$H_D$——邵氏 D 型硬度计的读数。

（2）试样

邵氏硬度试样应足够大，以保证离任一边至少 9mm 进行测量。厚度至少为 4mm，可以用较薄的几层塑料叠合到需要的厚度。但由于各层之间的表面接触不完全，试验结果可能与单片试样的测试结果不同。

试样的表面应平整，压座与试样接触时覆盖的区域至少离压针顶端有 6mm 的半径，应避免在弯曲的、不平或粗糙的表面上测量硬度。

试验前，试样应在 23/50 标准环境或受试材料规定环境条件下进行状态调节。

（3）测试步骤

将试样放在一个硬的、坚固稳定的水平面上，握住硬度计，使其处于垂直位置，然后将压座无冲击地加到试样上，使压座平行于试样并施加足够的压力，压座与试样应紧密接触，15s 后读取指示装置的示值，若需要瞬时读数，则在压座与试样紧密接触后 1s 之内读取硬度计的最大值。在同一试样上至少相隔 6mm 测量 5 个硬度值，并计算其平均值。

当 A 型硬度计的测量值高于 90 时，应采用 D 型硬度计进行测量；当 D 型硬度计的示值低于 20 时，换用 A 型硬度计进行测量。

### 4.3.3 塑料球压痕硬度试验

球压痕硬度试验

塑料球压痕硬度指以规定直径的钢球，在试验负荷作用下，垂直压入试样表面，保持一定时间后单位压痕面积上所承受的平均压力，以 MPa 表示。塑料球压痕硬度试验采用《GB/T 3398.1—2008 塑料　硬度测定　第1部分：球压痕法》的标准方法进行。

（1）试验设备

球压痕硬度计主要由机架、压头、加荷装置、压痕深度指示仪表和计时装置组成。结构与洛氏硬度计较为相似，一般设备可兼容洛氏硬度及球压痕硬度的测定。

压头为淬火抛光的钢球，直径约5mm，硬度约为800Hv。钢球在试验负荷作用下不应有任何变形和损伤。

加荷装置包括加荷杠杆、砝码和缓冲器。通过调整砝码可对压头施加下列负荷：初负荷为（9.8±0.1）N；试验负荷有4个等级，分别为49.0、132、358、961N，各级负荷的允许误差均为±1%。压头对试样施加负荷应平稳而无冲击，时间控制在（2~3）s。

硬度计的示值准确度应为±4%。压痕深度指示仪表为测量压头压入深度的装置，在（0~0.5）mm测量段内，精度为0.005mm。

计时装置能指示试验负荷全部加上后到读取压痕深度的时间，计时量程不小于60s，准确度为±0.1s。

（2）试样

试样大小应保证每个测量点中心与试样边缘距离不小于10mm，各测量点中心间距也不小于10mm。推荐的试样尺寸为50mm×50mm×4mm。厚度不应小于4mm，若试样厚度小于4mm，可以叠放几个试样。试样厚度应均匀、表面光滑、平整、无气泡、无机械损伤及杂质等。

试验前，试样应在23/50标准环境或受试材料有关的规定环境条件下进行状态调节。

（3）测试步骤

球压痕硬度测试操作视频，可以扫码学习。

① 定期测定各级负荷下的机架变形量。测定时卸下压头，升起工作台使其与主轴接触，加上初负荷，调节深度指示仪表为零，再加上试验负荷，直接由压痕深度指示仪表中读取相应负荷下的机架变形量 $h_2$（mm）。

② 根据材料硬度选择适宜的试验负荷。装上压头，并把试样放在工作台上，使测试表面与加荷方向垂直接触，无冲击地加上初负荷之后，把深度指示仪表调到零点。

③ 在（2~3）s内将所选择的试验负荷平稳地施加到试样上，保持负荷30s（或按产品标准规定），立即读取压痕深度 $h_1$（mm）。

④ 必须保证压痕深度在（0.15~0.35）mm的范围内。若压痕深度不在规定范围内，则应改变试验负荷，使达到规定的深度范围。

⑤ 每组试样不少于两块，测量点数不少于10个。

（4）结果表示

塑料球压痕硬度按式（4-25）计算：

$$H_B=\frac{0.21F}{0.25\pi d(h-0.04)} \tag{4-25}$$

式中：$H_B$——球压痕硬度，$N/mm^2$；

$F$——试验负荷，N；

$d$——钢球直径，mm；

$h$——校准机架变形后的压痕深度（$h_1$-$h_1$），mm。

当 $H_B$ 值小于 250N/mm² 时，修约至 1N/mm²，当 $H_B$ 值大于 250N/mm² 时，修约至 10N/mm² 的倍数。

## 任务实施

（1）检索和阅读塑料硬度的测试方法等相关文献，比较不同测试方法的异同。

（2）阅读洛氏硬度计使用说明书，了解仪器的结构与原理，熟悉使用与维护。

（3）准备测试仪器与工具，检查仪器的完好性。

（4）根据测试标准和仪器使用手册，完成塑料板材的洛氏硬度性能测试。

（5）记录试验数据，分析讨论结果，完成试验报告。

# 4.4 塑料弯曲性能测试

塑料弯曲试验是用来检验材料在经受弯曲负荷作用时的性能。生产中常用弯曲试验来评定材料的弯曲强度和塑性变形的大小，是产品质量控制和制品使用性能的重要指标。塑料弯曲性能测试，主要依据《GB/T 9341—2008 塑料 弯曲性能的测定》标准方法进行。

## 4.4.1 试验设备

弯曲试验是在电子万能试验机进行，仅需要将拉伸夹具换成弯曲夹具即可。如图 4-9 所示，把试样支撑成横梁，使其在跨度中心以恒定速度弯曲，直到试样断裂或变形达到预定值，测量该过程中对试样施加的弯曲应力。

图 4-9 3 点式弯曲试验示意图

弯曲夹具由两个支座和中心压头组成，在试样宽度方向上，支座和压头之间的平行度应在±0.2mm 以内。压头半径应为 5.0mm ±0.1mm；试样厚度 ≤ 3mm 时支座半径应为 2.0mm ± 0.2mm，试样厚度 > 3mm 时支座半径应为 5.0mm ±0.2mm。

推荐的试验速度为 1、2、5、10、20、50、100、200、500mm/min，其允差同表 4-10。

## 4.4.2 测试方法

塑料弯曲试验

塑料弯曲试验方法按《GB/T 9341—2008 塑料 弯曲性能的测定》标准和设备手册进行。

（1）试样

弯曲试样一般直接模压或注塑成型；板材试样可用机加工方法制取。试样的相对表面应互相平行，相邻的表面应互相垂直，不可扭曲。表面和边缘无刮痕、麻点、凹陷和飞边等。

试样尺寸推荐为长度 $l$：80mm ±2mm，宽度 $b$：10.0mm ±0.2mm，厚度 $d$：4.0mm ±0.2mm。当不能或不希望采用推荐试样时，试样长度和厚度之比应为 20±1；试样的宽度采用表 4-8 给出的规定值。

**表 4-8　　试样厚度与相关的宽度值**　　单位：mm

| 公称厚度 $d$ | 宽度 $b$ | 公称厚度 $d$ | 宽度 $b$ |
|---|---|---|---|
| $1<d\leqslant3$ | 25.0±0.5 | $10<d\leqslant20$ | 20.0±0.5 |
| $3<d\leqslant5$ | 10.0±0.5 | $20<d\leqslant35$ | 35.0±0.5 |
| $5<d\leqslant10$ | 15.0±0.5 | $35<d\leqslant50$ | 50.0±0.5 |

当板材试样厚度大于规定厚度的上限时，用机加工方法从单面加工到规定厚度。试验时，试样的未加工面与两个支座接触，中心压头把力施加到试样的机加工面上。

试验前，试样应按有关材料标准规定对试样进行状态调节，或优选 23/50 标准环境。

测量试样中部的宽度 $b$，精确到 0.1mm；厚度 $h$，精确到 0.01mm。

（2）试验条件

根据试样厚度调节跨度，一般跨厚比（跨度与平均厚度的比值）应为 16±1。按照材料规范调整试验速度 $v$，以毫米每分钟（mm/min）表示。当没有材料规范时，从 1、2、5、10、20、50、100、200、500mm/min 中选一速度值，使弯曲应变速率尽可能接近 1 %/min。对于推荐试样，给定的试验速度为 2mm/min。

（3）试验结果

记录试验过程中施加的力和相应的挠度。应用自动记录装置来执行这一操作过程，以便得到完整的应力-应变曲线图。

① 弯曲应力计算

$$\sigma_f = 3FL/2bd^2 \tag{4-26}$$

式中：$\sigma_f$——弯曲应力，MPa；

$F$——所测的对应负荷，N；

$L$——跨度，mm；

$b$——试样宽度，mm；

$d$——试样厚度，mm。

② 弯曲应变计算

$$\varepsilon_f = 6sd/L^2 \tag{4-27}$$

式中：$\varepsilon_f$——弯曲应变，用比值或百分数表示；

$s$——挠度，mm；

$d$——试样厚度，mm；

$L$——跨度，mm。

③ 弯曲模量计算

测定弯曲模量，根据给定的弯曲应变 $\varepsilon_{f1}=0.0005$ 和 $\varepsilon_{f2}=0.0025$，按式（4-28）计算相应的挠度 $s_1$ 和 $s_1$：

$$s_i=\varepsilon_{fi}L^2/6d \tag{4-28}$$

式中：$s_i$——单个挠度，mm；

$\varepsilon_f$——相应的弯曲应变，即上述的 $\varepsilon_{f1}$ 和 $\varepsilon_{f2}$ 值；

$d$——试样厚度，mm；

$L$——跨度，mm。

再根据式（4-29）计算弯曲模量：

$$E_f=\frac{\sigma_{f2}-\sigma_{f1}}{\varepsilon_{f2}-\varepsilon_{f1}} \tag{4-29}$$

式中：$E_f$——弯曲模量，MPa；

$\sigma_{f1}$——挠度为 $s_1$ 时测量的应力，MPa；

$\sigma_{f2}$——挠度为 $s_2$ 时测量的应力，MPa。

### 4.4.3 影响因素

（1）试样尺寸的影响

横梁抵抗弯曲形变的能力与跨度和横截面积有很大关系，尤其是厚度对挠度影响更大。同理，弯曲试验如果跨度相同但试样的横截面积不同，则结果是有差别的。所以标准方法中特别强调（规定）了试样跨度、厚度和试验速度等几方面的关系，目的是使不同厚度的试样外部纤维形变速率相同或相近，从而使各种厚度之间的结果有一定的可比性。此外，试样的机械加工面对结果有影响。有必要加工时尽量采用单面加工的办法来制作。试验时加工面对着加载压头，使未加工面受拉伸，加工面受压缩。

（2）加载压头圆弧和支座圆弧半径影响

加载压头圆弧半径是为了防止剪切力和对试样产生明显压痕而设定的。一般只要不是过大或过小，对结果影响较小。但支座圆弧半径的大小，要保证支座与试样接触为一条线（较窄的面）。如果表面接触过宽，则不能保证试样跨度的准确。

（3）应变速率影响

试样受力弯曲变形时，横截面上部边缘处有最大的压缩变形，下部边缘处有最大的拉伸变形。所谓应变速率是指在单位时间内，上、下层相对形变的改变量，弯曲与拉伸、压缩一样，其强度值与应变速率有关，一般应变速率较低时，弯曲强度偏低。试验中可用加载速度来控制应变速率。

（4）试验跨度影响

3 点式弯曲试验中存在剪应力，随着跨厚比的增大，剪应力减小。因此，增大跨厚比，可使 3 点式弯曲试验更接近纯弯曲。

# 4.5 其他力学性能测试

## 4.5.1 塑料的压缩性能测试

压缩试验是沿着试样主轴方向，以一定的速度压缩试样，直至试样发生破坏或达到某一负荷，或试样长度的减少值达到预定值，测定试样在此过程的承受的负荷。

塑料压缩试验

压缩试验一般在电子万能试验机进行。压缩夹具为两块硬化钢制压缩板，应能对试样轴向加荷，与轴向偏差在 1∶1000 之内，同时通过抛光的压板表面传递负荷，板面的平整度在 0.025mm 以内，两极彼此平行且垂直于加荷轴。

试样应为棱柱、圆柱或管状。对于各向同性的材料，每一样品至少试验 5 个试样；对于各向异性的材料，每一样品至少试验 10 个试样，其中 5 个与各向异性的主轴垂直，另外 5 个与之平行。试样的尺寸应满足式（4-30）。

$$\varepsilon_c^* \leq 0.4x^2/d^2 \qquad (4\text{-}30)$$

式中：$\varepsilon_c^*$——试验时发生的最大压缩标称应变，以比值表示；

$x$——圆柱的直径、管的外径或棱柱的厚度（横截面积的最小侧）；

$d$——平行于压缩力轴测量试样厚度。

塑料压缩性能测试主要依据《GB/T 1041—2008 塑料　压缩性能的测定》标准方法进行。试验操作按设备手册进行。

测量模量时，开始试验的压缩应力 $\sigma_0$ 为正值但不应超过压缩模量 $E_c$ 的 1/2000，相应的预应变 $\varepsilon_{c0} \leq 0.05\%$。而当测量诸如压缩强度 $\sigma_M$ 的特性时，开始试验的压缩应力 $\sigma_0$ 为正值但不应超过 $\sigma_M$ 的 1%。

试验速度 $v$ 按照材料规范调整。当没有材料规范时，推荐调整到 1、2、5、10、20mm/min 中最接近以下关系式的值：

$v=0.02l$，用于模量测定；

$v=0.1l$，用于在屈服前破坏的材料强度测定；

$v=0.5l$，用于有屈服的材料强度的测定。

在试验过程中，测定试样的力（应力）和相应的压缩量（应变），同时记录的应力-应变曲线。

（1）应力计算

$$\sigma = F/A \qquad (4\text{-}31)$$

式中：$\sigma$——应力，MPa；

$F$——所测的对应负荷，N；

$A$——试样原始横截面积，$mm^2$。

（2）应变计算

用伸长仪计算应变：

$$\varepsilon = \Delta L_0 / L_0 \tag{4-32}$$

式中：$\varepsilon$——应变，用比值或百分数表示；

$L_0$——试样的标距，mm；

$\Delta L_0$——试样标距间长度的减量，mm。

由十字头的移动测量计算标称应变：

$$\varepsilon_c = \Delta L / L \tag{4-33}$$

式中：$\varepsilon_c$——标称压缩应变，用比值或百分数表示；

$\Delta L$——压缩板间距离的减量，mm；

$L$——压缩板间的初始距离，mm。

（3）压缩模量计算

$$E_t = \frac{\sigma_2 - \sigma_1}{\varepsilon_2 - \varepsilon_1} \tag{4-34}$$

式中：$E_t$——压缩模量，MPa；

$\sigma_1$——应变值 $\varepsilon_1 = 0.0005$（0.05%）时测量的应力，MPa；

$\sigma_2$——应变值 $\varepsilon_2 = 0.0025$（0.25%）时测量的应力，MPa。

### 4.5.2 塑料摩擦与磨损测试

（1）塑料摩擦因数测试

塑料摩擦测试

摩擦是指在力作用下物体相互接触表面之间发生切向相对运动或有运动趋势时出现阻碍该运动行为并且伴随着机械能量损耗的现象和过程。塑料的耐摩擦性主要是通过摩擦因数（摩擦力与法向力的比值）进行表征。

GB/T 10006《塑料薄膜和片材摩擦因数的测定方法》规定了塑料薄膜和片材的摩擦因数测试方法。试验原理是两试验表面平放在一起，在一定的接触压力下，使两表面相对移动，记录所需的力。摩擦因数按式（4-35）及式（4-36）计算。

$$\mu_s = F_s / F_P \tag{4-35}$$

$$\mu_d = F_d / F_P \tag{4-36}$$

式中：$\mu_s$——静摩擦因数；

$\mu_d$——动摩擦因数；

$F_s$——静摩擦力，N；

$F_d$——动摩擦力，N；

$F_p$——法向力（包括试样在内的滑块总重力），N。

试验设备由水平试验台、滑块、测力系统和使水平试验台上两试验表面相对移动的驱动机构等组成。图 4-10 是一种典型的摩擦试验示意图。测试时，将一个试样的试验表面向上，平整地固定在水平试验台上，试样与试验台的长度方向应平行；将另一个试样的试验表面向下，包住滑块，用胶带在滑块前沿和上表面固定试样；测定塑料薄膜（片）对其他材料表面的摩擦性能时，应将薄膜（片）固定在滑块上，其他材料的试样固定在水平试验台上。

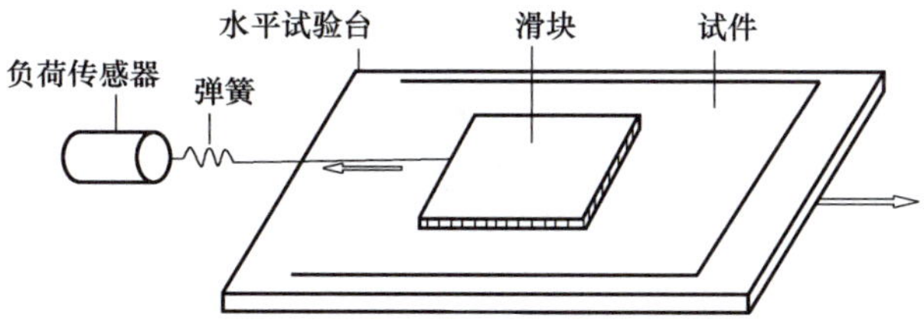

图 4-10　摩擦因数测试示意图

（2）塑料磨耗试验

磨耗是指由于摩擦造成表面的变形、损伤或表层材料逐渐流失的现象和过程，又称磨损。一般用质量磨耗（摩擦前后质量变化）、体积磨耗（摩擦前后体积变化）、磨痕深度/宽度等进行表征，统称耐磨性。塑料材料的磨损除主要由力学因素引起外，在整个过程中材料还将发生一系列物理、化学状态的变化。

塑料滑动摩擦测试

塑料磨损试验主要有滑动摩擦磨损和滚动磨损。

GB/T 3960—1983 规定了塑料及塑料基复合材料的滑动摩擦磨损性能测定。标准规定的测试方式为环块试验，环为 15 号钢，粗糙度 0.8，块为塑料，试件载荷为 200N，环的转速为 200r/min，运转时间 10min（测试时间过长，塑料会发热出现表面熔化现象）。

试样磨耗体积 $v$ 按式（4-37）计算：

$$v=\frac{m_1-m_2}{\rho} \tag{4-37}$$

式中：$v$——试样磨耗体积，cm；

$m_1$——试样试验前质量，g；

$m_2$——试样试验后的质量，g；

$\rho$——试样在 23℃时的密度，$g/cm^3$。

滑动摩擦因数按式（4-38）计算：

$$\mu=\frac{M}{r\cdot F} \tag{4-38}$$

式中：$M$——趋向稳定的摩擦力矩，kg·cm；

$F$——试验负荷，kg；

$r$——圆环半径，cm。

GB/T 5478—2008 规定了塑料滚动磨损试验方法。图 4-11 为滚动磨耗试验仪主要组成部件。试样放在电动转台上，两个磨轮都可以在轴向自由旋转并在一定的位置以一定的负荷与

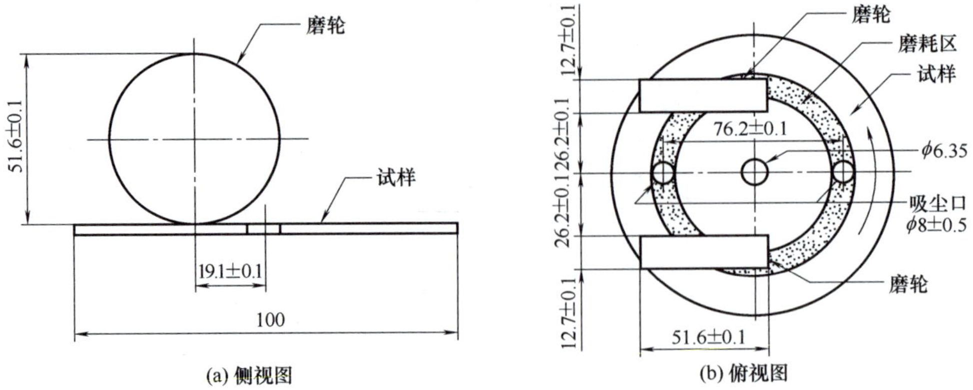


图 4-11 滚动磨耗试验仪示意图

试样接触。

试样应表面光滑、平整，无气泡，无机械损伤及杂质等，直径为 100mm 的圆形，当不使用环形夹具时，可用边长 100mm 的正方形制成八边形试样。每组试样不小于 3 个，试样厚度应均匀且在 0.5~10mm 之间。

滚动磨损试验结果采用下列方式中的一种来表示：

① 当达到规定转数后，以试样一种性能的变化来表示，例如厚度的改变、质量的改变、光泽度的变化等，在这种情况下，应计算试样平均值。

② 达到特定表面损坏的转数，试验旋转量以 25r 最接近的倍数来表示。

③ 特定的条件下测试密度相近的材料时，以质量损失表示，单位以 kg/1000r 表示。

④ 当比较不同密度的材料时，可以用体积损失表示，单位以 $mm^3$/1000r 表示。

## 4.5.3 蠕变与应力松弛

（1）蠕变测试

蠕变是指在一定温度和较低的恒定外力（拉力、压力或扭力等）作用下，材料的形变随时间的增加而逐渐增大的现象。如图 4-12 所示，蠕变试验的设备分为恒载荷装置和变载荷装置。

对于在蠕变试验中形变小的材料，一般采用恒载荷装置，如直接悬挂砝码式；对于试验中形变较大的材料，为了保持其应力恒定，就必须采用变载荷的加载装置，如带滑动触点机构的杠杆式。

GB/T 11546.1—2008 规定了硬质、半硬质非增强塑料的蠕变性能测试方法。试样采用测定拉伸性能的同样试样。

蠕变试验结果以蠕变模量表示。

① 拉伸蠕变模量

$$E_t=\sigma/\varepsilon_t=FL_0/A(\Delta L)_t \tag{4-39}$$

式中：$E_t$——拉伸蠕变模量，MPa；

$F$——载荷，N；

$L_0$——初始标距，mm；

$A$——试样原始横截面积，$mm^2$；

$(\Delta L)_t$——时间 $t$ 时伸长，mm。

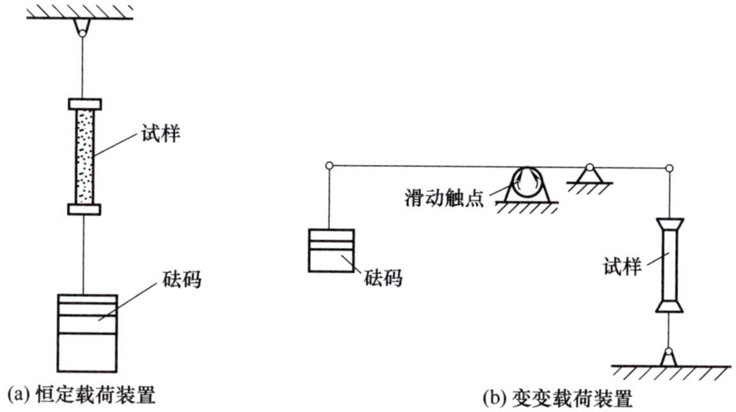


图 4-12　拉伸蠕变试验装置

② 标称拉伸蠕变模量

$$E_t^*=\sigma/\varepsilon_t^*=FL_0^*/A(\Delta L^*)_t \tag{4-40}$$

式中：$E_t^*$——标称拉伸蠕变模量，MPa；

$F$——载荷，N；

$L_0^*$——夹具间初始标距，mm；

$A$——试样原始横截面积，$mm^2$；

$(\Delta L^*)_t$——时间 $t$ 时夹具间距离的增量，mm。

（2）应力松弛测试

应力松弛是指是在固定的温度和形变下，材料内部的应力随时间增加而逐渐衰减的现象。应力松弛一般使用带压缩夹具的电子万能试验机进行测试。根据聚合物材料受到外部作用的情况不同，可以观察到不同类型的力学松弛现象，最基本的有蠕变、应力松弛、滞后和力学损耗（内耗）等。下文以塑料常温压缩应力松弛为例作简单介绍。

① 把试样压缩到规定变形的 25%±2%，如果试样不能压缩到 25%的压缩量，则使用 15%±2%或更低的压缩量，分步压缩，每步压缩 5%，压缩试样在 30～120s 内完成，并在整个试验期间保持这个压缩量。

② 在压缩 30min ±1min 后，测量作用力并精确到测量值的 1%。

③ 测量作用力后，立即将带有试样的压缩装置（保持压缩量）放入状态调节环境中放置。

④ 当达到规定的时间后，将压缩装置从状态调节环境中取出，测量作用力并精确到测量值的 1%。

结果计算：在规定的试验时间 $t$ 之后的压缩应力松弛 $R(t)$，以初始作用力的百分数表示。

$$R(t)=\frac{F_0-F_t}{F_0}\times 100\% \tag{4-41}$$

式中：$F_0$——30min 之后测量的初始作用力，N；

$F_t$——当达到规定的试验时间 $t$ 之后测量的作用力，N。

## 项目总结

力学性能是塑料材料使用最基本的性能之一，是衡量材料的强度和韧性的重要指标。包括塑料拉伸性能、冲击性能、弯曲性能、硬度、压缩性能等。影响塑料力学性能测试结果的主要因素有材料性质与试样制备、测试设备、试验环境和试样的预处理等。因此，塑料力学性能测试需要按标准方法进行，采用规定的试验条件（温度、湿度、时间）。试验前，需要对试样进行预处理，处理的条件应与试验环境一致。

学习本项目，要求了解各测试仪器的结构和工作原理，掌握仪器的使用方法，能按标准完成各性能测试，正确分析测试结果，讨论影响因素。

## 思考题

（1）简述塑料拉伸试验的原理和测试步骤？

（2）塑料冲击试验有哪些分类？测试原理是否相同？

（3）塑料硬度有哪些测试方法？各测试结果是否可以比较？

（4）塑料简支梁冲击试验中，为何有时要用缺口试样？缺口试样的冲击强度与非缺口试样的冲击强度是否可以比较？

（5）塑料力学性能试样的制备方法有哪些？

（6）如何根据塑料拉伸试验的应力-应变曲线判断塑料的力学性能？

（7）为什么要对测试试样进行预处理？

（8）塑料弯曲性能测试如何选取试验条件？

项目5

# 塑料热性能测试

## 学习目标

塑料材料对温度的变化极为敏感。原本具有延展性或挠曲性的塑料制品在低温条件下，会显露出脆性或变硬，但当温度上升至一定程度时，又会发生软化甚至降解，失去使用功能。塑料成型工艺条件很大程度上受其热稳定性、热导率、比热容、玻璃化转变温度等影响。塑料的力学、电学或化学性能也与塑料所处的温度有关，特别是在聚合物发生聚集态转变时表现尤为突出。因此，通过各种试验方法对塑料的热性能进行测定和评价，为塑料制品的设计、生产、科研及使用方法提供必要的参数和依据。本项目学习目标见表5-1。

表5-1　项目学习目标

| 序号 | 类别 | 目标 |
|---|---|---|
| 1 | 知识 | ①塑料热性能的概念，影响材料热学性能的因素<br>②塑料负荷变形温度、维卡软化温度测试方法和原理，试验仪器的结构<br>③塑料熔点测试方法和原理<br>④塑料膨胀系数测试方法与原理<br>⑤塑料低温脆化温度测试方法和原理 |
| 2 | 技能 | ①按试验要求和标准规定选取、正确选择、制备各项目测试试样<br>②能根据测试项目，完成试验器材准备和完好性检查，正确使用和维护仪器<br>③能按标准方法完成塑料热变形温度、维卡软化温度的测试<br>④能利用差示扫描量热仪（DSC）测试塑料的玻璃化转变温度、熔融温度、结晶温度，算出热焓<br>⑤分析整理测试结果，完成测试报告 |
| 3 | 职业素养 | ①团队合作与沟通能力<br>②自主学习、分析与解决问题的能力<br>③安全生产、质量与环境保护意识<br>④客观公正，严谨认真的职业道德 |

## 工作任务

塑料热性能指其与热或温度有关的性能的总称，一般可分为以下4类：①热物理性能，如玻璃化转变温度、熔点或软化温度、导热系数、比热容等；②热稳定性能，如尺寸稳定性、收缩率、热膨胀等；③耐热性，最高使用温度、马丁耐热温度、负荷下的热变形温度及维卡耐热温度等；④耐寒性，如低温脆化温度、低温伸长保留率、低温刚性温度等。本项目具体的工作任务见表5-2。

表 5-2　　　　学习工作任务

| 序号 | 任务名称 | 要　求 |
|---|---|---|
| 1 | 测试塑料的负荷变形温度 | ①检索和阅读塑料热变形温度测试方法等文献<br>②熟悉试验仪的使用与维护，了解其结构原理<br>③准备丙烯腈-丁二烯-苯乙烯共聚物(ABS)、聚丙烯(PP)板材或模塑试样<br>④完成试样的测试操作<br>⑤记录分析测试结果，完成测试报告 |
| 2 | 测试塑料的维卡软化温度 | ①检索和阅读塑料维卡软化温度点的测试方法标准等文献<br>②熟悉维卡软化温度试验仪的使用与维护，了解其结构原理<br>③准备 ABS、PP 板材或模塑试样<br>④完成试样的测试操作<br>⑤记录分析测试结果，完成测试报告 |
| 3 | 测试塑料的玻璃化转变温度、熔融温度及热焓 | ①检索和阅读塑料熔点测试方法等文献<br>②了解偏光显微镜的结构和测试结晶塑料的熔点的原理<br>③熟悉 DSC 分析测试仪的结构、原理与用途<br>④采用 DSC 测试塑料玻璃化温度、熔点方法<br>⑤记录分析测试结果，完成测试报告 |

## 5.1 塑料负荷变形温度测试

### 5.1.1 测试原理

塑料负荷变形温度是将标准试样以平放（优选的）或侧立方式承受 3 点弯曲恒定负荷，使其产生规定的弯曲应力。然后在匀速升温条件下，测量达到与规定的弯曲应变增量相对应的标准挠度时的温度。

随着温度的升高，高分子材料原处于玻璃态或结晶状态的原子和分子运动（小尺寸单元的分子运动，如链节、支链、侧基等）的能量就会增加，表现在外力作用下因其定向运动而导致形变的能力增加，也即材料的弹性模量随温度升高而下降。因此，随着温度的升高，固定负荷下塑料产生的形变量也将随之增加。

热变形温度是衡量塑料耐热性能的主要指标之一，大部分塑料产品标准中，都有负荷热变形温度这一指标。但它并非表示产品最高使用温度，只是作为产品质量控制的手段。因为实际使用时的主要因素如时间、负荷条件和标称表面应力等，可能与试验条件不同，只有从室温弯曲模量相同的材料得到的数据，才有真正的可比性。

热变形温度测试微课

### 5.1.2 测试方法

塑料热变形温度测试应按《GB/T 1634.1—2019 塑料　负荷变形温度的测定　第 1 部分：通用试验方法》等国家标准进行。

（1）测试设备

负荷热变形温度测定仪如图 5-1 所示。主要由试样支座、加热装置、砝码、温度测量装置、挠度测量装置等组成。

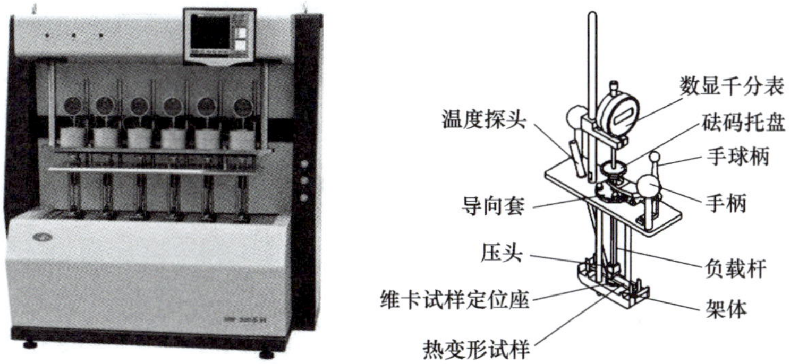


图 5-1　负荷变形温度测试仪

试样支座由两个金属块构成，对于优选的平放试样，试样支座的跨度为（64±1） mm；对于侧立试样，跨度为（100±1） mm。

加热装置内装液体传热介质、搅拌器和温度控制元件。温度能以（120±10）℃/h 的均匀速率上升，并要求每 6min 内温度变化为（12±1）℃。热浴中的各点温度差应不超过±1℃。常用液体传热介质有液体石蜡、变压器油、甘油和硅油等，要求在整个温度范围内应稳定且对受试材料没有影响，例如不引起溶胀或开裂。

试验负荷由砝码提供，能以 1g 的增减调节负荷大小，使试样加荷达到所需的弯曲应力。

温度控制要求精确到 0.5℃，当达到标准挠度时能自动停止加热，且记录此时的温度。

挠度测量一般使用直读式测微计或千分表等仪器，测量精确到 0.01mm。

（2）试样要求

试样采用横截面为矩形的样条，其长度 $l$、宽度 $b$、厚度 $d$ 应满足 $l>b>d$。优选试样的尺寸为（80×10×4） mm，推荐平放方式试验。模塑试样按照相关材料标准或有关方面协议确定模塑条件。对于片状材料，试样厚度应在（3~13） mm 范围内。

试样相邻表面应互相垂直，无扭曲现象，所有表面和棱边均应无划痕，麻点、凹痕和飞边等缺陷。压塑试样时，厚度方向应为模塑施力的方向。

试样应按产品规定进行状态调节，若没有规定时，可在标准环境中调节至少 4h。试样宽度 $b$ 和厚度 $h$ 测量应精确到 0.1mm 以内。

试验至少两个试样，为降低翘曲变形的影响，应使试样不同面朝着加荷压头进行试验。如需进行重复试验，则对每个重复试验都要求增加两个试样。

（3）试验条件

① 升温速度。按（120±10）℃/h 的速率均匀升高热浴的温度。

② 标准挠度。弯曲应变增量 $\Delta\varepsilon_f=0.2\%$，标准挠度分别按式（5-1）和式（5-2）计算：

优选（平放）放置方式：

$$\Delta s=\frac{L^2 \cdot \Delta \varepsilon_f}{600d} \quad (5-1)$$

侧立放置方式：

$$\Delta s=\frac{L^2 \cdot \Delta \varepsilon_f}{600b} \quad (5-2)$$

式中：$\Delta s$——标准挠度，mm；

$L$——跨度，mm；

$\Delta \varepsilon_f$——弯曲应变增量，计算时 $\Delta\varepsilon_f=0.2$；

$d$——试样厚度，mm；

$b$——试样宽度，mm。

表 5-3 为不同高度试样对应的标准挠度值。

**表 5-3　　优选平放试样中对应于不同高度的标准挠度**

| 试样高度（试样厚度 *d*）/mm | 标准挠度/mm |
|---|---|
| 3. 8 | 0. 36 |
| 3. 9 | 0. 35 |
| 4. 0 | 0. 34 |
| 4. 1 | 0. 33 |
| 4. 2 | 0. 32 |

＊标准挠度是高度（注：高度为 *h* 或 *b*，依试样放置方式而定）、所用跨度和弯曲应变增量的函数。

（4）测试步骤

塑料热变形温度测试按 GB/T 1634 等标准和设备使用手册进行。

（5）结果表示

当试样的初始挠度增加量达到标准挠度值（表 5-3）时，记录此时的温度即为其负荷变形温度。测试结果以算术平均值表示。

如果各向同性塑料的单个试验结果相差 2℃以上，或部分结晶材料的单个结果相差 5℃以上，则应重新进行试验。

### 5. 1. 3　影响因素与讨论

影响负荷变形温度试验结果的因素主要有试验设备的状况、试样制备的方法及尺寸和使用的传热介质以及升温速率，试样的放置方式也是影响负荷变形温度的因素之一。

（1）试验机的状况

从前面原理可知，试验中，当温度升高时，试样支架及负荷杆件也会发生膨胀，从而导致变形计的读数和实际变形的误差。因此，试样支架和负荷杆件必须用膨胀系数小的同种材料制作。试验前，如果需要，可用殷钢和硼硅玻璃进行校正。

（2）试样的制备方法

对于模塑、压塑和机加工制成的同种材质的试样，其试验结果可能有较大的差异。这主要是因为在不同的制备方法中，试样的内部应力和表面状况不同而决定的。通过机加工的试样还可能因为摩擦热使试样内部的分子链取向发生变化从而影响试验结果。因此，负荷变形温度应在同种样品制备方法下进行测试比较。

（3）传热介质

液态传热介质的选择应以在所用温度下稳定且对试样没有影响为原则。但塑料的导热性均较小，介质与试样形成热平衡需要较长时间，这样，在升温过程中，试样与介质总存在一定的温度差，这种温度差随介质升温速率增加而增加。所以，升温速率增加，试验结果偏高，反之则偏低。

（4）试样的放置方式

理论上讲，只要试样完全具有力学初始阶段的弹性行为，且试样在各个方向上具有相同的弹性模量，则无论采用平放方式还是侧立方式，所测得结果应该一样。但是，塑料试样在力学初始阶段不仅表现出弹性变形，而且伴随有塑性变形，且在不同方向上塑性变形的大小不一样，因而，平放试验的结果和侧立试样的结果往往无法比较。对于那些纤维增强材料，试样在各个方向的弹性模量不一样，平放试验的结果和侧立试验结果就更不能比较了。因此，在检测报告中注明试样的放置方式是必须的。

### 任务实施

（1）查阅并理解 GB/T 1634 的最新标准；

（2）熟悉塑料维卡、热变形温度测试仪的使用与维护，了解仪器的结构与原理；

（3）按标准要求制备和预处理试样；

（4）准备测试仪器与工具，检查仪器的完好性；

（5）制定测试方案，确定试验条件，完成硬聚氯乙烯（PVC）板材的热变形温度测试；

（6）记录试验数据，分析讨论结果，完成试验报告。

## 5.2 塑料维卡软化温度测试

维卡软化温度（Vicat softening temperature， VST）指在选定的均匀升温速率下和规定的负载作用下，使截面积为 1mm$^2$ 的圆柱状平头针压入热塑性塑料 1mm 深度时的温度。维卡软化温度仅限于质量控制、开发和材料表征，不能作为塑料的使用温度。

### 5.2.1 测试原理

如图 5-2 所示，维卡软化温度试验是通过针入深度试验来测定热塑性塑料软化点的方法。随着温度的升高，高分子材料内部的分子链或基团热运动加速，材料抵抗外力的能力下降，在恒定应力作用下压针头针入试样的深度因

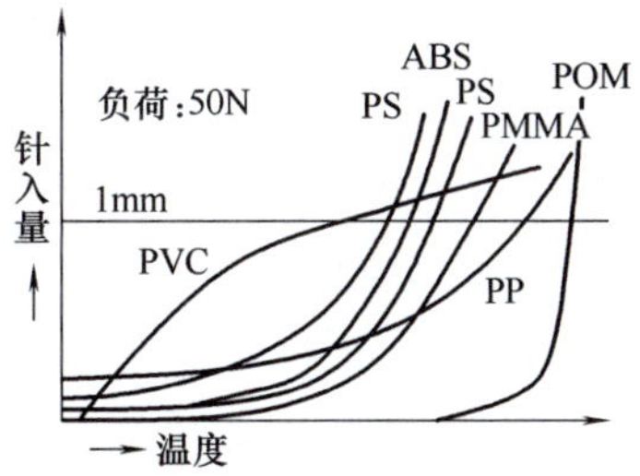

图 5-2 塑料针入量与温度的关系

之逐步加深。但由于分子结构和聚集态结构不同，材料抵抗外力的能力也不同，表现出在相同温度和相同负荷时，压针针入材料的深度也不同，而且各种塑料的针入量对温度变化的敏感度也有差别。当规定针入量为一定值 1mm 时，各种塑料达到该针入量的温度应该是一个定值，该温度值即设定为软化点温度。

### 5.2.2 测试方法

塑料维卡软化温度测试按《GB/T 1633—2000 热塑性塑料维卡软化温度（VST）的测定》标准进行。

（1）测试仪器

塑料维卡软化温度测试

维卡软化温度试验与负荷变形温度测试可以使用同一台仪器，见图 5-1。仪器主要由试样架、砝码、变形测量装置、温度计、压针头以及能恒速升温的加热油浴箱组成。

压针头用硬质钢制成长为 3mm，横截面积到（1.000±0.015） $mm^2$ 的圆柱体，如图 5-3 所示。要求压针头的下表面应平整，垂直于负载杆的轴线，并且无毛刺。

形变测量装置一般使用千分表或位移传感器，要求能够测量压针头刺入试样（1±0.01） mm 的针入度。

负载杆、压针头、负荷板和千分表弹簧组合向下的推力应不超过 1N。对于 A50 和 A120 测试方法施加的总负荷达到（10±0.2） N，对于 B50 和 B120 测试方法达到（50±0.2） N。

加热设备要求能以（50±5）℃/h 或（120±10）℃/h 匀速升温，并每隔 6min 温度变化分别为（5±0.5）℃或（12±1）℃。在达到规定的压痕深度时，能自动切断加热器并发出警报。测温精度在 0.5℃以内。

图 5-3 压针

（2）试样要求

试样为边长 10mm 的正方形或直径 10mm 的圆形，厚度（3~6.5） mm。

板材试样厚度一般取原板材厚度。如果试样厚度超过 6.5mm，应单面机械加工使试样厚度在（3~6.5） mm 间，另一保留原样的表面作为试验面。当厚度小于 3mm，可以将至多 3 片试样叠合在一起，使其总厚度在（3~6.5） mm 之间，上片厚度至少为 1.5mm。

试样应按照受试材料规定制备，如果没有规定，可以使用任何适当的方法制备。要求表面平整、平行、无飞边。每个受试样品使用至少两个试样。

试验前，试样应按规定进行与处理。如果试验结果依赖于模塑条件时，试样应采用特殊的退火或预处理方法处理。

（3）试验步骤

维卡软化温度试验应按国家标准规定和设备手册操作。

GB/T 1633—2000 规定了以下 4 种测试方法：根据材料要求选用其一的测试条件。仲裁试验推荐使用 50℃/h 的升温速率。

A50——使用（10±0.2） N 的力，升温速率为（50±5）℃/h；

A120——使用（10±0.2） N，升温速率为（120±10）℃/h；

B50——使用（50±1） N 的力，升温速率为（50±5）℃/h；

B120——使用（50±1） N 的力，升温速率为（120±10）℃/h。

注意，对导热性很低的某些材料，用较高升温速率（120℃/h）时，测得值可能比实际的维卡软化温度高 10℃左右。

（4）结果表示

受试材料的维卡软化温度是以压针头压入试样（1±0.01） mm 的深度时的油浴温度。结果以两个试样维卡软化温度的算术平均值来表示。

如果单个试验结果差的范围超过 2℃，记下单个试验结果，并用另一组至少两个试样重复进行一次试验。

测试报告应包括以下内容：①试样名称、牌号及批号；②试样的制备方法和预处理条件；③开始温度、升温速度、负载大小、使用的传热介质和叠合实验的层数；④每个试样的维卡软化点和试样的算术平均值；⑤实验过程及实验后试样的特殊情况。

### 5.2.3 影响因素讨论

维卡软化温度测试的影响因素与负荷热变形温度测试的影响因素基本相同，主要是设备、传热介质、试验条件和试样的影响。

### 任务实施

（1）查阅并理解 GB/T 1633—2000 标准；

（2）熟悉塑料维卡、热变形温度测试仪的使用与维护，了解仪器的结构与原理；

（3）按标准要求制备和预处理试样；

（4）准备测试仪器与工具，检查仪器的完好性；

（5）制定测试方案，确定试验条件，完成 ABS 模塑料试样的测试；

（6）记录试验数据，分析讨论结果，完成试验报告。

## 5.3 塑料线膨胀系数测试

塑料与其他物质一样，在温度发生变化时，各维的长度和体积都会发生变化，符合一般的热胀冷缩的规律，并且不同种类的高聚物，其热胀冷缩的性能是不同的。通常以线膨胀系数来表征塑料材料的尺寸随温度的变化而膨胀或收缩程度的物理量。

线膨胀系数是单位长度的材料温度每升高 1℃时长度变化的百分率。

## 5.3.1 测试原理

塑料线膨胀系数可按 GB/T 1036—2008 方法进行测试。其原理是：将已测量原始长度的试样装入石英膨胀计中，然后将膨胀计先后插入不同温度的恒温浴内，在试样温度与恒温浴温度平衡、测量长度变化的仪器指示值稳定后，记录读数，由试样膨胀值和收缩值，即可计算试样的线膨胀系数。

若材料在规定的测定温度范围内存在相转变，或玻璃化转变，则应在转变点以上和以下分别测定其线膨胀系数。

## 5.3.2 测试方法

（1）测试设备

测试塑料线膨胀系数的仪器主要有：石英膨胀计、恒温箱、量具等。

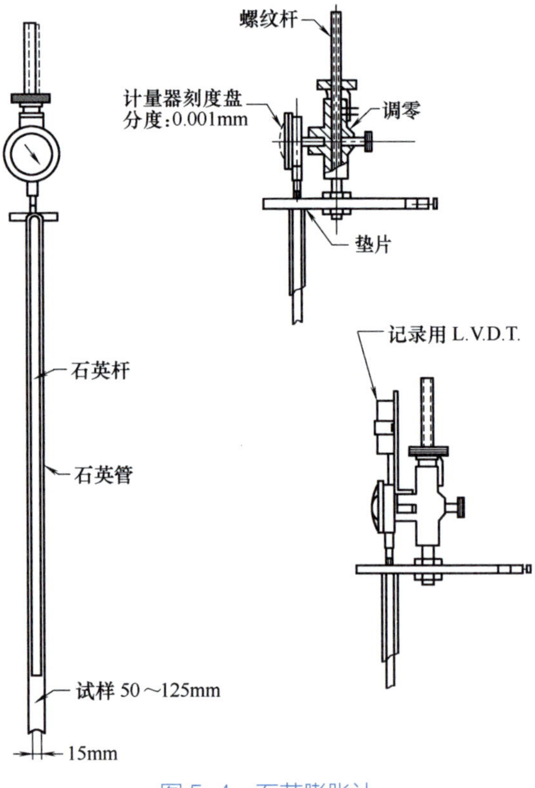

图 5-4　石英膨胀计

石英管膨胀计如图 5-4 所示，石英外管长约 400mm，内径（11±0.5） mm，壁厚 2mm，管底封闭内侧中心为圆形凸起，整个管径要求均匀。石英内管的外径适于外管内径要求，膨胀计的内、外管间的距离约 1mm，装配时应密合而不紧，且能自由移动，长度取决于试样，即试样放入后内管要高出外管 30mm 左右。测量长度变化的仪表，将其固定在夹具上，使其位置能够随所安装的试样长度的变化而变化。指示表可根据试样的膨胀性能和测量精度而定，一般采用千分表。

低温浴用水加冰或酒精加干冰来控制低温，高温可用电加热空气浴或油浴，并配以等速升温装置来控制升温速度。推荐使用流动的液体浴，温度控制在±0.2℃。

（2）试样

试样可以是圆、正方形或矩形，长度在（50～125） mm 之间，横截面积大小应能够使样品容易放入石英膨胀计中，而不应有过多的摩擦，并能保证样品不弯曲扭转。

试样的制备应使其内部应力和各向异性最小，可以机械加工、模塑或浇铸成型，试验前，在标准环境中调节至少 40h。

（3）测试步骤

① 在室温下测量试样长度。

② 将试样装入膨胀计，使试样和石英内管处于同一轴线上。

③ 膨胀计先后置于低温（-30℃）、高温（30℃）恒温器中，在每一个恒温器中待指示表指针稳定后，5~10min 后记录实测温度和测量仪读数。

注意，移动膨胀计时，不能震动或晃动。

（4）实验结果

线膨胀系数按下式计算：

$$\alpha=\frac{\Delta L}{L\times\Delta t} \tag{5-3}$$

式中：$\alpha$——平均每摄氏度的线膨胀系数，$℃^{-1}$；

$\Delta L$——加热或冷却时试样的膨胀和收缩值，m；

$L$——试样在室温下的原始长度，m；

$\Delta t$——测试样品的两个恒温浴的温度差值，℃。

实验结果以一组试样的算术平均值表示，至少取两位有效数字。

### 5.3.3 影响因素

（1）状态调节的影响

塑料受热膨胀，受冷收缩是固有的特性，但同时受环境条件的影响，吸湿性大的材料，就会在相对湿度大的环境吸收较多的水分，而对膨胀系数测量产生影响。所以对这种材料测试前，要按产品标准或规定进行状态调节，没有要求的，采用 GB/T 2918 的标准环境中进行状态调节。

（2）试验压力的影响

试验时试样受热膨胀，其膨胀量传送给测量元件，测量元件必然会给试样以作用力，当作用力太大时，会使试样发生弯曲或在力的作用点处产生凹陷，影响测量结果。实践证明，在压力小于 0.6N/cm$^2$ 时，对测试结果影响较小。故标准中规定内石英管的质量加上测量仪的质量，总共在试样上施加的应力不应超过 70kPa，以确保试样不扭曲或明显的收缩。

## 5.4 塑料熔融温度测试

塑料材料在加热时，一般不表现出低分子物质的那种明确的熔点，只可观察到一个从结晶固体粒子形状开始变化到成为高黏性或黏弹性的液体，并伴随晶相消失的熔融温度范围。该熔融范围与其相对分子质量及其分布、结晶度和热力学性质等许多因素有关。

通常将熔融的高限值温度称为熔点，记为 $T_m$。测试熔点的方法有毛细管法、偏光显微镜法或 DSC 法等。

## 5.4.1 毛细管法

（1）测试原理

在控制升温速度的情况下对毛细管中的试样加热，观察其形状变化，记录试样开始变形时的温度以及试样最后残余晶相消失时的温度。第一个温度称为该样品的熔融温度，两个温度之间的范围则称为样品的熔融范围。熔融范围指结晶或部分结晶聚合物受热时，其结晶特性或颗粒形状消失的温度范围。

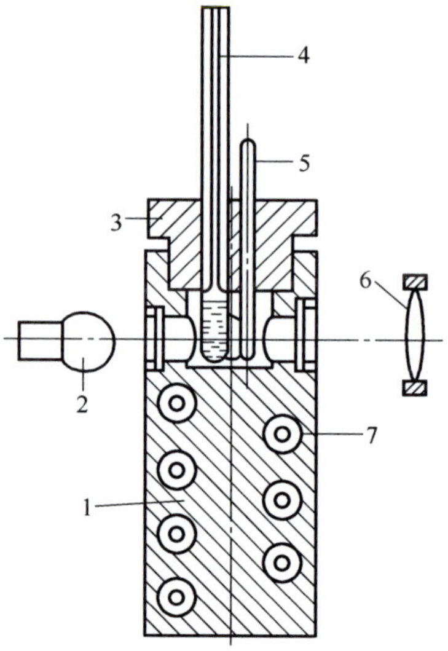


图 5-5 毛细管熔点仪

1—金属加热块 2—灯 3—金属塞块

4—温度计 5—毛细管

6—目镜 7—电阻丝

（2）仪器装置

图 5-5 是一种毛细管熔点仪示意图。在金属塞块上有两个或多个孔，以便把温度计和一根或多根毛细管插入金属加热块上部凹陷部分构成的空室中，该空室侧壁上有 4 个按互成直角的直径方向排列的耐热玻璃窗。其中的一个窗上装有观察毛细管的目镜，其余 3 个用于把灯光透入以照亮空室内部，金属块带有加热系统，通过一个变阻器调节输入功率，以控制升温速度。毛细管是用耐热玻璃制成的一端封闭的管子，其最大外径推荐为 1.5mm。

（3）试样要求

试样应具有代表性，粉末试样粒度不大于 100μm；薄膜切片厚度为 10~20μm。对比试验时应使用粒度相同或近似的试样，对于薄片或薄膜，应使用厚度近似的试样。

如果没有其他规定或相关方未作约定，测定前试样应在 23℃±2℃和相对湿度 50%±5%条件下状态调节 3h。

（4）测试步骤

① 温度测量系统的校准。在接近或包含试验所使用的温度范围内定期用试剂或经验合格的标准物质（见表 5-4）对仪器的温度测量系统进行校准。

**表 5-4　校准用的标准物质**

| 名称 | 熔点/℃ | 名称 | 熔点/℃ |
|---|---|---|---|
| L-1-薄荷醇 | 42.5 | 乙酸苯胺 | 113.5 |
| 偶氮苯 | 69.0 | 安息香酸 | 121.7 |
| 8-羟基喹啉 | 75.5 | 非那西汀 | 136.0 |
| 奈磺酸 | 80.2 | 己二酸 | 151.5 |
| 苯酰 | 96.0 | 铟 | 156.4 |
| 对氨基苯磺酰胺 | 165.7 | 邻璜酰苯甲酰亚胺 | 229.4 |
| 氢醌 | 170.3 | 锡 | 231.9 |
| 琥珀酸 | 189.5 | 二氯化锡 | 247.0 |
| 2-氯蒽醌 | 208.0 | 酚酞 | 261.5 |
| 蒽 | 217.0 | — | — |

② 加热试样。把温度计和装好试样的毛细管插入加热空室中，开始快速加热。当试样温度到达比预期的熔点低大约 20℃时，把升温速度调整到（2±0.5）℃/min。

③ 记录熔点温度。仔细观察并记录试样最后残余晶相消失的温度。对于粉末状试样，这个温度一般指试样从不透明变到刚刚完全透明时的温度；对于不能达到透明阶段的试样，则可用试样出现萎缩、凝聚时的温度代替。对于非粉末试样，该温度一般指试样锐边消失时的温度，但对于一些薄膜试样，熔融时往往翻附在管壁上，不易观察到锐边的消失，则可用试样坍下，黏附时的温度代替。

④ 重复上述操作。取第二个试样重复②、③操作方法，如果同一操作者对同一样品测得的两个结果之差超过 3℃，则结果无效，应另取两个新的试样重复上述操作。

（5）结果与报告

试验结果 以测得的两个有效结果的算术平均值作为受试材料的熔点。

试验报告应包括：①注明本标准编号；②使用的方法（方法 A）；③受试材料的完整鉴别说明；④试样的形状和大小（或质量）；⑤试样的受热历程；⑥状态调节条件；⑦升温速率；⑧连续两次测定的熔融温度和熔融范围（℃），以及它们的算术平均值；⑨本标准未规定的任何操作细节，以及试验过程中可能影响试验结果的事故。

### 5.4.2　偏光显微镜法

（1）测试原理

当光射入晶体物质时，由于晶体对光的各向异性作用而出现双折射现象，当物质熔化，晶体消失时，双折射现象也随之消失。基于这种原理，把试样放在偏光显微镜的起偏镜和检偏镜之间进行恒速加热升温，则从目镜中可观察到试样熔化晶体消失时而发生的双折射消失的现象。把试样双折射消失时的温度就定义为该试样的熔点。

偏光显微镜试验

偏光显微镜法只适用于含有双折射结晶相的聚合物的熔融温度测定，对于加有会干扰双折射的颜料和/或添加剂的聚合物结晶区的熔融温度测定则不适用。

（2）测试仪器

偏光显微镜如图 5-6 所示。放大倍数为 50~100 倍，装有起偏器和检偏器。微型加热台有加热电源，配有温度控制器，可控制升降温速率。台板中间有一个作为光通路的小孔，靠近小孔处有一个温度测量装置可插入的插孔。

加热台上面有热挡板和玻璃盖小室以供通入惰性气体保护试样。温度测量采用经过校准的温度计或具有等效的温度测量设备。

（3）试样制备

在清洁的载玻片上放 2~3mg 样品，盖上盖玻片。然后将该组合件（试样、载玻片及盖玻片）放在加热台上，加热试样到略高于其熔点为止。在盖玻片上轻轻加压，使样品形成厚度为 0.01~0.05mm 的薄膜。关掉加热电源，让试样慢慢冷却至充分结晶，这样就制成了具有结晶体的试样。

注意：除了粉状试样外，其他各种形状的试样都必须用刀片切取成 0. 02mm 以下的薄片，而后按标准要求制备成供测定的试样。其目的在于可以破坏由于结晶聚合物分子取向或存在内应力引起的双折射，可以减小测试过程中试样被氧化的可能性。为提高测试的再现性，特殊样品还需要惰性气体保护。

（4）测定要点

把已制备好的试样，放在偏光显微镜的加热台上，将光源调节到最大亮度，使显微镜聚焦，转动检偏镜得到暗视场。对于空气能引起降解的试样，必须在热挡板和玻盖片小室内通入一股微弱的惰性气体，以保护试样。

调节加热电源，以标准规定的升温速度进行加热。观察双折射现象消失时的温度值，记下此时的温度，这就是试样的熔化温度值，即试样的熔点。

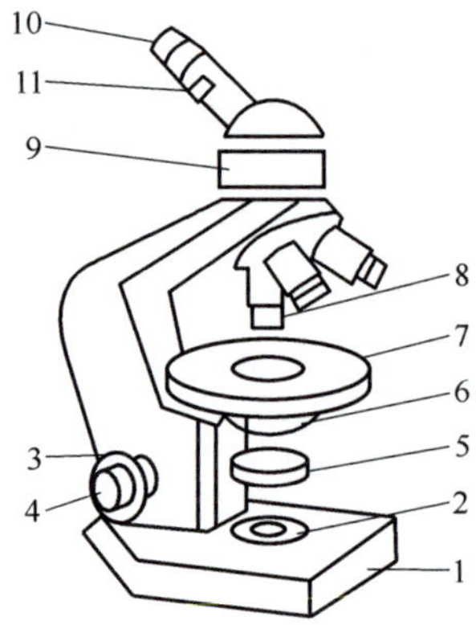


图 5-6　偏光显微镜结构示意图

1—仪器底座　2—视场光阑　3—粗动调焦手轮　4—微动调焦手轮　5—起偏器　6—聚光镜　7—旋转工作台　8—物镜　9—检偏器　10—目镜　11—目镜筒

温度测量装置的准确与否直接影响其测试结果的可靠性，所以必须定期对测温装置进行校正，一般采用熔点固定而明显的物质作为校正的参照物，对于不同的温度范围，可分别采用表 5-4 中的化学试剂作为参照物。校正时，把参照物作为试样放在玻片上，而后测定其熔点是否在其对应的范围内。每次测定受试样品前，应用与受试材料的熔点相接近的参照物进行校正。

（5）影响因素

① 升温速度对测定结果的影响。因为现有的测试设备，大都是采用水银温度计作为测温装置，升温速度越快，则温度计指示值滞后越大，所读取的熔点值偏低，所以升温速度不能太快，特别是在到达比试样的熔点低（10～20）℃时，温度计一定要以（1～2）℃/min 的速率升温。

② 试样状态对测试结果的影响。对于偏光显微镜法，在制备试样时，一定要轻微地在盖玻片上施压，使之在两玻片中间形成（0. 01～0. 05） mm 厚的膜。如不施加压力，熔化后试样表面不平整，那么不平整表面对光的折射及反射就干扰了晶体的双折射，从而无法判定其熔化终点，或产生较大的误差。而试样量太多或膜太厚，也会导致观察到的熔点偏高或无法判定其熔化终点。另外，如果试样中含有玻璃纤维添加物，则玻璃纤维对光的反射及折射现象在整个测试过程中一直存在，这就无法判定受试材料的熔点。

对于毛细管法，因仪器内温度分布不可能绝对均匀，故当装样过高（超过 20mm），会影响测试结果的重现性。

③ 试样受热过程中氧化、降解的影响。对于某些材料，在加热过程中空气能引起氧化、降解，从而造成无法观察到双折射消失的现象，对于这类试样，就要用惰性气体对其进行保护，一般可采用氮气。如聚酰胺 66（PA66）的熔点为（253～254）℃，测定时若没有用氮气对试样进行保护，当温度达到 230℃左右时，试样就被氧化而变成深黄色，导致无法用显微镜

继续观察，测不出其熔点。

### 5.4.3　DSC 法测定熔融温度

DSC 法是在温度程序控制下，测定输入到试样和参比样的热流速率（热功率）差对温度和/或时间关系。每次测量记录一条以温度或时间为 $X$ 轴，热流速率差或热功率差为 $Y$ 轴的曲线。试样在受热或冷却过程中所发生物理变化或化学变化产生的热效应，在 DSC 曲线上表现为吸热或放热的峰或基线突变的温度。因此， DSC 可以用于研究聚合物的相转变过程，测定玻璃化转变温度（$T_g$）、结晶温度（$T_c$）、熔点（$T_m$）、结晶度（$X_c$）、等温结晶等动力学参数。

DSC 测定塑料的 $T_g$、 $T_m$ 可以按照《GB/T 19466 塑料差示扫描量热法（DSC）》标准进行。

（1） DSC 测试原理

DSC 测试是在规定的气氛及程度温度控制下，测量输入到试样和参比样的热流速率差随温度和/或时间变化的关系。

$$\frac{dH}{dt}=f(T\text{或}t) \tag{5-4}$$

图 5-7 是聚合物的典型 DSC 曲线谱图。

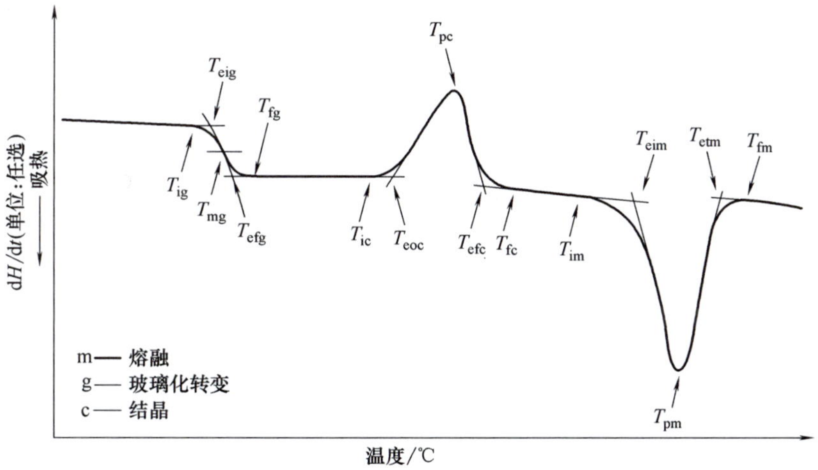


图 5-7　典型 DSC 曲线谱图

下面就测试曲线中的一些术语与定义进行介绍。

① 参比样（references pecimen）。在一定温度和时间范围内，具有热稳定性的已知样品。通常，使用和装试样的样品皿相同的空皿作为参比样。

② 标准样品（standard reference material）。具有一种或多种足够均匀且确定的热性能材料。该材料能用于 DSC 仪器校准、测量方法的评价及材料的评估。

③ 热流速率（heat flux）。单位时间的传热量（$dQ/dt$）。总传热量 $Q$ 等于热流速率对时间

的积分。

$$Q = \int \frac{\mathrm{d}Q}{\mathrm{d}t}\mathrm{d}t \tag{5-5}$$

式中： $Q$——总传热量，J/kg 或 J/g。

④ 焓变 $\Delta H$（change in enthalpy）。在恒定压力下，试样因化学、物理或温度变化而吸收（$\Delta H$ 为正）或放出（$\Delta H$ 为负）的热量。

$$\Delta H = \int_{T_1}^{T_2} \frac{\mathrm{d}H}{\mathrm{d}T}\mathrm{d}T \tag{5-6}$$

式中：$\Delta H$——焓变，J/kg 或 J/g。

⑤ 基线（base line）。 DSC 曲线上位于反应或转变区域以外，但与该区域相邻的部分。在该部分中，热流速率（热功率）差近于恒定。

⑥ 准基线（virtual baseline）。假定反应热和/或转变热为零时，通过反应和/或转变区域所拟合出的基线。通常采用内插或外推方法在所记录的基线上画出。一般在 DSC 曲线上标示（见图 5-7）。

⑦ 峰（peak）。 DSC 曲线上偏离基线达到最大值然后又返回到基线的那部分曲线。峰的开始对应于反应或转变的开始。

⑧ 吸热峰（endothermic peak）。输入到试样的能量大于相应准基线能量的峰。

⑨ 放热峰（exothermic peak）。输入到试样的能量小于相应准基线能量的峰。

据热力学的惯例，当反应或转变是放热时，焓变为负。吸热时，焓变为正。吸热或放热的方向，通常在 DSC 曲线上表示。

⑩ 峰高（peak height）。峰最高点与准基线间的距离，用 mW 表示。峰高与试样质量不成比例关系。

⑪ $T_g$（glass transition temperatuer）。发生玻璃化转变的温度范围的近似中点的温度。 DSC 测定的 $T_g$，因材料的特性及选择的试验方法和测试条件的不同，可能和材料已知的 $T_g$ 值不同。

⑫ 熔融（melting）与结晶（crystallization）。熔融是指完全结晶或半结晶聚合物从固态向具有不同黏度的液态的转变阶段。这种转变也称为熔化，在 DSC 曲线上表现为吸热峰。材料熔融所需要的热量称为熔融焓（enthalpy of fusion）。

结晶是聚合物的无定形液态向完全结晶或半结晶的固态的转变阶段。这种转变在 DSC 曲线上表现为放热峰。材料结晶所放出的热量为结晶焓。

（2）测试仪器

DSC 测试仪分功率补偿型和热流型两种类型，它们都要满足以下要求：

① 能以 0.5~200℃/min 的速率等速升温或降温；

② 能保持试验温度恒定在±0.5℃内至少 60min；

③ 能够进行分段程序升温或其他模式的升温；

④ 气体流动速率范围在 10~50mL/min，偏差控制在±10%范围内；

⑤ 温度信号分辨能力在 0.1℃内，噪声低于 0.5℃；
⑥ 为便于校准和使用，试样量最小应为 1mg（特殊情况下，试样量可以更小）；
⑦ 仪器能够自动记录 DSC 曲线，并能对曲线和准基线间的面积进行积分，偏差小于 2%；
⑧ 配有一个或多个样品支持器的样品架组件。

（3）试样

试样应能代表受试样品，可以是固态或液态。固态为粉末、颗粒、细粒或从样品上切成的碎片状的试样。如果从样片上切取试样时应小心，以防止聚合物受热重新取向或其他可能改变其性能的现象发生。避免研磨等操作，以防止受热或重新取向和改变试样的热历史。

装样时尽可能使样品均匀、密实分布在样品皿内，以提高传热效率，减少试样与皿之间的热阻。在测量条件下，样品皿应不与试样和气氛发生物理或化学变化，具有良好的导热性能，并能加盖和密封。使用清洁的镊子处理试样和样品皿。

塑料样品一般使用铝皿，测试温度应低于 500℃，否则铝会变形。当温度超过 500℃时，可用金、铂、石墨、氧化铝皿等，但要注意，铂皿与熔化的金属会形成合金，也易被 P、As、S、$Cl_2$、$Br_2$ 等侵蚀。挥发性液体不能用普通试样皿，要采用耐压密封皿。

（4）塑料熔融和结晶温度、热焓测定

GB/T 19466.3 标准规定了塑料熔融和结晶温度及热焓的测定方法。操作步骤按各品牌仪器的使用说明书进行。

TA 公司 STD600 仪器的操作视频，可以扫码学习参考。

STD600 操作视频

① 熔点的确定。塑料没有明确的熔点，测试出来是有一定宽度的吸热峰，因此，测试结果都是以特征温度表示。对熔融转变部分曲线，其特征温度包括：外推熔融起始温度（$T_{eim}$）；熔融峰温（$T_{pm}$）；外推熔融终止温度（$T_{efm}$）。对结晶转变部分的曲线，特征温度包括：外推结晶起始温度（$T_{eic}$）；结晶峰温（$T_{pc}$）；外推结晶终止温度（$T_{efc}$）。

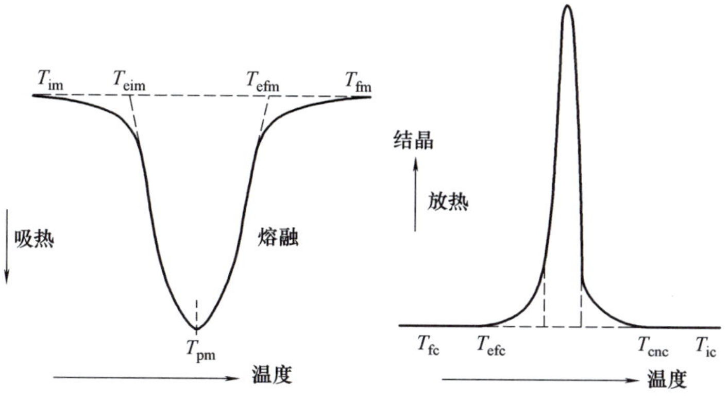


图 5-8 特征温度测定示例

注：下标“m”注明与熔融现象有关的温度，下标“c”注明与结晶现象有关的温度

确定特征温度的方法：调整 DSC 曲线图，使峰覆盖的范围能达到满量程的 25%。通过连接峰（熔融是吸热峰，结晶是放热峰）开始偏离基线的两点画一条基线，如图 5-8 所示。如

果存在多个峰，对每一个峰要画一条基线。

② 转变焓的测定。DSC 试验不仅可以测量高聚物的熔点温度、结晶温度，同时也可以测量高聚物的转变焓，测量 DSC 曲线上的峰与基线之间的面积，如图 5-9 所示。

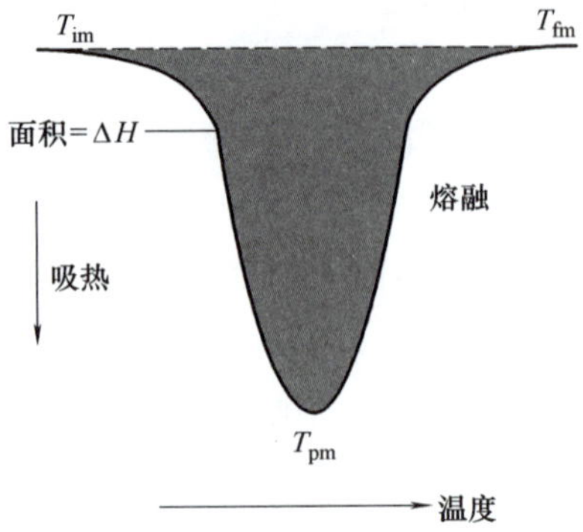


图 5-9 转变焓的测定

熔融焓 $\Delta H_m$（或结晶焓 $\Delta H_c$）的值用式（5-7）计算，单位为 kJ/kg。

$$\Delta H=\frac{ABT}{m}\times\frac{\Delta H_s m_s}{A_s B_s T_s} \tag{5-7}$$

式中：$\Delta H$——试样的熔融焓或结晶焓；

$\Delta H_s$——标准样品的熔融焓或结晶焓；

$A$——试样的峰面积，$mm^2$；

$A_s$——标准样品的峰面积，$mm^2$；

$m$——试样的质量，mg；

$m_s$——标准样品的质量，mg；

$T$——试样在 $Y$ 轴的灵敏度，mW/mm；

$T_s$——标准样品在 $Y$ 轴的灵敏度，mW/mm；

$B$——试样在 $X$ 轴（时间）的灵敏度，s/mm；

$B_s$——标准样品在 $X$ 轴（时间）的灵敏度，s/mm。

（5）影响因素与讨论

① 气氛的影响。气氛可以是惰性的，也可以是参与反应的，视具体试验要求而定。测试时所用的气氛不同，有时会得到完全不同的 DSC 曲线。例如某一样品在氧气中加热会产生氧化裂解反应——先放热，后吸热；但在氮气中进行，产生的时分解反应——吸热反应。二者的 DSC 曲线就明显不同。测试熔点的气氛均需要选择惰性的。

气氛还可分为动态和静态两种形式。静态气氛通常是密闭系统。反应发生后样品上空逐渐被分解出的气体所充满。这时由于平衡的原因会导致反应速度减慢，致使反应温度移向高温。而炉内的对流作用使围绕在样品周围的气氛浓度不断变化。这些情况会造成传热情况的不稳定。导致试验结果不易重复。反之在动态气氛中测定，所产生的气体不断的被动态气氛带走。对流作用反而能保持相对的稳定，试验结果容易重复。但气体的流速应严格控制一致，否则结果将不会重复。

② 温度程序控制速度。加热速度太快，峰温会偏高，峰面积偏大，甚至会降低两个相邻峰的分辨率。对于聚合物的玻璃化转变（结晶聚合物的熔融转变）来说，是一个分子链段运动状态的松弛过程，对升（降）温速度有强烈的依赖性。升温速度较慢时，大分子链段即可在较低温度下吸热解冻，使 $T_g$（$T_m$）向低温移动；当升温速度极慢时，可能观察不到玻璃化转变，因此，试验常固定升温速度。

③ 样品因素影响。试样量少，峰小而尖锐，峰的分辨率高、重现性好，有利于与周围控

制气氛相接触，容易释放裂解产物，从而提高分析效果；试样量大，峰大而宽，峰温移向高温。但试样量大，对一些细小的转变可以得到很好的定量效果，对均匀性差的样品，也可获得较好的重复结果。因此，要求试样量同参比物的量要匹配，以免两者热容相差太大引起基线漂移。

试样粒度的大小，对哪些表面反应或受扩散控制反应（例如氧化）影响较大。粒度小，峰移向低温方向。装填方式影响到试样的传热情况，尤其对弹性体，因此最好采用薄膜或细粉状试样。并使试样铺满容器底部，加盖封紧，试样容器底部应尽可能平整，以保证和样品池之间的良好接触。

## 5.5 塑料低温脆化温度测试

塑料脆化温度是指在规定的试验条件下，试验的试样中有 50%呈脆性破坏时的温度。塑料制件在温度低于它的脆化温度环境下使用时，物理性能将发生变化，在很小的外力作用下就会发生断裂，使塑料失去其使用价值。因此，塑料脆化温度是塑料低温力学行为的一种量度，是在受强外力作用时，塑料材料从韧性断裂转变为脆性断裂时的温度。当塑料制件应用的变形条件与试验方法中规定的条件相似时，脆化温度可以用于预测塑料材料的低温行为。

### 5.5.1 测试原理

高分子的热运动与温度有关。降低温度，一方面使分子运动能力降低，当能量降低至不足以克服运动单元以一定方式运动所需要的能量时，运动单元处于冻结状态，从而停止其热运动；另一方面，降低温度，高聚物体积发生收缩，减小了分子间的自由空间，从而加大了分子运动的阻力。因此，从宏观上来看，随着温度的降低，高分子形态将由高弹态转变成玻璃态，弹性急剧下降，刚性和脆性迅速上升，当其受到外部机械力冲击时，就容易发生破碎。冲击脆化温度试验就是测定高分子材料随温度降低而发生脆化时的转变温度。

将一组试样以悬臂的形式固定在仪器的夹具上，并置于精确控制温度的低温介质中恒温，当达到某一预定的温度后，用规定的冲头、规定的冲击速度冲击试样，使试样沿规定半径的夹具下钳口圆弧弯曲成 90°，而后观察记录整组试样破坏的百分数。把试样破坏概率为 50%时的温度作为冲击脆化温度，以 $T_{50}$ 表示。

### 5.5.2 测试方法

测定塑料脆化温度可按 GB/T 5470—2008 标准进行，它适用于在标准环境温度下测定非硬质塑料在特定冲击条件下出现脆化破损时温度的方法。

（1）测试设备

测试设备主要由脆化温度试验机，包括试样夹具、冲锤，恒温容器及一套能保证冲锤以恒定速度打击试样的机械装置组成。

① 冲击试验机分 A 型和 B 型，试验机冲头和夹具组件的尺寸关系见图 5-10。

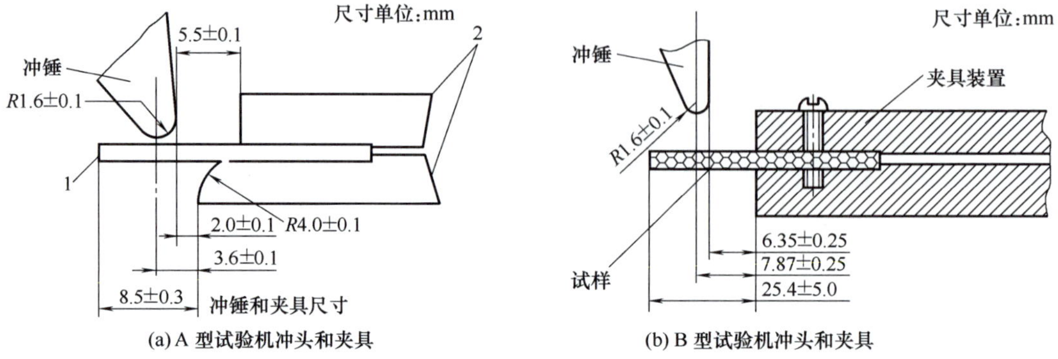


图 5-10 试验机冲头和夹具的相对位置

1—试样 2—夹具

冲击时，试验速度应达到（200±20） cm/s，其中 A 型冲头行程至少达 5.0mm； B 型冲头行程至少达 6.4mm。

② 温度测试系统。要求范围校准且精确至±0.5℃，测温装置应尽可能靠近试样，可用任何适合的设备。

③ 导热介质。在试验温度下，能够保证流动性，并对试样没有影响的液体或气体都可以使用。对大多数塑料材料，乙醇和干冰的混合物都适用。此混合物可使温度降至-76℃，低于此温度则需要其他传热介质，如硅油、二氯二氟甲烷/液氮或空气浴槽。传热介质的温度控制在试验温度的±0.5℃内。应设有搅拌器，使导热介质能够均匀循环。

（2）试样要求

试样应按照相关的产品规定进行制备样片，然后从样片上裁取测试样。用刀片或其他锋利的工具切割试样，每次应平稳冲切，推荐使用自动冲切机，经常检查和维护冲刀的锋利。

A 型试样。试样长（20.00±0.25） mm，宽（2.50±0.05） mm，厚（2.00±0.10） mm，试样可以从宽（20.00±0.25） mm 和要求厚度的长条样片上很方便地切成规定的尺寸。

B 型试样。试样长（31.75±6.35） mm，宽（6.35±0.51） mm，厚（1.91±0.13） mm。

由于试样的脆性破坏具有统计特性，在进行测试时，难以选择到试样刚好呈现 50%破坏时的温度点，因此，必须采用大量的试样不同的温度点上进行测试，由各个温度点上不同的试样破坏的百分数，进行统计分析而求出 50%破坏的温度。故试样数量最少为 100 个，每个温度点上至少测 25 个试样。

另外，对于某些塑料试样，如聚乙烯（PE），还需在其厚度的一侧切出 0.4mm 深的切口，否则其脆化温度可能低到-100℃左右。

（3）测试步骤

① 试验前，试样应按产品规定进行预处理。没有规定时，可在标准环境中调节至少 8h。

② 预定一种材料的脆化温度时，推荐在预期能达到 50%破损率的温度条件下进行试验。

在该温度下至少用 10 个试样进行试验。如果试样全部破损，把浴槽的温度升高 10℃，用新试样重新进行试验；如果试样全部不破损，把浴槽的温度降低 10℃，用新试样重新进行试验；如果不知道大致的脆化温度，起始温度可以任意选择。

③ 准备浴槽，将仪器调至起始温度。如果用干冰冷却浴槽，把适量的粉状干冰置于绝热的箱体中，然后慢慢加入导热介质，直至液面与顶部保持（30~50） mm 的高度。如果仪器配备了液氮或干冰冷却系统和自动控温装置，应遵循仪器制造商提供的说明书操作。

④ 将试样紧固在夹具内，并将夹具固定在试验机上。夹具的夹持力过大时，可能对某些材料造成预应力，试验时导致试样过早破损。推荐使用扭矩扳手以控制试样的夹持力，并使对每一试样施加相同的最小夹持力。

⑤ 将夹具降至传热介质中，并恒温一定时间。如果使用干冰做冷却剂，可以通过适时添加少量干冰来保持恒温。如果仪器配备的是液氮或干冰冷却系统和自动控温装置，应遵循仪器制造商提供的设备和控温方法操作。

⑥ 使用液体介质时，（3±0.5） min 记录温度并对试样做一次冲击；用气体介质时，（20±0.5） min 记录温度并对试验做一次冲击。

⑦ 将夹具从试验仪器中移开，并把每个试样都从夹具中取出，逐个检查试样确定是否已破损。记录试样破损数目和试验温度。

破损即试样彻底被分成两段或更多部分，或者目测可见试样上带有裂痕。如果试样没有完全分离，可以沿着冲击所造成的弯曲方向把试样弯至 90℃，然后检查弯曲部分的裂缝。

⑧ 以 2℃或 5℃的温度增量升高或降低浴槽温度，重复上述步骤，直到测出没有试样破损时的最低温度和试样全部破损时最高温度。每次试验都用新试样。

在 10%~90%破损范围内进行 4 个或更多个温度点的试验（用图解法测定 $T_{50}$ 时，不包含 0%和 100%破损时的温度点）。

（4）结果表示

低温脆化温度 $T_{50}$ 可由计算法或图解法任一种方法得出。

① 计算法。用每个试验温度下的试样破坏数目计算破坏百分率，然后按式（5-8）求脆化温度。

$$t_{50}=t_b+\Delta T\left(\frac{S}{100}-\frac{1}{2}\right) \tag{5-8}$$

式中：$t_{50}$——脆化温度，℃；

$t_b$——全部试样破坏的最高温度（应使用正确的代数符号），℃；

$\Delta T$——均匀升温的增量，℃；

$S$——每个试验温度点试样破坏百分数的总和（包括从不破坏的温度到全破坏温度的破坏百分数的总和）。

② 图解法。在概率坐标纸上以每个试验温度点的温度与对应的破坏百分率（损坏率）作图，并通过各点划一条最佳直线，取 50%破坏概率与直线相交点所对应的温度作为脆化温度 $T_{50}$，见图 5-11。

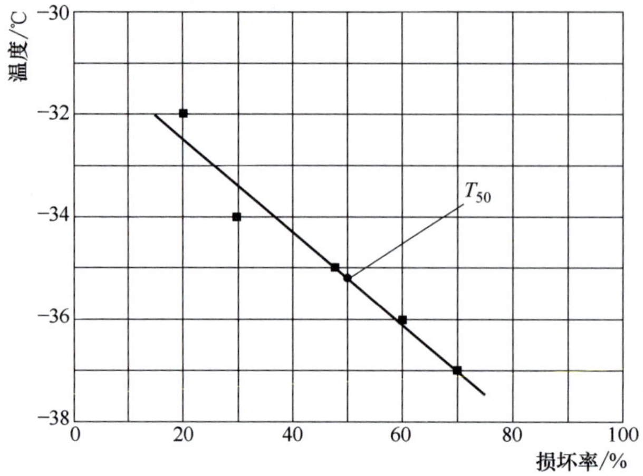


图 5-11　图解法测定脆化温度 $T_{50}$ 示例

### 5.5.3　影响因素

影响冲击脆化温度试验结果的因素主要有试样的制备方法、数量以及恒温用的介质、试验温度、恒温时间和冲头冲击试样的速度等。

① 试样的影响。试样的模塑条件和制备方法对试验结果有很大的影响，特别是聚烯烃，试样制备过程中的冷却或退火条件不同就会导致试样的结晶度不同，这样也就使脆化温度有变化。因此，必须按要求的条件制备试样。制备试样应使用锋利的冲刀，推荐使用自动冲刀。

② 冲头冲击试样的速度。冲头冲击试样的速度也对结果有明显影响，速度高，则脆化温度也高，反之则低。因此在测定过程中应注意仪器上冲头的转轴，不要因为受冻而被卡住或增加阻力而使冲击速度降低。

## 任务实施

（1）查阅并理解《GB/T 19466.3 塑料差示扫描量热法（DSC）》标准；

（2）根据标准要求，完成 ABS、 PP 塑料的 DSC 测试试样的制备和与处理；

（3）准备测试仪器与工具，了解综合热分析测试仪的结构与原理，熟悉使用；

（4）根据仪器使用手册，安全使用仪器完成 ABS 或 PP 塑料的 DSC 曲线测试；

（5）记录试验数据，分析 DSC 曲线，找出其特征温度，讨论结果，完成试验报告。

## 项目总结

塑料的热性能是指与热或温度有关的性能的总称，一般可分为以下 4 类：①热物理性能；②热稳定性能；③流动性；④耐寒性。

热变形温度和维卡软化点温度用于评价不同类型材料在负荷下，以规定的升温速率升至高温时的相对性能。热变形温度试验按试样放置方式，有平放和侧立两种方式。根据试样表面的弯曲应力，有 3 种测试方法： 1.80MPa（A 法）、 0.45MPa（B 法）和 8.00MPa（C 法）。通常， 3 种测试方法均是测量试样在规定负荷下，弯曲应变增量为 0.2%时的温度作为负荷变形温度。塑料的维卡软化温度根据负荷和升温速度的不同，有 4 种测试方法： A50 法、 B50 法、 A120 法和 B120 法，均是测量试样在规定负荷下，压针针入量达到 1mm 时的温度。

塑料低温脆化温度是指在规定的试验条件下，试验的试样中有 50%呈脆性破坏时的温度。有用 A 型试验机测试的 A 法和 B 型试验机测试的 B 法。低温脆化温度一般可由图解法或计算法得到。

塑料的熔融温度可由毛细管法、偏光显微镜法和 DSC 法等方法测定。

## 思考题

（1）塑料负荷变形温度和塑料维卡软化温度测试的原理有何异同？

（2）如何测定塑料片材的低温脆化温度？

（3）DSC 的测试原理是什么？它在高分子领域中有哪些用途？

（4）DSC 测试中影响试验结果的因素有哪些？

（5）设置测试 PE 树脂的负荷变形温度试验方案。

（6）如何测试 PE 树脂的低温脆化温度，简述其测试步骤。

（7）简述塑料线性膨胀系数测试的原理和方法。

（8）如何在 PE 塑料的 DSC 曲线上确定熔融温度？

（9）偏光显微镜法测定塑料的熔点原理是什么？

# 项目6

# 塑料耐燃烧性能测试

## 学习目标

随着塑料的广泛应用，人们环保意识的加强以及对生命及健康的重视，在新型材料的研制和化学建筑材料的生产过程中，材料的燃烧性能测试和评价成为非常必要的手段。本项目学习目标如表6-1所示，通过项目学习，了解塑料燃烧性能测试的方法、基本原理，熟悉测试仪器的结构、使用与维护，掌握塑料燃烧性能测试的基本知识和技能，理解影响测试结果的主要因素，为开发、使用合格的阻燃高分子材料提供帮助。

表6-1　项目学习目标

| 序号 | 类别 | 目　标 |
|---|---|---|
| 1 | 知识 | ①测试塑料燃烧性能的概念与意义，影响塑料材料燃烧性能的因素<br>②塑料氧指数，水平、垂直燃烧的测试方法和原理<br>③水平垂直燃烧测试、氧指数测试及闪燃温度、自燃温度测试仪器的结构与工作原理<br>④燃烧性能测试试样的制备与处理方法 |
| 2 | 技能 | ①能按试验要求和标准规定选取、制备塑料燃烧性能测试试样<br>②能按标准方法测试塑料的氧指数，水平、垂直燃烧性能<br>③能根据材料要求选择燃烧性能的测试方法，准备试验器材并检查仪器的完好性，安全使用和维护仪器<br>④分析整理测试结果，正确评判塑料的燃烧性能，并完成测试报告 |
| 3 | 职业素养 | ①团队合作与沟通能力<br>②自主学习、分析与解决问题的能力<br>③安全生产、质量与环境保护意识<br>④客观公正，严谨认真的职业道德 |

## 工作任务

燃烧性能是指材料燃烧或遇火时所发生的一切物理和化学变化，这项性能由材料表面的着火性和火焰传播性、发热、发烟、炭化、失重，以及毒性生成物的产生等特性来衡量。目前测试塑料的燃烧性能的方法主要有炽热棒法、氧指数法、水平燃烧法、垂直燃烧法等。本项目的工作任务如表6-2所示。

表6-2　学习工作任务

| 序号 | 任务名称 | 要　求 |
|---|---|---|
| 1 | 测试塑料的氧指数 | ①检索和阅读塑料燃烧性能测试方法及相关测试标准，了解氧指数使用对象，理解氧指数测试概念与原理<br>②讨论制定塑料氧指数的试验方案 |

续表

| 序号 | 任务名称 | 要　求 |
|---|---|---|
| 1 | 测试塑料的氧指数 | ③熟悉氧指数测试仪的使用与维护，了解其结构原理<br>④准备氧指数测试试样和测试仪器<br>⑤按仪器使用手册和 GB/T 2406 标准规定，测试聚氯乙烯（PVC）、丙烯腈-丁二烯-苯乙烯共聚物（ABS）、聚丙烯（PP）等模塑料的氧指数<br>⑥记录测试数据，分析测试结果，完成测试报告 |
| 2 | 测试塑料的水平燃烧性能 | ①检索和阅读塑料燃烧性能的测试方法及相关文献，理解塑料水平燃烧的概念与测试原理<br>②讨论制定水平燃烧的试验方案<br>③熟悉水平燃烧试验仪的使用与维护，了解其结构原理<br>④准备 ABS、PP 板材或模塑的水平燃烧试样<br>⑤按仪器手册和 GB/T 2408—2008 标准规定测试试样的水平燃烧性能<br>⑥记录测试数据，分析处理测试结果，完成测试报告 |
| 3 | 测试塑料的垂直燃烧性能 | ①检索和阅读测试塑料燃烧性能的方法与标准等相关文献，理解塑料垂直燃烧性能测试的概念与原理<br>②讨论制定测定塑料垂直燃烧的试验方案<br>③了解垂直燃烧测试仪的结构与原理，熟悉仪器的使用与维护<br>④准备 ABS、PP 板材或模塑的垂直燃烧试样与测试仪器<br>⑤按仪器操作规程和 GB/T 2408—2008 标准规定，测试样品的垂直燃烧性能<br>⑥记录测试数据，分析处理测试结果，完成测试报告 |

## 6.1　塑料的氧指数测试

氧指数（oxygen index）指在 23℃±2℃条件下，塑料试样在氧、氮混合气流中维持平稳燃烧所需的最低氧气浓度，以氧所占的体积百分数表示。

氧指数是以数字形式表示材料的燃烧难易，具有重现性好，准确、直观。测试方法按国家标准《GB/T 2406 塑料　用氧指数法测测定燃烧行为》进行。

塑料氧指数测试

### 6.1.1　测试原理

将试样垂直固定于透明燃烧筒中的试样夹上，在氧、氮混合气通过透明燃烧筒时，点燃试样的上端，观察试样继后的燃烧情形。把试样连续燃烧的时间或试样烧损的长度与为这种燃烧所规定的极限比较，在不同的氧浓度下依次试验，以测定最低氧浓度，或者在不同的氧浓度中试验一组试样，以测定最低氧浓度。

### 6.1.2　试验装置

氧指数燃烧性能测试法所采用的仪器主要由燃烧筒、试样夹、气源、气体流量计和控制系统、点火器、计时装置、排烟系统等构成，如图 6-1 所示。

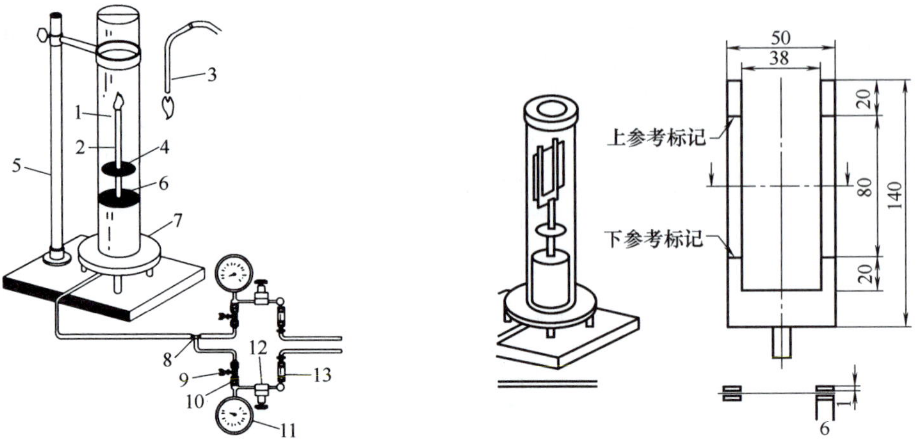


图 6-1 氧指数燃烧试验装置图

1—燃烧着的试样 2—试样夹 3—点火器 4—金属网 5—燃烧筒支架 6—装有玻璃珠的支座 7—基座架 8—气体预混合点 9—截止阀 10—接头 11—压力表 12—精密压力控制器 13—过滤器

（1）燃烧筒。为透明、耐热的玻璃管，置于底座上面，其内径为 75～100mm，高 500±50mm，顶端具有限流孔，底部用直径 2～5mm 的玻璃珠充填，充填高度为 100mm。在玻璃珠上方，放置一金属网，以遮挡试样燃烧时的滴落物。

为了排除燃烧所产生的有毒烟气、燃烧筒应放在通风橱内，但在试样燃烧过程中应关闭通风系统，以免影响试验结果。

（2）试样夹。位于燃烧筒的轴心上，用于垂直地夹住试样。对于自撑材料，夹持处离开判断试样可能燃烧到的最近点至少 15mm。对于薄膜和薄片，应配以 140mm×38mm 的 U 形试验夹。

（3）点火器。为内径 2mm±1mm 的喷嘴，并且有调节火焰之功能，试验火焰长度为 16mm±4mm，并能从燃烧筒上方伸入以点燃试样。

（4）气源。纯度（质量分数）为不低于 99.5%的氧气和氮气。除非试验结果对混合气体中较高的含湿量不敏感，否则进入燃烧筒混合气体的含湿量应小于 0.1%（质量分数）。

（5）气体流量测量和控制系统。由压力表、稳压阀、调节阀、管路和转子流量计等组成。室温条件下，通过燃烧筒的气流为 10L/min。

## 6.1.3 试样

按材料的产品标准取样，采用模塑或机械制样方法制备试样，试样的尺寸见表 6-3。

表 6-3 氧指数试样尺寸

| 试样形状[a] | 尺寸 | | | 用 途 |
|---|---|---|---|---|
| | 长度/mm | 宽度/mm | 厚度/mm | |
| Ⅰ | 80～150 | 10±0.5 | 4±0.25 | 用于模塑材料 |
| Ⅱ | 80～150 | 10±0.5 | 10±0.5 | 用于泡沫材料 |

续表

| 试样形状[a] | 尺寸 | | | 用 途 |
|---|---|---|---|---|
| | 长度/mm | 宽度/mm | 厚度/mm | |
| Ⅲ[b] | 80~150 | 10±0. 5 | ≤10. 5 | 用于片材“接收状态” |
| Ⅳ | 70~150 | 6. 5±0. 5 | 3±0. 25 | 电器用自撑模塑材料或板材 |
| Ⅴ[b] | 1400—5 | 52±0. 5 | ≤10. 5 | 用于软模或软片 |
| Ⅵ[c] | 80~150 | 20 | 0. 02~1. 10[d] | 能用规定的杆缠绕“接收状态”的薄膜[d] |

[a] Ⅰ、Ⅱ、Ⅲ和Ⅳ型试样适用于自撑材料。Ⅴ型试样适用于非自撑材料。

[b] Ⅲ和Ⅴ型试样所获取的结果,仅用于同样形状和厚度的试样的比较。假定这样材料厚度的变化量是受到其他标准控制的。

[c] Ⅵ型试样适用于缠绕后能自撑的薄膜。表中的尺寸是缠绕前原始薄膜的形状。

[d] 限于厚度能用规定的棒缠绕的薄膜。如薄膜很薄,需两层或多层叠加进行缠绕,以获得与Ⅵ型试样类似的结果。

试样要求平整光滑、表面无气泡、飞边、毛刺等缺陷。每组试样应准备至少 15 个。除非有另外规定，每个试样在试验前应在 23℃±2℃和 50%±5%条件下至少调节 88h。

### 6. 1. 4 测试步骤

塑料氧指数测试操作

实验环境为 23℃±2℃，必要时将试样放置在 23℃±2℃和 50%±5%的密闭容器中。

根据设备使用情况，如有需要，重新校准设备。

（1）开始试验时氧浓度确定

根据经验或试样在空气中点燃的情况，估计开始试验时氧浓度值 $C_0$。对于在空气中迅速燃烧的，开始试验时氧浓度值 $C_0$ 估计为 18%以下，对于在空气中不着火的，估计为 25%以上。

将试样垂直安装在燃烧筒中心位置试样夹上，然后安装燃烧筒，保持垂直状态。使试样的顶端低于燃烧筒顶口至少 100mm，试样底部高于燃烧筒基座气体分散装置的顶面 100mm。

调整气体混合器和流量计，使氧、氮气体进行混合，氧浓度达到设定值，并以 10L/min 流速通过燃烧筒。用混合气体冲洗燃烧筒至少 30s。确保点燃及试样燃烧期间气流流速不变。

（2）点燃试样

试样点燃方法有顶端点燃和扩散点燃两种方法。

① 顶端点燃法。将火焰的最低部分施加于试样的顶面，如有需要，可覆盖整个顶面，但不能使火焰对着试样的垂直面或棱。施加火焰 30s，每隔 5s 移开一次观察试样的整个顶面是否点燃。

② 扩散点燃法。下移点火器把可见火焰施加于试样顶面并下移至垂直面近 6mm。连续施加火焰 30s，包括每 5s 检查试样的燃烧中断情况，直到垂直面处于稳态燃烧或可见燃烧部分达到支撑框架的上标线为止。

根据点燃试样形式采用相应的标线。

① 顶端点燃试验标线。Ⅰ、Ⅱ、Ⅲ、Ⅳ和Ⅵ型试样，应在离点燃端50mm处画标线。

② 扩散点燃试验标线。试验Ⅴ型试样时，标线画在支撑框架上。在试验稳定性材料时，为了方便，在离点燃端20mm和100mm处画标线。

（3）燃烧行为的评价

氧指数的燃烧行为评价见表6-4。点燃试样后，立即开始计时，观察试样的燃烧行为。如果燃烧中止，但在1s内又自发再燃，则继续观察和计时。注意材料的燃烧状况，如滴落，不稳定燃烧、灼热燃烧和余辉。

**表6-4　　氧指数燃烧行为评价准则**

| 试样类型 | 点燃方法 | 判据（二选其一）[a] | |
|---|---|---|---|
| | | 点燃后的燃烧时间/s | 燃烧长度[b] |
| Ⅰ、Ⅱ、Ⅲ、Ⅳ和Ⅵ | 顶端点燃 | 180 | 试样顶端以下50mm |
| | 扩散点燃 | 180 | 上标线以下50mm |
| V | 扩散点燃 | 180 | 上标线（框架上）以下80mm |

[a] 不同形状的试样在不同点燃方式及试验过程中，不能产生等效的氧指数结果。
[b] 当试样上任何可见的燃烧部分，包括垂直表面流淌的燃烧滴落物。

如果试样的燃烧时间和燃烧长度均未超过表6-4规定的相关值，记作“O”；如果燃烧时间或燃烧长度两者任何一个超过表6-4规定的相关值，记下燃烧行为和火焰的熄灭情况，此时记作“×”反应。

取出试样，擦净燃烧筒和点火器表面的污物，使燃烧筒的温度回复至常温或另换一个温度为常温的燃烧筒进行下一个试验。

（4）初始氧浓度确定

采用“少量样品升降法”，以任意步长作为改变量，按前面所述的步骤，进行一组试样的试验，确定初始氧浓度。

① 如果前一条试样的燃烧行为是“×”反应，则降低氧浓度。

② 如果前一条试样的燃烧行为是“O”反应，则增大氧浓度。

重复上述试验步骤，直到以体积百分数表示的两次氧浓度之差不大于1.0%，并且其中一次得到的是“O”反应，而另一次得到的是“×”反应为止。将这对氧浓度中得到“O”反应的称作初始氧浓度，记作$C_0$。

注意：这两个相差≤1.0%且得到相反的反应的氧浓度不一定要得自相继试验的两个试样。另外，得到“O”反应的氧浓度也不一定要小于“×”反应的氧浓度。

（5）有效数据的获得

记录$C_0$值及所对应的“×”或“O”反应。此值即为$N_L$和$N_T$系列的第一个值。

用混合气体积分数为0.2%为浓度改变量步长$d$，重复实验操作，测的一组氧浓度值及所对应的反应，直至得到不同于用$C_0$所得的反应为止。记录氧浓度和反应现象，即为$N_L$系列。

保持$d$=0.2%，再测4根试样，记下各次氧浓度值及其对应的反应，最后一根试样所用的氧浓度用$C_f$表示。这4个结果加上$C_0$结果构成$N_T$系列（$N_T=N_L+5$）。

## 6.1.5 结果计算

（1）计算氧指数

$$R_{OI}=C_f+Kd \tag{6-1}$$

式中：$R_{OI}$——氧指数，%；

$C_f$——$N_T$ 系列最后一个氧浓度，%；

$K$——系数；

$d$——使用和控制两个氧浓度之间的步长。

报告时氧指数精确至0.1。计算标准偏差 $\sigma$，式（6-1）的氧指数应精确到两位小数。

（2）$K$ 值的确定

$K$ 值取决于 $N_T$ 系列的反应形式，由表6-5确定。

表6-5　　计算氧指数时所需 $K$ 值的确定

| 1 | 2 | 3 | 4 | 5 | 6 |
|---|---|---|---|---|---|
| 最后5次试验的反应 | $N_L$ 前几次测试反应如下时的 $K$ 值 | | | | |
| | O | OO | OOO | OOOO | |
| ×OOOO | -0.55 | -0.55 | -0.55 | -0.55 | O×××× |
| ×OOO× | -1.25 | -1.25 | -1.25 | -1.25 | O×××O |
| ×OO×O | 0.37 | 0.38 | 0.38 | 0.38 | O××O× |
| ×OO×× | -0.17 | -0.14 | -0.14 | -0.14 | O××OO |
| ×O×OO | 0.02 | 0.04 | 0.04 | 0.04 | O×O×× |
| ×O×O× | -0.50 | -0.46 | -0.45 | -0.45 | O×O×O |
| ×O××O | 1.17 | 1.24 | 1.25 | 1.25 | O×OO× |
| ×O××× | 0.61 | 0.73 | 0.76 | 0.76 | O×OOO |
| ××OOO | -0.30 | -0.27 | -0.26 | -0.26 | OO××× |
| ××OO× | -0.83 | -0.76 | -0.75 | -0.75 | OO××O |
| ××O×O | 0.83 | 0.94 | 0.95 | 0.95 | OO×O× |
| ××O×× | 0.30 | 0.46 | 0.50 | 0.50 | OO×OO |
| ×××OO | 0.50 | 0.65 | 0.68 | 0.68 | OOO×× |
| ×××O× | -0.04 | 0.19 | 0.24 | 0.25 | OOO×O |
| ××××O | 1.60 | 1.92 | 2.00 | 2.01 | OOOO× |
| ××××× | 0.89 | 1.33 | 1.47 | 1.50 | OOOOO |
| | $N_L$ 前几次测试反应如下时的 $K$ 值 | | | | 最后5次试验的反应 |
| | × | ×× | ××× | ×××× | |

① 如果初始氧浓度 $C_0$ 再次实验的结果为“O”反应，则第一相反的反应便是“×”。从表中找出与 $N_T$ 系列最后5次实验结果相一致的那一行，再按照 $N_T$ 系列前几个反应即得到的“O”反应的数目，查出相对应的栏，即可得到所需要的 $K$ 值，其正负号与表中符号相同。

② 与上述相反，如果初始氧浓度 $C_0$ 再次实验的结果为“×”反应，则第一个相反的反应便是“O”反应。从表中找出 $N_T$ 系列最后 5 次实验结果相一致的那一行，在按照 $N_T$ 系列前几个反应即得到的“×”反应的数目，查出相对应的栏，即可得到所需要的 $K$ 值。但此时的正负号与表中符号相反。

（3）氧浓度测量的标准偏差 $\hat{\sigma}$ 计算

$$\hat{\sigma}=\left[\frac{\sum(C_i-R_{OI})^2}{n-1}\right]^{1/2} \tag{6-2}$$

式中：$C_i$——$N_T$ 系列中最后 6 个试样所对应的氧浓度值，%；

$R_{OI}$——按式（6-1）计算的氧指数值，%，精确到两位小数；

$n$——计入 $\sum(C_i—R_{OI})^2$ 的氧浓度测定次数。

标准方法中取 $n=6$。若 $n<6$，会降低本试验的精密度；若 $n>6$，则需另选统计标准。

有些材料由于有结炭、熔滴等现象，用以上的操作得不出满意的结果，此时应采用统计学方法进行试验和计算。

试验报告除计算所得氧指数值外，还应记录试样的制备方法、试样的尺寸及预处理情况、点燃方式，试样的燃烧现象，如熔化、滴落、结炭、卷曲以及滴落物是否燃烧等。

举例：按 GB/T 2406 标准测定试样的氧指数，结果记录见表 6-6。计算其氧指数和标准偏差。

表 6-6 燃烧试验记录表

| 材料 | 酚醛层压板 | 材料 | 酚醛层压板 |
|---|---|---|---|
| 试样型式 | Ⅱ(厚度 4mm) | 点燃气体 | 丙烷 |
| 点燃方法 | 顶端点燃 | 状态调节 | 按 GB/T 2918 进行 |

第一部分 初始氧浓度的测定

| 氧浓度/% | 25.0 | 35.5 | 30.0 | 32.0 | 31.0 | |
|---|---|---|---|---|---|---|
| 燃烧时间/s | 10 | >180 | 140 | >180 | >180 | |
| 燃烧长度/mm | — | — | — | — | — | |
| 反应(“○”或“×”) | ○ | × | ○ | × | × | |

氧浓度间隔不大于 1%的一对“○”和“×”反应中，“○”反应的氧浓度 $C_0$ =30.0，该值再次用于第二部分的首次测定。

| $N_T$系列的测定 | | | | | | | | | | | |
|---|---|---|---|---|---|---|---|---|---|---|---|
| | $N_L$系列测定 | | | | | | $C_f$ | | | | |
| 氧浓度/% | 30.0 | 29.8 | 29.6 | 29.4 | | | 29.4 | 29.6 | 29.4 | 29.6 | 29.8 |
| 燃烧时间/s | >180 | >180 | >180 | 150 | | | 150 | >180 | 110 | 165 | >180 |
| 燃烧长度/mm | | | | | | | | | | | |
| 反应 | × | × | × | | | | ○ | × | ○ | ○ | × |

查表 6-5 得 $k=-1.25$。

计算氧指数：$R_{OI}=C_f+kd=29.55\%=29.5\%$（报告取一位小数）

标准偏差计算：$\hat{\sigma}=\left[\frac{\sum(C_i-R_{OI})^2}{n-1}\right]^{1/2}=\left(\frac{0.115}{5}\right)^{\frac{1}{2}}=0.152$

### 6.1.6　影响因素与讨论

（1）气体流速影响。试验时，气体流速越大，单位时间内通过燃烧筒的氧气量越大，这将有助于试样的燃烧；而另一方面，过大的气体流速，带走大量热量，影响燃烧。所以试验时，气体流速应精确控制。

（2）氧浓度影响。氧浓度的提高有利于试样的燃烧，反之，则不利于试样的燃烧。为此，氧浓度的控制及气体系统接头应定期校验。校验方法可以是从燃烧筒取样进行分析，也可以使用经校正过的氧分析仪进行分析。

（3）试样尺寸及制备的影响。试样燃烧的速率与试样形状、尺寸及制备方法有关。如试样的厚度越小，越易点燃和燃烧。又如试样材料的不均匀将导致点火的难易和燃烧行为的不同。因此，试样尺寸应精确测量并在规定范围内。

（4）压强控制。有些聚合物其氧指数表现对减压敏感，这可能由于通过不断除去产物而使聚合物的降解加速。

（5）温度的影响。温度对氧指数有很大的影响，在室温下温度对氧指数的影响不大。在高温下各种聚合物氧指数对温度的关系各不相同。

（6）增塑剂和填料。试样组成，尤其是增塑剂对其影响明显。氧指数的试验值总是趋近最易挥发组分的氧指数，即增塑剂的氧指数。

## 6.2　塑料水平和垂直燃烧性能测试

### 6.2.1　测试原理

水平法和垂直法燃烧指将试样的一端固定在水平或垂直的夹具上，另一端暴露于规定的试验火焰中，通过测量线性燃烧速率来评价试样的水平燃烧行为；通过测量其余焰和余辉时间，燃烧的范围和燃烧颗粒滴落的情况，评价试样的垂直燃烧行为。

在众多的塑料燃烧性能试验方法中，水平法和垂直法燃烧试验方法最具代表性、应用最广的试验方法，已有标准 GB/T 2408、ISO 1210、UL 94、ASTMD 635 等。但因为实际影响塑料材料着火的因素很多，如燃料的种类、火源的强度、材料曝露的环境及通风情况等，因此，依照标准方法测定的结果，不能用作描述或评价实际着火条件下具体塑料材料所出现的着火危险，只能用于对不同材料的相对燃烧行为进行比较，对材料制造工艺加以控制或对材料燃烧特性的变化加以评价。在测试中应注意以下几个概念的理解。

（1）余焰（afterflame）。在规定的试验条件下，移开点火源后，材料的持续火焰。

（2）余焰时间（afterflame time）。在规定的试验条件下，移开火源后，材料持续有焰燃烧的时间，$t_1$、$t_2$。

（3）余辉（afterglow）。在规定的试验条件下，移开点火源后，当有焰燃烧中止或无火焰产生时，材料持续辉光。

（4）余辉时间（afterglow time）。在规定的试验条件下，移开点火源后，当有焰燃烧中止或无火焰产生时，材料保持辉光的燃烧的时间，$t_3$。

### 6.2.2 水平法燃烧试验

（1）试验设备

水平燃烧性能测试的主要装置有燃烧箱、右侧夹持试样夹、向上倾斜45°的本生灯（内径9.5mm）和记录时间的秒表等组成。

① 通风柜或通风橱。通风柜容积不小于0.5m$^3$，内表面应呈现暗色，密闭且装有排风系统，以除去燃烧时产生的有毒气体。但在试验过程中，排风系统应关闭，试验完毕再立即启动排烟。

② 实验喷灯。推荐用本生灯，筒长为（100±10）mm，内径为（9.5±0.3）mm。火焰可调，能满足标准规定的A、B、C的要求。

③ 环形支架。用于固定试样及其他附件，如金属网、支撑架等。对于非自撑试样，应使用支撑架，以防止试样自由端下垂或弯曲。两支撑面呈45°夹角。

④ 燃料气体。能通过调节阀和压力表提供均匀的气流。

⑤ 测量、计时装置。计时设备要求至少有0.5s的分辨率。测量试样尺寸通常使用游标卡尺，精度要求为毫米分度。

（2）试样

测试试样为长度（125±5）mm，宽度（13.0±0.3）mm，厚度（3.0±0.2）mm的矩形柱体。也可采用厚度为2~13mm的试样进行试验，但试验结果只能在同样厚度试样之间比较。

试样表面应平整、光滑、无气泡、飞边、毛刺等缺陷。每组试验3根试样，总数至少6根试样。

试样应在23℃±2℃和50%±5%相对湿度下至少状态调节48h。一旦从状态调节箱中移出试样，应在1h以内测试试样。

（3）操作步骤

① 画试样标线。在试样垂直于样条纵轴处标记两条线，距点火端25mm ±1mm和100mm ±1mm处。

② 装夹试样。图6-2所示，在距离25mm标线最远端夹住试样，使其纵轴近似水平而横轴与水平面成45℃±2℃的夹角。试样的下面夹住呈水平状态的金属丝网，试样下底边与金属丝网间的距离为10mm ±1mm，试样自由端与金属丝网的自由端对齐。在试样下部约300mm处放一个水盘。如果试样的自由端下弯同时不能保持（10±1）mm的距离时，应使用支撑架。

③ 点燃试样。在远离试样的地方（150mm）点着本生灯，调节本生灯使灯管在垂直位置

时，产生25mm高的蓝色火焰，保持本生灯中心轴与水平面近似成45°。将火焰内核的尖端施加于试样自由端的下缘，使自由端约有6mm长度受到火焰端部的作用并开始计时。

注意：施加火焰时间约30s ±1s，在此期间不得移动本生灯的位置，若不足30s，火焰前沿已燃烧到25mm标线，应立即停止施加火焰，重新启动计时器。

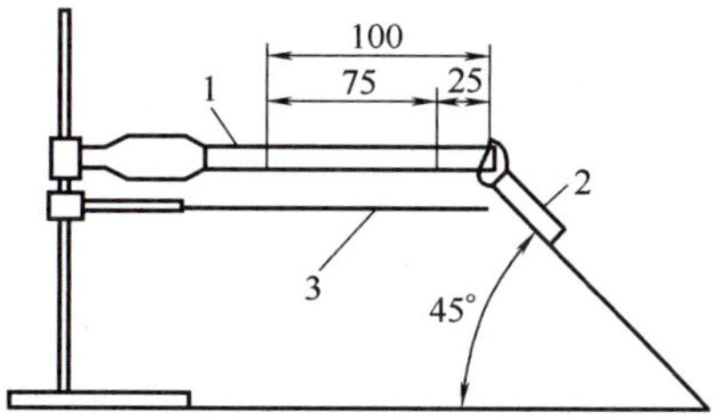

图 6-2 水平燃烧试验装置图

1—试样 2—本生灯 3—金属网

（4）结果记录与评定

① 结果计算。移开试验火焰后，若试样继续燃烧，记录经过的时间 $t$（s），火焰前端通过100mm标线时，要记录损坏长度 $L$ 为75mm。如果火焰前端通过25mm标线，但未通过100mm标线的，要记录经过的时间 $t$（s），同时还要记录25mm标线与火焰停止前标痕间的损坏长度 $L$。

火焰前端超过100mm标线时，则记录火焰前沿从第一标线到第二标线所需的时间 $t$，并计算每个试样燃烧速度 $v$。

$$v=\frac{60L}{t} \tag{6-3}$$

式中：$v$——线性燃烧速度，mm/s；

$L$——燃烧损坏的长度；

$t$——记录时间，s。

② 结果判定。水平法测定塑料的燃烧性能，根据试样点燃后的燃烧行为，分为HB、HB40、 HB75 3个等级（表6-7）。

表 6-7 水平燃烧等级及判据

| 燃烧等级 | 判 据 |
|---|---|
| HB 级 | ①移去引燃源后，材料没有可见的有焰燃烧；<br>②在引燃源移去后，试样出现连续的有焰燃烧，但火焰前端未超过 100mm 标线；<br>③火焰前端超过 100mm 标线，但试样厚度在 3. 0~ 13. 0mm，线性燃烧速率未超过 40mm/min，或试样厚度低于 3. 0mm 时未超过 75mm/min；<br>④如果试验的厚度为 3. 0mm ± 0. 2mm 的试样，其线性燃烧速率未超过 40mm/min，那么降至 1. 5mm 最小厚度时，就应自动地接受为该级。 |
| HB40 级 | ①移去引燃源后，材料没有可见的有焰燃烧；<br>②在引燃源移去后，试样连续有焰燃烧，但火焰前端未达到 100mm 标线；<br>③如果火焰前端超过 100mm 标线，线性燃烧速率不超过 40mm/min。 |
| HB75 级 | 火焰前端超过 100mm 标线，线性燃烧速率不超过 75mm/min。 |

③ 试验报告。以5个试样中数字最大的类别作为材料的评定结果，并报告最大的燃烧长度或燃烧速度。

报告应注明试样的制备方法，试样的尺寸，预处理情况，以及试验现象：如熔融、卷曲、结炭、滴落、滴落物是否燃烧，施加火焰后，试样是否连续有焰燃烧，火焰是否通过 25mm 和 100mm 标线，及燃烧经过的时间和烧损的长度等。

## 6.2.3 垂直法燃烧试验

塑料水平垂直燃烧实验

垂直法燃烧试验操作可以扫描码，观看视频。

（1）实验设备

垂直燃烧可以在水平燃烧试验的设备中进行，但要更换试样夹具。燃烧箱顶部一般要开排气孔。为防止外界气流对试验的影响，在距箱顶 25mm 处加一块顶板。

燃烧箱右侧装有试件夹支座，并达到试件固定后能处于燃烧箱中心位置。箱体左侧装有向上倾斜 45° 的本生灯一个。箱体下部放置一个放脱脂棉的支架。

（2）试样

试样要求平整光滑无气泡。尺寸为：长（125±5）mm，宽（13.0±0.5）mm 厚（3.0±0.2） mm。每组试样需 5 根，至少需制备 20 根试样。

制好的试样应在 23℃±2℃和 50%±5%相对湿度下至少状态调节 48h。一旦从状态调节箱中移出试样，应在 1h 以内测试试样。

（3）试验方法

如图 6-3 所示，试样垂直固定在试样夹上，试样上端夹住部分为 6mm。放好脱脂棉，使试样下端高出水平棉层（300±10）mm。在距试样 150mm 处点燃本生灯，调节火焰高度为（20±2）mm，并呈蓝色火焰。

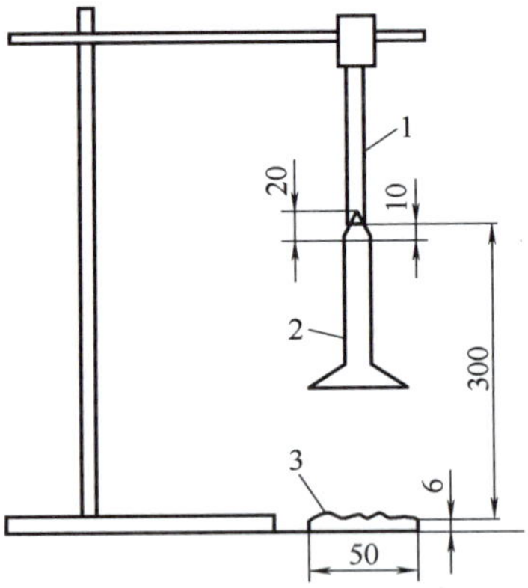

图 6-3 垂直燃烧性能测试试验装置图

1—试样 2—本生灯 3—脱脂棉

将本生灯中心置于试件下端 10mm ±1mm 位置，火焰对准试样下端中心部分，开始计时。当对试件施加火焰 10s ±0.5s 后移开火源，记录试样余焰时间 $t_1$，单位为 s。试样余焰熄灭后，立刻按上述方法再施加火焰 10s ±0.5s，分别记录移开火焰后试样余焰时间 $t_2$ 和余辉时间 $t_3$，单位为 s，记录 $t_2$、$t_3$、$t_2+t_3$。还要记录是否有任何颗粒从试样上落下并观察是否将棉垫引燃。

注意：对于在喷灯火焰作用下长度变化的试样，在垂直平面移动喷灯，保持喷灯顶端与试样主体部分间 10mm 的距离。如果在施加火焰过程中，试样有熔融物或燃烧物滴落，则将喷灯倾斜 45°，并从试样下方撤到一定距离，防止滴落物进行灯管，同时保持灯管出口中心与试样残留部分间距离仍为（10±1）mm。

（4）结果计算

总余焰时间 $t_f$ 的计算：

$$t_f = \sum_{i=1}^{5} (t_{1,i} + t_{2,i}) \tag{6-4}$$

式中：$t_f$——总的余焰时间，s；

$t_{1,i}$——第 $i$ 个试样的第一个余焰时间，s；

$t_{2,i}$——第 $i$ 个试样的第二个余焰时间，s。

根据试样的行为，按照表 6-8 所示的判据，把材料分为 V-0、V-1、V-2（注：V 表示垂直燃烧）。

**表 6-8　垂直燃烧级别**

| 判　据 | 级别 | | |
|---|---|---|---|
| | V—0 | V—1 | V—2 |
| 单个试样余焰时间（$t_1$和$t_2$） | ≤10s | ≤30s | ≤30s |
| 任一状态调节的一组试样总的余焰时间 $t_f$ | ≤50s | ≤250s | ≤250s |
| 第二次施加火焰后单个试样的余焰加上余辉时间（$t_2+t_3$） | ≤30s | ≤60s | ≤60s |
| 余焰和（或）余辉是否蔓延至夹具 | 否 | 否 | 是 |
| 火焰颗粒或滴落物是否引燃棉垫 | 否 | 否 | 是 |

如果在给定条件下处理的一组 5 根试样中有一个试样不符合表 6-8 的所有判据，就应该试验另一组 5 根试样（经受同样状态调节处理）。

余焰时间 $t_f$的总秒数：对于 V-0 级，如果余焰总时间在 51～55s，对 V-1 和 V-2 级为 251～255s 时，要外加一组 5 个试样进行试验。第二组所有的试样应符合该级别所有规定的判据。如果试验结果不符合垂直法规定的判据，材料不能使用本试验方法分级，就采用水平燃烧试验法对材料的燃烧行为分级。

### 6.2.4　影响因素讨论

（1）试样的影响

① 试样的尺寸影响。一般来说，试样的厚度越小，单位质量具有的表面积越大，燃烧速度越快。当试样厚度小于 3mm 时，其燃烧速度随厚度的增加而急剧减小；当试样厚度达到 3mm 以后，燃烧速度随厚度的变化就比较小了。

对于不同材料，影响大小不一样。如聚甲基丙烯酸甲酯（PMMA）这类比热容和热导率较小、又没有熔滴行为的材料影响较小；反之，对比热容和热导率较大又有熔滴的聚乙烯（PE），影响就较大。这是由于在加热阶段，把试样加热至分解温度所需的时间与其质量（或厚度）基本成正比。另一方面，试样的着火、燃烧和传播主要发生在表面上，厚度越小的试样，单位质量具有的表面积就越大的缘故。由于上述原因，标准中对试样厚度做了严格规定，并且明确指出：厚度不同的试样，其试验结果不能相互比较。

② 试样密度的影响。在相同的试验条件下，水平燃烧试验试样的燃烧速度随其密度的增大而减小；对垂直燃烧试验来说，试样的燃烧时间受其密度的影响也很大。因此，标准规定，

密度不同的试样，其试验结果不能相互比较。

③ 各向异性材料不同方向的影响。对于各向异性材料，由于在成型过程中受力及取向不同而产生各向异性，不同方向对试样的水平、垂直燃烧性能有着一定的影响。因此标准规定，方向不同的试样，其试验结果不可相互比较，并要求在试验报告中对与试样尺寸有关的各向异性的方向加以说明。

（2）试验条件的影响

① 试样放置形式。在水平法中，试样的长轴呈求平方向放置，而其横截面轴线与水平方向夹角不同时也会影响同样尺寸试样的试验结果。为了避免放置形式不同对试验结果的影响，在标准中规定采用横截面轴线与水平成45°的放置形式。除了由于这种形式的受热条件最佳、燃烧速度最快外，还由于这种形式测量燃烧长度和时间较为准确和方便。

② 试样状态调节。试样的状态调节条件对材料的水平和垂直燃烧性能有着不同程度的影响。一般说来，温度高些、湿度小些，其平均燃烧速度（水平法）或总的有焰燃烧时间（垂直法）相对要大一些。

③ 燃料气体种类。燃料气体种类不同，其所含热值也不相同。所以我国标准规定仲裁试验必须采用工业级甲烷气，其他状况也可采用天然气、液化石油气、煤气等可燃气体。

④ 火焰的影响。火焰高度不同对材料的水平和垂直燃烧试验结果有较大影响。对于不同的材料，其影响程度也有一定差别。从理论上讲，火焰颜色不同，其温度有一定差别。蓝色火焰时燃烧完全，温度较高；反之，带有黄色顶部的火焰，温度要相对低些。但从试验结果来看，火焰颜色不同对水平和垂直燃烧试验结果的影响并不明显。

⑤ 点火时间。对垂直法，点火时间太短，试样不易点燃；而点火时间长了，对多数材料的测试结果有很大影响。因此标准对两次施焰时间都严格地规定为10s。

（3）设备、仪器的影响

材料燃烧时熔滴落物与燃烧着的碎块常常是火灾蔓延和扩大的重要原因。为了试验结果更加符合材料的燃烧性能，在水平法的试验装置中，在试样最低边下面10mm处，水平地放置了规定尺寸和网孔的金属网。试样如有带火的滴落物落下，就会在金属网上继续嫩烧，使试样再次受到加热和点燃。对于垂直燃烧法，则在试样下方约300mm处铺放了干燥的医用脱脂棉薄层，只要试样有滴落物引燃脱脂棉，尽管其有焰或无焰嫩烧时间只达到FV-1甚至FV-0级，也要被判定为FV-2级。

维持燃烧的氧气充足与否也十分重要。为避免氧不足或通风不当对试验结果的影响，标准对通风柜或通风橱的尺寸、结构及排风装置的使用方法都做了细致的规定。另外，本生灯的结构和灯管口径、各种量具特别是计时装置的精度等对试验结果都有很大影响，标准对此也做了严格规定。

此外，水平和垂直燃烧试验被认为是主观性很强的试验。只要稍不留意，那么，用同样设备，对相同试样相同操作，也会产生一定偏差，甚至会得到不同的可燃性级别。因此，试验时严格按操作规定操作，观察要特别认真仔细是十分必要的。

### 学习拓展：汽车内饰材料的水平燃烧试验

汽车内饰件水平垂直燃烧

随着汽车进入国民日常生活的必需品范围，节能环保是汽车工业发展必须要解决的关键技术，其中以新型高分子复合材料替代金属等传统的材料是其中的一个方向。研究评价汽车用塑料材料的阻燃性能试验显得十分必要，可以扫码学习。

（1）请查阅并领会《GB/T 8410—2006 汽车内饰材料水平燃烧试验》标准。根据标准规定，讨论制定汽车内饰 ABS 板材的水平燃烧试验方案。

（2）市场调研，了解汽车内饰使用塑料材料有些品种，其阻燃性能指标。

## 6.3　塑料的闪燃温度和自燃温度测定

塑料材料着火的最低温度是材料本身燃烧难易程度的重要参数，通常以闪燃温度和自燃温度来描述。

（1）闪燃温度。在特定的试验条件下，材料释放出的可燃气体能够被火焰点着，这时试样周围空气的最低温度叫做该材料的闪燃温度（flash—ignition temperature，FIT）。

（2）自燃温度。在特定的试验条件下，无任何火源的情况下发生燃烧或灼热燃烧，这时周围空气的最低温度叫作该材料的自燃温度。

材料的闪燃温度或和自燃温度测试标准有 GB/T 9343—2008。

### 6.3.1　试验仪器

试验仪器主要由一套电加热装置和试样盘组成，如图 6-4 所示。

炉管：用金刚砂制成。内径 100mm ±5mm，长度 240mm ±20mm，耐温不低于 750℃。炉管垂直放置在清理渣滓塞子的上方。

内管：用耐火材料制成。内径 75mm ±2mm，长度 240mm ±20mm，壁厚 3mm，耐温不低于 750℃。

内管放置在炉管内，用 3 个耐火的小垫块垫起，高于炉底 20mm ±2mm。顶部有一用耐火材料制作的顶盖，顶盖中间有一直径为 25mm ±2mm 的开口，用于观测并可让烟雾和气体通过。

空气源：过滤后的空气，通过一根铜管以稳定、可控制的速度流过炉管与内管之间的靠近顶部的环状空间内。空气在两个管子间加热、流通，最后在底部进入内管。空气流量用转子流量计测定。

电加热装置：用 1.3mm ±0.1mm 金属合金加热丝均匀缠绕在炉管上 50 圈，外包耐火材料制成的夹套。

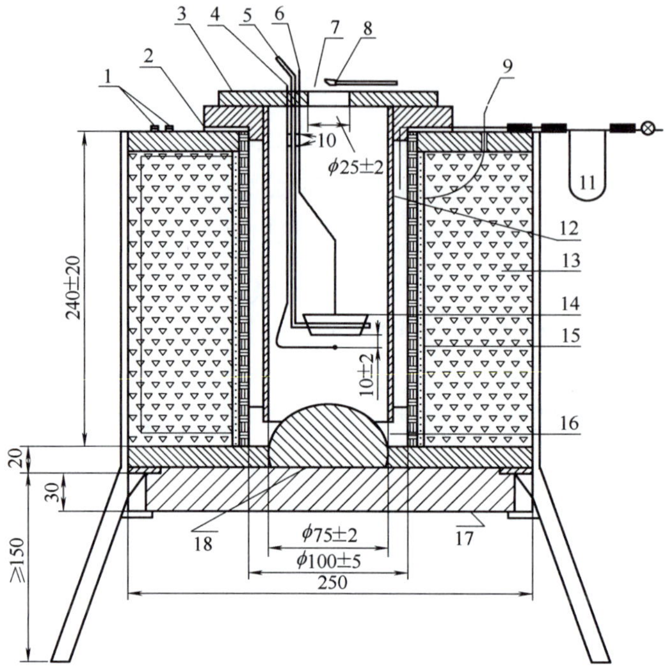


图 6-4 热空气试验炉示意图

1—加热终端 2—垫圈 3—圆形耐火隔板 4、6、9—热电偶 5—支杆；7—空气供应器 8—引燃火焰 10—金属纽扣 11—空气流动仪表；12—气流相切缸 13—隔热层 14—试样盘 15—加热金属丝；16—耐火垫块 17—热绝缘（可移动式） 18—检查塞（可移动式）

点火器：用内径 1.8mm ±0.3mm 的铜管制成，水平放置在圆形顶盖开口中心上方 5mm ±1mm 处。火焰长度 20mm ±2mm。燃气用含量不低于 94% 的丙烷。

热电偶：用直径 0.5mm 铬-镍基热电偶合金（K 型）或铁-铜镍合金（J 型）连接着一个误差不超过±2℃校准过的记录仪进行温度测量。

3 组偶热电偶分别测量样品的温度（6，$T_{C_1}$）、经过试样的空气温度（4，$T_{C_2}$）和炉体的加热线圈的温度（9，$T_{C_3}$）。

## 6.3.2 试样

试样可以使用任何形式，包括复合材料，但粒状或粉末状材料通常要加工成型。密度大于 0.1g/cm$^3$ 的试样，取质量为（3.0±0.2）g。片状材料切割成正方形，最大尺寸为（20mm ±2mm）×（20mm ±2mm），堆积起来达到试样的质量要求。薄膜材料，卷起一条 20mm ±2mm 宽的带，长度达到试样的质量要求。

密度小于 0.1g/cm$^3$ 的泡沫状试样，切除外皮，试样制成（20mm ±2mm）×（20mm ±2mm）×（50mm ±5mm）的块状。

如果由于试样体积大、质量轻易受炉中的气流影响而从试样盘中滑落，可将试样用一根细的金属丝束缚起来进行试验。试样材料量至少能满足两次测试的要求。

## 6.3.3 试验操作

试验操作依照 GB/T 9343—2008 的规定进行，并按仪器使用说明书使用仪器。具体操作扫码二维码观看微课视频。

试验前，应对试样进行状态调节。在环境温度 23℃±2℃、相对湿度 50%±5%的条件下放置不少于 40h。或按供需双方商定的条件进行。

（1）闪点测试

控制好通过内管的全断面的空气流速调节到 25m/s，流量 $q_V$（L/min）按式（6-5）计算，并控制在计算值的±10%内。

$$q_V = 6.62 \times \frac{293}{T} \tag{6-5}$$

式中：$q_V$——空气流量，L/min；

$T$——热空气的温度值，K。

通过电加热装置调节试验温度并恒定。初始温度按样品材料的规定选择，如果没有规定时，初始试验温可取 400℃。

将装有试样的盘放低至炉中正确的位置上，启动计时器，点燃引燃火焰，火焰集中于顶盖开口中心上方，观测有无明显闪燃或易燃气体轻微爆炸或接着发生的试样燃烧。等待 10min，依据燃烧发生与否，将试验的温度相应降低或升高 50℃，用新的试样重复试验来确定闪燃温度范围。然后在此范围内比最高温度降低 10℃开始进行试验，并逐级调低温度，每级 10℃降温，直到 10min 内无燃烧的状态为止。在此温度下恒定 10min，观察到闪燃的发生，记录最低空气温度，即为闪燃温度。

（2）自燃温度（自燃点）的测定

在无引燃火焰的情况下，按闪燃温度（闪点）的测定步骤进行试验。试样在此温度下的 10min 内可以观测到火焰燃烧或灼热燃烧，则此时最低空气温度为自燃温度。

## 任务实施

有一室内装饰用 PVC 型材，产品符合 QB/T 2133 标准。请针对表 6-9 性能要求，进行质量检验。

表 6-9　室内装饰用 PVC 挤出型材燃烧性能指标

| 项　目 | 指　标 | 项　目 | 指　标 |
|---|---|---|---|
| 氧指数/% | ≥40 | 垂直燃烧/级 | FV-0 |
| 水平燃烧/级 | HB | | |

## 实训目的

了解塑料燃烧性能测试的基本原理与意义，掌握氧指数，水平、垂直燃烧的测定方法，熟悉氧指数测试仪，水平、垂直燃烧实验装置的使用与维护，了解仪器的结构与工作原理。

## 实施步骤

（1）检索和阅读塑料燃烧性能测试方法及相关标准；

（2）根据实验要求和标准规定，准备 PVC 挤出型材燃烧性能试样的制备和与处理；

（3）准备测试仪器与工具，检查仪器的完好性；

（4）按测试标准和仪器使用手册，测试 PVC 挤出型材的氧指数、水平、垂直燃烧性能；

（5）分析测试结果，判断试样是否合格，完成测试报告。

## 项目总结

塑料的燃烧性能测试的方法主要有氧指数法、水平燃烧法、垂直燃烧法等。

塑料氧指数法燃烧性能测试是将塑料试样在氧、氮混合气流中维持平稳燃烧所需的最低氧气浓度，以氧所占的体积百分数表示，用以表征材料燃烧的难易程度。实验装置由燃烧筒、试样夹、点火器和气源构成。点燃试样可采取顶端点燃法和扩散点燃法。根据两种方法的选择相应的试样的标线分别为 50mm、（20、 80mm）。观察试样燃烧的距离和时间，调整氧指数直到根据试样方法测得初始氧浓度。最后根据公式计算氧指数。气体流速、氧浓度控制、试样的尺寸和制备、压强控制、温度以及助剂和填料等都可能影响实验结果。

水平燃烧性能测试是在试验室条件下，水平夹住试样的一端，对试样自由端施加规定的气体火焰，通过测量线性燃烧速度来评价试样的水平燃烧行为。实验设备主要有通风橱、实验喷灯、支架、燃气以及测量、计时装置、干燥试验箱等。在试样距点火端 25、 100mm 处标线，纵轴水平，横轴与水平呈 45°夹角安放在试样夹上。本生灯火焰保持为 25mm 蓝色火焰，与水平面呈 45°角施加火焰 30s（若火焰施加时间少于 30s，火焰最前端已达到 25mm 标线，则停止施加火焰）。计时，观察记录燃烧现象，根据等级、判据对材料定级。

垂直燃烧性能测试和水平燃烧性能测试设备相同，试样安装方式由水平变为垂直。本生灯在试样下端 10mm 处施加火焰 10s，记录余焰时间。若试样熄灭，则再次施加火焰，记录余焰时间和余辉时间。最后根据试样燃烧的行为，按照标准对材料分 V-0、 V-1、 V-2 级。测试中，试样厚度越小，燃烧速度越快。厚度不同的试样，实验结果不能相互比较。试样密度越大，燃烧速度越小。试样密度不同，实验结果也不能相互比较。另外：气源类型、火焰颜色、火焰长度、施加火焰的时间都直接影响试样接受的热量，进而影响实验结果。材料燃烧时熔滴落物与燃烧着的碎块常常是火灾蔓延和扩大的重要原因。燃烧性能测试中，在试样下方往往放置脱脂棉。只要试样有滴落物引燃脱脂棉，即判定为 V-2 级。

## 思考题

（1）塑料燃烧性能测试的主要指标有哪些？

（2）测试塑料氧指数燃烧性能的原理是怎样的？

（3）在氧指数燃烧性能测试中，采取哪些措施保障测试中均匀稳定的气流环境？

（4）表征材料燃烧传播速度的有哪些测试方法？

（5）水平燃烧性能测试和垂直燃烧性能测试的影响因素有哪些？

项目7

# 塑料电性能测试

## 学习目标

塑料具有优异的电性能，在电子、电器等领域得到了广泛的应用。通过本项目学习，了解塑料电性能测试仪器的结构、使用与维护，掌握塑料常规电性能测试的基本知识和技能，理解影响塑料电性能的主要因素，为开发、使用合适的高分子材料提供帮助。具体学习目标见表 7-1。

表 7-1　项目学习目标

| 序号 | 类别 | 目　标 |
|---|---|---|
| 1 | 知识 | ①塑料电性能测试的意义和基本概念，影响塑料材料电性能的因素<br>②塑料表面电阻率与体积电阻率、介电强度、介电常数与介电损耗因数、耐电弧性的测试原理与方法<br>③塑料电性能测试试样的制备方法<br>④塑料主要电性能测试仪器的结构原理<br>⑤塑料导电的机理与导电塑料的应用 |
| 2 | 技能 | ①能按试验要求和标准规定选取、制备测试试样<br>②能按标准方法测试塑料的电阻率、介电常数、介电强度和耐电弧性能<br>③能根据测试项目，准备试验器材并检查仪器的完好性，正确使用和维护仪器<br>④能整理测试记录，分析测试结果，完成测试报告 |
| 3 | 职业素养 | ①团队合作与沟通能力<br>②自主学习、分析与解决问题的能力<br>③安全生产、质量与环境保护意识<br>④客观公正，严谨认真的职业道德 |

## 工作任务

电性能是指材料在外加电压或电场作用下的行为及其表现出的各种物理现象，通常指体积电阻率、表面电阻率、介电强度、介电常数、损耗因子和耐电弧性能等。本项目具体的工作任务如表 7-2 所示。

表 7-2　学习工作任务

| 序号 | 任务名称 | 要　求 |
|---|---|---|
| 1 | 测试塑料的体积电阻率与表面电阻率 | ①检索和阅读塑料电阻率的测试方法文献与 GB/T 1410—2006 标准<br>②熟悉高阻计电流测试仪的使用与维护，了解其结构原理<br>③准备测试试样和电极，完成表面电阻率和体积电阻率的测试操作<br>④记录测试数据，分析测试结果，完成测试报告 |

续表

| 序号 | 任务名称 | 要　求 |
|---|---|---|
| 2 | 测试塑料介电强度 | ①检索和阅读塑料介电强度测试方法与 GB/T 1408—2006 等标准<br>②熟悉塑料介电强度试验仪器的使用与维护，了解其结构原理<br>③准备测试试样和电极，按标准要求，完成塑料介电强度的测试操作<br>④记录测试数据，分析测试结果，完成测试报告 |
| 3 | 测试塑料介电常数及介电损耗因数 | ①查阅塑料介电常数和介电损耗因数测试方法和相关标准<br>②了解塑料介电常数测试仪器的结构原理，熟悉 Q 表的使用与维护<br>③准备测试试样和电极，使用 Q 表测试塑料的介电常数和介电损耗因数<br>④记录测试数据，分析测试结果，完成测试报告 |
| 4 | 塑料耐电弧性能试验 | ①检索和阅读塑料耐电弧性能测试方法与 GB/T 1411—2002 标准<br>②了解塑料耐电弧测试仪器的结构原理，熟悉其使用与维护<br>③准备测试试样和电极，完成塑料的耐电弧的测试操作<br>④记录测试数据，分析测试结果，完成测试报告 |

## 7.1 塑料电阻率测试

物体导电是由于内部存在各种载流子在电场作用下沿电场方向移动的结果。塑料材料属于高分子聚合物，其分子由原子通过共价键连接而成，在电场作用下，一般没有容易移动的荷电粒子，如电子、离子、或空穴等，但实际上绝大部分的塑料都具有微弱的导电性。【想一想：为什么？】

为表征材料非导电能力，引用了电阻率这个概念。从物理学说，电阻率是指某种材料制成的长 1m、横截面积是 $1mm^2$ 导体，在 20℃时的电阻，电阻率的单位是欧姆·米（Ω·m）。一般根据材料电阻率的大小分为导体、半导体和绝缘体。导体的电阻率低于 $10^6$ Ω·cm，半导体在 $10^6$~$10^9$ Ω·cm 之间，绝缘体的电阻率高于 $10^9$ Ω·cm。

**表 7-3　常用塑料的体积电阻率**

| 材料 | 体积电阻率/Ω·cm | 材料 | 体积电阻率/Ω·cm |
|---|---|---|---|
| ABS | $10^{16}$ | 热塑性聚酯 | $10^{14}$~$10^{17}$ |
| 聚甲醛（POM） | $10^{14}$~$10^{16}$ | 聚砜 | $10^{15}$~$10^{17}$ |
| 丙烯酸树脂 | $10^{16}$~$10^{18}$ | 聚苯硫醚 | $10^{16}$ |
| 聚酰胺（PA） | $10^{12}$~$10^{16}$ | 聚苯乙烯（PS） | $10^{17}$~$10^{19}$ |
| 聚碳酸酯（PC） | $10^{15}$~$10^{17}$ | PVC | $10^{14}$（软）~$10^{16}$（硬） |
| PP | $10^{14}$~$10^{17}$ | 聚四氟乙烯 | $10^{15}$~$10^{19}$ |
| 酚醛塑料 | $10^{17}$ | PE | $10^{16}$~$10^{20}$ |

塑料的电阻率一般分体积电阻率和表面电阻率。表 7-3 是部分塑料材料的体积电阻率，可见，通常情况下塑料是理想的绝缘材料，其电阻率是重要的性能指标。

（1）体积电阻率（volume resistivity）。在绝缘材料里面的直流电场强度和稳态电流密度之商，即单位体积内的体积电阻，单位是 Ω·m 或 Ω·cm。

（2）表面电阻率（surface resistivity）。在绝缘材料的表面层里的直流电场强度与线电流密度之商，即单位面积内的表面电阻，单位是 Ω。

体积电阻率用于表征整个材料的导电能力，被用作选择特定用途绝缘材料的一个重要参数。表面电阻率表征材料面内导电能力。在实际测试中，由于表面电导或多或少包括部分的体积电导，因此表面电阻或表面电导不能精确而只能近似地测量，测得的值主要反映被测试样表面导电的特性。

## 7.1.1　测试原理

如图 7-1 所示，在两个电极间嵌入一试样，使之接触良好，并施加直流电压（$V$），于是流经试样的电流（$I$）可分为两部分：一部分为体积电流（$I_V$），它流经试样体积内部；另一部分为表面电流（$I_S$），它沿着试样表面传导。

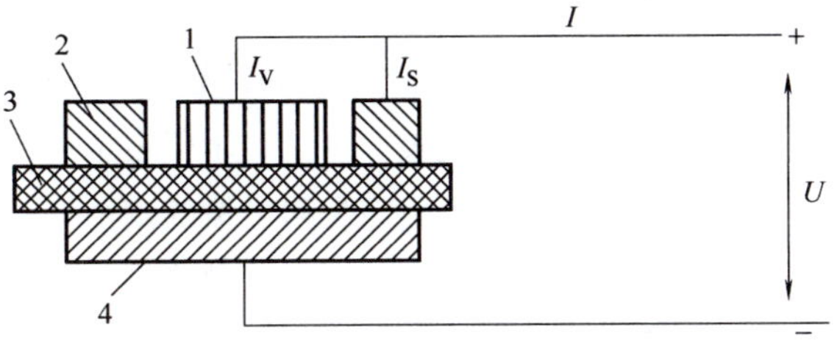

图 7-1　板状塑料试样电阻率测试装置

1—测量电极；2—环电极　3—试样　4—下电极

根据欧姆定律（$R=U/I$），测出体积电流 $I_V$ 和表面电流 $I_S$，即可得到体积电阻和表面电阻，再根据电极形式及试样尺寸，计算体积电阻率和表面电阻率。

体积电阻率计算公式：

$$\rho_v = R_x \cdot \frac{A}{d} \tag{7-1}$$

表面电阻率计算：

$$\rho_s = R_x \cdot \frac{L}{l} \tag{7-2}$$

式中：$R_x$——体积电阻，Ω；

$R_x$——测得的表面电阻，Ω；

$A$——被保护电极的有效面积，$cm^2$；

$d$——试样的平均厚度，cm ；

$L$——特定使用电极装置中被保护电极的有效周长，cm；

$l$——两电极之间的距离，cm。

## 7.1.2　测试方法

塑料电阻率测试可以根据材料要求选择合适的标准，如 GB/T 31838.2—2019 固体绝缘材料 介电和电阻特性 第 2 部分：电阻特性（DC 方法）体积电阻率和表面电阻率，GB/T 15738—2008 导电和抗静电纤维增强塑料电阻率试验方法，GB/T 15662—1995 导电、防静电塑料体积电阻率测试方法等。下面以 GB/T 31838.2—2019 标准进行介绍。

（1）测试仪器

测试塑料电阻率的设备主要有高阻计或检流计，电极及测厚仪等。

如图 7-2 所示，高阻计主要由直流高压测试电源、测试电压控制开关、高阻抗直流放大器、试样及电极箱、显示系统等部件组成。根据欧姆定律，回路电流 $I$ 为：

$$I=\frac{U}{R_x+R_0}=\frac{U_0}{R_0} \tag{7-3}$$

$$R_x=\frac{UR_0}{U_0}-R_0 \tag{7-4}$$

当 $R_x \gg R_0$ 时，有

$$R_x=\frac{UR_0}{U_0} \tag{7-5}$$

上式中的 $U$ 和 $R_0$ 都是已知值，所以 $R_x$ 与分压 $U_0$ 有直接的对应关系， $R_0$ 上的分压 $U_0$ 信号经放大后馈送到指示仪表，可从指示仪表上直接读出电阻值 $R_x$。改变已知电阻 $R_0$ 的大小，高阻计便可进行多种量程电阻和微电流的测试。

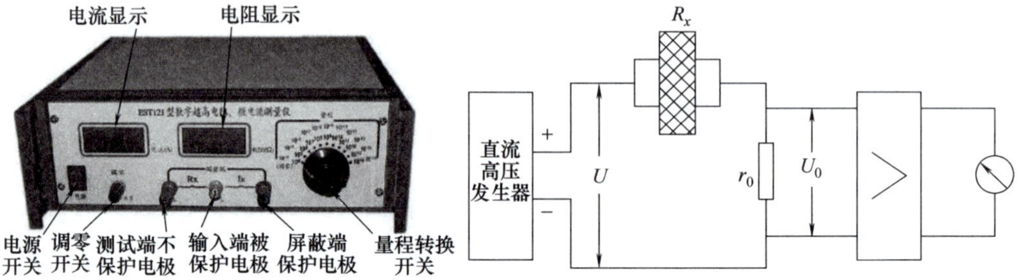


图 7-2　高阻计测试原理

高阻计的电阻测量范围为 $1\times10^4\sim1\times10^{18}\,\Omega$，电流测量范围为 $2\times10^{-4}\,\text{A}\sim1\times10^{-16}\,\text{A}$ 。

直流测试电压为 10、50、100、250、500、1000V。通过内部的集成电路完成电压除以电流的计算，然后把所得到的结果经过 A/D 转换后以数字显示出电阻值。

电极是具有一定形状、尺寸和结构的与被测试样相接触的导体。选取电极材料应考虑电极与试样能紧密接触，不因电极的电阻或施加电极时引进杂质而造成明显的测量误差，在试验条件下，电极材料应能耐腐蚀。典型电极材料如表 7-4 所示。

表 7-4　　典型电极材料

| 电极材料 | 技术要求 | 特点及适用范围 |
|---|---|---|
| 金属箔（铅、锑铅合金、铝和锡箔） | 厚度不超过 0.01mm。一般用少量的凡士林、硅脂、硅油或其他合适的材料作为粘贴剂将它们粘贴到试样上去。要求粘好的金属箔看不见气孔与皱纹，粘合剂薄层小于 0.0025mm | 可用于测量体积电阻的电极，但不适用于测量表面电阻 |
| 喷镀金属层 | 在高真空下将铝或银粉喷镀到试样表面形成电极 | 电极与试样接触好，具有透湿性，可用于潮湿状态下的测试 |
| 导电粉末（银粉、未氧化的铜粉或石墨粉银膏） | 应当保证所得导电层与试样牢固结合，没有气孔、没有气泡、鳞皮、裂纹等缺陷 | 电极与试样接触良好，适用于耐高温材料，用于细管试样的内电阻测试 |

续表

| 电极材料 | 技术要求 | 特点及适用范围 |
|---|---|---|
| 导电橡皮 | 厚度 1mm，橡皮表面应光滑、平整，体积电阻率不大于 300Ω·cm，邵氏硬度为 40~60 | 能方便快捷地放上和移开，不妨碍试样的条件处理 |
| 黄铜、不锈钢或其他金属 | 工作面粗糙度 $\sqrt{6.3}$ 级以上，当接触电极时，压力大小按产品标准规定 | 一般作为辅助电极，也可作为软质材料的接触电极或细管的内电极，以及测量绝缘电阻用的锥销电极 |

电极的尺寸见表 7-5。试样的形状不同，电极的配置也不同。

**表 7-5　　电极尺寸**

| 试样 | 电极尺寸/mm | | | 保护间隙或电极间距离/mm |
|---|---|---|---|---|
| | 测量电极 | 高压电极 | 保护电极 | |
| 板状 | 直径 50±0.1 | 直径≥74 | 宽 10 | 2±0.2 |
| | 直径 25±0.1 | 直径≥39 | 宽 5 | |
| 管状 | 长 50±0.1 | 长≥74 | 宽 10 | 2±0.2 |
| | 长 25±0.1 | 长≥39 | 宽 5 | |
| 棒状 | 宽 10 | 宽 10 | — | 2±0.2 |

平板状试样电极装置示例见图 7-3。被保护的电极（测量电极）的直径 $d_1$ 应至少为试样厚度 $h$ 的 10 倍，通常至少为 25mm。不保护电极（高压电极）的直径 $d_4$ 和保护电极的外直径 $d_3$ 应等于保护电极的内径 $d_2$ 加上至少 2 倍的试样厚度。

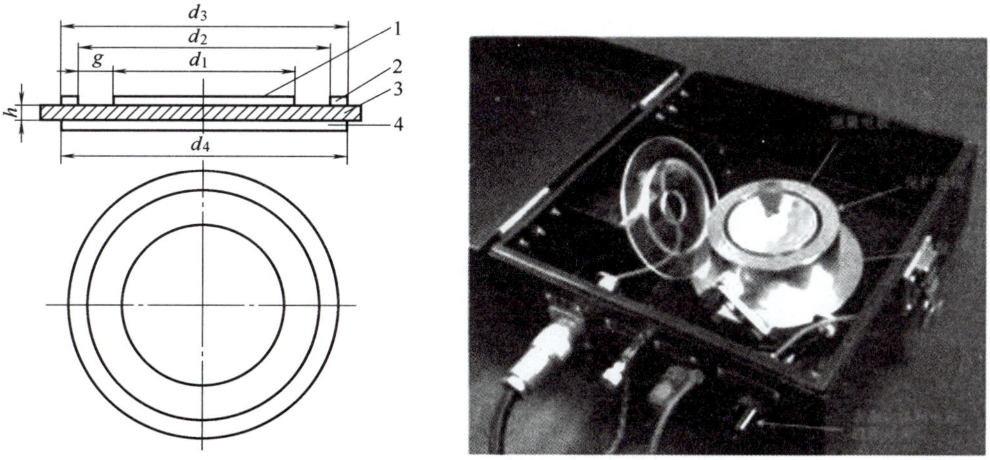


图 7-3　板状试样与电极

1—被保护电极　2—保护电极　3—试样　4—不保护电极　$d_1$—被保护电极直径　$d_2$—保护电极内径　$d_3$—保护电极外径　$d_4$—不保护电极直径　$g$—电极间隙　$h$—试样厚度

（2）试样

试样形状不限，可以采用板状、管状或棒状，只要允许使用第三电极来抵消表面或体积效应引起的误差即可。试样表面应平整、均匀、无裂纹和机械杂质等缺陷。

试样每边要比电极的最大尺寸多 7mm，每组试样至少 3 个。除非另有要求，试样均采用原厚度。测量表面电阻率时，试样厚度不应小于4mm。

试样的预处理条件取决于被测材料，推荐使用GB/T 10580—2015《固体绝缘材料在试验前和试验时采用的标准条件》中使用的预处理方法。测试条件应与预处理条件一致，如不能保证一致，从预处理环境中取出试样后，应在较短的时间内完成测试，一般不超过5min。

测试表面电阻时，试样测试面不要清洗（除非另有协议或规定），测试表面不应被任何东西触及。

（3）测试步骤

塑料电阻率测试

各种型号或各厂家生产的电阻率测试仪，其使用操作方法有所不同。在试验前，应详细阅读仪器操作使用说明书，并按说明书进行操作。下面就测试的一些共性操作提出要求。

体积电阻率测试，电极的连接如图7-4（a）所示。在被保护电极与保护电极之间的试样表面上的间隔宽度要均匀，并且在表面泄漏不致引起测量误差的条件下间隔 $g$ 应尽可能窄，实际使用时1mm。

表面电阻率测试，三极电极装置线路见图7-4（b）。电极的间隔宽度 $g$ 至少应为试样厚度的2倍，实际使用时最小为1mm。

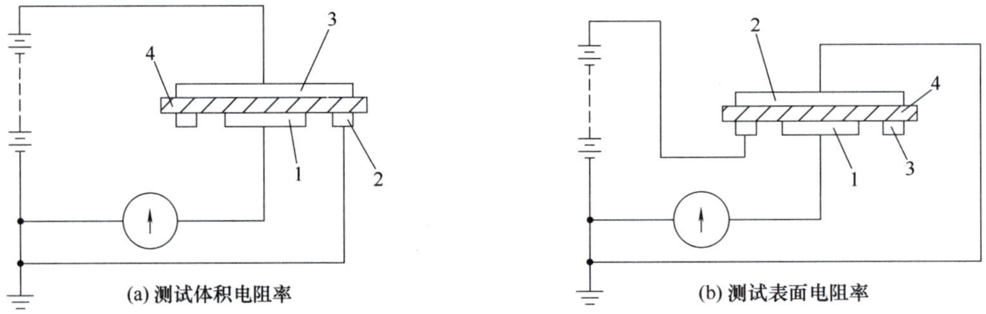


图7-4　使用保护电极测试体积电阻率和表面电阻率的基本电路图

1—被保护电极　2—保护电极　3—不被保护电极　4—试样

① 测试前，要去除试样表面的油污等杂质（可用绸布蘸有对被测材料无腐蚀作用的溶剂擦净表面），测试表面电阻率时，不能擦拭试样的测试面。

② 按测试试样预处理要求对试样进行预处理。经加热预处理过的试样，要置于在常态环境（温度20℃±5℃，相对湿度65%±5%）冷却至平衡后进行测试；受潮或浸渍液体媒质处理的试样，应用滤纸吸去表面液滴。

产品有特殊试验条件要求的，在规定的条件下进行测试或在特殊条件下预处理后取出，在常态环境中进行测试，但从试样取出至试验完毕应不超过5min。

③ 测量试样的厚度。在试样测量电极的面积下，沿着直径测量3点，取其算术平均值，厚度误差不大于1%，试样的厚度小于0.1mm时，测量误差不得大于1μm。

④ 将测量好尺寸的试样装入仪器，按仪器使用指南操作，测定其体积电阻或表面电阻。一般是加上试验电压1min时（或按产品规定标准时间）读取电阻指示值。

注意：使用高阻计测试时，须将试样充分放电后，才接入仪器的测量端。

⑤ 测试完毕，切断电源，将各开关恢复到测试前的位置，取出试样，拆除所有接线。

（4）结果与报告

体积电阻率与表面电阻率按式（7-6）和式（7-7）计算：

$$\rho_v = R_v \cdot \frac{A}{d} \tag{7-6}$$

$$\rho_s = R_s \cdot \frac{L}{l} \tag{7-7}$$

式中：$\rho_v$——体积电阻率，$\Omega \cdot cm$；

$R_v$——体积电阻，$\Omega$；

$A$——被保护电极的有效面积，$cm^2$；

$d$——试样的平均厚度，cm；

$\rho_s$——表面电阻率，$\Omega$；

$R_s$——测得的表面电阻，$\Omega$；

$L$——所使用的测量电极装置中测量电极的有效周长，cm；

$l$——两电极之间的距离，cm。

对于平板圆电极，$A$ 和 $L$ 按下面公式计算：

$$A = \frac{\pi (d_1 + l)^2}{4} \tag{7-8}$$

$$L = \pi (d_1 + l) \tag{7-9}$$

式中：$d_1$——测量电极的直径，cm；

$l$——保护电极与测量电极之间的间隔宽度，cm。

对于管状电极，$A$ 和 $L$ 按下面公式计算：

$$A = \pi (d_0 - h)(l_1 + l) \tag{7-10}$$

$$L = 2\pi d_0 \tag{7-11}$$

式中：$d_0$——管状试样外径，cm；

$h$——管状试样的壁厚，cm；

$l_1$——测量电极长度，cm；

$l$——保护电极与测量电极之间的间隔宽度，cm。

试验结果以各试验值的平均值作为最终结果。

实验报告应包括下列内容：

① 材料型号、名称和规格、制造厂名称和日期；

② 试样形状、尺寸、数量和处理条件；

③ 电极型式及尺寸；

④ 实验环境温度及相对湿度；

⑤ 测试仪器和外施电压；

⑥ 测量数据及计算结果。

测试电压的大小和时间，电极的性质和尺寸，试样处理和测试过程中周围大气条件和试样的温度、湿度都会影响体积电阻和表面电阻的测试结果。因此，在测试过程中应按标准条件进行测试操作。

## 任务实施

（1）查阅并理解 GB/T 31838. 2—2019 标准；

（2）准备测试仪器与工具，检查仪器的完好性；

（3）根据标准要求，完成 PP、 ABS 板状试样的制备和与处理；

（4）熟悉高阻计的使用与维护，了解仪器的结构与原理；

（5）按标准规定和仪器使用手册，测试体积电阻和表面电阻；

（6）将测试数据填于表 7-6 和表 7-7 所示记录纸上。根据试样和电极的形状和尺寸，计算其体积电阻率和表面电阻率，完成试验报告。

表 7-6 实验数据记录

| 试样号 | 电极面积/$mm^2$ | 试样厚度/mm | 测试电压/V | 倍率 | 充电时间/s | $R_v$/Ω | $\rho_v$/Ω · cm |
|---|---|---|---|---|---|---|---|
| 1 | | | | | | | |
| 2 | | | | | | | |
| 3 | | | | | | | |
| 4 | | | | | | | |
| 5 | | | | | | | |

表 7-7 表面电阻率测试实验数据记录

| 试样号 | 电极/mm | | 测量电极有效周长 P/mm | 测试电压/V | 倍率 | 充电时间/s | $R_s$/Ω | $\rho_s$/Ω |
|---|---|---|---|---|---|---|---|---|
| | $d_1$ | $d_2$ | | | | | | |
| 1 | | | | | | | | |
| 2 | | | | | | | | |
| 3 | | | | | | | | |
| 4 | | | | | | | | |
| 5 | | | | | | | | |

# 7.2 塑料介电强度测试

## 7.2.1 测试原理

塑料在弱电场是良好的绝缘体，但在强电场（$10^5$～$10^6$V/cm）中，随着施加电压的升高，绝缘性能会逐渐下降，当施加的电压增加到某一个临界值时，通过介质材料的电导电流迅速地上升，这时在被施加电压的两个电极间产生了短路现象，称之为电气击穿（electric breakdown）。材料被击穿的地方，会产生电火花甚至电弧，使材料和电极发生熔化、烧坏、开裂以及其他类似的现象，失去绝缘性能，化学性能也遭到破坏。

击穿瞬间所施加的最高电压 $U_b$，称为材料的击穿电压。材料的击穿电压大小，除了取决于材质的内在因素外，还与材料的绝缘层的厚度有关，绝缘层越厚，击穿电压越高。工程上通常以介电强度（dielectric strength）表征材料抵抗电场作用的能力的大小。

介电强度是在规定的试验条件下，击穿电压与施加电压的两电极之间距离的商。

$$E_b = \frac{U_b}{d} \tag{7-12}$$

式中：$E_b$——介电强度，kV/mm

$U_b$——击穿电压，kV

$d$——两电极间的距离，或试样厚度，mm

介电强度测试采用连续升压或逐级升压的方式升高电压，记取试样被击穿时的电压值。如测试耐电压值，则当升压达到规定电压时停止升压，使电压恒定在规定值，测试达到规定时间不被击穿的电压值。

## 7.2.2　测试方法

（1）测试设备

介电强度测试主要由试验主机、控制装置、电极及试验测控分析处理测试软件等组成，其外形与原理如图 7-5 所示。

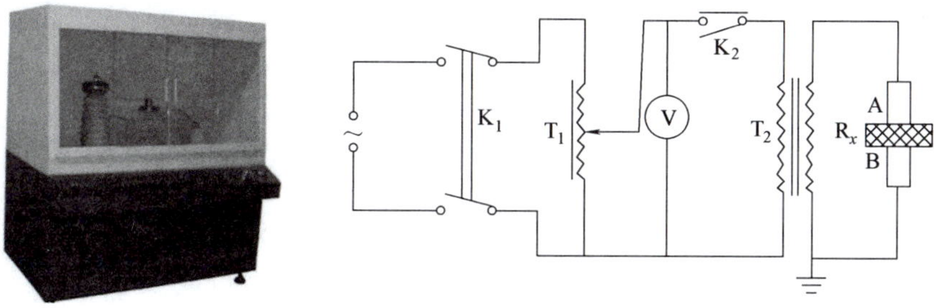


图 7-5　介电强度测试仪

$K_1$—电源开关　$T_1$—自耦变压器　V—电压表　$K_2$—过电流继电器　$T_2$—升压变压器　A、B—电极　$R_x$—试样

电极要求表面光滑，清洁、无伤痕、污垢等。常用电极材料如表 7-8 所示。电极的规格尺寸应与测试试样配对。对于薄膜、片状、板状试样使用圆柱形、球形及平板形的电极；狭条带之类试样则使用棒状或小直径的球形电极。在沿着与试样表面平行的方向以及沿着层压板各层方向作试验时，优先采用板状电极，若要防止表面破坏时，则采用平衡圆柱形电极。

平板电极及管电极的尺寸见表 7-9，形状如图 7-6 所示。其他试样与电极见《GB/T 1408.1—2016 绝缘材料　电气强度试验方法　第 1 部分：工频下试验》。

表 7-8 电极材料

| 电极材料 | 技术要求 | 适用范围 |
|---|---|---|
| 黄铜及不锈钢 | 工作面表面光洁度 $Ra1.6\mu m$（▽7 级以上） | 板状、带状试样，直径较小的管状试样的内电极以及沿层实验用电极 |
| 退火铝箔 | 厚度不超过 0.01mm，用极少量的精练凡士林、电容器油、硅油或其他合适的材料贴到试样上 | 管、棒状实验的内外电极 |
| 弹性金属片 | 有一定弹性的且导电性良好的铜片、钢片或银片 | 直径较大的管状试样的内电极 |
| 导电粉末 | 银粉、未氧化的铜粉或石墨粉 | 直径较小的管状试样的内电极 |
| 烧银 | 银膏应当保证所得的导电层与试样牢固地结合，没有气泡、鳞皮、裂纹等缺陷 | 能耐受高温的实验玻璃、陶瓷类材料的电极 |

表 7-9 电极尺寸

| 试样 | 电极尺寸/mm | 材料 |
|---|---|---|
| 板状 | $D=25\pm1$；$H=25$；$r=(3\pm0.2)$ | 黄铜、不锈钢 |
| 管状 | $L_1=25$；$L_2=75$ | 内电极：铝箔、铜棒、导电粉末；外电极：金属箔带 |

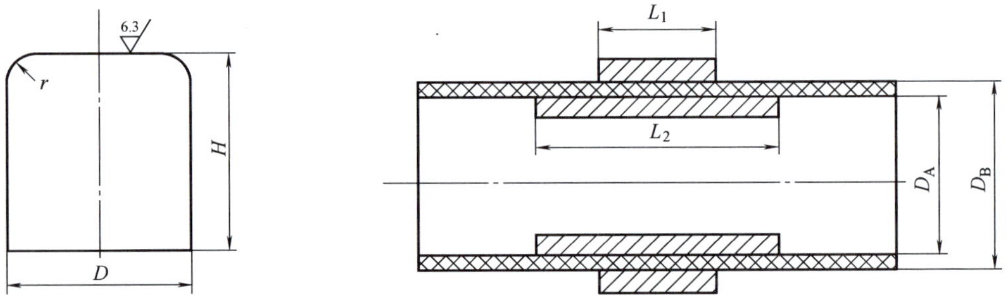


图 7-6 电极形状

试样采用模塑成型或机械加工方法制备。厚度一般不大于 3mm。当厚度大于 3mm 时，应单面成（3±0.2） mm。注意：未加工面应与高压电极接触；不同厚度的试样其结果不能进行比较。每组试样数量不得少于 3 个。

试样预处理应遵循测试材料的产品规定进行。如果没有特殊要求，则试样在温度度为（23 ±2）℃，相对湿度为 50%±5%的条件下处理不少于 24h。

（2）测试条件

① 常态实验环境条件：温度为 20℃±5℃，相对湿度为 65%±5%。

② 热态实验或潮湿环境实验条件由产品标准予以规定。

③ 实验媒质：介电强度试验应尽量在接近测试材料的实际使用环境的媒质中进行，同时应避免测试中发生闪络。选用的媒质不应与被测试试样发生反应，常用有变压器油，硅油。对击穿电压值相对较低的试样，也可以直接在空气中试验。

如果要求在高温下进行试验时，可在任何设计合理的烘箱或热的油浴中进行。

（3）测试步骤

每台介电强度测试仪都提供使用手册或仪器说明书，测试前请认真阅读，并按使用说明书操作仪器设备。

① 按产品标准规定制备试样，并对试样进行预处理。

② 调节环境的温湿度并选好试验媒质。试验环境的调节：常态温度为20℃±5℃，相对湿度 65%±5%。热态或潮湿环境的试验条件按产品标准规定调节。试验媒质：一般采用空气，液体媒质用变压器油或能耐高温的气缸油。

介电强度测试

③ 测量试样厚度。用厚度测量仪在试样测量电极面积下，沿直径测量试样厚度不少于 3 点，取其算术平均值作为试样厚度，测量误差为±0.01mm。

④ 试样经测厚和预处理后，再用绸布蘸上对材料无任何作用的溶剂擦净表面，装入仪器内两电极之间，保持良好接触，开始试验。

⑤ 测试介电强度。可以采用短时快速升压和逐级升压的方式进行试验。短时快速升压方式是将电压由零开始以均匀的速度升高直至试样被击穿。一般应使大多数试样击穿发生在 10～20s 之间。升压的速度可以选用：100、200、500、1000、2000、5000V/s 等。对于大多数材料，通常采用 500V/s，模塑材料推荐使用 2000V/s 的升压速度。逐级升压方式有 20s 逐级升压、 60s 逐级升压和慢速逐级升压（120～240） s 或（300～600） s 极慢速升压的方式。

⑥ 以预计 40%短时击穿电压施加于试样上，在此电压下保持一定的时间后，按表 7-10 规定增量逐渐增加电压值，并在规定的时间内连续施加电压，直至试样被击穿。

表 7-10　　电压值的增量（峰值/$\sqrt{2}$）　　单位：kV

| 起始电压 $U$ | 增量 | 起始电压 $U$ | 增量 |
|---|---|---|---|
| $U \leqslant 1.0$ | 起始电压的 10% | $20 < U \leqslant 50$ | 2.0 |
| $1.0 < U \leqslant 2.0$ | 0.1 | $50 < U \leqslant 100$ | 5.0 |
| $2.0 < U \leqslant 5.0$ | 0.2 | $100 < U \leqslant 200$ | 10.0 |
| $5.0 < U \leqslant 10.0$ | 0.5 | $U > 200$ | 20.0 |
| $10 < U \leqslant 20$ | 1.0 | — | — |

⑦ 耐电压实验。在试样上连续均匀升压到一定的实验电压后保持一定的时间，试样若不击穿，则此电压为耐电压值。实验电压和时间由产品标准规定。有些产品也有规定采用逐级升压法耐压试验，或其他脉冲击穿试验和环境条件试验，以及模拟实际工作条件下的耐压试验等。如机械应力下，使试样处于拉伸状态了进行耐压试验，这样可以更加符合实际地考验产品在使用条件下绝缘击穿性质。

### 7.2.3　结果与报告

（1）击穿的判断

在电击穿时，回路中的电流增加和试样两端电压下降，使断路器跳开或熔丝烧断。试样沿施加电压方向及位置有贯穿小孔、开裂或烧焦等痕迹。如果痕迹不清，可用重复施加试验电压来判断。

（2）介电强度计算

$$E_b = \frac{U_b}{d} \tag{7-13}$$

式中：$E_b$——击穿强度，kV/mm；

$U_b$——击穿电压，kV，以各次实验的算术平均值作为实验结果，取 3 位有效数字；

$d$——试样厚度，mm。

以 5 次实验的平均值作为实验结果，取 3 位有效数字。

如个别实验值对平均值的相对误差超过 15%，则另取样进行 5 次实验，实验结果由 10 次实验的算术平均值计算。

（3）实验报告

实验报告应包括：①材料型号、名称和规格、制造厂名称和日期；②试样形状、尺寸、数量和处理条件；③电极形式及尺寸；④实验环境温度及湿度；⑤测试仪器和外施电压；⑥测量数据及计算结果。

### 任务实施

（1）查阅并理解 GB/T 1408—2016 标准内容，制定测定 ABS 塑料介电强度的实验方案；

（2）准备测试仪器与工具，检查仪器的完好性。熟悉实验装置的使用与维护，了解仪器的结构与工作原理；

（3）按标准规定，完成测试试样的制备和与处理；

（4）按测试标准和仪器使用手册，完成塑料的介电强度和耐电压实验；

（5）分析测试记录，正确处理是试验数据，完成试验报告。

## 7.3 塑料的介电常数和介质损耗因数测试

塑料在电气元件中很多场合都是以电介质或绝缘材料使用，如电容器、电线电缆等，而介电常数和介质损耗因数是用于表征绝缘材料电性能的两个主要性能参数。

介电常数 $\varepsilon_r$ 表征在单位电场中，电介质贮存静电能的能力大小。它是把绝缘材料作为电介质制成的电容器，用指定频率测定电容器的等效并联电容量与电介质换成真空场合的静电容量之比。

$$\varepsilon_r = C_x / C_0 \tag{7-14}$$

式中：$\varepsilon_r$——绝缘材料的介电常数；

$C_x$——绝缘材料为介质的电容器的电容量；

$C_0$——以真空为介质的电容器的电容量。

介电常数的数值取决于介质的极化，而介质的极化与分子结构有关，分子的极性大，极化程度越大，则介电常数也越大。对于高分子材料，如果分子链中不含有极性基团，它的介电常数较小，含有极性基团的聚合物介电常数大。一般真空的 $\varepsilon_r$ 等于 1，空气的 $\varepsilon_r$ 接近 1，大多数非极性高聚物的 $\varepsilon_r$ 为 2 左右，极性高聚物的 $\varepsilon_r$ 为 2～10 左右。常见塑料的介电常数见表 7-11。

**表 7-11 常见塑料的介电常数**

| 塑料材料 | 介电常数 | 塑料材料 | 介电常数 |
|---|---|---|---|
| PE | 2.2 | PC | 3.05 |
| PP | 2.16 | 聚砜 | 3.14 |
| PS | 2.5 | 聚对苯二甲酸乙二酯(PET) | 3.1 |
| PVC | 3.05 | PA1010 | 3.55 |
| POM | 3.1 | PA66 | 4.00 |
| 聚苯醚 | 2.65 | PMMA | 3.15 |
| 聚四氟乙烯 | 2.0 | 酚醛塑料 | 5.6 |

由于各种极化所需的时间不同，在不同频率范围内出现不同的极化。因此，外加电场的频率对介质的极化情况影响也很大，在不同频率的交变电场下，测得的介电常数也不同。

介质损耗因数 tgδ 表征电介质材料在施加电场后介质损耗能量大小的物理量。一般电介质在交流电场中，介质的极化跟不上电场的变化，因而要吸收一部分电能而发热。介质因发热而损失一部分电能的这种性质称为介电损失。各种电介质的介质损耗大小，可用介质损耗因数（$\tan\delta$）来表示。

$$\tan\delta=\frac{\text{每个周期内介电损耗的能量}}{\text{每个周期内介电储存的能量}} \tag{7-15}$$

如图 7-7 所示，当一个没有损耗的电容器在交流电路时，通过电容器的电流会超前电压 90°电气角。但由于电介质、基团或偶极的取向运动存在着阻力，使得极化滞后于电场的变化，其滞后相角 $\delta$ 的正切值 $\tan\delta$ 正比于材料在交变电场中能量的损耗。因此，介质损耗因数 $\tan\delta$ 又称介质损耗角正切。

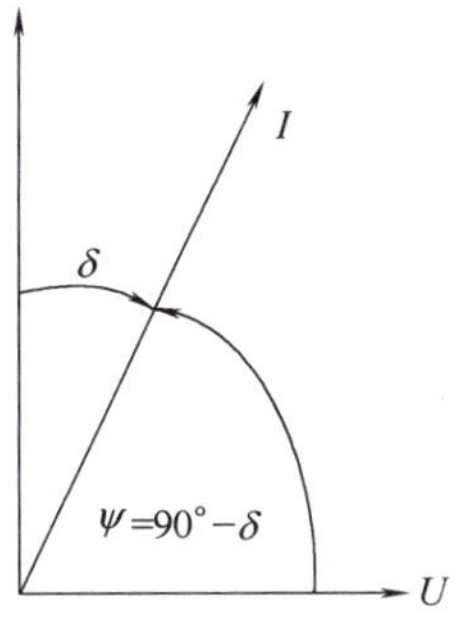

图 7-7 电流与电压间相位关系

介电损耗主要表现在介质在交变电场中吸收电场能量使介质本身发热，因而损耗了电能量。介质损耗因数越大，则介质损失在发热方面的能量越大。因此，在高频焊接或高频加热，需要 $\tan\delta$ 高的聚合物，可以将较多的电能转变为热能，但作为电工绝缘材料或电容器材料使用时则不适合，否则不但浪费大量电能，而且还会引起聚合物发热而使它老化。

聚合物的极性大小和极性基团的密度，对介电损耗起决定作用。非极性高聚物的 $\tan\delta$ 可小于 $1\times10^{-4}$，极性高聚物的 $\tan\delta$ 为 $5\times10^{-3}\sim1\times10^{-1}$。

## 7.3.1 测试原理

测量塑料的介电常数和介质损耗因数通常把试样看成是一个有损耗的电容器，采用并联或串联形式的等效电路连接交流电路中，如图 7-8 所示。

按照串联等效电路与并联等效电路损耗功率相等及彼此等值的原理有如下关系：

（a）并联等效电路：

$$\tan\delta=\frac{1}{\omega C_{p}R_{P}} \tag{7-16}$$

（b）串联等效电路：

$$\tan\delta=\omega R_{S}C_{S} \tag{7-17}$$

式中：$\omega$——角频率；

$R_P$、$R_S$——分别为并、串联等效电阻；

$C_P$、$C_S$——分别为并、串联等效电容。

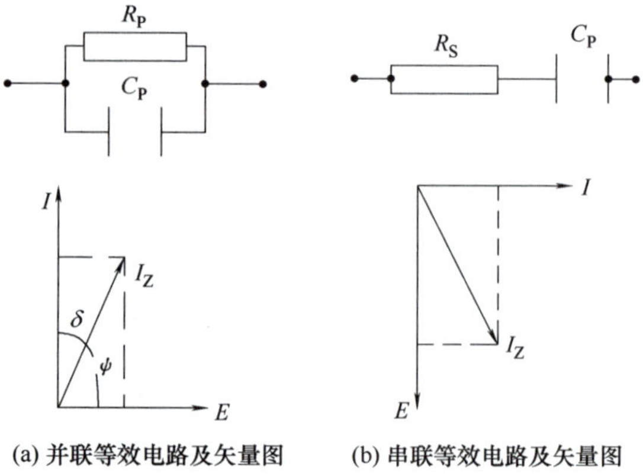


图 7-8　有损介质的等效电路及矢量图

测试方法有谐振法和零点指示法两种。谐振法适用于从 10kHz 到几百兆赫的频率范围内的测量，零点指示法适用于频率不超过 50MHz 时的测量。

（1）谐振法测试原理

谐振法的原理是基于在一个谐振电路中感应一个已知的弱小电压时，测量在该电路出现的电压，最常见的是 Q 表，适用于从 10kHz 到几百兆赫的频率范围内的测量。如图 7-9 所示，在线路中通过一个共用电阻 R 将谐振电路耦合到振荡器上。在规定的频率下将输入电压或电流调节到一个已知值，调节谐振电路达到最大谐振，观察此时的电压 $U_0$。然后将试样接到相应的接线端上，再调节可变电容器使电路重新谐振，观察新的电压 $U$ 的值。

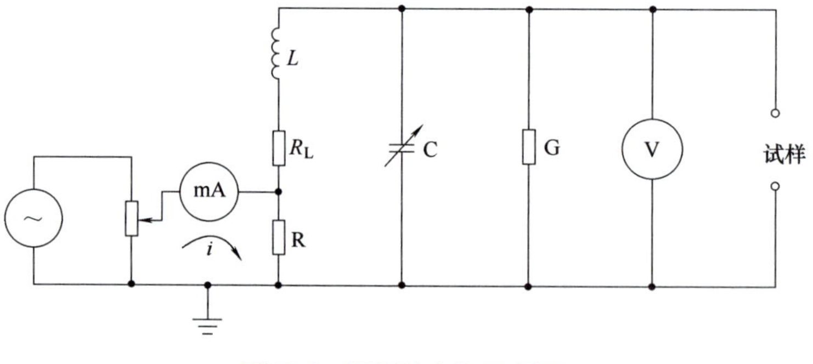


图 7-9　谐振法电路原理图

在接入试样并重新调节线路时，只要 $R_LG\ll1$ ，其总电容几乎保持不变。试样电容近似于 $\Delta C$，即是可变电容器电容的变化量。

试样的损耗因数近似为：

$$\tan\delta\approx\frac{C_i}{\Delta C}\left(\frac{1}{Q_1}-\frac{1}{Q_0}\right) \tag{7-18}$$

式中：$C_i$——电路中的总电容，包括电压表以及电感线圈本身的电容；

$Q_1$、$Q_0$——分别为有、无试样联接时的 $Q$ 值。

注意：谐振法测量误差主要来自两台指示器的标定刻度以及在连线中尤其是在可变电容器

和试样的连线中所引入的阻抗。对于高的损耗因数值，$R_LG \ll 1$ 的条件可能不成立，此时上面引出的近似公式不成立。

（2）电桥平衡原理

采用电桥平衡原理测试介电常数和介质损耗因数的电路常见的有西林电桥、变压器电桥（互感耦合比例臂电桥）和并联 T 型网络。

西林电桥的电路原理见图 7-10。其中两个臂是一个未知电容 $C_X$ 和一个无损耗电容 $C_N$，另外两臂（测量臂）由无感电阻 $R_1$ 和 $R_2$ 组成。电阻 $R_1$ 在未知电容 $C_X$ 的对边上，测量臂被一个电容 $C_1$ 分流。电容 $C_1$ 和两个电阻 $R_1$ 和 $R_2$ 中的一个是可调的。如果采用电阻 $R_S$ 和（纯）电容 $C_S$ 的串联等值回路来表示电容 $C_x$，则当电桥平衡时，可导出：

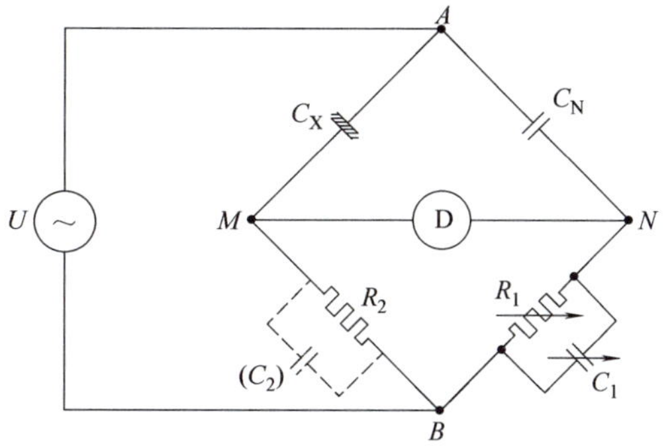

图 7-10　西林电桥电路图

$$C_S = C_N \frac{R_1}{R_2} \tag{7-19}$$

$$\tan\delta_X = \omega R_S C_S - \omega C_1 R_1 \tag{7-20}$$

如果电阻 $R_2$ 被一个电容 $C_2$ 分流，则 $\tan\delta$ 的公式变为：

$$\tan\delta_X = \omega C_1 R_1 - \omega C_2 R_2 \tag{7-21}$$

西林电桥是测量电容率和介质损耗因数的最经典的装置，测试范围从低于工频（50～60Hz）直至 100kHz 的频率，电容为 50～1000pF 的试样或被试设备。但由于在不同的测试频率下，产生的阻抗不同，例如一个 50～1000pF 的电容在 50Hz 时的阻抗为 60～3MΩ，在 100kHz 时的阻抗为 3000～1500Ω。因此，根据测试频率范围的不同，实际上电桥构造出现了低频和（相对）高频两种不同结构形式的电桥（具体参见 GB/T 1409—2006 标准方法附录及各仪器厂家提供的仪器说明书）。

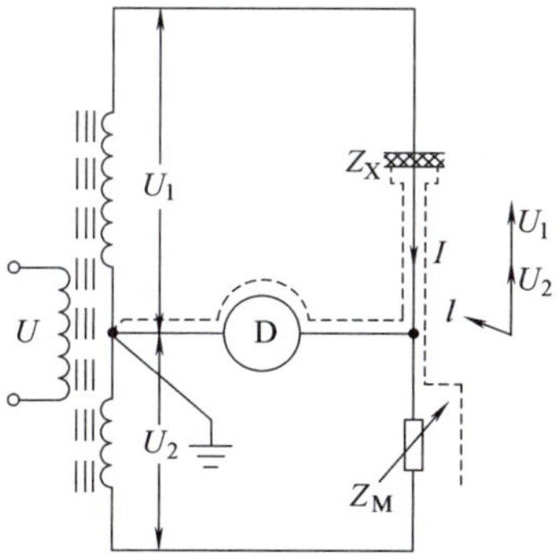

图 7-11　变压器电桥电路图

变压器电桥电路原理图如图 7-11 所示。当电桥平衡时，复电抗 $Z_X$ 和 $Z_M$ 之间的比值等于电压矢量 $U_1$ 和 $U_2$ 间的比值。如果电压矢量的比值是已知的，便可从已知的 $Z_M$，推导出 $Z_X$。在理想电桥中比例 $U_1/U_2$ 是一个系数 $K$，则：

$$Z_X = KZ_M \tag{7-22}$$

实际上 $Z_M$ 的幅角直接给出 $\delta_x$。

变压器电桥比西林电桥有很大的优点，它允许将屏蔽和保护电极直接接地且不需要附加的辅助桥臂。这种电桥可在从工频到数十兆赫的频率范围内使用。比西林电桥使用的频率范围宽。由于频率范围的不同，桥的具体结构也不相同。

在实际测试中，应根据试样的标准规定的频率选用合适的仪器，并按仪器的使用说明书操作仪器。随着计算机技术的发展与普及，目前很多生产商的仪器都引入计算机计算系统，可直接输出打印介电系数 $\varepsilon_r$ 和介质损耗角正切 $\tan\delta$ 值。

### 7.3.2 测试方法

测定塑料的介电常数和介电损耗因数可参照 GB/T 1409—2006 标准方法进行。主要设备有介电常数测试仪或高频 Q 表，电极及厚度测试仪。在实际测试中应根据试样规定的频率选用合适的仪器，并按仪器的使用说明书操作仪器。

（1）试样要求

测试塑料介电常数和介质损耗因数多采用板状或管状试样。一般是从固体材料上截取，要求表面应平整、均匀，厚度均匀度在±1%内；无裂纹、气泡和机械杂质等缺陷。试样数量不少于 3 个。

试样厚度应根据试样的制备方法和各点间厚度的变化选取，一般应满足测量所需要的精确度。对 1%的精确度来讲，1.5mm 的厚度就足够了，但对于更高精确度测试，应采用较厚的试样，例如 6~12mm。试样的几何形状与电极尺寸见表 7-12 和表 7-13。

**表 7-12　　三电极与试样尺寸**　　单位：mm

| 试样 | 试样尺寸 | 电极尺寸 | | | 保护间隙 | 频率范围 |
|---|---|---|---|---|---|---|
| | | 测量电极 | 高压电极 | 保护电极宽度 | | |
| 板状 | 方形：100×100<br>圆形：直径 100 | 直径 70±0.1 | 直径≥94 | ≥10 | 1±0.1<br>2±0.2 | 工频 |
| | 方形：100×100<br>圆形：直径 100 | 直径 50±0.1 | 直径≥74 | ≥10 | 1±0.1<br>2±0.2 | 音频 |
| | 方形：80×80<br>圆形：直径 80 | 直径 37±0.1 | 直径≥60 | ≥10 | 1±0.1<br>2±0.2 | 高频 |
| 管状 | 长 100 | 宽 50±0.1 | 宽≥74 | ≥10 | 1±0.1<br>2±0.2 | 工频 |

注：表中保护间隙（2±0.2）mm 为常用尺寸；（1±0.1）mm 为推荐尺寸。

**表 7-13　　二电极与试样尺寸**　　单位：mm

| 试样 | 试样尺寸 | 电极尺寸 | | 频率范围 |
|---|---|---|---|---|
| | | 测量电极 | 接地电极 | |
| 板状 | 直径≥(50+4 $t$) | 直径 50±0.1 | 直径 50±0.1；直径≥(50+4 $t$) | 音频、高频 |
| | 直径 50 | 直径 50±0.1 | 直径 50±0.1 | |
| | 直径≥(38+4 $t$) | 直径 38±0.1 | 直径 38±0.1；直径≥(38+4 $t$) | |
| | 直径 38 | 直径 38±0.1 | 直径 38±0.1 | |
| 管状 | 长 50 | 外电极宽 18±0.5 | 内电极宽 30±0.50 | 音频、高频 |

注：$t$ 为板状试样的厚度，mm。

试验前，试样应按产品标准规定进行预处理，并用蘸有溶剂（对试样不起腐蚀作用，可用无水乙醇）的绸布擦洗试样。

（2）电极

一般采用金属箔、导电橡胶或导电漆之类的电极。测量电极应与试样相配合，电极有 3 电极（带保护电极）和二电极（不带保护电极）两种形式， 其尺寸见表 7-12 和表 7-13。使用保护电极可以避免边缘效应引起电容率的测量误差。保护电极的宽度应至少为两倍的试样厚度，保护电极和主电极之间的间隙应比试样厚度小。如果不能用保护电极，通常需对边缘电容进行修正。

对于表面电导率很低，损耗很小或极薄的试样，也可采用非接触式电极。即试样不加电极而将试样插入电极系统中进行测量。不加电极的优点是测量时快而方便，并可避免由于试样和电极间的不良接触而引起的误差。

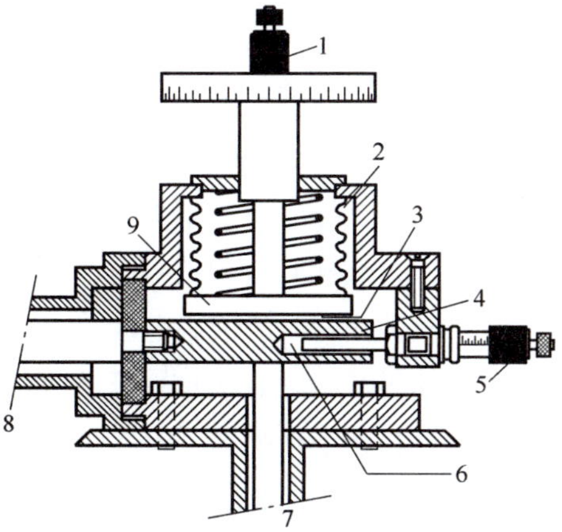

图 7-12　测微计-电容器电极装置

1—测微计头　2—连接可调电极（B）的金属波纹管　3—放试样的空间（试样电容器 $M_1$）　4—固定电极（A）　5—测微计头　6—微调电容器 $M_2$　7—接检测器　8—接到电路上　9—可调电极（B）

图 7-12 是带微调的线性管状电容的测微电极，可以减小接线的电容、电阻及电感对被连接元件的影响，而且还可以用接触式测量和非接触式测量。

（3）测试步骤

① 试样预处理。试验前，根据产品标准规定进行预处理条件。如果没有规定时，试样应在温度为 20℃±5℃和相对湿度为 65%±5%的条件下放置不少于 16h，方能进行常态实验。

② 试验环境条件。具体需要而定，可以常态，也可以在热态或潮湿态下进行。加热预处理后的试样须在温度 20℃±5℃，相对湿度 65%±5% 的条件下，冷却到温度 20℃±5℃后方能进行常态试验。常态试验环境：温度 20℃±5℃，相对湿度 65%±5%。

介电常数测试操作

③ 测量试样尺寸。使用测厚仪精确测量试样的厚度，偏差在±（0.2%±0.005mm）以内。测量点应均匀地分布在试样表面。必要时，应测其有效面积。

④ 连接测试装置。将已测量厚度的试样连接到电极系统和测试仪器，分别测量试样的介电常数和介质损耗因数。

具体操作步骤按仪器使用说明书进行。

（4）结果与报告

介电系数 $\varepsilon_r$ 和介质损耗角正切 $\tan\delta$ 按所用测试方法，或仪器说明书中的公式计算，以各项实验的算术平均值作为实验结果，取两位有效数字。

以 Q 表测试的介电常数 $\varepsilon_r$ 和介质损耗因数按下式计算：

$$\varepsilon_r = \frac{11.3C_x \cdot \delta}{S} = \frac{11.4C \cdot \delta}{d^2} \tag{7-23}$$

$$\tan\delta=\frac{C_1(Q_1-Q_2)}{Q_1Q_2(C_1-C_2)} \tag{7-24}$$

式中：$C$——测试电容；

$S$——试样的测试面积，$mm^2$；

$\delta$——试样的厚度，mm；

$d$——圆形试样的直径，mm；

$C_1$——没接试样时 Q 表谐振时的电容；

$Q_1$——没接试样时 Q 表谐振时的 $Q$ 值；

$C_2$——接入试样时的谐振电容；

$Q_2$——接入试样时 Q 表谐振时的 $Q$ 值。

实验报告应包括下列内容：①试样的型号名称及种类、供货形式、取样方法、试样的形状及尺寸和取样日期（并注明试样厚度和试样在与电极接触的表面进行处理的情况）；②试样条件处理的方法和处理时间；③电极装置类型，若有加在试样上的电极应注明其类型；④测量仪器规格与型号；⑤试验时的温度和相对湿度以及试样的温度；⑥施加的电压与施加的频率；⑦测试数据与计算结果；⑧试验日期。

### 7.3.3 影响因素与讨论

（1）试验环境的影响

试验温度影响材料极化时的松弛频率，且温度升高引起导电频率的增高，导致损耗增大，所以温度对 $\varepsilon$ 和 $\tan\delta$ 都有影响，其影响程度随材料和频率的不同而不同，作为一项标准试验方法，必须规定标准温度，这样才能得出有比较意义的结果。

材料极化的程度随水分的吸收量或电介质材料表面水膜的形成而增加，其结果使电容率、介质损耗因数和直流电导率增大，如表 7-14 所示。因此，试验前和试验时对环境湿度必须要进行控制。

**表 7-14　湿度对 $\varepsilon$ 和 $\tan\delta$ 的影响**

| 相对湿度/% | 介电常数 $\varepsilon$（50Hz） | | 介质损耗因数 $\tan\delta$（50Hz） | |
|---|---|---|---|---|
| | 酚醛塑料 | PVC 电缆料 | 酚醛塑料 | PVC 电缆料 |
| 31.7 | 9.71 | 7.40 | 0.342 | 0.111 |
| 63 | 10.4 | 7.50 | 0.358 | 0.113 |
| 97 | 15.8 | 8.00 | 0.446 | 0.136 |

（2）接触电极材料的影响

在工频和音频损耗测试中，采用 3 电极系统，其制作规格与测试电阻系数的电极相同，采用的电极材料类似。但在高频下，由于频率的提高，导致电极本身对电流有附加损耗，因此，必须选择附加损耗非常小的电极材料。文献报导用真空镀铝的电极测得的结果与标准值很接近，分散性小；而导电橡胶损耗较大，不适于高频下介质损耗测试使用。

（3）测试电压与频率的影响

在较高的频率下，只要电介质中不出现局部放电，一般电介质的 $\varepsilon$ 和 $\tan\delta$ 与电场强度关系不大。存在界面极化时，自由离子的数目随电场强度增大而增加，其损耗指数最大值的大小和位置也随此而变。如薄膜材料，当测试的平均场强超过 10～20kV/mm 时，$\tan\delta$ 值都有明显增大，这种现象的发生，主要是因为周围空气发生电离。因此，一般测试薄膜，电压要低于 500V 为宜。

只有少数材料如石英玻璃、PS 或 PE 在 $50\sim100\times10^6$Hz 的范围内，$\varepsilon$ 和 $\tan\delta$ 的变化是不大的。一般材料的介电常数和介电损耗角正切随频率的变化而变化，甚至有些材料的 $\tan\delta$ 有一个数量级以上的变化，这是因为电容率和介质损耗因数的变化是由于介质极化和电导而产生，最重要的变化是极性分子引起的偶极子极化和材料的不均匀性导致的界面极化所引起的。

## 任务实施

（1）查阅 GB/T 1409—2006 标准，制定测试塑料介电常数和介电损耗因数实验方案；

（2）准备测试仪器与工具，检查仪器的完好性，熟悉实验使用与维护；

（3）按测试标准和仪器使用手册，用 Q 表测试塑料材料介电系数和介电损耗因数；

（4）将测试数据填入表 7-15 所示的记录表中，并注明：试样名称与直径，测试仪器型号、标准电感线规格及谐振频率，分析讨论结果，完成试验报告。

**表 7-15　　数据记录**

| 试样编号 | $C$/pF | | | $Q$ | | | 样品厚度/mm | $\tan\delta$ | $\varepsilon_r$ |
|---|---|---|---|---|---|---|---|---|---|
| | $C_1$ | $C_2$ | $C_x=C_1-C_2$ | $Q_1$ | $Q_2$ | $Q_1-Q_2$ | | | |
| 1 | | | | | | | | | |
| 2 | | | | | | | | | |
| 3 | | | | | | | | | |

# 7.4 耐电弧性试验

## 7.4.1 试验原理

耐电弧（arc resistance）是塑料抵抗高压电弧作用的能力，一般用电弧焰在材料表面引起炭化至表面导电所需的时间来描述。电弧造成的破坏特征是表面碳化、局部的灼焦或燃烧。在导电元件之间要进行接触的所有场合中，电弧是不可避免的。如开关、断路器和自动配电罩等，在这些场合中，电弧都有可能造成电器损坏。与电弧作用有联系的另一术语是电弧径迹。所谓径迹是指高压电源产生电流漏泄或在电极之间的绝缘材料表面缓慢但稳定地形成一层薄薄的金属丝状碳化痕迹的现象。

耐电弧性试验原理见图 7-13，以工频高压小电流在电极间产生的电弧、间歇作用于固体绝缘材料表面，通过电弧间歇时间的逐渐缩短，然后加大电弧电流的方法，使材料经受逐渐严厉的燃弧条件，从而分辨出材料的耐电弧性，以电弧产生直至材料破坏所经历的时间（s）来衡量材料的耐电弧性。

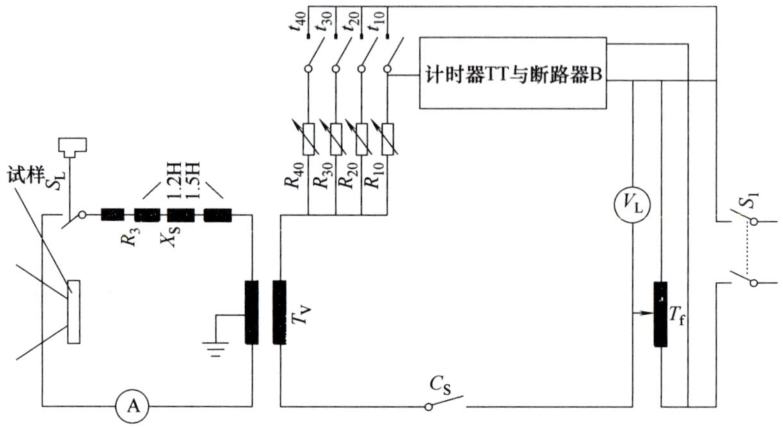


图 7-13 电器原理图

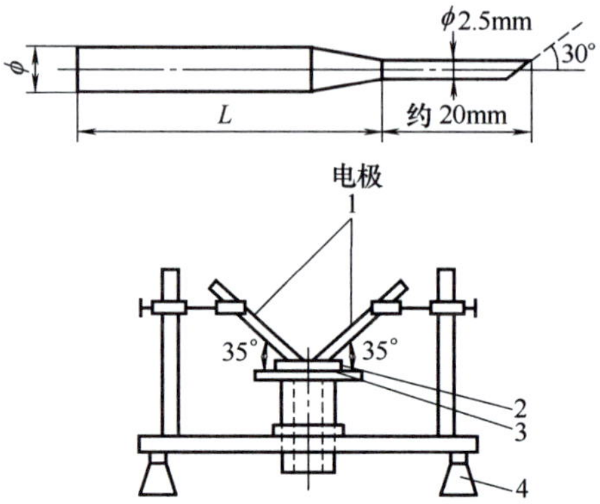


图 7-14 电极安装示例图

## 7.4.2 测试设备

测试设备为高压小电流间歇耐电弧仪，主要由试验电气回路、电极和电极装置、试验箱组成。

试验电气回路如图 7-13 所示。由变压器（$T_V$）、可变比自耦变压器（TC）、电压表（VL）、毫安表（A）、电流控制电阻器（$R10$、$R20$，$R30$ 及 $R40$）、抑制电阻器（$R_3$）、空芯电感器（XS）、断电器（B）、计时器（TT）、接触器（$C_S$）组成。

电极由直径为（2.4±0.05） mm，无裂纹、凹痕或粗糙疵点的钨棒制成。活动电极长至少 20mm，一般将这个活动电极固定于把柄上，使得在削尖后的电极尖端能准确定位。

如图 7-14 的电极装置提供了一种夹持电极和试样的方法，使得电弧按正确的角度施加于试样的上部表面。

注意：每一次试验后，应用不起毛的实验室用的纸巾蘸以丙酮或乙醇之类溶剂清洗电极，再用去离子水擦洗电极，然后用干净的、不起毛的纸巾将其擦干。

## 7.4.3 测试方法

（1）试样制备

电弧测试的试样应在制件上直接裁取，如果是模塑部件时，施加电弧应在被认为最有意义的位置上。每一试样要有必要的尺寸，使试验在平坦表面上进行并可使电极装置既应距试样边缘不少于6mm，又应该距离先前试验过的地方不少于12mm。一般厚度应是3.0~3.4mm。如果试验薄的材料时，要预先把它们紧紧地夹在一起，使形成的试样厚度尽可能接近推荐的厚度。对材料作正规比较试验时，应在每一材料的试样上至少做5次试验。

试样应按产品规定进行状态条件，如果没有特别要求时，可在温度（20±2）℃、相对湿度50%±5%的标准大气中暴露24h以上。

（2）测试步骤

① 测定耐电弧时，将试样放入电极装置内，同时调节电极间距离至（6.35±0.1） mm。

② 按仪器使用说明书接通试验回路并观察起始电弧、漏电起痕进展和被试材料的任何奇特现象。

注意安全，在观察电弧过程中，操作人员要配戴防红外线眼镜或应用紫外线遮护板。

如果电弧没有保持在电极尖端处或者发生了不规则的闪烁，表明回路常数不正确或者材料正在以极大速率释放出气体产物。

③ 每次1min试验结束时，电弧严酷程度将按表7-16所示顺序增加，直至试样发生失效。失效时，应立即切断电弧电流并停止计时。记录每一次到达失效的时间。

**表 7-16 每阶段 1min 的程序**

| 阶段 | 电流/mA | 时间周期/s | 总时间/s |
|---|---|---|---|
| 1/8 | 10 | 1/8 通,7/8 断 | 60 |
| 1/4 | 10 | 1/4 通,3/4 断 | 120 |
| l/2 | 10 | 1/2 通,l/2 断 | 180 |
| 10 | 10 | 连续 | 240 |
| 20 | 20 | 连续 | 300 |
| 30 | 30 | 连续 | 360 |
| 40 | 40 | 连续 | 420 |

注：在开始的3个阶段，规定了中断电弧，目的是使试验不如连续电弧那么严酷。电流规定为10mA，再小可能会使电弧不稳定或闪烁。

（3）结果与报告

测试结果以试验开始直至试样失效总时间表示，以秒（s）为单位。

失效（failure）是指当被试材料内形成导电通道时，或如果电弧引起某一材料燃烧和当电弧被切断后材料还继续燃烧。通常观察到的失效有4种类型：

① 许多无机电介质变成白热状态时，致使它们变成能够导电。当冷却时，它们又恢复到其原先绝缘状态；

② 某些有机复合物突然发生火焰，但在材料内不形成明显的导电通道；

③ 有些材料可见到因漏电起痕而导致失效，即当电弧消失时，在电极间形成一条细金属似的线。

④ 表面发生炭化直到出现足够的炭而形成导电。

测试报告应包括：

① 采用的方法标准；

② 被试材料的鉴别和试样的厚度；

③ 试验前的清洗和条件处理的细节；

④ 耐电弧时间的中值、最小值和最大值；

⑤ 观察到的特殊现象，如燃烧和软化等。

（4）影响因素

耐电弧性与塑料的种类有关，如酚醛树脂易于碳化，因此，耐电弧性差，三聚氰胺树脂、氟树脂则有优良的耐电弧性；又如通过加入填料（玻璃纤维、木粉、石棉和其他无机填料）可以大大改善塑料的耐电弧性。

试样的表面质量也影响测试的结果，如灰尘、油污及水分会加速产生电弧径迹。

## 项目总结

塑料具有优异的电性能，在电子、电器领域得到了广泛的应用。测试塑料的电性能对评价塑料制品的质量，为不同用途选用合适的塑料材料和安全使用提供依据，塑料电性能主要包括电阻率、介电强度、介电常数与介电损耗因数、耐电弧性等性能指标。

塑料的电阻率分体积电阻率和表面电阻率，测试一般使用高阻计或检流计测量。

在外加电场作用下，塑料的绝缘性会随着施加电压的升高而逐渐下降，当施加的电压增加到某一个临界值时，介质材料的电导电流迅速地上升，在被施加电压的两个电极间产生了短路现象，称之为电气击穿。击穿时材料和电极会发生熔化、烧坏、开裂以及其他类似的现象，失去绝缘性能，化学性能也遭到破坏。击穿瞬间所施加的最高电压 $U_b$，称为材料的击穿电压；击穿电压与施加电压的两电极之间距离的商，称为介电强度。塑料介电强度测试按标标准和仪器手册进行，可以采用连续升压或逐级升压的方式升高电压，记取试样被击穿时的电压值。塑料的击穿一般都是热击穿和电击穿共同作用的结果。

介电常数用于表征在单位电场中，电介质贮存静电能的能力大小，其数值取决于介质的极化的程度；介电损耗主要表现为介质在交变电场中吸收电场能量使介质本身发热，其损耗大小一般用介质损耗因数（$\tan\delta$）来表示。测试塑料介电常数和介电损耗因数有谐振法和电桥平衡法。

塑料抵抗高压电弧作用的能力，一般用电弧焰在材料表面引起炭化至表面导电所需的时间来描述。在导电元件之间要进行接触的所有场合中，电弧是不可避免的。测定塑料绝缘材料耐高电压、小电流电弧放电的试验，可采用 GB/T 1411—2002 标准方法进行。

## 思考题

（1）影响塑料样品介电损耗因素有哪些？

（2）绝缘材料绝缘电阻率测试方法是否与导体、半导体的测试方法相同？

（3）介电强度测试中，改变测试频率，测试结果是否会改变？

（4）介电常数测试中，如果试样中含有杂质，是否会影响测试的结果？

（5）实验环境条件如温度、湿度对电性能测定结果有什么影响？为什么？

（6）试样表面的光洁度对电阻率的测定结果有无影响？为什么？

（7）材料的分子结构和聚集态结构与材料的体积电阻、表面电阻有何关系？举例说明。

（8）试样中的含水量对塑料电性能测定结果有何影响？

项目8

# 塑料耐老化性能测试

## 学习目标

塑料老化一般指塑料在加工、贮存和使用过程中，由于自身的因素加上外界光、热、氧、水、机械应力以及微生物等作用，引起化学结构的变化和破坏，逐渐失去原有的优良性能的变化过程。塑料制品已广泛应用于建筑材料、汽车部件、电子电器等行业中，其耐老化性是塑料推广使用十分重要的性能之一。通过本项目的学习，了解塑料耐老化性能测试的基本原理，掌握塑料常规老化性能的测试方法，熟悉测试设备的结构、使用与维护，进一步理解塑料结构与性能的关系。本项目主要学习目标见表8-1。

表8-1　塑料老化性能测试项目学习目标

| 序号 | 类别 | 目　标 |
|---|---|---|
| 1 | 知识 | ①塑料老化的概念，影响塑料老化性能的因素<br>②了解塑料耐老化测试的类型及其相关性<br>③塑料自然气候老化、实验室光源老化和热空气老化等试验方法与原理<br>④塑料老化试验试样的制备方法<br>⑤实验室光源老化、热空气老化试验仪的结构原理 |
| 2 | 技能 | ①能按试验要求和标准规定选取、制备老化测试试样<br>②能按标准方法进行实验室光源老化试验和热空气老化试验<br>③能按要求，准备试验器材、正确使用和维护仪器<br>④能根据产品规范和标准要求，完成老化后的性能测试<br>⑤分析整理测试结果，完成测试报告 |
| 3 | 职业素养 | ①团队合作与沟通能力<br>②自主学习、分析与解决问题的能力<br>③安全生产、质量与环境保护意识<br>④客观公正，严谨认真的职业道德 |

## 工作任务

研究塑料耐老化的试验方法很多，根据实验条件大体上分为两类：一是自然条件下老化，如自然气候暴露老化、埋地老化、海水浸泡老化等；二是人工设定试验条件的老化，如人工热老化、人工气候暴露老化、盐雾老化、电化学老化等。这些试验方法大多是利用模拟或强化自然环境，或使用环境中的作用因素而进行的。根据影响因素，可分为：热老化（温度老化）、光老化、湿热老化、盐雾老化、氧老化等。本项目工作任务见表8-2。

表 8-2　学习工作任务

| 序号 | 任务句称 | 要　求 |
| --- | --- | --- |
| 1 | 认识塑料的自然气候老化试验 | ①检索和阅读塑料老化性研究和自然气候老化试验方法的文献<br>②按要求制备测试试样和准备试验器材<br>③熟悉塑料自然老化试验测量工具的使用，会记录相关测量数据<br>④分析测试结果，完成测试报告 |
| 2 | 测试聚丙烯（PP）塑料薄膜的紫外光老化性能 | ①检索和阅读实验室光源老化试验的文献资料，GB/T16422 系列标准<br>②根据标准要求，讨论制定 PP 塑料薄膜的紫外光老化试验方案<br>③准备测试仪器，熟悉荧光紫外老化机的操作，了解仪器的结构原理<br>④按要求制备与预处理试样，并进行紫外光老化试验<br>⑤按试验要求，完成紫外光老化前后的性能测试，分析测试数据，完成测试报告 |
| 3 | 测试聚氯乙烯（PVC）塑料热空气老化 | ①检索和阅读热空气老化试验和 GB/T 7141—2008 的标准文献<br>②根据标准要求，讨论制定 PVC 塑料热老化试验方案<br>③准备测试仪器工具，了解仪器的结构原理，熟悉热空气老化试验机的操作与操作<br>④按要求制备与预处理测试试样，并进行热老化试验<br>⑤完成热老化前后的性能测试，分析测试数据，完成测试报告 |

## 8.1　塑料自然气候老化性能测试

自然气候老化试验指将塑料试样暴露于户外气候环境中，经受阳光、空气、温度等气候的综合作用，通过测定其理化性能变化来评价塑料的耐候性。暴露阶段可以用时间间隔表示，也可用太阳辐射量或太阳紫外辐射量表示。

当暴露的主要目的是测定耐光老化性能时，则推荐用辐射量表示。由于试验环境比较接近于材料的实际使用条件，因此，对材料的耐候性评价是较为可靠的方法。

塑料自然老化试验

### 8.1.1　测试原理

塑料在自然气候环境中，受到阳光、空气（氧）、雨水、尘埃和不同湿度等各种因素的影响，造成其使用性能丧失。塑料吸收太阳光发生的光氧反应是按自由基链式机理进行，造成聚合物分子链断裂。研究表明，波长小于 290nm 的短波部分几乎被高空臭氧层吸收，辐照到达地球表面的太阳光一般是波长大于 290nm。波长为 400～700nm 的可见光部分对高聚物的破坏作用比较小，只有波长在 290～400nm 的近紫外光对塑料有强烈影响。大部分高分子材料长时间暴露在紫外线下都有可能发生分子链段断裂的现象。表 8-3 是不同塑料对各种波长的光敏性。

空气（氧）参与光氧和热氧作用，与断裂的分子链段生成自由基和氢过氧化物，引发连锁氧化过程，生成大量不稳定氢过氧化物，逐渐分解。

表 8-3 常见塑料对紫外光的敏感波长

| 高聚物 | 敏感波长/nm | 高聚物 | 敏感波长/nm |
|---|---|---|---|
| 聚酯 | 325 | 聚苯乙烯(PS) | 318 |
| 聚乙烯(PE) | 300 | PP | 310 |
| PVC | 310 | 聚碳酸酯(PC) | 295 |
| 聚甲基丙烯酸甲酯(PMMA) | 290~315 | 聚甲醛(POM) | 300~320 |

水和湿气对塑料的作用有物理作用也有化学作用，或者这两者的综合。塑料暴露在大气中，雨水对塑料中的某些助剂有萃取作用，助剂被逐渐除去加快了塑料的老化。另外，若高聚物中含有亲水基团、易水解基团，在光、氧、水的联合作用下，分子的降解和水解反应就变得更快、更复杂。

试验中的气温变化对材料的老化影响也很大，即使同一地区，白天与黑夜、阴天和晴天、冬季与夏季气温的差异很大，大自然气候瞬息万变，正是这种经常而突然的气候气温变化，加快了塑料老化过程，也给人工老化与自然老化结果之间的推算带来了一定的困难。

### 8.1.2 测试方法

（1）试样制备

试样尺寸与形状应符合所用试验方法规定或暴露后所要测定的一种或多种性能规范的要求。试样可采用注塑、模压等方法制备。对于层压材料、板材或管材可经机械加工方法制样，或直接用整块材料进行暴露，然后按测试周期取下后再加工成试样。试样的数量由有关试验方法和测试周期要求的数量来确定。

（2）测试条件

暴露方向一般应面向正南方向。根据暴露试验的目的按下列条件选择暴露倾斜角。

① 最大年总太阳辐射：我国北方中纬度地区，倾斜角应比纬度角小 10°；

② 最大年紫外太阳辐射的暴露：北纬 40°以南地区，倾斜角应为 5°~10°；

③ 或与水平面成 10°和 90°之间的任何其他特定的角度。

暴露地点应在远离树木和建筑物的空地上。朝南 45°暴露时，暴露面的东、南及西方应无仰角大于 20°，而北方应无仰角大于 45°的障碍物。

除非辅助条件要求，否则推荐使用天然土壤覆盖物。植被高度应保持较低。对于某些特定环境的测试，如评价生物生长、白蚁和腐烂草木影响的测试，则可能选择暴露在丛林或森林的阴暗地区。

为了获得最可靠的结果，应该结合气候分类，在多个不同气候环境地点进行暴露测试。特别是在接近那些预期的使用条件的地点。我国主要气候分类如表 8-4 所示。

（3）暴露周期

根据试验目的、要求和结果而定。通常在暴露前先预估试样的老化寿命而预定试验期限。一般暴露阶段可选择（2、3、4周），（1、3、6、9个月）或（1、1.5、2、3、4、6年）为暴露期。

表 8-4 我国主要气候类型

| 气候类型 | 特征 | 地区 |
|---|---|---|
| 热带气候 | 气候炎热，湿度大；年太阳辐射总量 130～140kcal/cm$^2$；年积温≥8000℃；年降水量>1500mm | 雷州半岛以南，海南岛，台湾南部等地 |
| 亚热带气候 | 湿热程度亚于热带，阴雨天多；年太阳辐射总量 90～120kcal/mm$^2$；年积温 8000～4500℃；年降水量 1000～1500mm | 长江流域以南，四川盆地，台湾北部等地 |
| 温带气候 | 气候温和，没有湿热月年；太阳辐射总量 110～130kcal/cm$^2$；年积温 4500～1600℃；年降水量 600～700mm | 秦岭、淮河以北，黄河流域，东北南部等地 |
| 寒带气候 | 气候寒冷，冬季长；年太阳辐射总量 120～140kcal/cm$^2$；年积温<1600℃；年降水量 400～600mm | 东北北部，内蒙古北部，新疆北部部分地区 |
| 高原气候 | 气候变化大，气压低，紫外线辐射强烈；年太阳辐射总量 160～190kcal/mm$^2$；年积温<2000℃；年降水量<400mm | 青海、西藏等地 |
| 沙漠气候 | 气候极端干燥，风沙大，夏热冬冷，温差大；年太阳辐射总量 150～160kcal/mm$^2$；年积温>4000℃；年降水量<100mm | 新疆塔里木盆地，内蒙古西部等沙漠地区 |

测试周期则根据预定的试验期限而划分，一般取 12 个左右，试验过程中，应视性能变化的快慢酌情缩短或延长测试周期。

（4）试验设备

试验设备主要包括暴露架、测量气象因素仪器等。

暴露架如图 8-1 所示，结构力求简便牢固，经得起当地最大风力的吹刮。所用材料为不影响试样结果的惰性材料，如耐腐蚀的铝合金、不锈钢或陶瓷，也可使用已证明不影响暴露试验的防腐木材。在装配时使用的框架应能安装成所规定的倾斜角，并且试样的任何部分离地面或其他任何障碍物的距离都不小于 0.5m。试样能自由收缩、翘曲和扩张，并尽可能使试样处于小的应力状态。

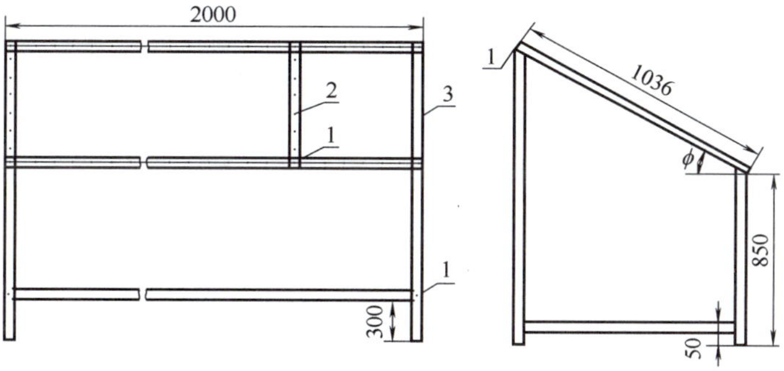


图 8-1 暴露架

1—螺栓 2—扁钢 3—脚架

测量气象因素的仪器包括总日射表、直射日射表、紫外总日射表和日晒牢度蓝色羊毛标准，以及测定空气温度、样品温度、相对湿度、降雨、潮湿时间和光照时数所需的其他仪器。总日射表用于测量单位时间内直接照射到单位面积上的总日光能量的辐射计，应达到世界气象组织（WMO）规定的二级仪器的要求。它所测量的能量包括直接辐射、散射能量及背景反射的辐射能。直射日射表用于测量投射到与日光光线垂直的平面上的直接（光束）太阳光辐射的辐射计，应达到 WMO 规定的一级仪器的要求。

（5）测试步骤

① 把试样安放在暴露架上，确保连接件之间和样品板条之间有足够的空间。在每个试样的背面作不易消除的记号以示区别，但要避免记号划在可能影响机械测试结果的部位。

② 将辐射仪和标准材料等安置在样品暴露试验架的附近，蓝色羊毛标准要靠近试样。

③ 开始计时，以日、月、年为单位，或以太阳辐射总量做计时单位。除非应用规范有要求，在暴露期间不应清洗试样，如需清洗要用蒸馏水。

④ 观察和记录所有气象变化。

⑤ 试样经过一个或多个暴露阶段后，从暴露架上取样，用湿纱布抹去表面尘污，按规定对试样进行状态调节后，测定有关性能。

非破坏性测试后的试样仍放回（按原暴露面）继续试验，扣除未暴露时间，直至试验结束。外观检查的试样，每周期应留样一片（进行拍照）以便对比各周期外观变化。

（6）试验结果与报告

自然老化试验结果以试样在该试验场气候条件下被测指标的变化达到规定值时的暴露试验时间表示。通常这一规定值是实际使用的最低允许值或某一保留率。

性能指标应根据产品标准规定或协商确定。如果对受试塑料要测定几项指标，或者进行不同暴露角度的对比试验，则应按每项指标和每种暴露角度确定耐候性。以被测性能指标值做纵坐标（$y$ 轴），以暴露试验时间或其对数值做横坐标（$x$ 轴），绘出被测指标变化曲线，可以表征塑料性能随暴露时间的变化趋势。

测试报告应包括以下内容：

① 样品的详细说明，如：样品的来源、试样的制备方法等；

② 样品的使用方法；

③ 试验详细情况，包括暴露方式、暴露场地、气候类型、暴露阶段、测定的方法、总太阳辐射量、紫外总辐射量等；

④ 试验结果，包括样品暴露时间（周期）、暴露前后测试结果（性能变化、外观变化）、气象数据；

⑤ 试验日期。

### 8.1.3 影响因素讨论

（1）暴露场地气候区域的影响

不同的气候类型，暴露场地的纬度、经度、高度的不同，测试结果是不同的。为了得到可靠的数据、自然老化试验应尽可能选与使用条件接近的场地进行。必要时，也可考虑在各种不同气候环境地区的场地进行。

（2）开始暴露季节与暴露角的影响

季节不同，气候有明显区别，少于一年的暴露实验，其结果取决于这一年进行暴露的季节，较长的暴露阶段，季节的影响被均化了，但试验结果仍取决于开始暴露的季节。在暴露时采用的角度不同，所受太阳辐射的量也会有所不同。

（3）测试性能的影响

测试性能不同，所测试的耐候性结果对同一品种塑料也是不同的，因此要按选定的每项性能指标和每一个暴露角来确定耐候性。

选择老化试验的测试性能项目，不仅应当选择那些老化过程中变化比较灵敏的性能，而且应根据不同塑料的老化机理及老化特征，对不同材料、制品结合其使用场合，选择能真实反映其老化过程的相关测试性能，依据所得到的全部结果，可以做出较为准确的综合评价。此外，样品的制备方式及暴露时间也对测试结果也有较大的影响。

## 8.2　塑料实验室光源暴露测试

### 8.2.1　测试原理

实验室光源暴露测试是将试样暴露于规定的环境条件和实验室光源下，通过测定试样表面的辐照度或辐照量与试样性能的变化，以评定受试材料的耐候性。

塑料在室内外使用时，不可避免地在日光或玻璃过滤后日光下长期暴露，因此测定光、热、湿度和其他气候应力对塑料颜色和性能的影响非常重要。然而自然气候暴露测试是一种十分费时的测试方法，除受到到达地面阳光的辐射特性和能量随气候、地点和时间变化外，还受到诸如温度、湿度及其随周期性变化等因素的影响，在特定地点的大气暴露试验一般至少应连续暴露两年时间。实验室设备中的暴露在比大气老化有更多的可控条件下进行，通过模拟并强化阳光、降水、昼夜交替的措施，加速高聚物降解和产品失效，能较快地测定光、热、湿度等对塑料物理、化学和光学性能的影响，克服自然气候暴露试验周期长的缺点，在较短的时间内获得近似于常规大气暴露测试的结果。但是，由于实验室加速暴露测试往往不能再现实际使用条件下的塑料所受的全部暴露因素，且不同地区的紫外线辐射、潮湿时间、温度、污染及其他因素的差异性，在材料实际使用条件下的相对耐久性会随不同的地区而大不相同。即使发现一个特定的实验室加速试验结果被用来比较在某一室外或实际使用条件下暴露的材料的相对耐久性，也不能认为此结果适用于判定在不同的室外或不同实际使用条件下暴露的材料的相对耐久性。实验室光源暴露老化测试的结果主要用于比较材料的有关性能，确定不同批次材料的质量水平与已知性能的对照物是否相同。

### 8.2.2　测试方法

塑料实验室光源暴露测试方法按 GB/T 16422.1—2019《塑料　实验室光源暴露试验方法　第 1 部分：总则》进行，所用光源的不同分为：氙弧灯法、荧光紫外灯法和开放式碳弧灯法，对应标准的相应部分。

（1）测试设备

① 光源。光源应使试样表面得到的辐照度符合各种光源暴露试验方法的要求，并保持稳定。标准规定的光源有：开放式碳弧灯、氙弧灯及荧光紫外灯。

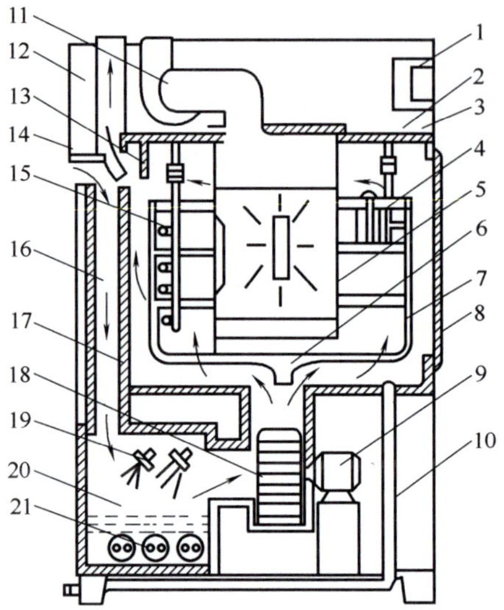


图 8-2 人工气候老化箱与结构

1—控制仪器 2—冷却喷水管 3—光源 4—黑板温度计 5—玻璃滤光器 6—十字转轴 7—试样转动架 8—试验室门 9—鼓风电动机 10—排气管 11—抽风机 12—排气管 13—干湿球温度计 14—活门 15—降水管 16—风道；17—试验室保温层 18—鼓风机 19—喷雾器 20—空气给湿箱 21—水加热器

② 试验箱。根据选择的光源不同，试验箱结构和型号有所区别，图 8-2 是典型试验箱结构示意图。

试验箱内应有一个能按需要带动试样架转动的框架，以确保试样从光源处获得相同的辐照度，并且确保在样品暴露区域任何位置的辐照度至少为此区域最大辐照度的 70%，使试样表面空气流通以便温度的控制。试验箱应有控制试样湿润或非湿润时间程序及非辐射时间程序装置。

③ 试样架。试样架有背板或无背板形式，采用不影响试验结果的惰性材料（例如铝合金或不锈钢）制成，用于安放试样及规定的传感装置。

④ 辐射测量仪。采用光电传感器来测量试样表面辐照度与辐照量。光电传感器安装必须使它接受的辐射与试样表面接受的相同。如果光电传感器与试样表面不处于同一位置，应有一个足够大的观测范围，并校正它处于试样表面相同距离时的辐照度。通常使用 300～400nm 或 300～500nm 范围内的辐照度。

⑤ 温度传感器。用于测量和控制试验箱内空气的温度。通常使用黑标准温度计或黑板温度计。

黑标准温度计由一块厚约 0.5～1.2mm 的不锈钢平板组成；典型的尺寸为： 70mm × 40mm。黑板温度计由耐腐蚀金属平板组成，典型尺寸 150mm × 70mm × 1mm。黑板或黑标准温度计的指示温度依赖于实验室光源产生的辐照度和试验箱内的温度及空气流动速度。黑标准温度计的指示温度要比黑板温度计的指示温度高 3～12℃。

⑥ 润湿和控湿装置。给试样暴露面提供均匀的喷水或凝露，用喷水管或冷凝水蒸气的方法来实现喷水或凝露。控制试样表面流通空气的相对湿度。

⑦ 指示或记录装置。设备需有指示或记录装置。包括：电源电压、黑板或白板温度计的指示温度、试验箱的空气温度和相对湿度、水喷淋周期、光谱辐照度和辐照量、暴露持续时间（辐照时间和总暴露时间）等操作参数的指示或记录功能。

（2）试样

根据暴露后测试性能有关试验方法要求确定暴露试样的尺寸与形状。某些试验的试样（如边缘易分层的层合制品样），也可以片状或其他方式暴露，然后按试验要求裁样。对粒状、碎片状、粉状或其他未加工状态的塑料等则按规定的（或协商的）制样方法制成标准试样。如果受试材料是挤塑件、模塑件、片材等，试样可以从暴露后的制品上裁取。

试样数量由暴露后测试性能的试验方法确定。对每个试验条件或暴露阶段而言，应乘以暴露阶段数并加上测定初始值的需要量来确定所需试样总数。如果有关试验方法没有规定暴露试样数量，则每个暴露阶段的每种材料至少准备 3 个重复试验的试样（力学性能的测试推荐准备两倍于相应测试方法所需的试样量，因为塑料老化后的力学性能在测试时会有较大的分散性）。

每个暴露试验应包括一个已知耐候性的参照试样。当通过破坏性试验进行试样性能测试时，所需试样总数应由暴露阶段数以及非暴露存放样品是否与暴露试样同时试验来确定。

试样在测试前要进行状态调节。对比试样应储存在正常实验室条件下的黑暗处，或按 GB/T 2918 规定的某一标准环境中。对储存黑暗中会改变颜色的试样，暴露后要尽快目测对比颜色改变。

（3）试验条件

试验条件主要包括：光源、温度、相对湿度及喷水（降雨）周期等，具体依赖于所选的特定试验方法，可参考 GB/T 16422. 2~4 相关规定。

光源的光谱特性应与导致材料老化破坏最敏感的波长相近，并结合试验目的和材料的使用环境来考虑。标准推荐 3 种人工光源如下：

① 氙弧灯。氙灯分光辐照照度分布在现用的人工光源中模拟最好。其辐射经适当滤光后的光谱能量分布与紫外可见光部分相似。

② 碳弧灯。推荐开放式阳光型碳弧灯，碳弧灯的光谱能量分布比较接近太阳光，但在 370 ~390nm 波段的紫外线比较集中加强。碳弧灯模拟性虽不及氙灯，但加倍速率比氙灯高。碳弧灯选择合适的滤光器能滤掉大部分短波辐射。

③ 荧光紫外灯。主要推荐 UV-A 和 UV-B 两种灯型，其中 UV-B 型应用较多。 UV-A 灯的光的波长值为 317~365nm，且在达到地面的太阳光中所不存在的 300nm 以下波段具有相当的能量，因此，荧光灯常会产生与太阳光不同的反应机理，模拟性较差，但加倍速率很高。

空气温度以材料使用环境最高气温为依据，常选 50℃左右。黑板温度以材料在使用环境中材料表面最高温度为依据，比其稍微高一些，推荐选（63±3）℃。

相对湿度对材料老化的影响因材料品种不同而异，以材料在使用环境所在地年平均相对湿度为依据，通常在 50%~70%范围选择。

降雨（喷水）或凝露周期 以自然气候的降雨数据为依据选择降雨（喷水）条件。推荐“降雨（喷水）时间/不降雨（喷水）时间”为“18min/102min”或“12min/48min”，也有选“3min/7min”及“5min/25min”。人工降雨（喷水）采用蒸馏水或去离子水。

（4）测试步骤

实验室光源暴露测试可以扫描二维码观看动画仿真。具体测试根据所选的特定试验方法以及实用的实验装置使用说明进行。

紫外光源老化试验

① 放置试样。试样放置以不受到任何应力的方式，把试样安放到设备的试样夹具上。在非测试面做标记，如果需要进行试样的颜色和外观变化试验时，为了便于检查试验的进展情况，可用不透明物盖住每个试样的一部分，以比较盖面与暴露面之间的变化差异。

② 暴露试验。在试样放入试验箱前，应将设备调整并稳定在选定的试验条件下，并在试验过程中保持恒定。如果样品暴露区域任何位置的辐照度均为最大辐照度的70%~90%，则在暴露期应进行样品位置的周期性变换以确保每一样品都能获得等量的辐照量。在试验中，要用干净、无磨损作用的布定时清洗滤光片，如出现变色、模糊、破裂时，应立即更换。

③ 辐照量测定。使用仪器法测量辐照量，辐射仪的安装位置应使它能显示试样面的辐射。在选定的波段范围内，暴露阶段最好用单位面积的入射光能量来（$J/m^2$）表示。

④ 性能测定。根据产品标准规定测试样品暴露前后的性能指标。如果采用非破坏性试验测试材料性能，则应在开始暴露前进行，在每个暴露周期结束后测试同一性能。注意每个暴露周期后的同一性能的测试要在试样的相同位置。

如果采用破坏性试验，则每个暴露周期均需独立的一组试验样品。对每组被暴露样品进行性能测试，比较暴露前后的性能值。注意：必须在测试被暴露样品性能的同时，对一组独立的存放样品进行性能测试，然后将存放样品和被暴露样品的测试结果进行比较。

（5）测试结果与报告

测试结果：可由试样的外观和性能变化来评定塑料的耐候性。外观变化用目测或仪器检测，主要对颜色、色泽、龟裂、开裂、起泡、分层等现象进行定性描述。性能变化按有关测试标准或有关协议，在相同条件下测定暴露前后的试样性能变化。

以单位面积上的质量变化率来表示：

$$(m_2-m_1)/s \tag{8-1}$$

$$(m_3-m_1)/s \tag{8-2}$$

式中：$m_1$——试样暴露试验前质量，g；

$m_2$——试样暴露试验后质量，g；

$m_3$——试样暴露试验后经干燥的质量， g；

$s$——试样暴露前的总面积（包括试样的侧面），$m^2$。

以质量变化百分率表示 ：

$$\frac{m_2-m_1}{m_1}\times 100\% \tag{8-3}$$

$$\frac{m_3-m_1}{m_1}\times 100\% \tag{8-4}$$

以性能变化百分率来表示：

$$P=\frac{A-Q}{Q}\times 100\% \tag{8-5}$$

式中：$P$——试样性能变化百分率；

$Q$——老化试验前试样的性能初始值；

$A$——老化试验后试样的性能值。

测试报告应包括：试样产品型号、试验温度、老化实验开始、结束时间及测试记录的每个试样的尺寸、性能，并在报告中给出定性与定量的描述。

### 8.2.3　影响因素讨论

（1）光源的影响

大多数塑料在由辐照量引起的反应中，对于光谱吸收是有选择性的。为了使暴露装置的光源所产生的光化学反应与塑料在自然阳光暴露时相同，应使人工光源尽量准确地模拟阳光的光谱能量分布。

光源的波谱越接近太阳光谱，则模拟性越好。光源的紫外辐射强度越高，则加速倍数越大。对于直接从氙弧灯、碳弧灯或荧光灯发出的辐射中含有大量的自然阳光中所没有的短波紫外辐射光源，试验时，可考虑给氙弧灯、碳弧灯选择合适的滤光器后，以滤掉大多数短波辐射。试验也可选用光谱输出与阳光中特定紫外区域相一致的荧光灯。地面接收到的阳光光谱辐照度分布状况如表8-5所示。

**表8-5　地面阳光光谱辐照度分布状况**

| 区域 | 波长/nm | 总分步/% | 辐照度/W · $m^{-2}$ |
|---|---|---|---|
| 紫外区 | 300~320<br>320~400 | 0.4<br>6.4 | 4<br>70 |
| 可见区 | 400~800 | 55.4 | 604 |
| 红外区 | 800~2450 | 37.8 | 412 |
| 总辐射 | 300~2450 | 100.0 | 1090 |

（2）受试温度影响

试样的辐照温度一般控制在35~70℃之间，若温度过高，热老化加快。特别是对易于被单纯热效应引起变化的材料。因在辐照温度过高的情况下，试验表示的结果可能不是光谱暴露的效应而是热效应。有文献指出，塑料在70℃以下试验，热老化不占主要地位。另外，根据国内的气候条件，自然暴露试验试样的表面温度极少超过70℃。

选用氙弧灯必须有冷却装置，因为氙灯在近红外区氙弧辐射很高，发热明显，易造成试样过热。选用开放式碳弧灯，要加强空气流动以免温升过快。

（3）湿度影响

有些塑料在低温高湿度地区老化要快得多，这种塑料，湿度对老化的影响就很大。至于湿度，可以根据塑料使用情况和模拟大气湿度来确定。通常推荐采用如下几种相对湿度：35%±5%、50%±5%、65%±5%和90%±5%。

（4）降水量影响

降水量由模拟自然气候条件和材料的使用要求来决定。例如测出光源紫外辐射能达到该地区一年来太阳紫外辐射能总数所需的时间（设备时间），则把一年中该地区总降水量分配到设备的运转时间中去。人工降水最好不用自来水，因为自来水对设备有腐蚀作用，对铝制品尤其严重。自来水长期喷到设备上还会在试样表面结一层水垢，影响受光，人工降水最好采用蒸馏水或经离子交换树脂处理过的水。

正确选择光源的光谱能量分布及试验温度，既能产生加速作用，又可避免由于异常辐照度或高温而导致的反常结果。另外由于选择试样架的不同，特别是在有背板的暴露形式下，对透明性的试样，试验结果会有较大影响。

### 任务实施

（1）查阅最新的 GB/T 16422 系列标准，制定 PP 塑料薄膜的紫外光老化试验方案。

（2）准备仪器与工具，熟悉紫外光老化试验仪器的使用与维护，检查仪器的完好性。

（3）根据标准要求，完成 PP 塑料薄膜试样的制备和与处理。

（4）根据标准和仪器使用手册，完成 PP 塑料薄膜的紫外光老化试验。

（5）记录试验数据，分析讨论结果，完成试验报告。

## 8.3 塑料热空气老化性能测试

塑料热老化性能试验指在常压和规定温度的热空气作用下，使塑料经过一定时间后测定其某项或某几项性能指标。根据相同或不同温度条件下各周期性能指标变化的情况，判断塑料的热稳定性，推算贮存期和使用期。

### 8.3.1 测试原理

热空气老化试验

在热环境下暴露的塑料可能发生多种物理和化学变化。由于热和氧的共同作用，聚合物材料会发生热分解或热氧化，引起外观变化和一系列性能的劣化。在长时间的受热过程中，由一些低分子添加剂的作用及加热损耗，也给外观与物性造成很大影响。

塑料热老化的性能变化取决于被测性能的具体项目，不同的性能可能不会按相同的速率变化。影响热空气老化测试数据再现性的因素包括热老化试验箱内的温度控制程序，热老化试验箱的湿度，试样表面的空气流速以及暴露周期。

### 8.3.2 测试方法

塑料热老化性能测试有常压热老化试验、高压氧和高压空气热老化试验。热空气老化测试见高分子专业国家资源库视频（请扫描二维码观看）。

（1）试验设备

测试设备主要有热老化试验箱和测试各种性能的仪器，如测定试样暴露前后的颜色变化的色差计，测定力学性能变化的电子万能材料试验机等。图 8-3 是热空气老化试验箱的外形与结构示意图。

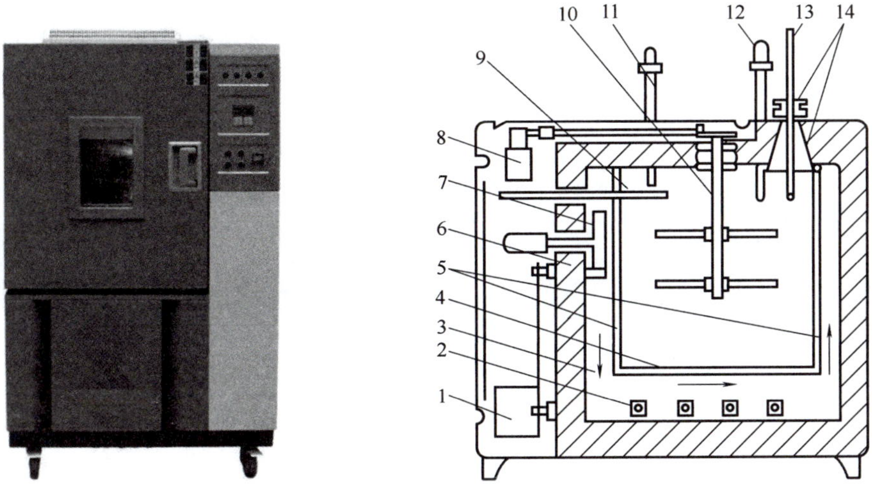


图 8-3　热空气老化试验箱

1—进线　2—电热丝　3—风道　4—底板　5—开孔隔板　6—保温层　7—离心式鼓风机　8—转盘马达　9—温度控制器感温标　10—试样转盘　11—超低温控制导电计　12—超高温控制导电计　13—温度计　14—排风道与排风阀

按 GB/T 7141—2008 标准规定热老化试验箱分 A、B 形式，对应两种测试方法。

① 方法 A：重力对流式热老化试验箱，是一种不带强制空气循环的热老化试验箱，推荐用于标称厚度不大于 0. 25mm 的薄型试样。

② 方法 B：强制通风式热老化试验箱，是一种带强制空气循环的热老化试验箱。采用（50±10）次/h 的换气率及箱内保持均匀的试验温度，推荐用于标称厚度大于 0. 25mm 的试样。

（2）试样

试样制备方法应与其在预期应用中的相同。不同的制样方法测试的结果会有差异。可以采用先暴露老化后制样，或制成标准样条后再放到老化箱中暴露。

试样的数量和类型应符合测试特定性能的相应国家标准规定。要求一系列温度的暴露试验的试样均应为同一批次。

（3）试验步骤

① 根据设备中的热老化试验箱的类型选择方法 A 或方法 B。

② 当在单一温度下进行试验时，所有材料应在同一装置中同时暴露。

每种材料中每个暴露周期的平行试样数应足够多，以确保用于表征材料性能的试验结果能够用方差分析或类似的统计数据分析法进行比较。

③ 当进行一系列温度下的测试时，为确定规定性能变化和温度间的关系，应最少使用 4 个温度点。推荐暴露温度：

a. 最低温度应能在大约 6 个月内使性能变化或使产品失效达到预期水平。第二个温度较高，应能在大约 1 个月内使性能变化或使产品失效达到相同的水平。

b. 第 3 和第 4 个温度应能够分别在大约 1 周和 1 天内达到预期的水平。

c. 可从表 8-6 中选择暴露温度。如果采用①和②中推荐的热老化周期，那么可以使用表 8-6 中推荐的暴露周期 A、B、C、D、E。

d. 表 8-6 给出了在特定温度下某些材料特性的典型热老化周期表。

**表 8-6　　测定可氧化降解塑料热老化性能时推荐的温度和暴露时间**

| 推荐的暴露温度/℃ | 温度的对数/℃ | 90℃时估计的失效时间/h | | | | |
|---|---|---|---|---|---|---|
| | | 1~10 | 11~24 | 25~48 | 49~96 | 97~192 |
| 30 | 1.477 | A | | | | |
| 40 | 1.602 | B | A | | | |
| 50 | 1.699 | C | B | A | | |
| 60 | 1.778 | D | C | B | A | |
| 70 | 1.845 | E | D | C | B | A |
| 80 | 1.903 | | E | D | C | B |
| 90 | 1.954 | | | E | D | C |
| 100 | 2.000 | | | | E | D |
| 110 | 2.041 | | | | | E |

注：推荐的暴露周期为：A：2、4、8、16、24、32 周；B：3、6、12、24、36、48d；C：1、2、4、8、12、16d；D：8、16、32、64、96、128h；E：2、4、8、16、24、32h。

实际上，由于可氧化降解塑料的温度相关性会有很大的不同，所以表 8-6 应仅用作初始的指导。为了获得更准确的数据，可以使用表 8-6 给出的暴露时间和温度的中间值。

④ 将试样安装在试样架上。在热老化试验箱内确保试样的两面均暴露在气流中。为使热老化试验箱内温度变化的影响最小，建议周期性地调整试样或试样架的位置。

⑤ 在规定的温度下和预定的试验区间，依次从试验箱取出试样，直至结束。取出试样要快，及时关闭箱门，减少箱内温度变化。

⑥ 按所选定的性能指标，测试试样暴露前后性能。如果预期有非加热的老化影响，那么应对一组未进行热暴露的老化平行试样进行调节和测定。

（4）测试结果与报告

热老化性能一般选择对塑料材料应用最适宜或反映老化变化较敏感的一种或几种性能的变化进行评价。

① 试样的外观的变化。一般通过目测方法定性描述试验结果，如试样局部粉化、龟裂、斑点、变形、颜色变化等。

② 质量的变化。

③ 力学性能变化。包括拉伸强度、断裂伸长率、弯曲强变化、冲击强度等。

④ 电性能变化。如电阻率、介电强度和介电常数等。

⑤ 其他性能变化。

测试结果包括试样暴露前后各周期性能的测定值、保持率或变化百分率等。

当材料在单一温度下进行比较时，应使用方差分析方法比较每种材料中每个暴露时间的被测性能数据的平均值。若对一系列不同的温度下进行材料比较时，可采用绘制所有采用温度下暴露时间对被测性能的函数曲线（图 8-4）和所有采用温度下暴露时间对被测性能的函数曲线（图 8-5）表示。

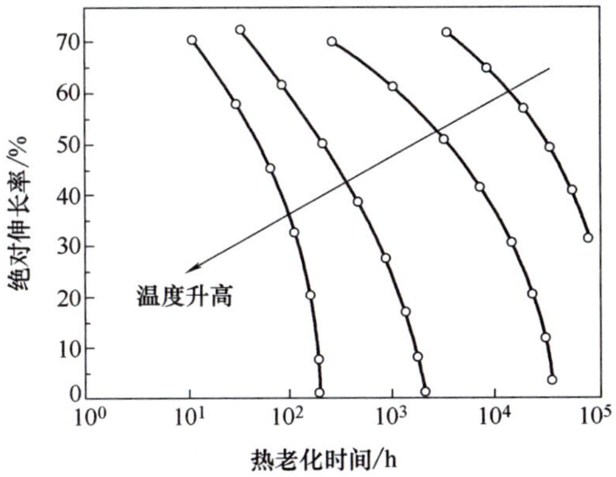


图 8-4　典型热老化曲线

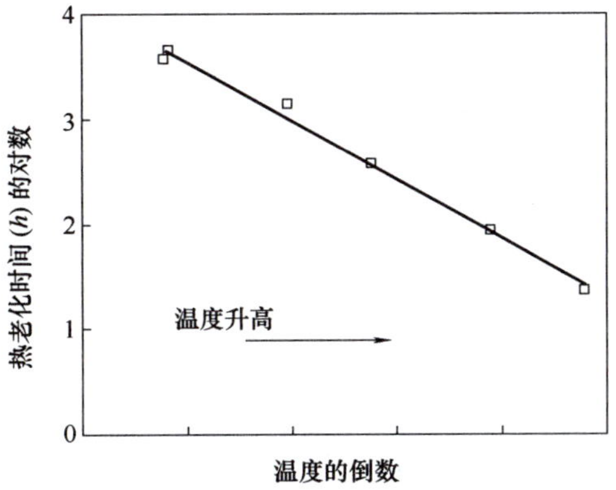


图 8-5　老化时间的对数对温度倒数

若评定材料温度稳定性，或预期使用寿命时，可以采用回归分析确定暴露时间的对数与被测性能的关系，以此估算在更低温度下达到预定性能变化水平所需的暴露时间。

## 8.4　拓展学习：聚氯乙烯（PVC）热稳定性测试

PVC 是一种对热敏感的塑料，受热易分解放出有毒、有害的气体 HCl，会腐蚀设备，给成型加工带来困难，同时也造成环境污染，损害生产人员的身体健康。因此研究 PVC 的热稳定性十分必要。

### 8.4.1　测试原理

热稳定性是指在热的作用下，材料抵抗降解的性能。一般根据材料颜色、性能和质量损失等试验条件进行测定。

PVC 大分子中存在有双链、支链、残留引发剂端基及含氧结构，严重影响了其热稳定性。它极易在热能作用下发生拉链式脱氯化氢反应，形成共轭链。随着共轭链中双链数目的增加，分子吸收光谱逐渐向长波方向移动，树脂或塑料的颜色则越来越深（由微黄→黄色→橙色→红色…→黑色）。PVC 的这种分解反应一般在 140℃时就大量发生。而 PVC 的加工一般在 160~220℃进行。所以成型加工时需要加入稳定剂来提高 PVC 的分解温度和延长其稳定时间。实际生产中，考虑到模塑要求和降低成本，对于稳定性好的树脂通常稳定剂量可适当减少，而对稳定性差的树脂应适当增加稳定剂的用量。

测试 PVC 热稳定性的方法常用的有刚果红试纸法、 pH 法、吸收法、变色法等。

### 8.4.2 刚果红试纸法

刚果红试纸法指把 PVC 共混物或制品的试料放进在不通空气玻璃试管，保持一定温度至其试料上面的刚果红试纸颜色由红变蓝（pH=3），以此评价 PVC 的热稳定性能，颜色变化所需时间为稳定时间 $t_s$。

（1）试验装置

如图 8-6 所示。试管用耐热玻璃制成，长度大于 150mm，外径约 17mm，壁厚约 0.4mm；插入试纸的细玻璃管长约 100mm，内径（2~3） mm； 加热油浴控温精度 0.5℃，具有绝热保温装置。玻璃温度计（精度 0.1℃）和秒表。

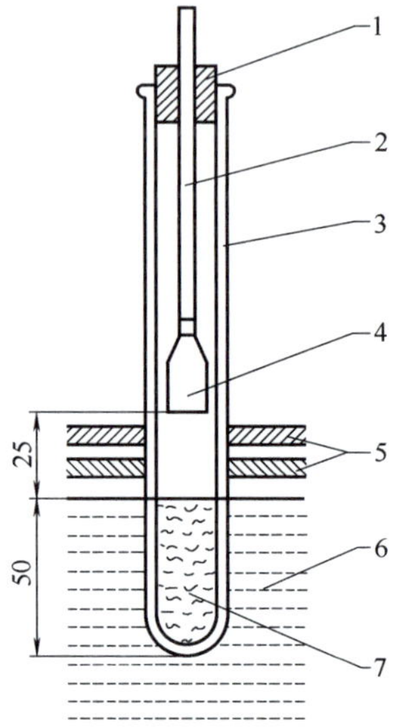

图 8-6 刚果红试纸法测试管

1—塞子 2—玻璃管 3—测试管 4—试纸 5—隔热板；6—油浴 7—试样

（2）刚果红试纸

用滤纸切成约宽 10mm、长 30mm 的条，浸入 150g/L 的刚果红乙醇溶液中，取出后干燥使用。

（3）试料

制备试样所需材料的任何切割或研磨应采用一致的方法，研磨材料时应避免受热。

① PVC 塑溶胶：在玻璃板上延展这种材料并且在烘箱中于商定温度下凝胶，以形成 0.5mm 厚的薄片，将薄片切成边长约 2mm 的正方形。

② PVC 粒料、压延料、注塑料、厚板等 PVC 制件：将这些材料切割或研磨，使 80% 以上的材料通过 2.0mm 筛而大部分材料留在 1.4mm 筛上，以 1.4mm 筛余物制备试料。

③ PVC 薄片：切成边长小于 2mm 的正方形或立方体。

（4）测试步骤

① 在试管中装入深度为 50mm 的试样，轻微震动，试样不应装得太紧或黏在试管壁上。

② 将刚果红试纸条的一端折叠或卷起插入玻璃管，将细玻璃管插入塞子中，用塞子塞住试管，并调节玻璃管在塞子中的位置以使试纸的底部距试料表面 25mm。

③ 把测试管浸入已达规定温度的油浴中，浸入深度使试样上表面与油面平齐，并开始计时。每种试样至少应有两个测定值，也可将两个试管同时浸入油浴中。

注意：测试温度按产品规范或供需双方协商确定。对于塑化共混物和制品推荐采用 180℃，未塑化的共混物和制品，电缆绝缘层和保护层的共混物和制品为 200℃。

④ 测定从试管插入热油浴到试纸从红变蓝的最初清晰标志出现（相当于 pH 为 3 时）所需

的时间，即为热稳定时间 $t_s$，以分钟表示。该时间越长，试样的稳定性越好。

当某些稳定剂用于 PVC 组合物时，颜色变化缓慢并且不是非常的明显，在这种情况下使用刚果红试纸时，记录对应最初由红变紫的时间和后来完全由紫变蓝的时间。

（5）结果表示

稳定时间：以平行测定结果的算术平均值表示。当单个值与平均值的相对偏差大于 10%时，其结果应放弃并重新测定。

热分解温度：将油浴升至 100℃，然后以每分钟 2℃的升温速度不断升高，当刚果红试纸由红变蓝时的温度。

### 8.4.3　变色法

变色法是以 PVC 薄片形式放置在高温中，试片发生变色的程度来评价热稳定性。

A 法（油浴法）。将一组试样分别放在铝锭和铝柱之间，以促进传热并限制空气流通，在控温油浴中于高温下加热不同的时间。铝柱直径（15±0.5） mm，高 30mm，如图 8-7 所示。

B 法（烘箱法）。在平铺于可装架子上的新的干净铝箔上面，放上一组测试试样，在强制鼓风烘箱中于高温下加热不同时间。

A 法和 B 法虽然都是由受热时间与颜色变化的关系评定试样的热稳定性，但油浴法和烘箱法测试得出的稳定时间可能不一样，所以不能将两个结果直接来对比。

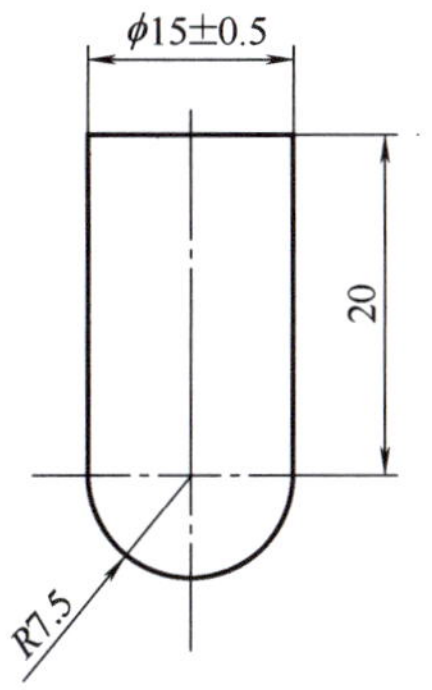

图 8-7　铝锭

（1）试样

测试试样应从需测定的塑料片上冲压下来。A 法试样为直径 14mm、厚度约 1mm 的圆片；B 法的试样为边长 15mm、厚度约 1mm 的正方形。

对于待测材料为粒状、粉状或球形的挤出料或注塑料，则应将材料在辊筒机上碾成片。如果没有特别规定，推荐使用表 8-7 配方和制样工艺：将配料混合均匀后倒入已预先加热到 160℃±2℃、辊筒已处理干净的炼塑机上，每 2min 切翻一次物料，4min 后拉出厚度为（1.0±0.1） mm 的试片。

表 8-7　通用 PVC 树脂试片配方

| 名称 | PVC | DOP | Cd-St | 酞白粉 |
|---|---|---|---|---|
| 配比/质量分数 | 100 | 40 | 0.3 | 0.2 |
| 用量/g | 150±1 | 60±0.5 | 0.45±0.01 | 0.3±0.1 |

对于待测材料为糊型（塑溶胶），则可按表 8-8 推荐的配方称料，制成均匀的糊，再置于厚度为（1.0±0.1） mm 的模板上静止 10min 后放入恒温箱中，在（80±2）℃下烘 20min，冷却后取出试片待测。

表 8-8 糊用 PVC 树脂试片配方

| 名称 | PVC | DOP | Cd-St | 酞白粉 |
|---|---|---|---|---|
| 配比/质量分数 | 100 | 80 | 0.3 | 0.2 |
| 用量/g | 20±0.2 | 16±0.2 | 0.06±0.01 | 0.03±0.01 |

试样数量按预期时间（min）除以 5。如果共混物的稳定性非常好，那么在呈现变色前的加热初始阶段，以每 10~15min 取出一个测试试样代替每 5min 取出一个，则可以减少测试试样的数量。

（2）测试步骤

A 法（油浴法）。先准备若干支试管，其数量等于试验分钟数除以 5，在每支试管中放入铝锭和铝柱后，直立于已达到规定温度的油浴中，预热 10min 后取出铝柱，在铝锭上放一片试样，用铝柱压住试样，开始计时并计时。

每隔一定时间（通常是 5min，对热稳定性特别好的试样，在变色前的加热初期可延长为 10~15min）从油浴中取出一支试管，把试管中的铝柱于冷水中冷却后擦干，取出试样，并按次序标上号。将试样固定在标记试样加热时间和测试温度的卡片上。

B 法（烘箱法）。将需测定的每个试样分别放在一片铝箔上，将铝箔和试样一同放在托架上。将托架放入已达到测试温度的烘箱中，同时开始计时。必须保持以最短的时间开启烘箱门，并且在打开烘箱门时，关闭空气循环扇。按选定的时间间隔，快速取出铝箔和试样，按顺序给试样编号。将试样固定在标记试样加热时间和测试温度的卡片上。

注意：测试温度对试验结果影响明显，一般要按材料规范或仲裁双方协议确定，并使测试持续时间在 60~120min 范围内选择测试温度。如果没有规范和协议时，推荐使用测试温度为 180℃。

（3）结果与报告

测试结果以观察试样从测试开始到出现明显变色（含局部变色）的时间和完全变黑的时间，以 min 表示。

在有异议或需要有精确定量值时，可采用光度法或色度法。

试验报告包括：采用标准；试样的完整识别（包括混合物和试样的制备方法）；测试温度和测试结果（从开始测试至最初观察到的颜色变化和完全变黑的时间）等。

### 任务实施

（1）查阅 GB/T 7141—2008 标准，制定 PVC 塑料的热老化性能试验方案；

（2）按标准要求，制备 PVC 塑料热老化试样，进行热老化试验；

（3）记录试验数据，分析讨论结果，完成试验报告。

## 8.5 塑料耐化学药品性能测试

塑料与活性介质的反应而发生的变化称为化学老化，塑料对此种变化的抗耐性称为耐化学药品性，简称耐化学性。

化学老化的主要是由水、酸、碱、溶剂、油类等药液引起的，也可能是由活性气体或高温蒸气引起，或者与焦油状物（烟堕落物等）以及铜等金属接触所造成。化学老化的表现包括：龟裂、溶胀、溶解、收缩、变色、失去透明性、脆化等。

耐化学老化试验

塑料耐化学药品性能的试验方法一般是模拟实验，以塑料制品使用环境及实际的用途进行模拟，测试出塑料的耐药性。其中有（a）在喷雾、气体环境中的曝置试验法；（b）浸渍试验；（c）环境应力龟裂试验；（d）试液老化跟踪法等。

## 8.5.1　塑料化学老化的原理

（1）活性气体引起塑料材料的老化

臭氧、氨、氯、二氧化琉气体及水蒸气等活性气体会破坏塑料分子结构，加快塑料包装容器的老化。如臭氧与高分子中的不饱和键直接反应生成臭氧化物，此臭氧化物分解时会造成链断裂，尤其是对 PA 和不饱和聚酯的影响很明显。另外，在活性氢原子的作用下，氢过氧化物有时也引起连锁性断链反应。在长时间或高温下，氧气也会促进自动氧化反应。

（2）化学剂引起的溶胀和溶解

塑料容器常用于含油食物、药品、农药、酸、碱、各种溶剂和油类等化学产品的包装，在与它们接触时，当塑料和试剂的分子极性相近时，试剂就会向高分子内部渗透，形成媒合，当这个结合力超过高分子链之间的内聚力时，分子相互间就被拉开，溶剂分子趁虚而入，造成溶化现象，甚至进一步发展的结果是高分子链游离分散到溶剂中，呈现溶解状态。

在一定条件下，当水、酸、碱及其他试剂在与高分子接触时还会发生水解反应，特别是酯类塑料（聚酯、PC、聚氨酯等）。

（3）环境应力龟裂

塑料因老化而龟裂包括溶剂龟裂，应力龟裂，环境应力龟裂 3 种。另外，由于气候老化和增塑剂挥发等原因，有时也会产生龟裂。

溶剂龟裂是由于有机溶剂的作用引起的龟裂，对 PS 等影响比较明显；应力龟裂是指由于应力集中或残余应变引起的龟裂，一般在旋口或尖角处容易产生这一问题。

环境应力龟裂指活性环境介质与应力同时作用下产生的龟裂。环境应力龟裂用 Criffith 氏脆性破坏理论来解释，由式（8-6）可计算开裂长度为 $C$ 的进一步发展所需的应力 $\sigma$：

$$\sigma \cong \sqrt{Ev/C} \tag{8-6}$$

当表面能因活性环境介质的作用而降低时，由于杨氏模量 $E$ 是个定值，必需的应力 $\sigma$ 值就减少，从而促进了应力龟裂。

## 8.5.2　测试方法

塑料耐化学药品性的一般评价常用浸渍试验。所谓浸渍试验是指在规定温度条件下，将塑料试样完全浸渍在需要接触的试液中，经过规定时间后测定试样的质量、尺寸、外观变化和有关性能（如力学性能、电学性能、光学性能）等随时间推移而发生的变化，或者根据所观察到的龟裂发生等情况来进行评价塑料的耐药性。

（1）试样选取

试样的制备方法根据材料的不同性质及形状而定，粉料及粒料一般使用模塑、注塑或模压成型，而型材、片材、薄膜、棒材及管材等使用机加工方法。

对于力学性能、电性能、热性能或光学性能等试样的尺寸应依据具体方法要求确定试样尺寸。对于质量、尺寸和外观的变化进行测量时，一般使用相同的尺寸，按下所述方法制备：

① 模塑料和挤出料：使用边长为60mm ±1mm、厚度在1.0~1.1mm之间的正方形。

② 片材和板材：边长60mm ±1mm的正方形，其厚度不应大于25mm。厚度超过25mm时应单面加工成25mm。

某些情况下，经双方协商也可采用尺寸为50mm ×50mm ×4mm的试样。

③ 管材、棒材和型材：以垂直于轴线截取长度为60mm ±1mm一段为试样。当管径大于60mm时，沿轴向切出一段，其展开弧长宽度为60mm ±1mm；对于直径大于60mm的棒材，同心加工成60mm ±1mm。型材厚度尽可能地单面机械加工到1.0~1.1mm。

试样应按GB/T 2918—1998的规定进行状态调节，温度23℃、相对湿度50%，2级。

试样数量根据相关测定项目的国家标准中的规定，若无规定，每组试样应不少于3个。

（2）试液选择

试液一般使用与塑料容器接触的内装物的溶液。如果没有特指的化学物品，可以在表8-9和表8-10选择对有关塑料性能产生影响的具有代表性的化工产品或其混合液，用于评价塑料在各类型化学介质中的耐腐蚀能力。

表8-9 耐化学性试验常用试液

| 试液 | 浓度 | | 密度 /kg · m$^{-3}$ | 备注 | 预防措施 |
|---|---|---|---|---|---|
| | % | g/L | | | |
| 乙酸 | 99.5 | | 1050 | 浓浴液 | A+C |
| 乙酸 | 5 | 50 | | 加50mL浓乙酸到950mL水中 | |
| 丙酮 | 100 | | 785 | | B |
| 氢氧化铵 | 25 | 230 | 907 | 以($NH_3$)表示 | A+C |
| 氢氧化铵 | 10 | 96 | 958 | 以($NH_3$)表示 | A+C |
| 苯胺 | 100 | | 1021 | | A+C |
| 铬酸 | 40 | 550 | | 1000mL溶液中加3mL浓硫酸 | A+C |
| 柠檬酸 | 10 | 100 | | | B+C |
| 乙醚 | 100 | | 719 | | |
| 蒸馏水 | 100 | | | | |
| 乙醇 | | 770 | 802 | 体积分数97%(71℃O. P. ) | B |
| 乙醇 | 50 | 460 | | 1000mL体积分数96%乙醇加47mL水 | |
| 乙酸乙酯 | 100 | | 901 | | B+C |

续表

| 试液 | 浓度 | | 密度 /kg · $m^{-3}$ | 备注 | 预防措施 |
|---|---|---|---|---|---|
| | % | g/L | | | |
| 正庚烷 | 100 | | 683 | | B |
| 盐酸 | 36 | | 1180 | 浓溶液 | A+C |
| 盐酸 | 10 | 105 | | 加 250mL 浓盐酸到 750mL 水中 | A+C |
| 氢氟酸 | 40 | 450 | 1160 | | A+C |
| 过氧化氢 | 30 | 330 | | 不稀释 | A |
| 过氧化氢 | 3 | 31 | | 10 份体积 30%的 $H_2O_2$ 加 90 份体积水 | A |
| 乳酸 | 10 | 100 | | | |
| 甲醇 | 100 | | 790 | | B+C |
| 硝酸 | 70 | | 1420 | 浓硝酸 | A+C |
| 硝酸 | 40 | 500 | 1250 | 加 500mL 浓硝酸到 540mL 水中 | A |
| 硝酸 | 10 | 105 | 1050 | 加 105mL 浓硝酸到 900mL 水中 | A |
| 油酸 | 100 | | 890 | | |
| 苯酚 | 5 | 50 | | | A |
| 碳酸钠 | 20 | 216 | 1080 | 以 $Na_2CO_3 \cdot H_2O$ 表示 | A |
| 碳酸钠 | 2 | 20 | 1010 | | |
| 氯化钠 | 10 | 108 | 1070 | | |
| 氢氧化钠 | 40 | 575 | 1430 | | A |
| 氢氧化钠 | 1 | 10 | 1010 | | A |
| 次氯酸钠 | 10 | | | 9. 5%活性氯 | A+C |
| 硫酸 | 98 | | 1840 | 浓硫酸 | A |
| 硫酸 | 75 | 1250 | 1670 | 加 695mL 浓硫酸到 420mL 水中 | A |
| 硫酸 | 10 | | | $c(H_2SO_4)=1mol/L$ | A |
| 硫酸 | 5 | | | $c(H_2SO_4)=0.5mol/L$ | A |
| 甲苯 | 100 | | 871 | | B |

表 8-10　　化工产品

| 试液 | 说　明 | 预防措施 |
|---|---|---|
| 矿物油 | 按 GB/T 1690—2006 中规定的 1、2 或 3 号参照油 | |
| 绝缘油 | 按 GB 2536—1990 | |
| 橄榄油 | 质量待规定 | |
| 棉籽油 | 质量待规定 | |
| 溶剂混合物 | 按 GB/T 1690—2006 中规定的 A、B、C 或 D 参照溶剂 | B |
| 肥皂液 | 用肥皂片制得 1%肥皂溶液 | |
| 清洗剂 | 质量和浓度待规定 | |
| 松节汕 | 质量待规定 | B |
| 煤油 | 质量待规定 | B |
| 石油(汽油) | 质量待规定 | B |

注意：

① 因不同批次的工业用化学试剂通常没有完全恒定的组分，为了使试液对塑料性能产生的影响具有代表性，推荐使用试液应为分析纯。如果采用工业级试剂时，应采用同一批次试剂来测试。在验证成分不明的试剂对塑料性能产生的影响时，其试剂应从同一容器中取出。

② 某些试剂是用浓化学试剂稀释而成的，在配制时有危险性，应在有经验的技术人员指导下操作。并作好以下预防措施：a）对腐蚀性药品只能用安全移液管，不能与皮肤或衣服接触；b）可燃性药品，不应靠近火源；c）产生刺激性气味或毒气的药品，应在通风橱内操作。

③ 试样应完全浸泡于试液当中。为避免试验过程中试液中被提取物质浓度增大，所用试液量应按照试样的总表面积计算，每平方厘米不少于 8mL 的试液。除了在一些其他标准中规定了不同的试液量外。

（3）测试条件

① 浸泡温度。根据需要可在下列温度中选取浸泡试验温度： 0、20、27、40、55、85、95、100、125、150℃。温度波动要求：浸泡温度低于 100℃，允许偏差±2℃；浸泡温度大于 100℃时，允许偏差±3℃。

标准优先选用的浸泡温度为：a） 23℃±2℃；b） 70℃±2℃。在测试塑料管材的某些特定条件下，可采用 60℃作为浸泡温度。

② 测定时温度。质量、尺寸或物理性能变化的测定时温度为 23℃±2℃。如果浸泡温度不是 23℃±2℃，在浸泡周期结束时，可将试样迅速地转入 23℃±2℃的新鲜试液中浸泡 15～30min，调节试样温度到 23℃±2℃。

③ 浸泡时间。优先选用的浸泡时间为：a）短期试验： 24h；b）标准试验：1 周； c）长期试验：16 周。如为了解材料某种性能随时间的变化直至达到平衡，则相应不同等级需做更长时间的试验，一般选用下列各等级的时间间隔进行性能测定，即：

短期试验： 1、2、4、8、16、24、48、96、168h；

中期试验： 2、4、8、16、26、52、78 周；

长期试验： 1.5、2、3、4、5 年。

根据试验结果绘制某种性能随时间变化曲线，从而了解该性能的变化规律。

① 对于长周期浸泡试验，试样在 23℃空气中储放期间也可能发生变化，建议增制一组试样以供对比。

② 如果在高于正常环境温度条件下进行浸泡试验时，可增加一组试样。在此温度下，用相同的试验周期进行状态调节，然后测试其性能，以区分性能的变化是受温度影响还是受试液影响。

（4）测试仪器

测试仪器包括浸泡的密闭容器，试液配制的玻璃仪器（如烧杯、容量瓶、量筒、滴管），称量瓶，温度计，鼓风烘箱，分析天平，尺寸和体积变化测量仪器和测试各性能的专用设备。图 8-8 是一种典型的浸泡装置示意图。

（5）测试步骤

① 试验时先对试样进行状态调节，并按预定项目测定质量、尺寸或有关性能的原始值（如原始质量 $m_1$、原始性能值 $V_1$ 等）。

② 把试样放入装有浸泡试液的容器内，见图 8-8。为了避免试验过程中试液被提取物质增浓，所用试液量相对于试样总面积每 $1cm^2$ 至少应为 8mL，并使它们完全浸泡在试液内。试样相互间不应接触，也不允许与容器壁及所系重物有所接触。每天至少搅动一次。试验时间超过 7d 时，每到第 7d 应更换等量新配试液。

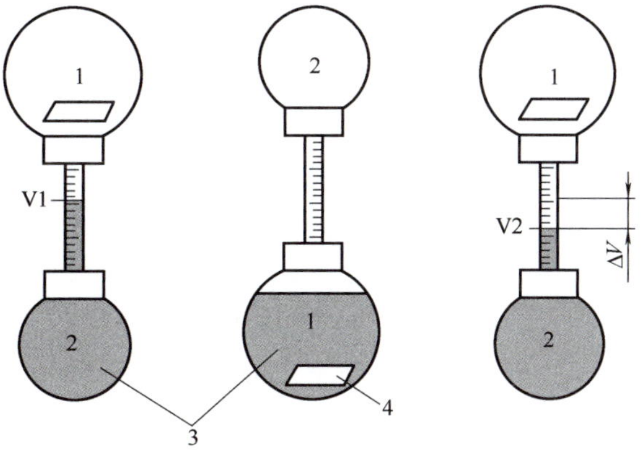


图 8-8　浸泡装置示意图

1—球形容器 1　2—球形容器 2　3—试液　4—试样

③ 浸泡期结束时，迅速将试样转入室温的新鲜试液中，浸泡 15～30min，使它们恢复到室温。然后取出试样用对受试材料无影响并适应试液性质的试剂冲洗。对于浸泡在酸、碱或其他水溶性溶剂中的试样，可直接用清水冲洗。用滤纸或无绒毛布揩拭试样。

④ 按预定项目测定浸泡后试样的质量、尺寸和有关性能，或将浸泡后试样干燥并重新进行状态调节，然后测定预定项目。

质量测定时，当试样质量大于或等于 1g 时，精确到 0.001g；试样质量小于 1g 时，精确到 0.0001g。

若所用试液在室温下有挥发性，则试样暴露在空气中的时间不应超过 30s。

若称量之后还需继续试验（如质量随时间变化的曲线），则立即将试样放回试液中，并将容器放回恒温控制器中。需浸泡干燥后称量时，对于厚度为 1mm 的试样，采用的干燥条件为：50℃±2℃，2h。

（6）试验结果表示

① 一般性能变化。可用数字或图形形式表示。

数字形式：除了给出浸泡前、后的测定结果外，还可以用浸泡后性能值（$X_2$）（质量变化除外）相对于浸泡前的性能值（$X_1$）的百分比来表示，或浸泡干燥和状态调节后性能变化的百分比表示。

$$\text{性能变化百分比}=\frac{X_2}{X_1}\times 100\% \tag{8-7}$$

$$\text{浸泡干燥和再状态调节后性能改变百分比}=\frac{X_3}{X_1}\times 100\% \tag{8-8}$$

式中：$X_1$——相应的浸泡前性能值；

$X_2$——浸泡后的某一性能值；

$X_3$——浸泡干燥和再状态调节后性能。

图线形式：以所得测定值（包括起始值）或性能值的差值为纵坐标，以浸泡时间（$t$）为横坐标，绘制出试样性能随试验时间变化的关系图表示。如需缩短时间坐标，则横坐标可用 $t^{1/2}$ 或 $\lg t$ 为标尺。

② 质量变化。以每组试验结果的算术平均值表示：

$$\Delta m = m_2 - m_1 \tag{8-9}$$

或

$$\Delta m = m_3 - m_1 \tag{8-10}$$

式中：$m_1$——用试样浸泡前的质量，mg；

$m_2$——浸泡后的质量，mg；

$m_3$——试样浸泡干燥后再状态调节的质量，mg。

以单位面积的质量变化表示：

$$\Delta m_s = (m_2 - m_1)/A \tag{8-11}$$

$$\Delta m_s = (m_3 - m_1)/A \tag{8-12}$$

式中：$\Delta m_2$——浸泡后每单位面积的质量变化，$mg/cm^2$；

$\Delta m_3$——浸泡干燥和再状态调节后每单位面积质量变化，$mg/cm^2$；

$A$——表示试样的初始总表面积，单位为 $cm^2$。

以质量变化百分率表示：

$$\text{浸泡后质量变化率} = \frac{m_2 - m_1}{m_1} \times 100\% \tag{8-13}$$

$$\text{浸泡干燥和再状态调节后质量变化率} = \frac{m_3 - m_1}{m_1} \times 100\% \tag{8-14}$$

③ 尺寸变化。除了记录试样原始尺寸（或体积）和最后尺寸（或体积）外，还应报告最后尺寸（或体积）对原始尺寸（或体积）的百分率。

$$Q = \Delta V/V_1 = (V_1 - V_2)/V_1 \tag{8-15}$$

$$Q' = (\Delta V/V_1) \times 100\% \tag{8-16}$$

式中：$Q$——材料试样的膨胀率；

$\Delta V$——浸泡前后的体积差；

$V_1$——试样浸泡前的体积；

$V_2$——试样浸泡后的体积；

$Q'$——材料试样的膨胀率百分比。

对试验过程中每个试样、每个尺寸和每个变化计算百分率。计算结果可能大于、等于或小于 100%。

若计算值为 100%，则表示试样在试液作用下无尺寸（或体积）变化。如有需要，应绘制尺寸—浸泡时间的曲线。

④ 颜色或其他外观变化。外观变化包括颜色、混浊度、光泽或表面粗糙度等，可用肉眼或仪器进行检测。按 GB/T 15596—1995 规定的方法将每个试样与空白试样对比检测，并记录每个试样的颜色和外观变化。

测试结果以表 8-11 所规定的等级表示，分别记录试样经浸泡擦拭、浸泡干燥和再状态调节的检测结果。

表 8-11 外观变化等级标志

| 标志 | 外观变化 | 标志 | 外观变化 |
|---|---|---|---|
| O | 无变化 | M | 中等变化 |
| F | 轻微变化 | L | 严重变化 |

需注意以下现象变化：①银纹和开裂的出现；②起泡、麻点；③易擦掉物质的存在；④分层、翘曲或变形；⑤部分溶解。

### 8.5.3 影响因素讨论

（1）试样的影响

在化学介质对塑料的侵蚀过程中，渗透和吸收起重要的作用。渗透是介质分子透过塑料表面的大分子间隙，逶迤弯曲通过塑料层；吸收是介质分子留在塑料层里的现象。这些介质分子实际上在塑料内部进行“破坏活动”。而渗透和吸收的快慢，显然和试样与介质的接触面积、试样的密度有关。试样越厚，介质的渗透和吸收越慢；试样与介质接触面积越大，渗透和吸收越快。因此，只有相同形状和尺寸的试样，才具有可比性。

此外，在浸泡过程中，试样的放置也应十分重要。试样表面任一有效部分都不能与其他试样表面、容器底、容器壁接触，以保证其与化学介质的接触面积。为了防止密度小的试样浮起，密度大的试样沉底，可使用由玻璃制作的夹具支架。

（2）浸泡温度的影响

温度升高会加速介质分子的运动，使介质分子“攻击”塑料表面的作用加剧，从而加速化学腐蚀的进行。温度升高还会加速渗透和扩散，使物理腐蚀加深。因此，塑料的耐化学性随温度升高而下降。

（3）介质的浓度的影响

介质的浓度增大，则在单位浸渍时间内，作用于试样的介质分子增多，从而使侵蚀作用加剧。为了保证介质浓度的恒定，浸渍试样的容器应密封。对试验持续 7 天上的，还应定期（每 7 天）用等量的新鲜试液予以更换。若试液是不稳定的（如次氯酸钠），则要更加频繁地予以更换。此外，为了使试液与试样接触的界面处保持较为恒定的介质浓度，试验中应使用某种方法（如转动容器）搅动液体，每天至少一次。

（4）浸渍时间的影响

由于每种塑料对各种不同介质的耐蚀性不同，为了既方便又有效地考察不同塑料在不同介质中的耐化学性，常需要根据试验材料品种特性和试液选取浸渍时间。此外，有时为了考察材料在实际使用条件下对介质的长期稳定性，试验时间要尽可能长些；有的产品规范中有明确规定的浸渍时间。对这些不同浸渍时间获得的耐化学性数据，在选取和使用时应予注意。一般，浸渍时间越长，试样受侵蚀程度越大。

## 项目总结

研究塑料老化的试验方法很多，大体上可分为两类：一是自然老化；二是人工老化。

实验室光源暴露老化主要有氙弧灯暴露试验、荧光紫外暴露试验和碳弧灯暴露试验，其测试原理都是模拟大自然日光的光谱分步进行加速试验，提高试验室光源的入射辐照度而不改变光谱分布是加速老化最理想的方法。

热空气老化试验通常在烘箱中进行。在箱内保持给定风速和温度，使试样在热和氧的共同作用产生老化。用多温度点测定特定项目热老化前后的性能可以外推塑料的使用寿命。在多种通过老化测试推算使用寿命的方法中，这是最简单的外推寿命的方法。

化学老化主要表现为：龟裂、溶胀、溶解、收缩、变色、失去透明性、脆化等。测试方法可参照 GB/T 11547—2008 塑料　耐液体化学试剂性能的测定方法进行。在规定温度条件下，将塑料试样完全浸渍在需要接触的试液中，经过规定时间后测定试样的质量、尺寸、外观变化和有关性能（如力学性能、电学性能、光学性能）等随时间推移而发生的变化，或者根据所观察到的龟裂发生等情况来进行评价塑料的耐药性。

## 思考题

（1）研究塑料的老化方法有哪些？怎么分类？

（2）实验室光源暴露老化主要有哪些试验？分别简述其测试原理。

（3）氙弧灯暴露试验中，试验方法和试验条件的选择很重要，请问：氙弧灯暴露老化试验的参数有哪些？如何选择？

（4）荧光紫外暴露试验的方法有哪几种？不同紫外灯的光谱分步如何？

（5）热老化的试验方法有哪两种？其设备有何区别？

（6）如何根据多温度点测试塑料的热老化性能然后外推塑料的使用寿命？

（7）如何测定塑料的湿热老化和盐雾老化，其原理如何？

（8）练习测定 PE 塑料薄膜的荧光紫外暴露老化性能。

（9）练习测定 PE 塑料薄膜的热空气老化性能。

（10）请查阅相关资料，了解自然老化的测试原理和方法，拟订一个根据自然老化试验和氙弧灯暴露老化试验相结合的方法测定塑料的使用寿命的方法。

项目9

# 塑料工艺性能测试

## 学习目标

塑料工艺性能一般指塑料在成型加工过程中，对工艺过程的控制以至成品性能产生影响的诸性能。

几乎所有聚合物的成型技术，都是依靠外力作用下，聚合物的流动与变形来实现从聚合物原料或坯件到制品的转变。如热塑性塑料的滚压、挤出、吹塑、注射、浇注、压延等成型加工过程，都经历了高聚物首先被升温熔融，然后流经挤出机、注射的流道等再成型。高聚物的流动行为是高聚物分子运动的表现，反映了高聚物的组成、结构、相对分子质量及其分布等结构特点。研究表明，高分子的流动与小分子液体相比具有明显的不同，即高聚物熔体或溶液的流动不但表现出黏性流动的形变（不可逆形变），而且表现出弹性形变（可逆形变），也就是我们所说的黏弹性。测试塑料工艺性能的目的是为了预测塑料在成型加工过程中的表现，从而为成型工艺的优化、产品性能的改进提供依据，为成型设备的优化设计提供理论指导，也为塑料原料生产厂实施产品质量控制提供重要依据。本项目学习目标见表9-1。

表9-1　学习目标

| 序号 | 类别 | 目　标 |
|---|---|---|
| 1 | 知识 | ①塑料工艺性能的基本概念，影响塑料工艺性能的因素<br>②塑料熔体流动速率的测试原理与方法，熔体流动速率测试仪的结构<br>③塑料熔体流变性能的概念与表征方法，毛细管流变仪的结构与测试原理<br>④转矩流变仪的结构与工作原理，流变谱图的解析与应用<br>⑤热固性塑料工艺性能的概念，测试原理与方法 |
| 2 | 能力 | ①能按标准和设备使用说明书，测试热塑性塑料的熔体流动速率<br>②能使用转矩流变仪配置毛细管口模，测试塑料的流变性能<br>③能使用转矩流变仪测试塑料的加工性能，会解析测试的流变图谱<br>④能按标准规定，进行热固性塑料的流动性试验<br>⑤熟悉有关测试仪器设备的使用与维护<br>⑥能分析整理测试结果，完成测试报告 |
| 3 | 职业素质 | ①团队合作与沟通能力<br>②自主学习、分析与解决问题的能力<br>③安全生产、质量与环境保护意识<br>④客观公正，严谨认真的职业道德 |

## 工作任务

以预测塑料的工艺性能为目的的流动性能测试，最好能与其成型的实际情况相吻合。但实际上由于塑料本身流动特性（如黏弹性）及成型工艺的复杂性，使得这种测定变得相当困难。目前发展了为数众多的流动性试验方法，而其中的绝大部分都只是具有某种特定的含义测试技术。

本项目重点学习与塑料成型直接相关的流动性能测试方法，具体工作任务见表 9-2。

表 9-2 学习工作任务

| 序号 | 任务名称 | 要求 |
|---|---|---|
| 1 | 测试热塑性塑料的熔体流动速率 | ①查阅塑料工艺性能的技术文献、塑料熔体流动速率测试标准 GB/T 3682—2018<br>②讨论制定试验方案，准备测试材料与仪器<br>③熟悉熔体流动速率测试仪的使用与维护，了解其结构原理<br>④完成 PE-HD、ABS、PP 的质量熔体流动速率和体积流动速率测试<br>⑤记录测试数据，分析测试结果，完成测试报告 |
| 2 | 测试热塑性塑料（PVC）的加工性能 | ①检索和阅读转矩流变仪及其应用的文献<br>②熟悉转矩流变仪与软件的使用与维护，了解其结构与工作原理<br>③设计试验方案，准备测试原料与仪器<br>④使用 HAAKE 转矩流变测试系统（PolyLab QC）与混合器测试 PVC 配混料的加工性能<br>⑤记录测试数据，分析流变图谱，完成测试报告 |
| 3 | 测试聚乙烯（PE）塑料的熔体流变性能（可选任务） | ①检索和阅读毛细管流变仪在热塑性塑料流变性测试中应用等相关文献<br>②讨论制定采用挤出机毛细管流变仪测试 PE 塑料流变性能的实验方案，准备测试原料与仪器<br>③了解挤出机毛细管流变仪结构与工作原理，使用与维护<br>④测试 PE 塑料的流变性能，记录试验结果<br>⑤使用配套的挤出流变分析软件分析测试结果，完成测试报告 |
| 4 | 热固性塑料流动性实验（可选任务） | ①检索和阅读热固性塑料流动性测试方法与标准等相关文献<br>②熟悉拉西格流动性测试方法，了解测试所需仪器的结构与工作原理，按实验要求，测试酚醛塑料的拉西格流动性<br>③了解热固性塑料凝胶时间定义与测定方法，能标准规定测试不饱和聚酯树的凝胶时间<br>④分析测试结果，完成测试报告 |

## 9.1 热塑性塑料熔体流动速率测定

塑料熔体流动速率（melt flow rate，MFR）是在规定温度和恒定负荷下，熔体在一定时间内流过标准口模毛细管的量。国家标准 GB/T 3682—2018 规定了熔体质量流动速率（MFR）和熔体体积流动速率（MVR）的试验方法。

MFR 通过称量规定时间内挤出物的质量，计算挤出速率，以 g/10min 表示； MVR 通过记录活塞在规定时间内的位移或活塞移动规定的距离所需的时间，计算挤出速率，以 mL/10min 表示。若已知材料在试验温度下的熔体密度，则 MVR 可以转化为 MFR，反之亦然。

### 9.1.1 测试原理

塑料熔体流动速率用于判定热塑性塑料处于熔融状态时的流动性，作为热塑性树脂质量控制和热塑性塑料成型工艺条件的参数选择的依据。表征高聚物熔体的流动性好坏的参数是熔体的黏度。在成型加工中，塑料熔体一般都属非牛顿流体，即其黏度与剪切应力或剪切速率有关。熔体流动速率仪是一种简单的毛细管黏度计。测试中的剪切速率远小于实际加工时的剪切速率。因此，熔体流动速率主要用于对聚合物熔体黏度进行分档。熔体流动速率与高聚物的相对分子质量大小密切相关，如表 9-3 所示。

**表 9-3　高压聚乙烯的熔体流动速率与相对分子质量的关系**

| MFR/g·(10min)$^{-1}$ | 170 | 70 | 21 | 6.4 | 1.8 | 0.25 | 0.005 |
|---|---|---|---|---|---|---|---|
| $M_n$ | $1.9\times10^4$ | $2.1\times10^4$ | $2.4\times10^4$ | $2.8\times10^4$ | $3.2\times10^4$ | $4.8\times10^4$ | $5.3\times10^4$ |

对同类的高聚物，平均相对分子质量高，熔体流动速率就小些，其强度、硬度、韧性、缺口冲击等物理性能也会相应有所提高。反之，平均相对分子质量小，熔体流动速率则增大，材料的流动性就相应好一些。因此，很多塑料原料（尤其是聚烯烃类）厂家一般都附有熔体流动速率的指标，用于塑料的品质控制。对于某一个热塑性聚合物来说，如果从经验上建立起熔体流动速率与加工条件、产品性能的对应关系，就可用熔体流动速率来指导该聚合物的实际加工和工艺参数设置。如表 9-4 中， PE-HD 的熔体流动速率与其应用关系。

**表 9-4　PE-HD 的熔体流动速率与应用范围的关系**

| MFR/g·(10min)$^{-1}$ | 应用范围 | MFR/g·(10min)$^{-1}$ | 应用范围 |
|---|---|---|---|
| 0.3~1.0 | 电缆绝缘层 | 2.5~9.0 | 吹塑薄膜及挤板 |
| 小于 0.2 | 挤出管材 | 0.2~0.3 | 注塑 |
| 0.2~2.0 | 中空吹塑制品 | 4.0~7.0 | 涂层 |

一般来说，熔体流动速率大，则表示流动性好，成型时可选择较低的压力和温度；相反，熔体流动速率小则流动性相对较差，成型时应选较高的温度和较大的压力，以使塑料熔体能够顺利地流动和成型。

特别注意：塑料熔体流动速率是按照规定的标准条件测试的。相同结构的聚合物，测定熔体流动速率时所用的试验条件（温度、压力）不同，所得的熔体流动速率也不同。所以，要比较相同结构的聚合物的熔体流动速率，必须在相同的测试条件下进行。

## 9.1.2　测试方法

（1）测试设备

熔体流动速率仪外形和结构示意如图 9-1 所示。主要由机筒、钢制活塞、标准口模、负荷、温度控制和温度监测装置及附属器件等组成。

① 机筒。由能够在加热体系达到的最高温度下抗磨损和抗腐蚀的材料制成。长度为（150 ~ 180） mm，内径为（9.550±0.025） mm。

② 活塞。活塞长度应大于机筒长度，活塞头长度为（6.35±0.10） mm，其直径比机筒内径均匀地小（0.075±0.015） mm，上部边缘应光滑，活塞头上部的活塞杆直径约为 9mm。

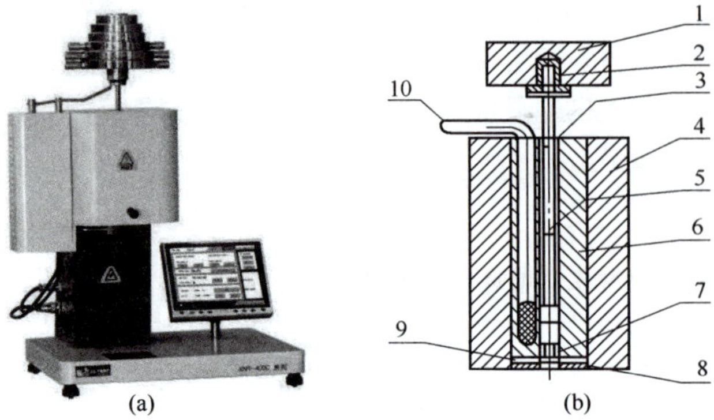


图 9-1　熔体流动速率测定仪

1—砝码　2—砝码托盘　3—活塞上标线　4—炉体　5—活塞下标线　6—机筒　7—标准口模　8—隔热层　9—口模挡板　10—温度计

活塞杆有两道相距 30mm 的环形记号，当活塞头底部与模口上部相距 20mm 时，上标线与机筒口齐平。

③ 加热炉。一般采用电热加热，温度波动应能控制在±0.5℃以内，测温精度为±0.1℃。

④ 标准口模。一般用碳化钨或高硬度钢材制成，其外径与机筒内径成间隙配合，长为（8.000 ± 0.025） mm；内孔直径有（2.095 ± 0.005） mm 与（1.180 ± 0.010） mm 两种，硬度应不小于维氏硬度 500（HV5~HV100），表面粗糙度 $R_a$ 应小于 0.25μm。

⑤ 负荷。由活塞杆的质量和一组可调节砝码组成。

⑥ 附件。主要有装料杆、清洁器、温度计、切割工具、秒表和天平等。

（2）试样要求

试样可以是任何形状的颗粒、粉料、小块、薄片等，其大小应确保能引入机筒孔中。

试验前，应按照材料规格标准对材料进行状态调节。对吸湿性试样，必须按产品标准规定进行干燥处理。

（3）测试条件

如果 MFR（和 MVR）较小或出口膨胀较大的材料，在最大切断时间间隔 240s 获得的各切段质量超过 0.04g 时，才可使用方法 A，否则应使用方法 B；如果 MFR＞100g/10min 时，使用方法 B 时，才可以使用标准口模；或者在方法 A 中使用半口模。

① 加料量与切样时间。根据试样的熔体流动速率大小确定加料量与切样时间，如表 9-5 所示。

**表 9-5　　试样加入量与切样时间间隔**

| 熔体流动速率/g·（10min）$^{-1}$ | 试样加入量/g | 切样时间间隔/s |
|---|---|---|
| 0.1~0.5 | 3~5 | 240 |
| >0.5~1.0 | 4~6 | 120 |
| >1.0~3.5 | 4~6 | 60 |
| >3.5~10 | 6~8 | 30 |
| >10 | 6~8 | 5~15* |

注意：当材料密度大于 1.0g/cm³ 时，可能需增加试样量。

② 试验温度、负荷的选择。试验温度和负荷应由相应材料命名或规格标准规定，是表 9-6GB/T 3682—2018 列出了已证明是适用的试验条件。

表 9-6　　　　　　　　　　　**塑料的标准试验条件**

| 条件 | 试验温度/℃ | 负荷（组合）/kg | 材料 |
|---|---|---|---|
| A | 250 | 2. 16 | |
| B | 150 | 2. 16 | E/VAC |
| D | 190 | 2. 16 | PE、E/VAC、PB、POM |
| E | 190 | 0. 325 | PE |
| F | 190 | 10. 00 | PB |
| G | 190 | 21. 6 | PE |
| H | 200 | 5. 00 | PS、PS-1 |
| M | 230 | 2. 16 | PP |
| N | 230 | 3. 80 | PMMA |
| S | 280 | 2. 16 | |
| T | 190 | 5. 00 | PE |
| U | 220 | 10. 00 | ABS、SAN、ASA、ACS、AES、MABS |
| W | 300 | 1. 20 | PC |
| Z | 125 | 0. 325 | E/VAC |

（4）测试步骤

熔体流动速率测试应根据仪器使用说明书进行。

试验条件按国家标准 GB/T 3682—2018 设定。

热塑性塑料 MFR 测试

① 将仪器调至水平，并将仪器清洁。所用的清洗程序不能影响口模尺寸和表面粗糙度。

② 接通电源，将标准口模放入机筒，插入活塞杆，按选定试验温度升温，到达所需温度后，并恒温不少于 15min。

③ 根据预先估计的流动速率，按表 9-5 推荐的试样加入量加入试样于机筒中。装料时，用手持装料杆压实样料。对于氧化降解敏感的材料，尽可能避免接触空气，并在 1min 内完成装料过程。

根据材料的流动速率，将加负荷（MFR 值较小的材料，如 PE、 PP 等）或未加负荷的活塞（MFR 值较大的材料，如 PB 等）放入机筒。如果材料的熔体流动速率高于 10g/10min，预热时用不加负荷或只加小负荷的活塞，直到 4min 预热期结束再把负荷改变为所需要的负荷。当熔体流动速率非常高时，则需要使用口模塞。

④ 在装料完成后， 4min 温度应恢复到所选定的温度。如果原来没有加负荷或负荷不足的，此时应把选定的负荷加到活塞上。让活塞在重力的作用下下降，直到挤出没有气泡的细条。这个操作时间不应超过 1min。当下标线到达料筒顶面时，开始计时，并同时用切料刀具切断挤出物，并丢弃。

然后逐一收集按一定时间间隔的挤出物切段，以测定挤出速率。切段时间间隔取决于熔体流动速率（见表 9-5），每条切段的长度应不短于 10mm，最好为（10~20） mm。当活塞杆的上标线达到机筒顶面时停止切割。

⑤ 冷却后，丢弃有肉眼可见气泡的切段。将保留下的切段（至少 3 个）逐一称量，准确到 1mg，计算它们的平均质量。

如果单个称量值中的最大值和最小值之差超过平均值的15%，则舍弃该组数据，并用新样品重做试验。从装料到切断最后一个样条的时间不应超过25min。

注意：对于MFR（和MVR）较小和（或）模口膨胀较高的材料，在240s的最大切段间隔内，可能难于获得不小于10mm的切段长度，或每个切段质量达不到0.04g以上时，应使用方法B。即：采用自动测定在规定时间内活塞移动的距离，或测定活塞移动规定距离所用的时间。

⑥ 每次试验后，必须趁热将口模孔用直径合适的黄铜丝或钢丝将余料顶出，用洁净的纱布擦净标准口模表面、活塞杆和机筒。

（5）测试结果与报告

① 熔体质量流动速率（*MFR*）值按式（9-1）计算：

$$MFR(\theta, m_{nom}) = \frac{600 \times m}{t} \tag{9-1}$$

式中：$\theta$——试验温度，℃；

$m_{nom}$——标称负荷，kg；

$m$——切段的平均质量，g；

$t$——切段的时间间隔，s。

测试结果保留两位有效数字，并记录所使用的试验条件。

② B法测试时，熔体体积流动速率（*MVR*）和熔体质量流动速率（*MFR*）分别按式（9-2）和式（9-3）计算。

$$MVR(\theta, m_{nom}) = \frac{A \cdot t_{ref} l}{t} = \frac{427l}{t} \tag{9-2}$$

$$MFR(\theta, m_{nom}) = \frac{A \cdot t_{ref} \cdot l \cdot \rho}{t} = \frac{427l \cdot \rho}{t} \tag{9-3}$$

式中：*MVR*——熔体体积流动速率，$cm^3/10min$；

*MFR*——熔体质量流动速率，g/10min；

$\theta$——试验温度，℃；

$m_{nom}$——标称负荷，kg；

$A$——活塞和料筒的截面积平均值（等于$0.711cm^2$），$cm^2$；

$t_{ref}$——参比时间（10min），s（600s）；

$t$——预定测量时间或各个测量时间的平均值，s；

$l$——活塞移动预定测量距离或各个测量距离的平均值，cm；

$\rho$——熔体在测定温度下的密度，$g/cm^3$，按式（9-4）计算：

$$\rho = \frac{m}{0.711l} \tag{9-4}$$

式中：$m$——称量测得的活塞移动$l$时挤出的试样质量。

③ 流动速率比（FRR）

流动速率比一般用来表征材料相对分子质量分布对其流变行为的影响。按式（9-5）

计算。

$$FRR=\frac{MFR\ (190/21.6)}{MFR\ (190/2.16)} \tag{9-5}$$

用于测定流动速率比的条件，列在相应的材料标准中。

④ 测试报告应包括以下内容：采用测试标准；试样的物理形状和状态调节等详细说明；试验中所用温度和负荷；切样段质量和切段时间间隔；对于方法 B，预定的时间或活塞移动距离，以及对应的活塞移动距离或所用时间的测定值；熔体质量流动速率或熔体体积流动速率，流动速率比（FRR），结果取两位有效数字；试验过程中任何异常情况，例如试样变色、发粘、挤出物扭曲或熔体流动速率的异常变化；试验日期等项目。

### 9.1.3　影响因素讨论

影响熔体流动速率的因素可分为两类，其一是仪器的结构尺寸及表面加工状况。如：口模尺寸及毛细孔的表面粗糙度直接影响挤出的物料的挤出速率。因此，对口模尺寸及其制造精度等需作了严格规定；其二是温度压力及时间等试验条件。

（1）弹性因素。由于塑料熔体是一种黏弹性体，在外力作用下，发生不可逆的黏性流动时，也发生可回复的弹性形变，在实验中发现当负荷骤然施加于活塞上，熔体挤出最初反映下降的。因此，为了消除这种影响，把试样加入机筒后，先加上负荷的一部分，使熔体弹性得到一定的衰减。

（2）容量效应。由于熔体与机筒有黏附力，阻碍活塞杆的下移。在测量过程中，表现出挤出速率与机筒中熔体的高度有关，试验时应在同一高度截取样条。

（3）温度梯度的影响。机筒中部温度比上下部的要高，存在一定的温度梯度，因而影响黏度，温度高，黏度低，挤出速率就快，因此同一高度截取样条可以避免温度梯度的影响。

（4）热降解的影响。当塑料在机筒中时间长、温度高时，容易发生热降解现象，特别是粉状料。空气中的氧具有加速热降解效应，使黏度降低，流动速率加快，影响结果的准确性。要减少热降解的影响，对粉状料试样，尽可能压实，减少空气，同时可以加入不影响结果的稳定剂。也可以通入氮气保护。

（5）温度波动的影响。温度偏高，熔体流动速率加大，反之则小。在试验中，无论何种塑料，试验中均要求温度波动控制在±0.5℃以内。特别应该指出的是，在切样过程中，要尽量避免炉温波动。

（6）试样中水分的影响。试样中的水分子带极性，会起类似增塑剂的作用，影响熔体流动速率的测定，特别是对于高吸水的塑料，如 PA 等。因此，试验前，塑料样品一般需要在 70℃烘箱中干燥 24h 后放入干燥器备用。

## 任务实施

（1）查阅 GB/T 3682—2018 标准，制定测试热塑性塑料熔体流动速率试验方案。

（2）准备仪器：① 熔体流动速率测试仪；②分析天平和电子天平；③温度计；④秒表。

（3）准备样品：ABS、PE-HD、PE-LD、PP、PS 等热塑性塑料。

（4）按标准规定和仪器手册，完成塑料样品的质量熔体流动速率和体积流动速率测试。

（5）记录试验数据（表 9-7），分析讨论结果，完成测试报告。

表 9-7　熔体流动速率和体积流动速率实验记录

| 试验条件：温度/℃；负荷/kg；口模直径/mm | | | | | | |
|---|---|---|---|---|---|---|
| 试料 | 间隔时间 $t$（s） | 样条质量 $m$/g | | | MFR | |
| | | | | | | |
| | | 平均 | | | | |

## 9.2 塑料熔体流变性能测试

高分子材料的成型过程，如塑料的压制、压延、挤出、注射等工艺，化纤纺丝，橡胶加工等过程，都是利用高分子材料熔体的塑化特性进行的。熔体受力作用，不但表现有流动和变形，而且这种流动和变形行为强烈地依赖于材料结构和外界条件，如温度、作用力的性质、大小和作用时间等，高分子材料的这种性质称为流变行为（即流变性）。毛细管流变仪是测试高聚物材料熔体流变性能的常用仪器之一，有不同类型。按流体从毛细管中流出的方式不同，有采用重力作驱动力的毛细管黏度计和采取施加固定或可变的压力使流体流过毛细管黏度计。前者如乌氏黏度计，后者包括有柱塞、挤压机或其他压力源驱使样品以恒定的或编程的流速通过的毛细管。如熔体流动速率测试仪就是一种固定压力的毛细管黏度计。按毛细管长短或长径比的不同，又可分为绝对毛细管黏度计和相对毛细管黏度计，如图 9-2 所示。

图 9-3 是一种可变压力型毛细管流变仪的结构示意图。主要由以下几个部分组成。

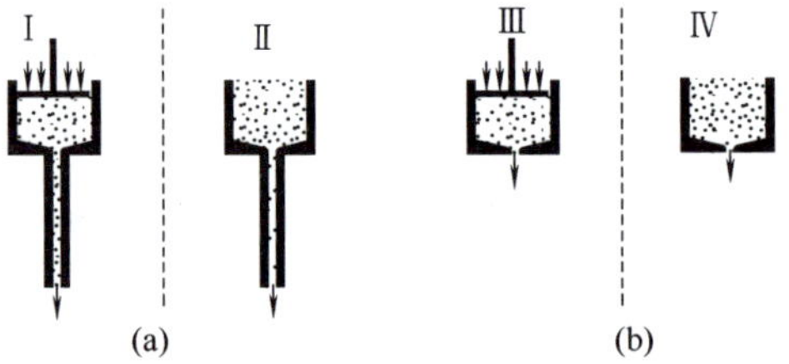


图 9-2　不同毛细管黏度计的对比示意图

Ⅰ、Ⅱ—绝对毛细管黏度计，长径比（$L/D$）≥30/1　Ⅲ、Ⅳ—相对毛细管黏度计，长径比（$L/D$）≥1/1 ~10/1

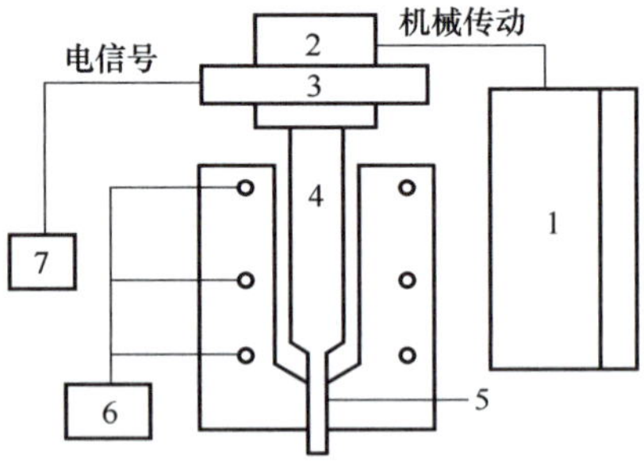


图 9-3　毛细管流变仪的结构组成

1—压杆速度控制系统　2—齿轮箱　3—测力传感器　4—压杆　5—毛细管　6—控温系统　7—记录仪及数据处理系统

（1）主体部分：毛细管、机筒、压杆（柱塞）、加热炉、测力传感器。

（2）温控装置：热电偶、温控仪表。

（3）机械传动：电机、齿轮箱、速度控制。

（4）记录与软件：记录仪、计算机数据采集与处理。

### 9.2.1 毛细管流变仪测试原理

毛细管流变仪是指“流变仪口模”本身再加上测定压差 $\Delta p$ 和流量 $q$ 的手段。其中，压差 $\Delta P$ 与剪切应力 $\tau$ 成正比，而流量 $Q$ 与剪切速率 $\dot{\gamma}_w$ 成正比。流量 $q$ 是根据试验温度下已知熔体的密度，以及在计算机控制的天平上称量每单位时间内挤出物的质量后计算得到。

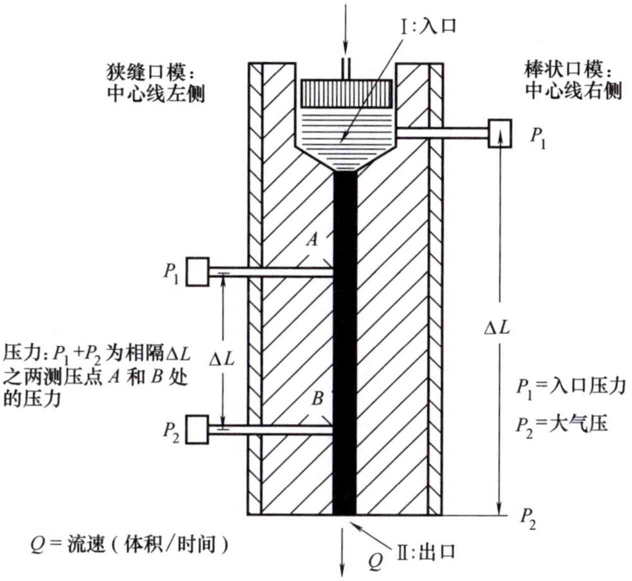


图 9-4 毛细管流变仪原理示意图

如图 9-4 所示，样品流过毛细管的阻力会在 A 和 B 两点之间产生压力降。两个测压孔的间隔（$p_1$ 与 $p_2$之间）为毛细管长度 $\Delta L$，并且这两点都远离毛细管的入口与出口，以减少甚至消除由于熔体弹性及非层流所引起的入口、出口偏差。两个压力传感器安装在与狭缝表面同一水面上，测定压力差 $\Delta P=P_1-P_2$。压力探头（传感器）有一个薄金属隔膜，熔体压力可使其弯曲，此隔膜的机械偏转成比例地转化为电信号。活塞随时间向前运动或计量泵的驱动速度，确定了流量 $Q$（$cm^3/min$）。也可称量在一定时间间隔内挤出物的质量，根据已知物质密度将重量信号转换为物料流动速率。试验样品的黏度与毛细管内压力降及流速有关。这种具有测压点的狭缝口模的设计使样品流过毛细管，在到达 $p_1$ 点之前达到稳定状态并形成层流，也就是避免了入口效应对于压差的影响。在点 A 和 B 处，挤出物的动能是相同的。因此，与出口效应相关的动能并不会在毛细管长度 $\Delta L$ 内影响压差。在这种条件下，可精确计算具有牛顿流动特性的液体的剪切应力和剪切速率。

如图 9-5 所示，通过黏滞阻力应与推动力相平衡等流体力学过程原理的推导，可得出管壁处的剪切应力 $\tau_w$ 和剪切速率 $\dot{\gamma}_w$ 与压力 $\Delta P$、熔体容积流率 $Q$ 的关系。

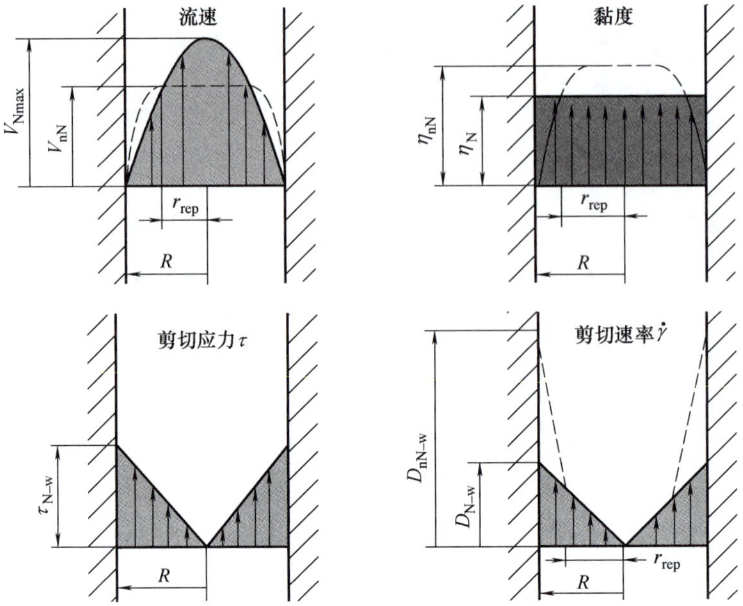


图 9-5　毛细管黏度计中的流速、黏度、剪切应力和剪切速率等函数

实线表示牛顿流体（N）的条件；虚线描述非牛顿流体（nN）流动；$r_{rep}$为典型半径

（1）剪切应力。按式（9-6）计算：

$$\tau_w=\left(\frac{R}{2\cdot\Delta L}\right)\Delta P=C_1\cdot\Delta P \tag{9-6}$$

式中：$\tau_w$——半径 $R$ 处的剪切应力，Pa；

$R$——毛细管半径，cm；

$\Delta L$——在压力两点间的毛细管长度，m；

$\Delta P$——毛细管两端的压力差，Pa；

$C_1$——与毛细管尺寸有关的仪器常数，$C_1=\dfrac{R}{2\cdot\Delta L}$。

（2）剪切速率。按式（9-7）计算：

$$\dot{\gamma}_w=\left(\frac{4}{\pi\cdot R^3}\right)\cdot Q=C_2\cdot Q \tag{9-7}$$

式中：$\dot{\gamma}_w$——在半径 $R$ 处的剪切速率，$s^{-1}$；

$Q$——流体容积流率，$m^3/s$

$C_2$——与毛细管尺寸有关的仪器常数，$C_2=\left(\dfrac{4}{\pi R^3}\right)$。

（3）黏度计算。根据牛顿定律，按下式计算：

$$\eta_a=\frac{\tau_w}{\dot{\gamma}_w}=\frac{C_1\cdot\Delta P}{C_2\cdot Q}=\left(\frac{\pi\cdot R^4}{8\cdot\Delta L}\right)\cdot\frac{\Delta P}{Q}$$

$$\eta_a=C_3\cdot\frac{\Delta P}{Q} \tag{9-8}$$

式中：$C_3$——仪器常数 $C_1$ 和 $C_2$ 的组合，仅同毛细管的尺寸相关。

$$C_3=\frac{\pi \cdot R^4}{8 \cdot \Delta L} \tag{9-9}$$

由此可见，在温度和毛细管长径比（$L/D$）一定的条件下，测定在不同的压力下塑料熔体通过毛细管的流动速率 $Q$ 和毛细管两端的压力差 $\Delta P$，可计算出相应的 $\tau_w$ 和剪切速率 $\dot{\gamma}_w$ 值。但对于大多数塑料熔体来说都属于非牛顿性流体，它在管中流动时具有弹性效应，壁面滑移和流动过程中的压力降等特性。况且在实验中毛细管的长度都是有限的，故上述假设推导出的实验结果将产生一定的偏差。因此对假设熔体为牛顿流体推导的剪切速率和适用于无限长的毛细管的剪切应力必须进行“非牛顿修正”和“入口修正”，方能得到毛细管管壁上的真实剪切速率和真实剪切应力。

（4）“非牛顿性修正” 。一般认为塑料熔体的剪切应力与剪切速率的关系遵从“幂律公式”，即 $\tau_w=k \cdot \dot{\gamma}^n$，$k$、$n$ 为常数，分别称为稠度和非牛顿指数。这样，校正公式如式（9-10）所示：

$$\dot{\gamma}'_w=\left(\frac{3n+1}{4n}\right) \cdot \dot{\gamma}_w \tag{9-10}$$

其中，非牛顿指数 $n$，可通过 $\lg\tau_w$ 对 $\lg\dot{\gamma}_w$ 作图所得曲线的斜率求得，即：

$$n=\frac{\mathrm{d}\lg\tau_w}{\mathrm{d}\lg\dot{\gamma}_w} \tag{9-11}$$

（5）“入口修正” 。因为在实际测定中 $\Delta P$ 的计算忽略了毛细管的出口压力损失。另外，在活塞筒和毛细管的连接处，由于流体速度和流线变化所引起的摩擦能量耗散和弹性拉伸形变，也损失一部分能量，使真正作用在毛细管壁上的实际剪切应力有所降低。剪切应力的降低等效于毛细管长度的变长，即：

$$\tau'_w=\frac{R}{2(\Delta L+e)} \cdot \Delta P=\frac{\Delta P}{2(\Delta L/R+e)} \tag{9-12}$$

其中， $e$ 为校正因子，这样，如在某一剪切速率下，测定不同长径比（$L/R$）的毛细管一系列的压力降 $\Delta P$，以 $\Delta P$ 对 $L/R$ 作图，应得一条直线，其在 $L/R$ 轴上的截距为 $e$。如若毛细管的 $L/D$>40，或该测试数据仅用于实验对比时，基本上可以不进行入口校正。

## 9.2.2　测试方法

毛细管流变仪有多种型号，不同型号的仪器，其使用方法各有差异，试验时应认真阅读仪器使用说明书，按操作规程进行。下面以挤出机毛细管流变仪为例进行介绍。

（1）原料

热塑性塑料及其复合物粉料、粒料等都可进行试验。根据塑料类型按相应规定进行干燥处理。

（2）实验仪器

① 挤出机毛细管流变仪。如图9-6所示，由控制单元、驱动单元、单螺杆挤出机和不同

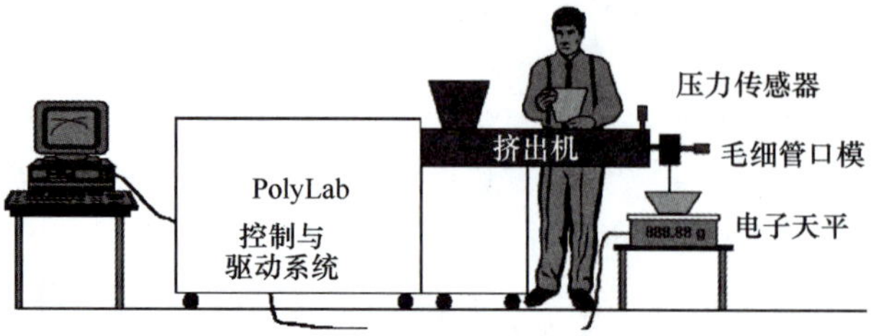


图 9-6 挤出机毛细管流变测量仪示意图

长径比的毛细管口模组成，毛细管规格为：直径 $d$ = 1.5mm，长径比（$L$:$D$）:10:1、20:1、30:1 和 40:1。

② 其他实验用具。天平（感量 0.1g）1 台；秒表 1 个；游标卡尺 1 个，最小分度为 0.02mm。

（3）测试步骤

将所测塑料在单螺杆挤出机中熔融塑化后被输送，并通过毛细管口模挤出。当塑料熔体通过毛细管口模时，由安装在毛细管口模入口处的压力传感器和热电偶，测试出熔体的压力和温度，微机记录下熔体压力和温度数值并显示打印出来。具体步骤如下：

① 阅读扭矩流变仪说明书，了解其工作原理、技术规格和安装、使用、清理等有关规定。

② 把单螺杆挤出机安装在流变仪主机上，再把毛细管口模紧密安装在挤出机上。把压力传感器、测试熔体温度的热电偶安装在毛细管口模上，并连接好所有插头。

③ 启动转矩流变仪的微机及动力系统，按实验要求设定所有的实验参数。

④ 对挤出机进行加热，达到设定温度（显示的温度偏差为零）时，恒温 15min，并校正流变仪系统和压力传感器。

⑤ 启动挤出机，选定不同的螺杆转速，当螺杆转速稳定后，加料挤出。当挤出条件达到平衡时，由计算机控制系统开始记录实验数据。选择不同的间隔时间取样，测试塑料熔体的质量流速（g/min）。

⑥ 收集挤出物，观察外形，测量直径。

⑦ 在同一温度下，调节不同的螺杆转速，重复上述实验操作。建议螺杆转速以 10r/min 之差递增，从 10~100r/min 进行实验。

⑧ 实验结束后，把数据文件储存在磁盘上。清理挤出机、毛细管口模，关闭设备。

### 9.2.3 结果与报告

（1）测试结果

流变仪一般都配套有毛细管流变性测试分析软件。如 HAAKE 微机控制转矩流变仪的 PolySoft Cap 毛细管流变测量软件，可以自动进行测量数据存储、记录和绘制曲线。输入相应的数据，显示和打印输出各转速下的压力降 $\Delta P$、表观剪切速率 $\dot{\gamma}_w$、剪切应力 $\tau_w$、真实剪切速率 $\dot{\gamma}'_w$、表观黏度 $\eta_a$ 等参数，并作出 $\tau_w$-$\dot{\gamma}_w$、 $\eta_a$-$\dot{\gamma}_w$ 曲线图（见图 9-7）。

① 熔体容积流率 $Q$（$cm^3/s$）：

$$Q=\frac{q_m}{60\cdot\rho_m} \tag{9-13}$$

式中：$q_m$——熔体质量流率，g/min；

$\rho_m$——试样的熔体密度，g/cm$^3$。

② 根据在恒定温度和毛细管长径比下测定的压 $\Delta P$ 和式（9-13）计算 $Q$ 值，毛细管半径 $R$ 和长度 $L$，按式（9-6）、式（9-8）和式（9-10）计算各转速下的剪切应力 $\tau_w$、剪切速率 $\dot{\gamma}_w$ 和熔体表观黏度 $\eta_a$。

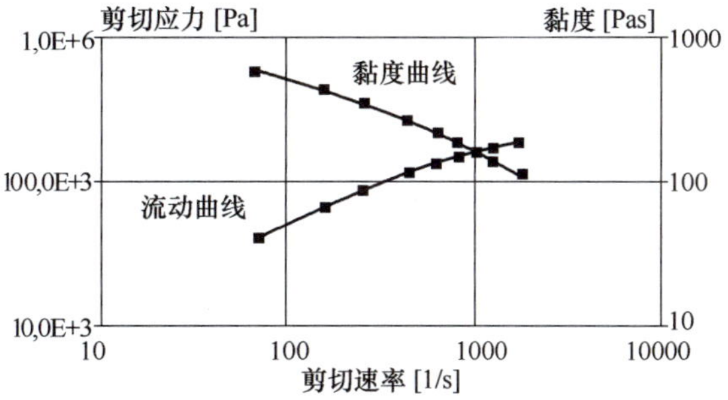

图 9-7　聚乙烯毛细管流变测量结果

③ 将一组对应的剪切应力 $\tau_w$ 和剪切速率 $\dot{\gamma}_w$ 在双对数坐标上绘制 $\tau_w$-$\dot{\gamma}_w$ 流动曲线图，在 $\dot{\gamma}_w$ 不大的范围内可得一条直线，其斜率即为非牛顿指数 $n$。将 $n$ 代入式（9-10）即可得到塑料熔体的修正后的真实剪切速率 $\dot{\gamma}'_w$。

④ 在某一剪切速率下，测定不同长径比（$L/R$）的毛细管一系列的压力降 $\Delta P$，绘制 $\Delta P$-$L/R$ 图，应得一条直线，其在 $L/R$ 轴上的截距为修正因子 $e$。将 $e$ 代入式（9-12）计算修正后的剪切应力 $\tau'_w$。

⑤ 在不同温度下测量熔体的表观黏度 $\eta_a$，绘制 $\lg\eta_a-1/T$ 关系图，在一定范围内为一条直线，其斜率为对温度依赖性的黏流活化能（$E_\eta$）。

⑥ 离模膨胀比 $B$。将挤出物（单丝）冷却后用测微器测量其直径（$D_s$）（为减少挤出物自重所引起的单丝变细，测量应靠单丝端部进行，选用溶液接托法取样）。由式（9-14）计算出膨胀比（$B$）。

$$B=\frac{D_s}{D} \tag{9-14}$$

式中：$D_s$——挤出物的直径，mm；

$D$——毛细管的直径，mm。

也可用放大镜观察挤出物的外观：表面粗糙无光和表面呈微细不规则且有相当间距的棱柱形者为鲨鱼皮症；挤出物被扭曲为波纹，竹节或螺旋以及支离破碎的料团称熔体破碎。

（2）实验报告

实验报告应包括下列内容：

① 实验名称、要求和实验原理；

② 实验仪器、原材料名称、型号、生产厂商；

③ 实验操作步骤和实验条件（标准）；

④ 熔体流变数据测试记录及数据处理。

## 任务实施

使用 HAAKE 简化型的转矩流变测试系统（PolyLab QC）配挤出机与毛细管口模测试聚乙烯塑料的流变性能。

（1）测试仪器：①转矩流变仪 Polylab QC 系统及单螺杆挤出机系统；②毛细管口模一

套；③分析天平 1 台，感量 0.1g；秒表 1 个；游标卡尺 1 个，最小分度为 0.02mm。

（2）试验样品：PE-LD 粒料，MFR＝1～5g/10min。

（3）测试步骤

① 阅读 HAAKE 微机控制转矩流变仪说明书，了解其工作原理、技术规格和安装、使用、清理等有关规定。

② 把单螺杆挤出机安装在 HAAKE 微机控制转矩流变仪动力系统的支架上，再把毛细管口模紧密安装在挤出机上。

③ 把压力传感器、测试熔体温度的热电偶安装在毛细管口模上，并连接好所有插头。

④ 启动 HAAKE 转矩流变仪的微机及动力系统，按实验要求设定所有的实验参数。

⑤ 当达到指定温度（显示的温度偏差为零）时，恒温 15min，并校正流变仪系统和压力传感器。

⑥ 启动挤出机，将螺杆转速调至 10r/min，加料，当挤出条件达到平衡时，开启打印机，开始实验，记录实验数据。取样，测试塑料熔体的质量流速（g/min）。收集挤出物，观察外形，测量直径。

（4）实验结果。利用挤出机毛细管流变性软件程序进行数据处理。按软件手册，打印输出各转速下的压力降、表观剪切速率、剪切应力、真实剪切速率、黏度等参数，并作出 $\gamma_{w改}-\tau_w$、 $\gamma_w-\eta_a$ 曲线图。并填写表 9-8 所示的实验数据记录。

表 9-8　PE-LD 熔体流变数据测试记录

| 转速/$r \cdot min^{-1}$ | $L/D$ | $T$/℃ | $\Delta P$/Pa | $M$/g | $T$/s | $Q$/$cm^3 \cdot s^{-1}$ | $t_w$/Pa | $\gamma_w$/$s^{-1}$ | $H_a$/Pa·s | B |
|---|---|---|---|---|---|---|---|---|---|---|
| | | | | | | | | | | |

## 9.3 塑料加工性能测试

聚合物在复杂加工条件下的性质统称为“加工性能”。转矩流变仪配置不同的密炼机（转子）或挤出机可以提供更接近于实际加工的动态测量方法。由于密炼机的转子、挤出机的螺杆数、螺杆结构、挤出模具以及辅机有各式各样，而且可互换，故可以用于多种物料和不同工序阶段存在不同的加工性能问题的试验。用于多种材料，如多组分物料的混合、热固性树脂的交联固化、弹性体的硫化，材料的动态稳定性以及螺杆转速对体系加工性能的影响等，在相对基础上评价加工性能的各个方面。

### 9.3.1 转矩流变仪结构与原理

（1）转矩流变仪的组成

转矩流变仪是一种多功能、积木式流变测量仪，由硬件和软件组成，见图 9-8。

硬件包括主机、辅机和配件。主机由控制系统和测量驱动系统组成。控制系统用于设备的校

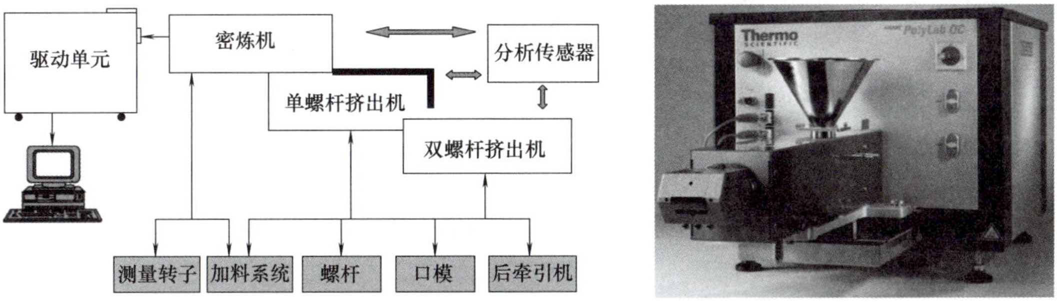


图9-8　转矩流变仪测试系统组成

正、试验参数的设置、数据的采集、显示和处理，发出对辅机的参数控制信号。测量驱动系统用于测量温度、压力、转速和转矩信号，随时把信息传给主机，并为辅机提供电源和马达驱动。辅机部分包括混合器、单螺杆挤出机、双螺杆挤出机、吹膜机、压延挤带机、电缆包覆装置和造粒机等。附件部分包括转子、螺杆、模头、漏斗、加料器、传感器和电子天平、清洗工具等。

① 密闭式混合器由一个控温的鞍形混合腔及两个转子构成，如图9-9所示。

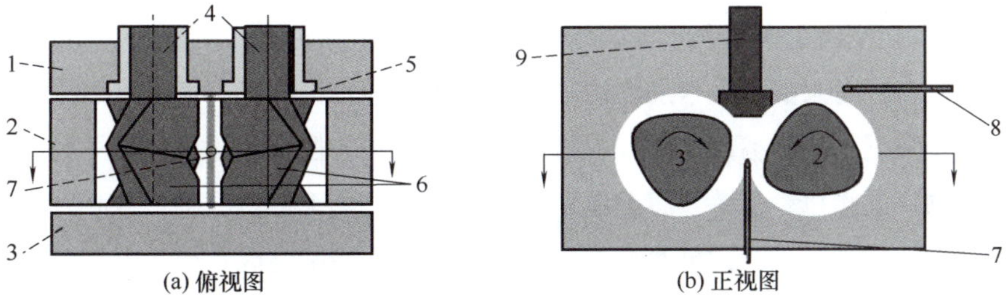


图9-9　密闭式混合器的示意图

1—密炼室后板　2—密炼室中部　3—密炼室前板　4—传动轴承
5—轴瓦　6—转子　7、8—热电偶　9—压料杆

两个转子平行排列并相隔一段距离，转子作用圈刚好相互切合。两个转子逆向转动，通常左转子顺时针转动，右转子逆时针转动。一般要求转子的转速可在0~250r/min范围内无级调节，转速比通常为3∶2。为适应不同物料的要求，备有形状和大小不同的多种型式的转子，见图9-10。

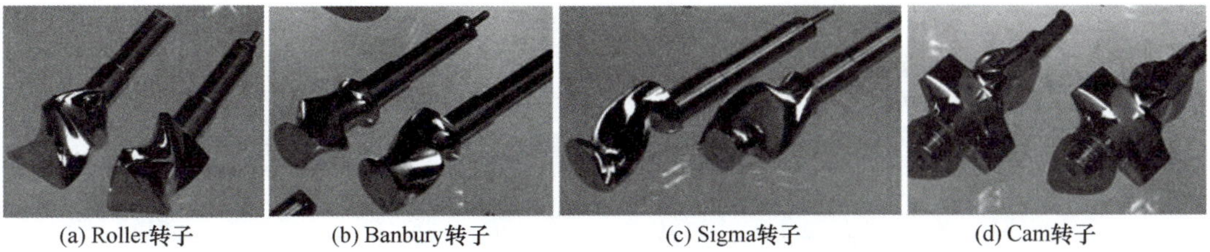


图9-10　转子类型

a）轧辊转子（roller blade）：适于热塑性塑料、热固性塑料的混合，可测试材料的黏性、交联反应和剪切/热应力。

b）凸轮转子（cam blade）：适于在中等剪切范围内对热塑性塑料和橡胶进行混合和测试。

c）班布利转子（banbury blade）：适于天然橡胶、合成橡胶及混炼胶的混合与测试。

d）西格玛转子（sigma blade）：适于低剪切范围内对粉料进行混合。

② 螺杆挤出机。转矩流变仪系统可配备不同形式的螺杆的挤出机，以适应各种类型材料的测试研究。在混炼的挤出过程中，物料作用在转子和螺杆上的反扭矩由转矩测力计测量，反映出物料熔融、塑化及内部结构变化的情形。通过测量扭矩、温度及观察挤出物的外观，直观地了解螺杆转速、各区段温度分布对物料挤出性能的影响，优化物料的挤出工艺条件。

单螺杆挤出器每次实验用料约 300~500g，挤出机筒和机头用电热器加热，温度可以精确控制和测量。

机器还可以配备不同类型的挤出口模。主要有圆形口模，用于挤棒状物；矩形口模，用于挤带状物；扁平口模，用于挤片状物；狭缝毛细管口模，用于测量物料黏度等。

软件主要用于测量控制（硬件识别、运行参数设定、运行状态控制和监测）和测量数据储存、分析与结果输出等。

（2）转矩流变仪的工作原理

高聚物以粒子或粉末的形式自加料口加入到混炼室中，物料受到压料杆的压力，并且通过转子表面与混合室壁之间的剪切、搅拌、挤压，转子之间的捏合、撕扯，转子轴向翻捣、捏炼等作用，实现物料的塑化、混炼，直至达到均匀状态。在此工艺条件下，被高度剪切的物料产生非线性的黏弹性响应。被测试样品反抗混合的阻力与样品黏度成正比，转矩流变仪借助于转子上的反作用扭矩来测定这种阻力。通过测定转矩及其随时间、温度等的变化关系，用于表征试料内摩擦作用的大小，聚集状态，流动性能变化及其与时间、温度的关系，以及化学交联、降解和润滑作用。

图 9-11 是聚合物在密炼过程中转矩随时间的变化曲线。高聚物被加入到混炼室中时，自

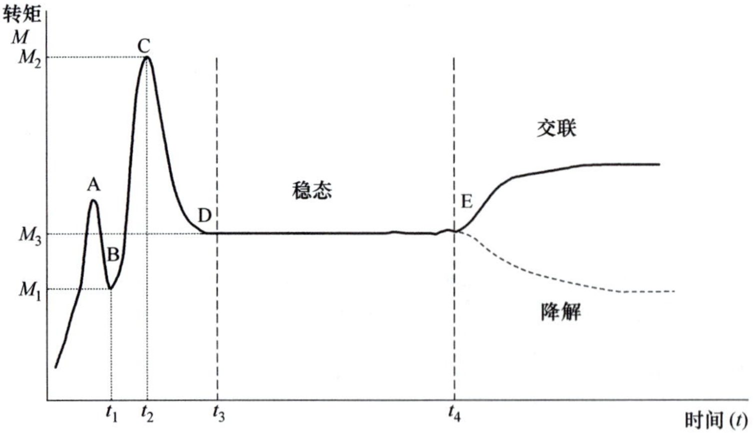


图 9-11　典型的转矩随时间的变化曲线图

$M_1$—最小转矩　$M_2$—最大转矩　$M_3$—平衡转矩　$t_1$—受热压实时间

$t_2$—塑化时间　$t_3$—达到平衡转矩时间　$t_4$—物料分解时间

由旋转的转子受到来自固体粒子或粉末的阻力，转矩急剧上升至 A 点；当此阻力被克服后，转矩开始下降到 B 点，并在较短的时间内达到稳态。当粒子表面开始熔融并发生聚集时，转矩再次升高至 C 点；在热的作用下，粒子的内核慢慢熔融，转矩随之下降到 D 点；当粒子完全熔融后，物料成为易于流动的宏观连续的流体，转矩再次达到稳态。经过一定时间（$t_4$）后，在热和力的作用下，随着交联或降解的发生，转矩会有较大幅度的升高或降低。

在实际加工过程中，第一次转矩最大值所对应的时间非常短，很少能够观察得到。转矩第二次达到稳态所需的时间通常为 3～15min，这依赖于所采用的材料和加工条件（温度和转速）。根据转矩随时间的变化曲线，可对物料的流变行为与加工性能进行评价。转矩的绝对值直接反映了物料的性质及其表观黏度的大小，转矩随时间的变化则反映了加工过程中物料均匀程度的变化及其化学、物理结构的改变。不同种类及配方的各种塑料，由于其内摩擦作用及比热、玻璃化转变温度、黏流温度或熔点等不同，各种聚集状态时的转矩及发生聚集状态转变的快慢程度也不同。因而，扭矩—时间、扭矩—温度关系也不同。

塑料中助剂的种类及含量对塑料在做受迫运动中的摩擦作用产生影响，因而引起扭矩大小及其变化速度的改变。一般来说，凡是降低摩擦力的，如促进固体物料颗粒间的滑动，降低熔融物料的黏度，扭矩将降低。反之，扭矩上升。值得注意的是，降低摩擦力，因摩擦生热减少等原因，往往会减慢物料的熔化进程。反映在扭矩—时间图上，即为扭矩下降速度放慢。对于与聚合物相容性不好的助剂（如外润滑剂）而言，熔融速度的减慢还与物料在受迫运动中的混合作用降低有关。如 PVC 的外润滑剂与其相容性差，在做挤出试验中，当物料熔融时，外润滑剂被熔体挤出而主要分布在熔体与设备金属的界面上，当其过量时，甚至会导致物料抱螺杆而打滑。

## 9.3.2　测试方法

转矩流变仪与实际生产设备（密炼机、单螺杆挤出机、双螺杆挤出机等）结构类似，且物料用量少，在实验室中模拟混炼、挤出等工艺过程，特别是生产配方和工艺条件的优选等方面得到广泛应用，但其标准化工作进展则较缓慢，除在美国塑料工业协会标准（SPI）中有相应应用外，其他标准未见介绍。

（1）试料

试验原料应根据测试目的选取。热塑性塑料、热固性塑料及其混合料都可用转矩流变仪进行工艺性能测试。原料应按工艺要求及规定进行与处理，不能含有强腐蚀、强磨损组分，材质和粒度均匀，料径小于 3.2mm。表 9-9 是硬质 PVC 粉状混配料的典型配方。

表 9-9　　硬质 PVC 经典配方

| 原料名称 | 质量/g | 原料名称 | 质量/g |
|---|---|---|---|
| PVC 树脂 | 58.9 | 三盐基硫酸铅 | 2.9 |
| DOP | 2.4 | 硬脂酸钙 | 0.6 |
| 硬脂酸 | 0.7 | 硬脂酸钡 | 0.9 |
| 碳酸钙 | 8.9 | 石蜡 | 0.3 |

（2）试验条件

试验条件主要包括加料量、温度、转速和时间，应根据塑料材料性质、实验的目的选定。

① 样品加入量。混炼型腔不能被100%填充，一般为65%~90%。对于颗粒状物料填充率控制在70%，对于粉状物料填充率可提高到75%~80%。实验表明，混炼室内的物料量不足，转子难于充分接触物料，达不到混炼塑化的最佳效果。反之，加入的物料过量，部分物料集中于加料口不能进入混合室混炼塑化均匀，或因黏流阻力急剧增加而出现超额的阻力转矩，使仪器安全装置发生作用，停止运转，中断实验。

估算密炼测试时装填样品的质量，先根据选用的密炼机型号和转子确定密炼机净腔体容积。然后由被测样品的密度，按式（9-15）计算加样量：

$$m=\rho \cdot V_n \cdot f \tag{9-15}$$

式中：$m$——样品质量，g；

$\rho$——样品的密度，g/mm$^3$；

$V_n$——混炼室净腔体容积，mm$^3$；

$F$——填充率，%。

为便于对试样的测试结果进行比较，每次应称取相同质量的样品进行测试。

② 测试温度和转子的转速。一般以加工条件所需要的成型温度和转速加以选择。聚合物熔体是高度非牛顿流体，其黏度与施加的剪切速率相关，可通过改变驱动转子的速度调节剪切速率。

混合器加热温度一般取物料的熔融温度或成型温度。对于PS、PVC、PC等塑料，因为黏流活化能很大，熔体黏度对温度十分敏感，增高温度可以大大降低熔体的黏度。另外，除了控温要求稳定外，必要时还要对混炼室进行空气冷却，防止物料与转子室壁摩擦升温造成的过热现象，影响测试结果。

物料加入混炼室的速度，应在尽可能短的时间内把物料压入混炼室内，以免因物料进入时间长短不同，物料各部分受热、受剪切的时间不同，造成结果波动，重复性差。

③ 混炼时间。应根据塑料材料的耐热性、实验观察现象出现的时间区域等因素确定。一般来讲，仅测试材料的加工流动性时，实验时间设定为5min内即可。

（3）测试步骤

不同厂家生产的转矩流变仪，其规格型号不同，使用方法也不一样。实验操作前，必须认真阅读设备使用说明书，严格按操作手册操作设备，确保测试安全与准确。现以PolyLab QC测试系统（配密炼机）为例，简要说明转矩流变仪的操作方法。

塑料转矩流变仪试验

① 将密炼机连接到转矩传感器上。连接不要过紧，应留出约1mm的间隙。

连接电源线和热电偶。注意：加热电源线、热电偶和冷却空气都必须按其数字编号对号入座；要区分控温热电偶（CONTROL）和熔融热电偶（MELT）。

② 合上总电源开关，打开主机上的红色电源旋钮。10s后，依次按下

主机上的 Drive Enable 按钮和辅机上的 Heat Enable 按钮，看到绿灯亮起。

③ 打开控制软件，设置试验条件。双击计算机桌面的转矩流变仪应用软件图标： PolySoft Monitor 或 PolySoft OS，然后按照一系列的操作步骤，完成实验所需温度、转子转速及时间的设定。

④ 将选定的转子安装在混炼室上。旋上两个 T 形黑色旋钮。旋紧之后再松开半圈，防止加热过程中抱死。待升到指定温度的时候，再旋紧两个 T 形黑色旋钮。

⑤ 开始实验。当达到实验所设定的温度并稳定 10min 后，先对转矩进行校正，并观察转子是否旋转。转子不旋转不能进行下面的实验，当转子旋转正常时，才可进行下一步实验。

点击开始实验快捷键 Start PolySoft Data Dump▶，开始计时，同时数据记录开始。

把称量好的物料迅速加入密炼机中，然后把手动加料杆用滚轮压到最下端，直到上端的弹簧销自动卡住加料杆。

实验时仔细观察转矩和熔体温度随时间的变化，实验软件上可实时监控和显示。

⑥ 实验结束。到达实验时间，密炼机会自动停止，或按 Stop■按钮，可随时结束实验，并按需要将数据存盘。

提升压杆，依次打开密炼机两块动板，卸下两个转子，并分别进行清理。待仪器清理干净后，将已卸下的动板和转子安装好准备下一次实验用。

(4) 测试结果与报告

测试结果通常以扭矩（黏度）、熔体温度和混合能（总扭矩）作为测试时间的函数绘图（流变图谱， Rheograms）表示。可以通过 PolyLab Monitor 转矩流变仪实时监控软件将测量数据实时导出到表格文件 Excel（XP）进行绘图，或 PolySoft OS 测量/数据分析软件完成数据处理和评价。图 9-12 为用密炼机测试的流变谱图。

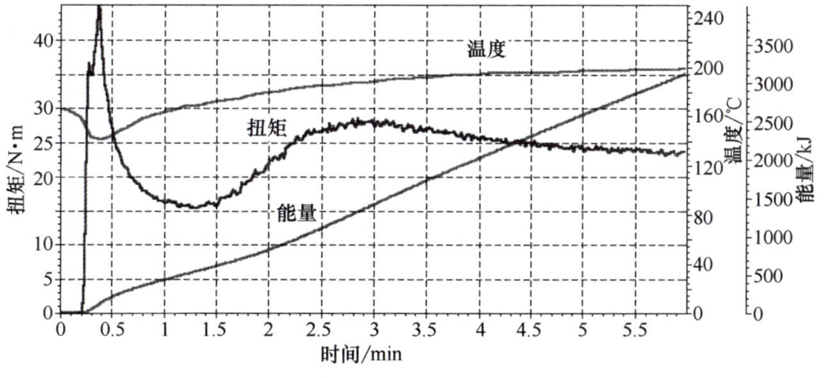


图 9-12　典型的密炼机流变测试结果

流变图还包括总扭矩等曲线，总扭矩即扭矩曲线下方的面积积分，其定义为试验期间的任一时刻作用于样品上的功。

注意！混合过程是以高剪切速率（高转子速度）进行的，这会导致试验样品的剪切发热，有时将熔体温度升高至超过密炼机设置温度 30~40℃。密炼机无论采用电加热和空气冷却控温方式，还是采用借助于外部油浴和循环器的热液加热，冷却控温方式，都不能保证在高剪切速率试验时密炼机温度和熔体温度的一致。若两个样品黏度差异很大，得到扭矩和熔体温度曲线都不相同的流变图，很难进行直接比较。为此推荐使用合理编制试验程序的方法，即在高剪切试验阶段之后自动进行第二阶段的低剪切试验，从而降低剪切发热，使熔体温度渐渐接近于较低的密炼机设置温度。当然，熔体温度降低，也会造成扭矩（黏度）曲线上升。因此，只有在温度一致的基础上才能比较不同样品的扭矩（黏度）值。

实验报告包括如下内容：①实验名称、要求和实验原理；②实验仪器、原材料的名称、型号、生产厂商；③实验操作步骤；④实验条件（标准）和实验结果表述。

### 9.3.3 延伸阅读——转矩流变仪的应用实例

转矩流变仪操作

转矩流变仪可以用于测量高分子材料在凝胶、熔融、交联、固化、发泡、分解等作用状态下的转矩—温度时间曲线，表观黏度—剪切应力（或剪切速率）曲线，研究热塑性材料的热稳定性、剪切稳定性、流动和塑化行为。

（1） PVC 混合料配方研究

由于 PVC 树脂固有的特性，加工中要加入各种助剂、改性剂和填料，以保证在满足配方性能指标的前提下，尽可能地降低配方物料的成本。应用转矩流变仪可以测试 PVC 配方物料的塑化时间与温度、热稳定时间及配方物料的加工性，并能预测生产用的机型。

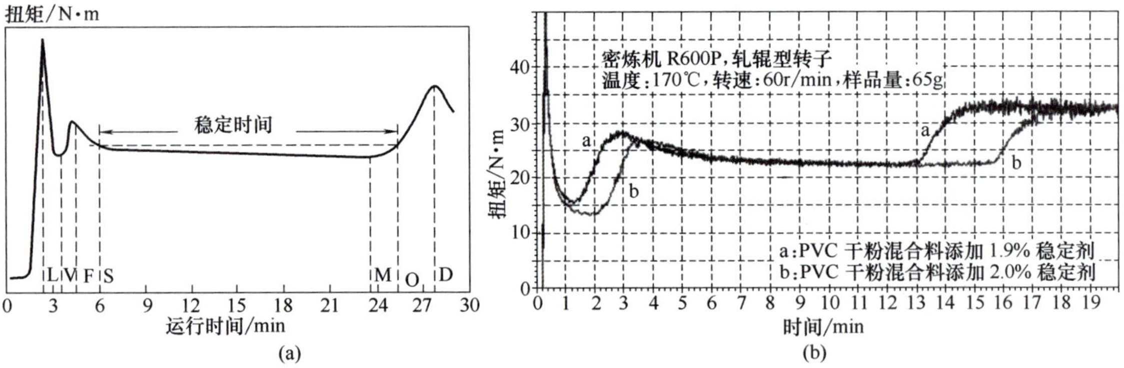


图 9-13 PVC 的扭矩—时间关系流变图

图 9-13 是采用密闭式混合器测得的 PVC 典型流变图。图（a）中 L 峰为加料峰，此时物料仍比较冷，转矩很高。物料受热熔融后，体积压缩减小，转矩下降至 V（熔融过程起始点）。随着 PVC 初级粒子破碎、熔化发生黏连，转矩又升高至 F 形成熔融峰（熔融过程结束），与 F 峰对应的 t 称为塑化时间或凝胶化时间。 PVC 进一步塑化、熔融为均匀流体，转矩趋于平衡扭矩，到 M 点扭矩最低。随后扭矩又开始上升，表明材料开始降解，与 O 点对应的时间为热稳定时间，对加工稳定性有重要意义。当扭矩升到 D 点（降解峰），表明降解到达最高值，扭矩值并无实际意义。通过此曲线可清晰地描述了 PVC 加工塑化全过程，可以研究

评价加工助剂、稳定性及增塑剂的对混合料的效用，了解体系的加工流变行为和加工转矩的大小（安全性）。其中稳定点 S 与降解点 O 之间的时间为稳定时间，该值给出了混合料的稳定性和加工时间。图 b 是两种稳定剂不同含量的 PVC 干混料对比试验曲线图。

图 9-14 是 PVC 干混粉料的密炼机流变图谱与这些物料在挤出机中加工过程的对比。可用于评估 PVC 干混粉料在挤出机螺杆上哪一点物料最终完全熔融与熔融速率。

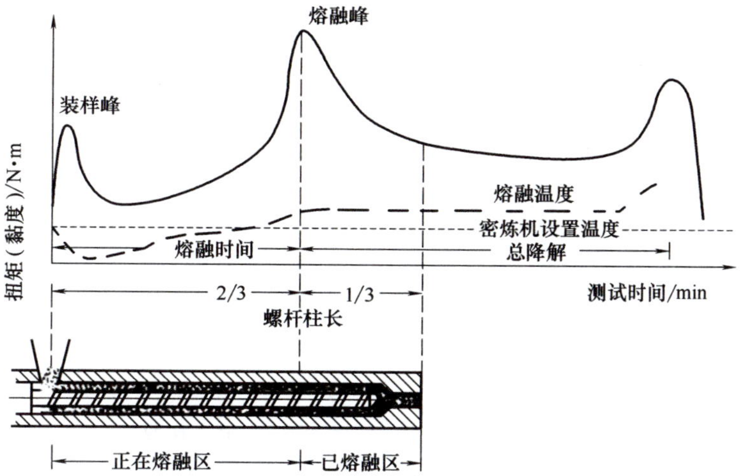


图 9-14　PVC 干混粉料的流变图与在挤出机中加工过程的对比

（2）聚合物交联过程的研究

聚合物发生交联反应时，其分子链由线形结构转变成为三维的网状结构，体系的黏度增大，转矩也随之升高，因此可采用转矩曲线出现上升作为交联反应开始的标志。此外，转矩上升的速率可以反映交联反应速率的快慢。

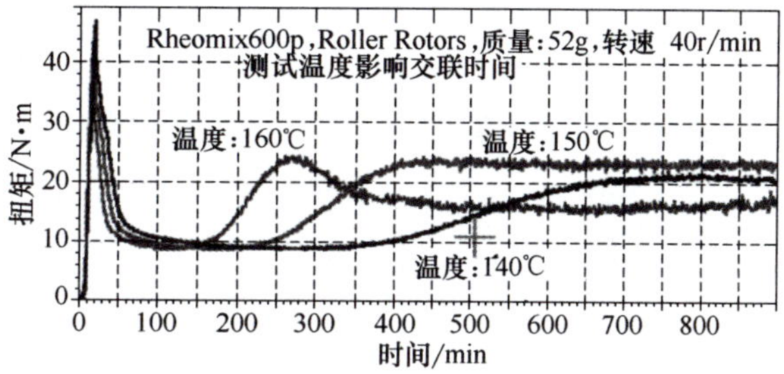


图 9-15　不同温度对交联聚乙烯（XLPE）反应速率的影响

图 9-15 是不同温度对 XLPE 反应速率的影响。从图中可看出，温度为 140℃时，交联反应开始的时间最长，反应速率最小（转矩上升的斜率最小）；温度为 160℃时，交联反应开始的时间最短，反应速率最大；温度为 150℃时则介于两者之间。

转矩流变仪在检验橡胶的剪切敏感性、炭黑吸油性、以及研究聚合物的分子结构和测试粘温特性等方面得到了有效应用。

## 任务实施

使用转矩流变仪 Polylab QC 配混合器测试 PP 流变性能的应用实验。

实验前，可以扫码观看操作视频介绍。

（1）实验仪器

① 转矩流变仪 Polylab QC 系统及密炼机混合器；

② 天平 1 台，感量 0.1g；

③ 清理工具等。

（2）实验原料

热塑性塑料：PP、PVC 或 ABS，各选一。

（3）实验步骤

① 了解转矩流变仪的工作原理、技术规格和安装、使用、清理的有关规定。

② 根据实验需要，将所用的混合器与动力系统组装起来。

③ 按实验配方准确称量各原料，按照下式计算加入试样的质量（$m$）。

$$m=(V_1-V_r)\times\rho\times\alpha \tag{9-16}$$

式中：$m$——加料量，g；

$V_1$——密炼室的容积，$cm^3$；

$V_r$——转子的体积，$cm^3$；

$\rho$——物料密度，$g/cm^3$；

$\alpha$——加料系数，按固体或熔体密度计算分别为 0.65、0.80。

注意：为便于对试样的测试结果进行比较，每次应称取相同质量的试样。

④ 合上总电源开关，打开 PolyLab QC 的开关，开启计算机。

⑤ 10min 后按下手动面板上的 START，这时 START 上的指示灯变亮。

⑥ 双击计算机桌面的转矩流变仪应用软件图标，按照机器和软件的使用说明书，完成实验所需温度、转子转速及时间的设定等系列的操作。

⑦ 当达到实验所设定的温度并稳定 10min 后，开始进行实验。

先对转矩进行校正，并观察转子是否旋转，转子不旋转不能进行下面的实验。当转子旋转正常时，点击开始实验快捷键，将原料加入密炼机中，并将压杆放下用双手将压杆锁紧。

⑧ 实验时仔细观察转矩和熔体温度随时间的变化。到达实验时间，密炼机会自动停止，或点击结束实验快捷键可随时结束实验。提升压杆，依次打开密炼机两块动板，卸下两个转子，分别进行清理干净。

⑨ 仪器清理干净后，将已卸下的动板和转子安装好，开始下一次实验。

⑩ 使用分析软件对实验数据和曲线（流变图谱）进行分析和输出。

## 9.4 热固性塑料流动性能测试

热固性塑料的流动性是指在一定温度与压力下，塑料填充型腔的能力，用于表征物料受热时塑化、流动、固化性状况的指标，是直接影响制件质量和决定成型工艺的重要因素。流动性大易造成溢料过多，填充型腔不密实，塑件组织疏松，树脂、填料分头聚积，易黏模、脱模及清理困难，硬化过早等弊病。但流动性小，则填充不足，不易成形，成形压力大。因此，合理而准确地测量塑料的流动性对指导生产、满足用户质量要求是至关重要。

热固性模塑料流动性测试方法常见有拉西格流动试验法，螺旋线法或杯（碗）法等。

## 9.4.1　热固性塑料拉西格流动性能测定

热固性塑料的拉西格流动性是将一定质量的塑料预压成圆锭，放在标准压制模具中，在一定的温度和压力下，塑料自模孔中挤出，测定挤出长度（单位 mm），即为拉西格流动性。挤出样品的长度大，流动性好，反之，流动性差。

测试所用的原材料应是粉状热固性塑料，如酚醛树脂压塑粉。

测试设备主要有液压机、拉西格流动性压模和其他辅助设备。图 9-16 是平板硫化机与模具结构示意图。拉西格流动性压模由两个半片模所组成的钢质圆锥体，在半片圆锥中具有横截面逐渐减小的棱柱体流道，表面粗糙度高，锥体半模嵌装在钢质圆形模套中，模套外备有电热装置以控制压模的加热温度。

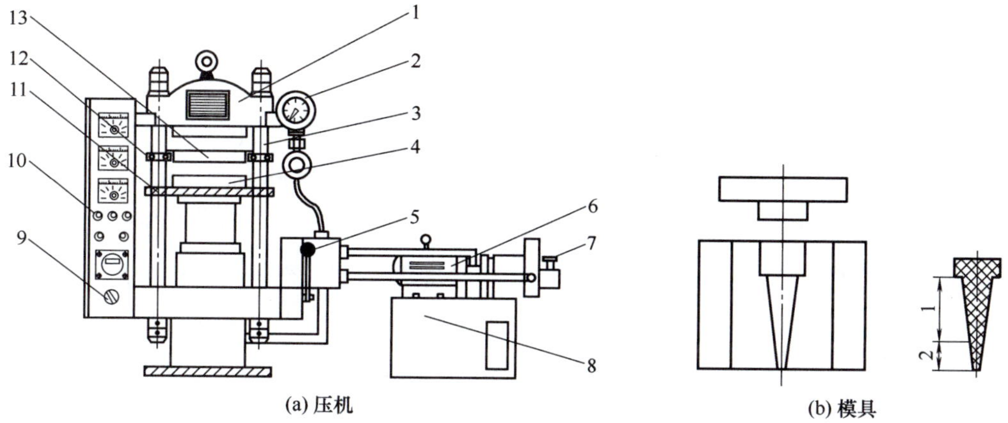


图 9-16　平板硫化机与模具结构示意图

1—上机座　2—压力表　3—柱轴　4—下平板　5—操作杆　6—油泵　7—调压阀
8—工作液缸　9—开关　10—调温旋钮　11—升降平板　12—限位装置　13—活动平板表

## 9.4.2　热固性塑料凝胶时间测定

热固性液态树脂在加入固化剂（引发剂）和促进剂后形成凝胶所需要的时间称为凝胶时间。热固性液态树脂由于交联反应的发生，导致反应体系黏度急剧上升，通过适当装置感知这种变化，就可以判断交联反应进行的程度。

下面以 GB/T 7193—2008 不饱和聚酯树脂试验方法进行介绍。该方法规定凝胶时间为 25℃和一定配方（树脂、促进剂、引发剂）下，树脂黏度达到 50Pa·s（凝胶状态的黏度）时所用的时间。

（1）仪器设备

恒温水浴，控温±0.5℃，秒表， 150mL 直筒烧杯，温度计、天平、移液管和滴管等。

（2）试剂和药品

① 引发剂：过氧化环己酮邻苯二甲酸二丁酯或过氧化甲乙酮；

② 促进剂：环烷酸钴苯乙烯或萘酸钴溶液。引发剂和促进剂加入量为4%。

（3）测试步骤

先将水浴温度调节至（25±0.5）℃并恒温，然后用天平称量100g试样及引发剂4g，精确至±0.2g，加入烧杯中。将烧杯放在水浴中恒温，小心搅拌均匀。

当试样温度为（25±0.5）℃，用移液管准确加入促进剂4g，当加入最后一滴时，启动秒表计时，搅拌均匀。每隔30s观察，用玻璃棒试验试样的流动情况，直至出现拉丝状态时，停止计时。所计时间即为凝胶时间。

（4）结果表示

凝胶时间以min表示，进行两次平行试验，取算术平均值。两次试验结果的误差不能超过10%，否则应重新进行测试。

## 项目总结

在塑料成型加工过程中，凡对工艺过程的控制以至成品性能产生影响的性能统称为塑料工艺性能，如塑料的密度、熔点、吸水性、黏度、热稳定性等。在本项目所述的工艺性能主要指与聚合物熔体流动性有关的性能。聚合物的流动行为是高分子运动的表现，反映了聚合物的组成、结构、相对分子质量及其分布等结构特点。

热塑性塑料熔体流动速率作为热塑性树脂质量控制和成型工艺条件选择的依据，用于判定热塑性塑料处于熔融状态时的流动性。一般来说，熔体流动速率大，则表示流动性好，成型时可选择较低的压力和温度；相反，熔体流动速率小则流动性相对较差，成型时应选较高的温度和较大的压力，以使塑料熔体能够顺利地流动和成型。但由于剪切速度不同，塑料熔体流动速率只能用于对聚合物熔体黏度分档，而不可能获得实际工艺性能中的许多信息。测试热塑性塑料的熔体流动速率按GB/T 3682—2000标准进行。

毛细管流变仪是测试聚合物材料熔体流变性能的常用仪器之一。根据毛细管的长短，施加驱动力的方式不同有多种形式和型号的毛细管流变仪，其测试塑料流变性能是基于牛顿流体模型推导的，因此，在实际测量中应进行非牛顿系数修正。使用挤出机毛细管流变仪及配套的测量软件，可以测量和显示热塑性塑料在各转速下的压力降 $\Delta P$、表观剪切速率 $\dot{\gamma}_w$、剪切应力 $\tau_w$、真实剪切速率 $\dot{\gamma}'_w$、表观黏度 $\eta_a$ 等参数，并作出 $\tau_w$-$\dot{\gamma}_w$、 $\eta_a$-$\dot{\gamma}_w$ 曲线图，根据公式计算熔体体积流率 $q$、离模膨胀比 $B$ 等，并可以观察挤出物的外观，判断其塑化程度。

转矩流变仪主要用于聚合物流变性能的相对流变测量，通过配置不同密炼机或挤出机，以及互换转子结构、螺杆数、螺杆结构、挤出模具以及辅机间等各式各样的组合，提供更接近于实际加工的动态测量方法，适用于多种物料和不同工序阶段存在不同的加工性能问题的试验，在相对基础上评价聚合物加工性能的各个方面。转矩流变仪的测试结果主要是以转矩-温度时间曲线，表观黏度-剪切应力（或剪切速率）曲线，来表征材料的热稳定性、剪切稳定性、流动和塑化行为。

测试热固性流动性对指导热固性塑料生产，制定成型工艺参数和控制产品质量都具有十分重要的意义。热固性模塑料流动性测试常用拉西格流动试验法；热固性液态树脂一般测试其凝胶时间。

## 思考题

（1）简述塑料熔体流动速率的测试原理。

（2）测定 ABS 和 PE–HD 塑料的熔体流动速率是否可以采用相同的试验条件？为什么？

（3）温度波动对塑料熔体流动速率有什么影响，为什么？

（4）毛细管流变试验为什么要进行“非牛顿改正”和“入口改正”？怎样进行改正？

（5）挤出毛细管流变试验中，如何保证实验结果的可靠性，操作及数据处理应注意哪些问题？

（6）转矩流变仪在聚合物成型加工中有哪些方面的应用？如何使用流变曲线指导拟定成型加工工艺？

（7）怎样解析毛细管挤出流变仪测定的熔体剪切应力与剪切速率的关系的曲线？

（8）转矩流变仪实验的塑化曲线上的各拐点、极值点和平台代表什么意义？图 9-17 是 PVC 的典型转矩—时间流变曲线，曲线上的 3 个峰分别代表的意义是什么？

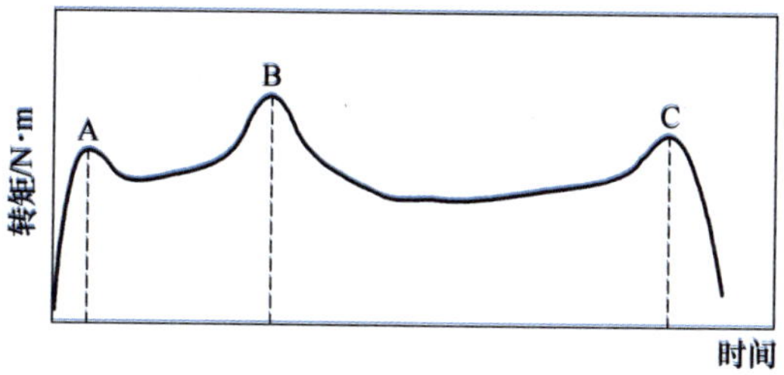


图 9-17　PVC 的典型转矩-时间流变曲线

项目10

# 塑料其他性能测试

## 学习目标

塑料原料品种多，新产品层出不穷，原料和新产品进入生产和流通领域前，都要对其质量进行检验，以保证满足合同要求和确定其使用范围及安全性能等。在不同场合使用的塑料制品，其考虑的性能有所不同，但总体都包括力学性能、热性能、电性能、耐老化性能、物理与化学性能，以及卫生安全性能等。掌握塑料各种性能测试方法，对于研究开发塑料新产品，塑料制品生产与质量控制，在各领域合理选用新材料都极其重要。本项目学习的具体目标见表10-1。

表 10-1　项目学习目标

| 序号 | 类别 | 目　标 |
|---|---|---|
| 1 | 知识 | ①塑料物理性能的基本概念，密度与相对密度测试原理与方法，仪器的结构组成与维护知识，影响测试结果的因素<br>②塑料透气性与透湿性的机理与概念，测试仪器的结构组成与工作原理，测试方法与标准，影响塑料透气性能的因素<br>③塑料透光性与雾度的概念和原理，测试方法与标准，塑料分子组成结构与透光性能的关系<br>④塑料吸水性和含水量的基本概念，测试方法与结果表示<br>⑤测试塑料卫生性能的意义、基本概念，标准与分析方法 |
| 2 | 能力 | ①能按标准方法完成塑料的密度和相对密度，透气性和透湿性能，透光率和雾度，塑料吸水性及含水量，塑料添加剂成分等测试分析实验<br>②能根据测试项目，正确制备试样和对试样进行预处理<br>③熟悉各有关测试仪器的使用与维护操作<br>④能正确记录数据，分析整理测试结果，完成测试报告 |
| 3 | 职业素质 | ①团队合作与沟通能力<br>②自主学习、分析与解决问题的能力<br>③安全生产、质量与环境保护意识<br>④客观公正，严谨认真的职业道德 |

## 工作任务

塑料已成为国民经济的支柱产业，在各行各业都得到了广泛的应用，为保证塑料产品的使用安全和满足各用户的需求，都要对塑料及其制品的性能进行规定，除了前面介绍的力学性能、热性能、电性能、耐老化性能等外，塑料的物理与化学性能，吸水性、透气性能、光学性能以及卫生安全性能等也十分重要。本项目主要工作任务见表10-2。

表 10-2　　学习工作任务

| 序号 | 任务名称 | 要　　求 |
|---|---|---|
| 1 | 测试塑料密度与相对密度 | ①检索和阅读塑料密度与相对密度的测试方法与标准，理解塑料密度与结构及性能的关系<br>②讨论制定试验方案，准备测试样品、浸渍液和测试仪器<br>③熟悉分析天平、比重瓶等测试仪器的使用<br>④采用浸渍液法、比重瓶法和滴定法测试粒状塑料的密度值，记录测试数据，分析比较 3 种方法的测试结果，完成测试报告<br>⑤了解表观密度测试方法与意义，测试聚氯乙烯(PVC)树脂的表观密度 |
| 2 | 测试塑料的透气性和透湿性能 | ①检索和阅读塑料透气性和透湿性测试方法与相关标准，了解测试塑料透气性能与透湿性的方法原理，理解塑料阻隔性能与高分子结构组成的关系<br>②掌握压差法测试塑料薄膜透气性能的试验方法，准备测试试样和仪器，完成塑料薄膜气体透过量和气体透过系数的测试<br>③掌握杯式法(称重法)测试塑料薄膜和片材的透水蒸气的试验方法，准备测试仪器与试样，完成水蒸气透过量和水蒸气透过系数的测试<br>④了解所用仪器的结构与原理，熟悉仪器的使用与维护 |
| 3 | 测试塑料的透光性和雾度 | ①检索和阅读测试塑料光学性能相关文献，了解测试塑料透光率与雾度的方法原理，理解塑料光学性能与高分子结构组成的关系<br>②准备测试试样与仪器，了解透光率/雾度测试仪的结构与工作原理，熟悉仪器的使用<br>③按标准要求，测试聚对苯二甲酸乙二醇酯(PET)、聚丙烯(PP)、聚甲基丙烯酸甲酯(PMMA)塑料片材或薄膜的透光率和雾度，记录测试数据，分析测试结果，完成测试报告 |
| 4 | 测试塑料的吸水性能与水分含量 | ①检索和阅读测试塑料吸水性和含水量的相关文献资料，了解测试塑料吸水性和含水量的方法原理<br>②按试验要求，准备测试塑料吸水性能的仪器和样品<br>③参照 GB/T 1034—2008 标准，测试塑料的吸水性<br>④分析、整理测试数据，完成试验报告 |
| 5 | 测试塑料的卫生性能 | ①检索和阅读塑料卫生性能测试方法与标准，了解测试塑料卫生性能的意义和有关规定<br>②按产品标准和测试方法，准备测试试样与仪器<br>③完成聚乙烯(PE)饮料瓶的卫生性能分析测试<br>④分析、整理测试数据，完成试验报告 |

## 10.1　塑料密度和相对密度的测试

密度和相对密度是塑料的基本物理常数，可作为塑料材料的产品鉴别、分类、命名、划分牌号和质量控制的重要依据，为科研及产品加工应用提供基本性能指标。

塑料密度测试微课

(1) 密度。非泡沫塑料密度指在规定温度下单位体积物质的质量。温度为 $t$℃时的密度用 $\rho_t$ 表示，单位为 $kg/m^3$ 或 $g/cm^3$，$t$ 通常为标准实验温度。一般塑料的密度为 $0.8 \sim 2.3 g/cm^3$。

（2）相对密度。一定体积物质的质量与同温度下等体积的水的质量之比。温度为 $t$/℃时的相对密度用 $d_t^t$ 表示。

测定某物质的密度 $\rho_t$，需要选已知同温度下密度 $\rho_x$ 的参比物（如水），并测出该两种物质的相对密度，它们有如下换算关系：$\rho_t = d_t^t \cdot \rho_x$ 或 $\rho_t = s_t^t \cdot k$，$K$ 为水在温度 $t$℃时的密度，其值如表 10-3 所示。

表 10-3　　温度为 $t$℃时水的密度

| $t^{(1)}$/℃ | 密度/g·cm$^{-3}$ | $t^{(1)}$/℃ | 密度/g·cm$^{-3}$ |
|---|---|---|---|
| 20 | 0.9982 | 27 | 0.9965 |
| 23 | 0.9976 | | |

注：$t$ 为标准实验环境温度。

非泡沫塑料密度的测定可以按国家标准《GB/T 1033.1—2008 塑料　非泡沫塑料密度测定　第 1 部分：浸渍法、液体比重瓶法和滴定法》、《GB/T 1033.2—2010 塑料　非泡沫塑料密度的测定　第 2 部分：密度梯度柱法》、《GB/T 1033.3—2010 塑料　非泡沫塑料密度的测定　第 3 部分：气体比重瓶法》进行。

## 10.1.1　浸渍液法

浸渍法是基于阿基米德定律，将体积测量转换为浮力的测量。只要测得该物体全部浸没在已知密度的浸渍液中的浮力大小，就能计算出该物体的体积，进而计算出该物体的密度。

（1）试样与浸渍液

浸渍法适用于测定除粉料以外的各种塑料。试样应无气孔，表面光滑，无凹陷。试样质量应大于 1g，尺寸适宜，使样品和浸渍液间产生足够的间隙。

浸渍液在测试过程中应对试样无影响，一般使用新鲜的蒸馏水或去离子水，也可以使用其他液体（含有不大于 0.1%的润湿剂以除去浸渍液中的气泡）。

（2）试验操作

① 在空气中称量用直径不大于 0.5mm 的金属丝悬挂着试样的质量 $m_a$（g）。如果试样质量不大于 10g，要精确到 0.1mg；如果试样质量大于 10g，要精确到 1mg。

② 浸渍液放在固定支架的烧杯或容器里，然后将悬挂着的试样全部浸入温度控制在（23±0.5）℃的浸渍液中，称量试样在浸渍液中的表观质量 $m_b$（g）。试样应全部浸入浸渍液中，试样上端距液面不小于 10mm，试样表面不能粘附气泡。

③ 如果试样的密度小于浸渍液的密度，可系上一个重锤，使试样能浸没于浸渍液中，称取重锤在浸渍液中的表观质量 $m_c$（g）。

试样的密度按（10-1）式计算：

$$\rho_t = \frac{m_a}{m_a - m_b} \cdot \rho_x \qquad (10\text{-}1)$$

式中：$\rho_t$——试样的密度，kg/cm$^3$；

$\rho_x$——浸渍液的密度，kg/cm³；

$m_a$——试样在空气中的质量，g；

$m_b$——试样在浸渍液中的表观质量，g。

当采用重锤时，试样的密度按（10-2）式计算：

$$\rho_t=\frac{m_a}{m_a-(m_b-m_c)}\cdot\rho_x \tag{10-2}$$

式中：$m_c$——重锤在浸渍液中的表观质量，g。

如果浸渍液不是水，浸渍液的密度需要用下列方法进行测定：称量空比重瓶的质量，然后在标准状态下，充满新鲜蒸馏水或去例子水后再称量。将比重瓶倒空并清洗干燥后，同样在23℃±0.5℃温度下充满浸渍液并称量。

$$\rho_x=\frac{m_1}{m_w}\cdot\rho_w \tag{10-3}$$

式中：$\rho_w$——水的密度，g/cm³；

$m_1$——浸渍液的质量，g；

$m_w$——水的质量，g。

注意：①测量时环境温度以及液体温度都在（23±0.5）℃或（27±0.5）℃之间；②对于每个试样的密度，至少进行 3 次测量，实验结果取平均值，结果保留到第 3 位；③金属丝不能太细也不能太粗，否则影响在浸渍液中称的试样质量；④试样浸在浸渍液中时，上端距离液面不少于 10mm。

（3）影响因素

① 悬丝的影响。悬丝的直径应在 0.1～0.13mm 较合适。太粗需考虑悬丝在浸渍液中受到浮力，太细则强度不够，选择合适的直径，使在浸渍液中所受的浮力忽略不计。悬丝的种类通常选择不带漆膜的铜丝。测试塑料密度大于浸渍液密度的试样，可以选用头发丝，既柔软，又具有足够的强度，与浸渍液又不起作用。

试若金属丝的直径较大，考虑金属丝的体积影响，试样的密度按下式计算：

$$\rho_s=\frac{m_0}{m_0+m_1-m_2}\times\rho_0 \tag{10-4}$$

式中：$m_0$——试样的质量；

$m_1$——金属丝在浸渍液中的质量；

$m_2$——金属丝与试样在浸渍液中的质量。

称量金属丝或金属丝与重锤浸没于浸渍液中时，浸入的深度应该前后保持一致。

② 试样在浸渍中距液面的高度影响。太靠近液面，受液面张力的影响，导致数据不准确，通常规定大于 10mm。

③ 容器的大小。盛浸渍液的容器，当试样放入浸渍液中，如果容器太小，试样太靠近边缘，影响数据准确，通常试样距容器边缘应大于 20mm。

④ 试样吸附的气泡。由于试样在浸渍液中受到浮力是通过测量试样的质量和试样在浸渍

液中的表观质量求得，如果吸附有气泡或者试样本身有气泡，都严重影响试验结果，一定要彻底排除吸附的气泡。如果试样本身有气泡，应重新制样。

### 10.1.2 液体比重瓶法

密度瓶法测试试验

液体比重法适用于测试粉状、粒料、薄膜或片材的碎片，试样质量在1～5g范围内。

（1）试验操作

试验时，首先称量干燥的空比重瓶的质量，将试样装入比重瓶中，称得试样质量 $m$（g）。称量后，注入浸渍液浸没试样，充分浸润后继续倒满，然后把比重瓶放入（23±0.5）℃恒温水浴中恒温30min，调节浸渍液面至比重瓶的毛细管刻度处，取出擦干瓶身并称量，并求得装有试样的比重瓶内浸渍液的质量 $m_2$（g）。将比重瓶倒空，重新清洗后烘干，装入浸渍液，恒温后再调节液面至比重瓶的刻度处，称得比重瓶内浸渍液的质量 $m_1$（g）。

按式（10-5）计算试样的密度：

$$\rho_t = \frac{m}{m_1 - m_2} \cdot \rho_x \tag{10-5}$$

式中：$\rho_x$——浸渍液的密度，$g/cm^3$。

（2）影响因素

① 浸渍液的选取。对浸渍液的要求是不得溶胀或溶解试样，或对试样有其他作用，只能使试样浸润。在使用比重瓶时，液体的密度必须比试样的密度小，浸渍液通常使用蒸馏水。

② 温度的波动。由于温度的变化，瓶中浸渍液的体积发生变化，相应浸渍液的质量就发生变化，最终影响试样的密度，所以控温精度要在±0.5℃。

③ 试样中吸附的气泡和试样中含有的气泡。由于试样表面吸附气泡或内部含有气泡使试样排开浸渍液的体积包含了气泡所占浸渍液的体积，导致试样测试密度偏低。所以在测量时通过抽真空排除试样所吸附的气泡。对试样内部所含的气泡如能肉眼观察到就需要更换掉。

④ 比重瓶的擦干程度。当比重瓶装满浸渍液恒温以后，必须把毛细管溢出的多余的浸渍液及比重瓶上外部挂上的浸渍液和水擦净，特别是毛细管和瓶口接触的缝处，使用滤纸擦干净再称重。

### 10.1.3 滴定法

（1）测试原理

滴定法适用于有固定形状的塑料。测试原理如下：使用两种密度值不同而可互溶的浸渍液，并要求一种液体低于被测样品的密度，而另一种液体的密度要高于被测样品的密度。表10-4给出了几种液体体系的密度参考。

表 10-4　　滴定法的液体体系

| 体系 | 密度范围/g・cm$^{-3}$ | 体系 | 密度范围/g・cm$^{-3}$ |
|---|---|---|---|
| 甲醇/苯甲醇 | 0. 79~1. 05 | 乙醇/氯化锌水溶液 | 0. 79~1. 70 |
| 异丙醇/水 | 0. 79~1. 00 | 四氯化碳/1,3-二溴丙烷 | 1. 60~1. 99 |
| 异丙醇/二甘醇 | 0. 79~1. 11 | 1,3-二溴丙烷/溴化乙烯 | 1. 99~2. 18 |
| 乙醇/水 | 0. 79~1. 00 | 溴化乙烯/溴仿 | 2. 18~2. 89 |
| 甲苯/四氯化碳 | 0. 87~1. 60 | 四氯化碳/溴仿 | 1. 60~2. 89 |
| 水/溴化钠水溶液 | 1. 00~1. 41 | 异丙醇/甲基乙二醇乙酸酯 | 0. 79~1. 00 |
| 水/硝化钙水溶液 | 1. 00~1. 60 | | |

（2）试验操作

将无气孔的具有合适形状的固体试样放入恒温的混合浸渍液中，不要使试样附有气泡，观察试样浮沉，若浮起来，则加轻浸渍液，若沉下来，则加重浸渍液，每次加完，搅拌均匀，直至最轻的试样和最重的试样悬浮在混合浸渍液中。用比重瓶测定相应的混合浸渍液的密度，试样的密度就介于二者之间。其密度按下式计算：

$$\rho_s = \frac{m_{mix}}{m_w}\rho_w \tag{10-6}$$

式中，$\rho_s$——23℃时浸渍液的密度，g/cm$^3$；

$m_{mix}$——比重瓶中装满混合浸渍液的质量，g；

$m_w$——比重瓶中装满水的质量，g；

$\rho_w$——23℃或 27℃时水的密度，g/cm$^3$。

（3）影响因素

① 试样大小影响。试样太大，容易下沉，也容易吸附气泡；太小，不容易看清楚。

② 试样上吸附气泡。试样表面有气泡就增加了试样的浮力，本来配置的混合液如刚好合适，由于试样表面有气泡，则试样浸渍液漂起来，最终导致结果偏高。为了消除试样上吸附气泡，首先要试样清洁，在摇晃试样时，动作要轻。

③ 轻重两种浸渍液的选择。轻浸渍液密度一定比试样密度轻，重浸渍液密度一定比试样密度大。

### 10. 1. 4　密度柱法

密度柱法适用于片状、粒状或容易鉴别的形状的试样，操作者应能精确测量试样体积中心位置。

试样表面应平整、清洁、无裂缝、气泡、凹陷等。一般厚度不低于 0. 13mm。通常试样的直径小于 5mm。根据试样密度值的范围，选择与试样不起作用的溶液体系，或其他适用的混合物作为浸渍液。

（1）试验操作

① 玻璃浮标的制备。制备直径为 3~8mm，近似球形，经过充分退火的玻璃球。选择适当的溶液体系，注入容积为 100mL 的量筒中，将此量筒置于温度为（23±1）℃恒温水浴中恒温。装入被校准的玻璃浮球，搅拌均匀，如果浮标下沉，则加入密度较大的液体，反之，加入密度较小的液体，再充分搅拌均匀， 待浮标在溶液中悬浮静止不动至少 30min，测定浮标保持平衡状态的液体密度，即为该浮标的密度（精确到 0.0001g/mL）。对每一个浮标依次校正。

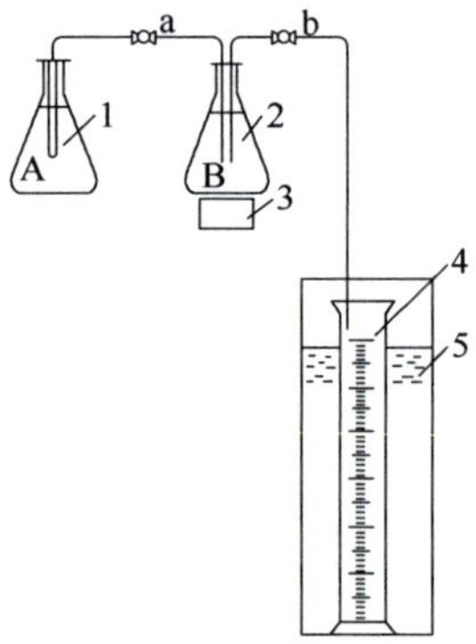


图 10-1 配置密度柱配管装置

1—轻液容器 2—重液容器；3—电磁搅拌器 4—梯度管；5—恒温水浴

② 用尺寸相同的玻璃容器。如图 10-1 所示，选择适当的溶液体系，将选用的两种液体用缓慢加热或抽真空等方法去除气泡，玻璃容器 A 中是密度较小的液体， B 中是密度较大的液体，容器 B 中所需液体的体积应大于所配梯度管总体积的 1/2，打开旋塞 a 和 b，立即启动电磁搅拌器，液面不能波动太大，使 B 中混合液缓慢沿着梯度管壁流入管中，直至所需液位。选用 5 个以上玻璃浮标，用容器 A 中轻液浸渍后沿壁轻轻放入梯度柱中。将配好的密度梯度柱放在温度为（23±1）℃下静置不少于 8h，恒温浴的液面应高于梯度柱的液面，待浮标位置稳定后，测量每个浮标的几何中心高度，精确到 1mm。绘制密度—浮标高度工作函数曲线图。

③ 测定试样密度。测定 3 个试样，用容器 A 中的轻液浸湿后，轻轻放入梯度柱中，一般试样放入 30min，其高度位置处于稳定平衡，测量几何中心高度，在所绘制的浮标—浮标高度的工作函数曲线上，读取试样位于梯度柱中的高度所对应的密度值，即为该试样的密度。或用内插法计算如下：

$$\rho=\rho_a+\frac{(h_x-h_y)(\rho_b-\rho_a)}{z-y} \tag{10-7}$$

式中：$\rho$——试样的密度，$g/cm^3$；

$x$——试样的高度，mm；

$h_y$、$h_z$——试样上下相邻两个标准浮标的高度，mm；

$\rho_a$、$\rho_b$——两个标准玻璃浮标的密度，$g/cm^3$。

（2）影响因素

① 温度。为了保持密度梯度管内密度梯度稳定平衡，要求温度稳定，而且恒温水浴的液面要高于密度梯度液。液面恒温水浴的控温度为 0.1℃。

② 试样。试样必须是容易确定中心位置，无空穴或其他容易形成气泡的表面缺欠。切割必须用锐利的刀片，避免由于压缩引起密度的改变；打捞试样时，必须小心，以避免破坏密度梯度液密度的线性平衡。

③ 玻璃浮标的标定。观察试样的中心位置时，通常用测高仪，如用人眼观察，一定要求水平观察口。

④ 溶液的因素。研究表明，对于水—乙醇体系，密度梯度柱法的重复性和重现性不明显

依赖于材料本身的密度。两种乙醇—水和异丙醇—水体系的有效数表明，两种体系的重复性和重现性数据差异性很小，密度梯度柱法的精确度不明显依赖于所用的浸渍液体系。

### 10.1.5　塑料表观密度测试

表观密度是指单位体积中的质量，对于粉状、片状、颗粒状、纤维状等模塑料的用 $D_{\alpha}$ 表示；对于泡沫塑料的表观密度是指单位体积的泡沫塑料在规定温度和相对湿度时的质量，又称为体积密度或视在密度，用 $\rho_{\alpha}$ 表示（$g/cm^3$）。

下面以 PVC 树脂表观密度的测定方法为例介绍。表观密度是 PVC 树脂主要质量指标，它与 PVC 树脂的颗粒形态、平均粒径和粒径分布有关。表观密度高，树脂颗粒规整，有利于混料时剪切热的生成和混合原粉的预塑化，易于混合均匀。另外，表观密度高，一般会使干混料的表观密度增大，有利于硬制品的高速挤出。

PVC 树脂表观密度测试方法按照 GB/T 20022—2005《塑料氯乙烯均聚和共聚树脂表观密度的测定》进行测定。

（1）试验仪器

① 天平。精度为 0.1g。

② 量杯。容积为 200mL。

③ 量筒。金属制成，内表面光滑，量筒容积为 100mL+0.5mL，内径为 45mm+5mm。

④ 漏斗。如图 10-2 所示，漏斗下部出口有一块插板。

（2）试验步骤

① 将挡料板插入料斗的开槽处，将量筒放在料斗下的定位环内。

② 试验前将样品混合均匀，用量杯量取 110~120mL，倒入表观密度测定仪料斗中，如静电严重，可倒入量抗静电剂。迅速抽出挡板料，让试料自然落入量筒内。用直尺刮去量筒上多余的试料，用天平称量，精确至 0.1g。

③ 对检测的样品进行两次平行测定。

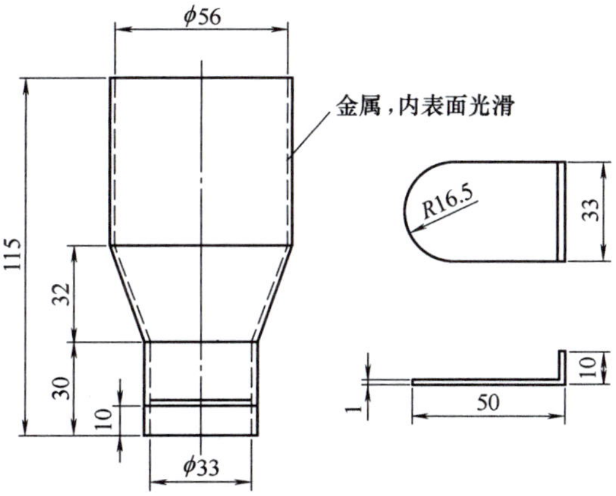


图 10-2　漏斗图形及其尺寸

样品的表观密度 $\rho_{\alpha}$，数值以克每毫升（g/mL）表示，按下列公式计算：

$$\rho_{\alpha}=\frac{m_2-m_1}{V} \tag{10-8}$$

式中：$m_1$——量筒的质量，g；

$m_2$——量筒与样品的质量，g；

$V$——量筒的体积。

平行测定的结果之差的绝对值不大于 0.01g/mL，取平行测定结果的算术平均值表示结果。

### 任务实施

测定 ABS、PP、PE-HD、PE-LD 塑料的密度和相对密度

（1）样品：ABS、PP、PE-HD、PE-LD 塑料原料（粒料）或模塑制品（小块）。

（2）仪器与工具：①电子天平，感量 0.001g；②金属丝，直径小于 0.20mm；③金属吊篮；④ 烧杯 500mL；⑤烧杯跨架；⑥蒸馏水；⑦镊子；⑧比重瓶。

（3）测试标准：GB/T 1033.1—2010

（4）步骤：阅读标准，制定测试方案。分别采用浸渍液法和比重瓶法进行测试，分析比较两种方法测试结果，完成测试报告。

## 10.2 塑料透光率和雾度的测试

透光性是指材料透过光线的能力，通常用透光率或雾度（浑浊度）来表征。

塑料对光线的吸收、散射与材料本身的结构、表面特征和所含其他物质相关。玻璃态的聚合物在可见光范围内是没有特征的选择吸收，通常为无色透明的。部分结晶聚合物含有晶相和非晶相，由于光的散射，透明性降低，呈现乳白色。减小聚合物的结晶性，破坏链的规整性和不对称性都能使其光学性能提高，完全非结晶的无定形聚合物通常是透明的。对于结晶聚合物，如果晶相密度和非晶相密度接近，光线在晶区界面上几乎不发生折射和反射，或者当晶区的尺寸小到比可见光的波长还小，这时光也不发生折射和反射。因此，可以通过减小晶区尺寸来提高结晶聚合物的透明度。如在加工时用加入成核剂的方法可得到含小球晶的制品，从而提高光学性能。

测定透明塑料透光率和雾度，可用来控制产品质量和研究产品某些光性能。如用于制造仪表面板、飞机座舱盖、农用薄膜、各种食品包装薄膜、饮料瓶、灯具等塑料制品的材料，其透光性是一项重要的技术指标。对有机玻璃、透明或半透明塑料薄膜也以透光性作为其质量鉴定和老化后性能变化程度的评定指标。

### 10.2.1 基本原理

塑料透光性与材料对光线的吸收和反射性质有关。如图 10-3 所示，光线射到一透明或半透明塑料样品上时，部分产生定向反射，部分产生漫反射；光线进入样品后部分被吸收，部分被透过。在出射样品的光中，主透射部分按折射定律前进，其余部分产生半球透射，其前进方向是散乱的，称为漫透射。

（1）透过率。透过物体的光通量和射到物体的光通量之比，即：

$$T=\frac{\phi}{\phi_0}=\frac{\int_0^{\infty} I_\lambda \cdot \nu_\lambda \cdot \tau_\lambda \mathrm{d}\lambda}{\int_0^{\infty} I_\lambda \cdot \nu_\lambda \mathrm{d}\lambda} \tag{10-9}$$

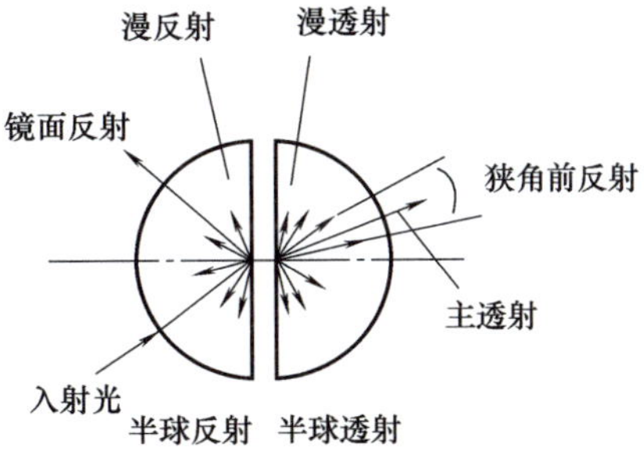


图 10-3　反射与透射示意图

式中：$\phi_0$——射到物体上的光通量，Lm；

$\phi$——透过物体的光通量，Lm；

$\tau_\lambda$——单色光的透过率；

$\nu_\lambda$——光接收器的光谱灵敏度；

$I_\lambda$——A 光源的分谱辐射强度，瓦每球面度；

$\mathrm{d}\lambda$——波长间隔，纳米。

如果用分光光度计测出一系列单色光的透过率 $\tau_\lambda$，按式（10-9）进行计算，即可得出可见光（380~780nm）的透光率。

（2）雾度。以透过试样而偏离入射光方向的散射光通量与透射光通量之比的百分率表示。一般仅把偏离入射方向大于 2.5°的散射光通量用于计算雾度值。

$$H=\frac{T_d}{T_2}\times 100\% \tag{10-10}$$

式中：$H$——塑料的雾度

$T_d$——散射光通量；

$T_2$——透过材料的光通量。

雾度是由于材料表面缺陷、密度变化或产生光散射的杂质引起的，材料内部或表面因光散射造成的云雾状或浑浊的外观，所以雾度也叫又称浑浊度。它用于衡量透明或半透明材料不清晰的程度。一般来说，透光率高的材料，雾度值低；反之透光率低的材料，雾度值高，但也并不完全如此。有些材料透光率高，雾度值却很大，如毛玻璃，所以透光率与雾度值是两个独立的指标。

在工业上，一般采用积分球式雾度计或积分球式光度计测试塑料的透光率和雾度。利用测定入射光量，通过试样的总透光量，仪器引起的光散射量以及仪器和试样共同引起的光散射量，计算出通过试样的总的透射率 $T_t$、漫散透射率 $T_d$ 和雾度（$T_d/T_t$）。

## 10.2.2　测试方法

测试透明塑料透光率和雾度的测定可按照《GB/T 6691—2007 透明塑料透光率和雾度的测定》进行。该方法规定了透明塑料透光率和雾度的两种测试方法，方法 A 是雾度计法，方法 B 是分光光度计法，适用于测定板状、片状、薄膜状透明塑料的透光率。

（1）测试设备

雾度计的工作原理如图 10-4 所示。由发射系统（左侧）和接收系统（右侧）两部分组成，中间是开启式的样品室。

光源 1 发出的光经过聚光镜 2，通过光栏 3，经遮光式调制器 4 射到物镜 5 上。物镜 5 射出

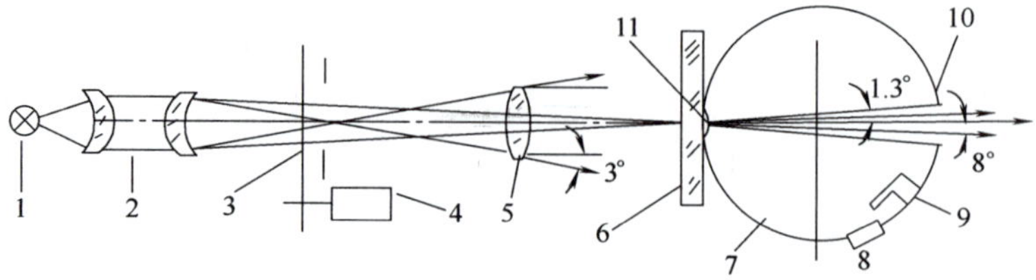


图 10-4 透光率/雾度测定仪的测量原理图

1—光源 2—聚光镜 3—光栏 4—调制器 5—物镜 6—试样 7—积分球 8—光电池 9—发射标准器 10—出射窗口 11—入射窗口

一束平行光束，其光线偏离角不大于3°，并将光栏3成像在出射窗口10上。出射窗对入射窗口中心的张角为8°，光斑边缘与出射窗形成1.3°的环带。积分球7内装有一可摆动的标准发射器9，当测定透光率及总透射光时，标准发射器被控在位，挡住出射窗；当测散射光时，从出射窗处让开。固定在积分球上的硒光电池8将球内的光照吸收后转换成光电流，经检波放大A/D转换，微机处理后，显示透光率和雾度的测定值，需要时还可打印输出。

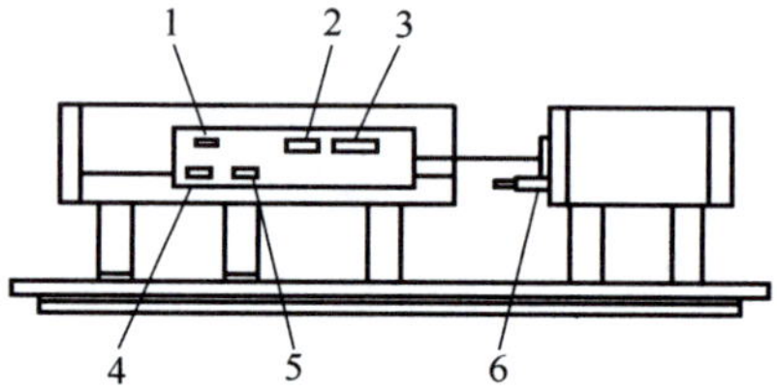


图 10-5 透光率/雾度测定仪外形图

1—测试准备指示灯 2—透光率显示窗 3—雾度测试窗 4—电源开关 5—测试开关 6—样品架

仪器的外形见图10-5，面板在发射系统正面，有电源（POWER）和测试（TEST）两个按键，测试准备结束的讯号指示灯以及透光率、雾度的显示窗。由于采用调制器，仪器不受环境光的影响，不必采用暗室。开启式的样品窗不受样品尺寸的限制，保证了大件样品操作者的安全，可以测量塑料板材和片材、薄膜等透明及半透明等样品的透光率、雾度。

理想的入射光应是单一方向的，但由于样品本身吸收光谱特性的不同，样品内散射微粒对不同光谱散射本领的不同，测试对光源有一定要求。标准规定采用为C或A光源，并对入射光的方向性、被作为散射光接收的透射光的偏离角都做了严格的规定，要求被采用的光电元件必须用滤光片校正，使其符合肉眼视觉灵敏度。

（2）试样

试样尺寸应能遮盖住积分球的入口窗，推荐用直径50mm的圆片或50mm×50mm的方片，厚度为制品原厚度，每组试样不少于3个。

试样不应有气泡，两测量表面应平整光滑且平行，无划伤，无异物和油污，以及无可见的内部缺陷和颗粒。

试验前，可用滤纸或洁净的纱布擦干挣试样，必要时用浸有无水乙醇（或乙醚）的脱脂棉（或软布条）将待测试样擦干净，晾干后才能进行测试。

试样预处理：在23℃±2℃和50%±10%环境下不少于40h，有特殊要求的按产品标准规定或供需双方商定的条件进行预处理。

（3）测试步骤

不同厂家生产的仪器，其使用方法各有不同，应按使用说明书操作仪器。下面以 WGT-S 透光率雾度测定仪进行介绍。具体操作可以扫码学习。

塑料透光率测试操作

① 将仪器电源插头插入插座，旋下仪器的 3 只保护盖。

② 测小样品时，须将样品架装于接受器的左侧（拧上两只螺钉即可）。

③ 按下电源按钮，仪器预热至少 30min。两窗口各显示一各小数点，准备指示灯指示黄光。不久，指示灯指示绿光，左边读数窗出现“P”，右边出现“H”，并发出呼叫声。此时，按下测试开关，仪器将显示“P100. 0”，“H0. 000”。

若不显示“P100. 0”，“H0. 000”，即“P＜100. 0”，“H＞0. 000”，说明光源预热不够。应关闭电源后再开机，重复 1~2 次，直至显示“P100. 0”，“H0. 000”，并稳定数分钟。

④ 按下测试开关，进行空白测试。仪器中的微机采集仪器自身的数据后，再度显示“P”，“H”，并呼叫，即可进行测量。

⑤ 块状样品的测量。将待测样品装在样品架上，按测试钮，指示灯转为红光，不久就在显示屏显示出透光率和雾度的数值。前者显示单位为 0. 1%，后者为 0. 01%。此时，指示灯转为绿光。

需要进行复测时，可不拿下样品，重按测试钮即可。最后取其算术平均值作测量结果，以提高测量准确度。

更换样品，重复按测试按钮，即可连续测得同一批样品的测试结果。

⑥ 更换样品批号的测量。更换样品批号时，应先按测试按钮测空白（一般每测完一组样品应测空白一次），仪器显示“P100. 00”，“H0. 000”后，再按测试钮，待准备灯发绿光，仪器发出呼叫后，再测下一组样品。

⑦ 薄膜试样的测量。对于塑料等薄膜样品，只要将待测薄膜夹于仪器附带的磁性夹具之间，稍加拉平即可。将夹具装在样品架上（注意将薄膜一面紧贴积分球），按上述操作即可得出结果。

⑧ 每组试样测试 5 片试样。测试结束，关闭仪器。

注意：不同厚度尺寸的试样之间的测定结果不能相互比较。测试前，应测量试样厚度。对于厚度小于 0. 1mm 时，至少精确到 0. 001mm；厚度大于 0. 1mm 时，至少精确到 0. 01mm。

（4）结果计算

对于每个试样，分别按式（10-11）和式（10-12）计算透光率和雾度。

$$T_t=\frac{\phi_2}{\phi_1}\times 100\% \tag{10-11}$$

$$H=\left(\frac{\phi_4}{\phi_2}-\frac{\phi_3}{\phi_1}\right)\times 100\% \tag{10-12}$$

式中：$T_t$——透光率；

$H$——雾度；

$\phi_4$——仪器和试样的散射光通量；

$\phi_3$——仪器的散射光通量；

$\phi_2$——通过试样的总透射光通量；

$\phi_1$——入射光通量。

结果取 3 个试样的平均值，精确到 0.1%。

如果仪器带有微机自动操作系统及数据处理系统，可直接读出透光率和雾度值。

### 10.2.3 影响因素与讨论

塑料透明性测试影响因素较多，主要有测试试样、仪器及所用光源等。

（1）试样影响

试样厚度不同，其对光的吸收系数不同，因而光能量的损耗也不同，故透明塑料只有在同一厚度下，才可比较透光率和雾度。

试样内有杂质、气泡、表面粗糙、有油污有划伤等都会严重影响测试结果。表 10-5 显示用手触摸试样造成表面污染，对测试结果的影响。

试样制备过程中，容易产生静电而吸尘，因此，在测试前应消除试样表面的静电。

表 10-5 手摸试样表面对结果的影响

| 试样名称 | 厚度/mm | 表面状况 | 透光率/% | 雾度/% |
|---|---|---|---|---|
| PC | 3.10 | 原始试样 | 88.3 | 0.9 |
| | | 手摸表面后 | 88.9 | 5.1 |
| PMMA | 2.75 | 原始试样 | 93.0 | 0.4 |
| | | 手摸表面后 | 92.6 | 2.5 |
| PS | 12.10 | 原始表面 | 88.0 | 11.7 |
| | | 手摸表面后 | 88.5 | 16.1 |

（2）光源的影响

光源不同，它的相对光谱能量分布就不同。各种透明塑料有它自己的光谱选择性，对不同波长的光，透光率是不相同的，如表 10-6 不同波长光谱对 PMMA 的透光率影响。

表 10-6 光谱波长对 PMMA 透光率的影响

| 光波长/nm | 440 | 460 | 500 | 560 | 600 | 680 |
|---|---|---|---|---|---|---|
| 透光率/% | 91.5 | 91.5 | 93.5 | 91.6 | 91.8 | 97.8 |

用不同光源测量透光率和雾度的结果。可见，不同的光源，测试结果是不同的。为了消除光源的影响，在 GB/T 2410—2008 标准方法规定采用了“A”光源或“C”光源（表 10-7）。

表 10-7 光源对试样透光率与雾度的影响

| 试样名称 | A 光源 | | C 光源 | |
|---|---|---|---|---|
| | 透光率/% | 雾度/% | 透光率/% | 雾度/% |
| PMMA | 93.3 | 0.3 | 93.2 | 0.4 |
| PC | 88.9 | 1.0 | 86.8 | 1.4 |

## 任务实施

按 GB/T 2410—2008 标准测定透明塑料的透光率和雾度。操作之前，可以扫描二维码，观看操作视频。

（1）样品：PS、PC、PMMA 的薄膜、片材和板材。

（2）仪器与工具：①透光率/雾度计；②量具（测厚仪），精度为 0.001mm。

# 10.3 塑料透气性能的测试

透气性是塑料材料十分重要的性能之一，不同的应用对透气性的要求也不同。例如，塑料薄膜应用于食品、药品包装时，要求较小的透气性，能阻止氧气的侵入，以免商品氧化变质；或者能阻止水蒸气的渗入，以免商品受潮霉变；在用于农作物的保湿时，要求对水蒸气有良好的阻隔性，而对氧气和二氧化碳又需要良好的透过性能；应用于分离气体方面，要求薄膜只能透过某种气体；在医学上用于人工肺的膜，则要求对氧气、二氧化碳有较大的透气性，充气轮胎的内胎、输送气体的胶管和某些密封制品，均要求透气性低，气体难以通过。各种高分材料的阻隔性相差很大，从透气性较好的硅橡胶到阻隔性较好的聚偏氯乙烯，气体的透过系数相差 100 万倍。因此，测量透气性在材料的应用科学中有一定的意义，可以用于指导塑料材料的生产和使用，合理选用原材料和产品结构（如复合膜的层合构成，阻隔涂层材料），提高包装产品质量或为确定包装产品的保质期提供有效依据。

气体的渗透一般要经过溶解、扩散和蒸发 3 个过程。第一阶段是气体被聚合物表面层吸附（溶解），通常用溶解度 $S$ 表示；第二阶段是被吸收或溶解的气体在聚合物内部进行扩散，通常用扩散系数 $D$ 表示；第三阶段是穿过聚合物的气体在另一侧解吸出来。而透过聚合物的总能力通常用透气系数 $P$ 表示，三者的关系符合公式：$P=SD$。

透气性与聚合物的分子组成、交联、结晶度、晶粒大小及加工过程等因素有关，不同组成的高分子材料，其阻隔气体性能有明显的差异。表征塑料透气性常用透气系数和气体透过量这两个量。

（1）透气系数（$Q_g$）。在恒定温度和单位压力差下，在稳定透过时，单位时间内透过试样单位厚度、单位面积的气体的体积。以标准温度和压力下的体积值表示，单位为：$cm^3 \cdot cm/cm^2 \cdot s \cdot Pa$。

（2）气体透过量（$P_g$）。在恒定温度和单位压力差下，在稳定透过时，单位时间内透过试样单位面积的气体的体积。以标准温度和压力下的体积值表示，单位为：$cm^3/cm^2 \cdot d \cdot Pa$。

塑料透气性一般是测试透氧性和透湿性。根据气体透过薄膜的压力变化、体积变化和浓度变化，塑料薄膜透气性的测试方法有压力法、体积法和浓度法，以及用气相色谱仪的气相色谱法和热传导法。这些测试方法在检测原理上存在一定的差异，因此，不同方法测试结果不具有可比性。

### 10.3.1 压差法测试

压差法是在一定的温度和湿度下，使试样的两侧保持一定的气体压差，通过测量试样低压侧气体压力的变化，从而计算出所测试样的透气量与透气系数。薄膜透气性的测定通常按国标GB/T 1038—2000《塑料薄膜和薄片气体透过性试验方法　压差法》进行。

（1）测试原理

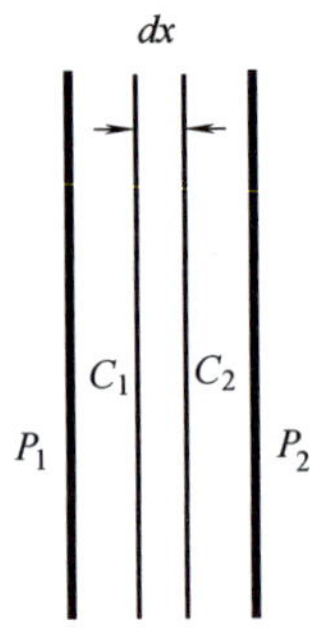

图 10-6　气体透过示意图

气体透过材料的速度受到材料本身的性能、气体的性质，以及气体与材料之间产生的相互作用等因素的控制。从热力学来说，气体对薄膜的透过过程，实际上是气体分子扩散的过程。在这个过程中，气体分子先溶于固体薄膜的表面，然后在薄膜中由高浓度向低浓度处扩散，最终在薄膜的另一侧蒸发。如图 10-6 所示，若塑料薄膜两侧保持一个恒定的压力差，气体将以恒定的速率透过薄膜。设塑料薄膜的厚度为 $d$，高压侧压力为 $P_1$，低压侧压力 $P_2$，相对应溶于薄膜中气体的浓度为 $C_1$ 和 $C_2$。根据费克第一扩散定律（Fick's firstlaw of diffusion），在单位时间、单位面积的气体透过量 $q$ 与薄膜内浓度梯度成正比，即：

$$q=-D\frac{dc}{dx} \tag{10-13}$$

式中：$D$——扩散系数，$cm^2/s$。

$\frac{dc}{dx}$——薄膜厚度内气体浓度梯度，$cm^3/cm$。

根据亨利定律，溶于薄膜内的气体浓度 $C$ 与相平衡压力 $P$ 及溶解度系数 $S$ 之间的关系为 $c=sp$ 代入式（10-13）得：

$$q=-D\frac{d(sp)}{dx} \tag{10-14}$$

因气体在塑料薄膜中溶解度较小，浓度低，$D$ 与 $S$ 视作常数，故有：

$$q=-Ds\frac{dp}{dx} \tag{10-15}$$

令 $p_g=Ds$，则：

$$q=-p_g\frac{dp}{dx} \tag{10-16}$$

式中：$p_g$——透气系数。

当气体透过达到平衡，薄膜的厚度为 $d$，两侧的压差为

$\Delta P=P_1-P_2$ 时，上式经积分变换为：

$$q=p_g\frac{p_1-p_2}{d} \tag{10-17}$$

$$p_g=\frac{q\cdot d}{p_1-p_2} \tag{10-18}$$

在任一时间 $t$、透过面积为 $A$ 的气体透过量与时间成正比，即：

$$Q=p_{g}\frac{p_{1}-p_{2}}{d}\cdot A\cdot t \tag{10-19}$$

式中：$Q$——透气量；

$A$——塑料薄膜的面积，$m^2$；

$t$——气体透过薄膜的时间间隔，$h$。

（2）测试设备

透气仪由真空泵、透气室和测压装置和计算机系统等组成，如图 10-7 所示。

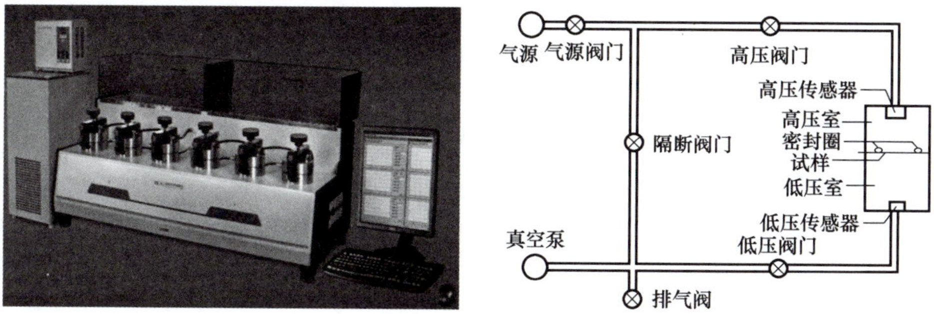


(a)　　(b)

图 10-7　压差法透气仪

透气室由上下两部分组成。当装入试样时，上部为高压室，用于存放试验气体。下部为低压室，用于贮存透过的气体并测定透气过程前后压差，以计算试样的气体透过量。上下两部分均装有试验气体的进出管。低压室由一个中央带空穴的试验台和装在空穴中的穿孔圆盘组成。根据试样透气量的不同，穿孔圆盘下部空穴的体积也不同。试验时应在试样和穿孔圆盘之间嵌入一张滤纸以支撑试样。

高、低压室分别装有压力传感器，低压室测压的准确度应不低于 6Pa，高压侧测量范围 0 ~2MPa，测量精度为 1kPa。真空泵应能使低压室中的压力不大于 10Pa。

（3）试样

试样一般为圆形，其直径取决于所使用的仪器，每组试样至少为 3 个。试样应具有代表性，应没有痕迹或可见的缺陷。应在 GB/T 2918 中规定的 23℃±2℃环境下，将试祥放在干燥器中进行 48h 以上状态调节或按产品标准规定处理。

（4）测试步骤

不同厂家的设备型号及操作要求各有不同，应按设备使用手册，安全操作设备。

对携带计算机的仪器，首先打开主机电源及计算机电源开关，分别输入各试验样品的名称、厚度、低压室体积参数和试验气体名称等。

压差法透气试验

（5）结果计算

透气透过系数按式（10-20）计算：

$$p_{g}=\frac{\Delta P}{\Delta t}\cdot\frac{V}{A}\cdot\frac{d}{p_{0}}\cdot\frac{T_{0}}{T}\cdot\frac{1}{(P_{1}-P_{2})} \tag{10-20}$$

气体透过量按式（10-21）计算：

$$Q=\frac{\Delta P}{\Delta t}\cdot\frac{V}{A}\cdot\frac{T_0}{P_0T}\cdot\frac{24}{(P_1-P_2)} \quad (10-21)$$

式中：$\frac{\Delta p}{\Delta t}$——稳态透过时，单位时间内低压侧气体压力变化的算术平均值，Pa/s；

$V$——低压侧气体容积室体积，$cm^3$；

$A$——试样的试验面积，$cm^2$；

$d$——试样厚度，cm；

$T$——试验温度，K；

$T_0$——标准状态时的温度，213.75K；

$P_0$——标准状态时的压力，$1.0133\times10^5$Pa；

$\Delta t$——气体透过时间，在计算气体透过量时，h。

气体透过量和气体透过系数可直接由仪器所带的计算机按规定程序计算后输出或打印。试验结果以每组试样的算术平均值表示。

## 10.3.2 等压法测试

等压法测试塑料透气性最具代表性的是库伦传感器法，主要用于氧气透过性测试。目前常用的标准是 GB/T 19789—2005、ASTM D 3985-05 和 ISO 15105.2：2003。

（1）测试原理

库伦法测试原理如图 10-8 所示。试样将透气室分成两部分。试样的一侧通测试气体氧气（也可以是含氧气的混合气体），另一侧为流动的干燥载气（氮气）。试样两边的压力相等，但氧气分压不同。利用氧气在样品膜两边的恒定浓度差而引起渗透，氮气将透过的氧气全部运送到传感器上。采用的库仑电量传感器是一种符合法拉第定律的绝对值传感器，氧气经过库仑传感器，将探测到氧气转换成电流输出，电流的大小与单位时间内流入传感器的氧气总量成比例。因此，由传感器可以精确测量出氮气流中携带的氧气量，从而计算出材料的氧气透过率。

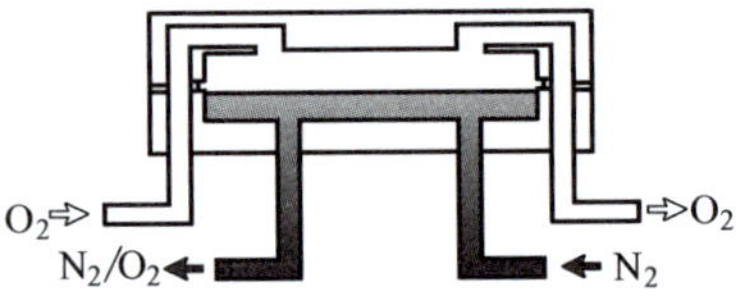

图 10-8　等压法测试原理图

（2）试样与试剂

库伦法可以用于塑料薄膜、片材和人造革的透氧性测试，也可以对塑料容器的测试。

对于薄膜（片）等试样的厚度均匀，无皱折、折缝、针孔及其他缺陷，试样应裁成与试验仪器相匹配的尺寸。如果试样是不对称结构的，应当标记试样的两个表面，注明面向试验气体的表面。

氮气载气由氮气和氢气混合物组成，其中氢气的体积百分比含量为 0.5%~3.0%。载气应干燥，氧气的体积百分比含量不得高于 0.01%。测试气体氧气应干燥，含量不低于 99.5%。

（3）测试仪器

仪器结构原理见图 10-9。由透气室、催化装置、流量计、库仑计、负载电阻器、电压记录仪等组成。试验仪器上可装配多个透气室，这样每次可以测试多个试样。

透气室由上下两部分构成，两侧的加工表面应平滑、无任何划痕，当气体进入或排出时，应无泄漏发生。透气室上应配有温度控制装置。

催化装置由一个金属管构成，并配有适当接口。金属管中装有 0.5%铂或钯的氧化铝固载催化剂 3～5g，用以产生纯正的无氧的氮气载气。

流量计用来测量氮气载气的流速，量程为 5～100mL/min。可通过流速调节阀调节氧气和氮气的流速。

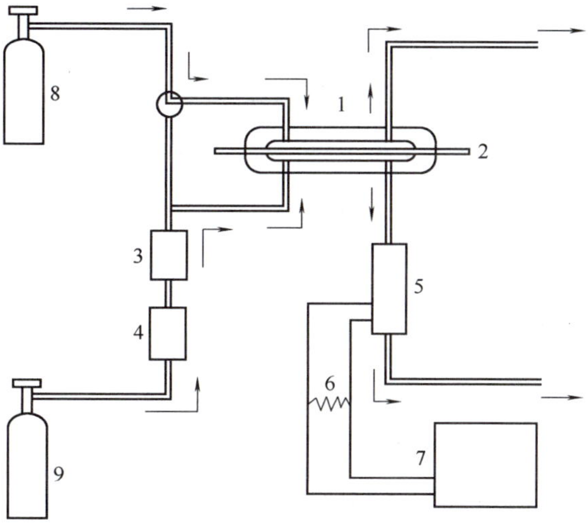

图 10-9　氧气透过性测试仪简图

1—透气室　2—试样　3—催化装置　4—流量计
5—库仑计　6—负载电阻器　7—记录仪
8—氧气钢瓶　9—氮气钢瓶

库仑计用来检测透过的氧气量。库仑计检测器产生的电流通过一个负载电阻器，并由负载电阻器测量输出的电压。库仑电量传感器中每通过一个氧气分子，就会释放出 4 个电子，氧分子数量和电子数量的关系是线性正比的，这个线性正比关系不受渗透浓度和传感器环境变化影响。

多量程记录仪记录负载电阻器上产生的电压，该记录仪应能够记录满量程电压为 50mV，最低至 0.100mV，具有至小为 10pV 的分度值。其阻抗至小需为 5000Ω。目前仪器都配置了计算控制系统和数据处理软件系统。

库伦法透氧测试仪国外有影响的产品是美国 MOCON 公司 Ox-Tran 1/50 氧气透过率测试仪，国内也有企业生产类似的仪器，如济南兰光机电技术有限公司的 OX2-231 氧气透过率测试系统。

（4）测试步骤

氧气透过测试操作

测试前应阅读所用仪器的使用手册，按操作规程使用仪器。

下面就 GB/T 19789—2005 标准规定进行介绍。

① 实验室环境为 23℃±2℃，相对湿度为 50%±10%。样品应放到装有无水氯化钙或其他干燥剂的干燥器中进行试样状态调节，时间不少于 48h。

② 测量试样厚度。在整个试样上至少测 5 点，记录最大值、最小值，并计算平均值。

③ 打开透气室，沿透气室下半部分的凸边上涂一薄层密封油脂。将试样裁成合适尺寸，小心地放到油脂上，避免使试样皱折，盖上透气室盖，紧固密封好。

④ 打开透气室的氮气载气开关，打开氮气载气阀门，以 50~60mL/min 的流速将透气室的上下两部分中的空气吹净， 3~4min 后，将流速降低至 5~15mL/min，维持此流速 30min。

⑤ 向系统通了 30min 的氮气后，将阀门打到库仑计位置上，通过透气室两侧的氮气进入库仑计中。当记录仪上得到一个稳定的低数值电压时，此时的电压值即为零电压 $E_0$。

⑥ $E_0$ 确定后，关掉开关，使氮气不能进入透气室的试验气体一侧（氧气侧），将试验气体（氧气）导入透气室的氧气侧。

⑦ 库仑计上输出的电压值应逐渐增加，最终达到一个恒定值，此值即为测试电压值，以 $E_e$ 表示。

⑧ 记录透气室两侧的温度。重复以上操作，每个样品至少测试 3 个试样。

（5）试验结果与报告

试验结果通常以氧气透过率、氧气透过量和氧气透过常数表示。

① 氧气透过率（oxygen transmission rate）。在试验条件下，在单位时间内透过单位面积试样的氧气数量（$R_{O_2}$），国际单位： mol/(m$^2$ · s)，常用单位： m$^3$/(m$^2$ · 24h)。

$$R_{O_2}=(V_e-V_0)Q/(A\cdot R) \tag{10-22}$$

式中： $V_e$——稳态时测试电压，mV；

$V_0$——试验前零电压，mV；

$A$——试样面积，m$^2$；

$Q$——仪器测试常数，cm$^3$ · Ω/(mV · 24h)；

$R$——负载电阻值，Ω。

② 氧气透过量（oxygen permeance）。氧气透过率与试样两侧氧气分压之差的比值（$P_{O_2}$），国际单位： mol/(m$^2$ · s · Pa)，常用的单位： cm$^3$/(m$^2$ · 24h · 0.1MPa)。

$$P_{O_2}=R_{O_2}/P \tag{10-23}$$

式中： $R_{O_2}$——氧气透过率，cm$^3$/(m$^2$ · 24h)；

$P$——透气室中试验气体侧的氧气分压， MPa，即氧气的摩尔分数乘以总压力（通常为 1 个大气压），载气侧的氧气分压视为零。

③ 氧气透过常数（oxygen permeability coefficient）。指氧气透过量与试样厚度之积（$\overline{P}_{O_2}$），常用单位是 cm$^3$/(m · 24h · 0.1MPa)。

$$\overline{P}_{O_2}=P_{O_2}\cdot t \tag{10-24}$$

式中： $P_{O_2}$——氧气透过量，cm$^3$/(m$^2$ · 24h · 0.1MPa)；

$t$——试样的平均厚度，m。

试验结果取平均值，保留 3 位有效数字。

测试报告包括：试验方法，试验气体，试验条件、试样制备，试样厚度，测试结果等。

### 10.3.3 影响因素与讨论

① 压力差影响。压力差增大，气体从高压侧向低压侧透过的速度快，但实验表明：塑料

薄膜两侧压力差的大小对测得的透气系数、透气量无明显的影响。主要因为透气系数和透气量分别是以单位压差及标准大气压下为条件的。但是，为了使透气性小的薄膜在短时间内得到准确的结果，往往增加薄膜两侧的压差。

② 温度影响。透气系数和透气量随温度的升高而增大。原因为：透气系数与温度的关系服从阿累尼乌斯方程式，即 $p_g'=p_g \cdot e^{-E_P/RT}$（$E_P$ 为透过活化能）。

③ 气体种类、薄膜性质的影响。各种气体对薄膜透气性的影响的测度数据见表 10-8。

表 10-8　　气体种类对薄膜透气性的影响

| 试样 | $P_g$/cm³·cm·cm⁻²·s·kPa⁻¹ | | | | 备注 |
|---|---|---|---|---|---|
| | $CO_2$ | $O_2$ | 空气 | $N_2$ | |
| PS | | | | $1.86\times10^{-10}$ | 15℃ |
| PE | $2.76\times10^{-10}$ | $8.7\times10^{-11}$ | $3.47\times10^{-11}$ | $2.52\times10^{-11}$ | |
| PVC | $2.58\times10^{-10}$ | $4.8\times10^{-11}$ | $2.69\times10^{-11}$ | $1.48\times10^{-11}$ | |
| PBTP | | | | $4.09\times10^{-13}$ | |

由于透气系数 $P_g=D \cdot S$，所以各种单一气体 $O_2$、$N_2$、$CO_2$ 和空气对塑料薄膜的透过性取决于扩散系数 $D$ 和溶解度系数 $S$。对同一种薄膜的透过，气体分子直径越大，所需扩散活化能越大，则扩散系数越小。如氧分子直径小于氮分子，而氧和氮的临界温度接近（即溶解度系数相近），此时 $P_g$ 取决于 $D$。又如虽然 $CO_2$ 的分子直径大于 $O_2$、$N_2$，但其临界温度大大高于 $O_2$、$N_2$，易溶解于薄膜中，此时 $P_g$ 取决于 $S$。

此外，透过系数与高聚物的结构和形态有关。一般，极性高聚物小于非极性的（如 PET 的薄膜透气系数小于 PE，尽管它们的结晶度相近）；结晶的高聚物小于无定形的（如 PET 的薄膜透气系数小于 PVC，尽管它们的都是极性的）。

按极性相近的原则， PE 对非极性气体 $O_2$、$N_2$、$CO_2$、空气的透气系数大于 PVC； PS 为无定形、非极性的高聚物，故其透气系数大于 PE、PVC、PET 薄膜。

### 任务实施

按 GB/T 1038—2000 标准（压差法）测定不同塑料薄膜的氧气透过量和氧气透过系数。

（1）样品：PE 膜、PET 膜、聚乳酸膜、PP 膜。

（2）仪器与工具：①透气仪；②量具（测厚仪），精度为 0.001mm。

## 10.4　塑料透湿性的测试

透湿性是指水蒸气透过塑料（薄膜、薄片）或容器等包装材料的性能，常用水蒸气透过量（透湿量）和水蒸气透过系数（透湿系数）表示。

（1）水蒸气透过量（WVT）。在规定的温度、相对湿度，一定水蒸气压差和一定厚度的条件下，1m²的试样在 24h 内透过的水蒸气量，单位为 g/(m² · 24h)。

（2）水蒸气透过系数（$\rho_v$）在规定的温度、相对湿度环境中，单位时间内，单位水蒸气压差下，透过单位厚度、单位面积试样的水蒸气量，单位为 g · cm/（$m^2$ · s · Pa）。

塑料的透湿性与其组成、分子链结构、测试环境等因素有关。水蒸气透过塑料薄膜的过程，实质上就是水分子的质量传递过程。其测试原理与前面介绍的透气性原理基本是一样的。首先水蒸气溶入固体薄膜，填充到分子内或分子间空隙中，当薄膜两侧湿度不同时，就存在一定的水蒸气压差，水分子由高压侧向低压侧扩散、传输，最后从低压侧蒸发，实现了水蒸气对塑料薄膜的透过。

测试塑料透湿性的方法有称量法、红外线测试法、电解分析法、动态相对湿度测定法等。

### 10.4.1 称重法

称重法（gravimetric method）是在规定的温度条件下，在试样两侧保持一定的水蒸气压差，然后利用称重传感器或分析天平把透湿杯的重量变化“称”出来，再根据试样的面积、厚度、称量间隔时间以及试样两侧的湿度差计算出材料的透湿性能参数。由于称重法的特征测试元件是透湿杯，故又叫杯式法。称重法又分增重法和减重法，如图 10-10 所示。

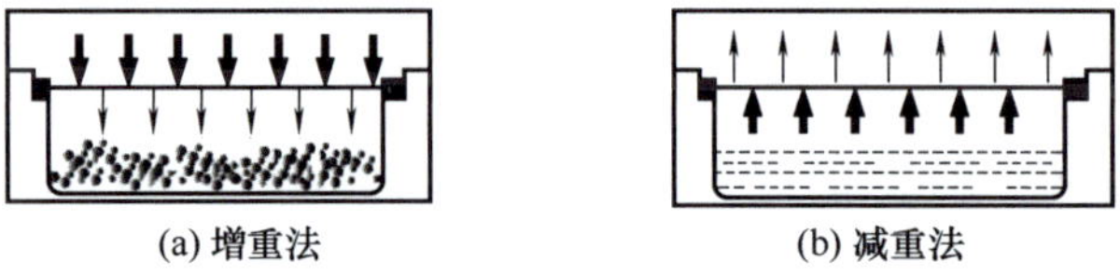


图 10-10 称重法示意图

增重法早期使用较多，是利用干燥剂在透湿杯内吸湿，同时将透湿杯放在恒温恒湿环境中使杯内外保持恒定相对湿度差的测试方法。可是它对使用的透湿杯及干燥剂都有一些限制，如各相关标准中明确要求透湿杯中应有足够的空间使得操作者在每次称量后都能轻微振动杯中干燥剂使其上下混合，使其干燥剂效用减弱，而且在干燥剂干燥效果明显减弱之前必须完成试验。在实际中，温度一定，透过面积一定，试样两侧压力一定，一定时间内水蒸气透过量都由杯式法测定。我国国家标准 GB/T 1037—1988 采用的是增重法。

减重法则在透湿杯内盛有蒸馏水或饱和盐溶液，保持杯内相对湿度 100%，在试样的上方鼓以快速气流来把渗透出的水蒸气带走，这样称量透湿杯时，得到的就是透湿杯质量的减少量。很多企业生产的水蒸气透过测试仪都采用减重法原理设计，通过传感器（温度、湿度、称重）测量，微处理器（计算机）控制，可以实现自动测量，数据处理和结果输出和打印。

“减重法”和“增重法”的不同之处在于，减重法透湿杯内盛有蒸馏水或饱和盐溶液，而不是干燥剂。通过在试样上方鼓以快速气流把渗透出的水蒸气带走，这样在称量透湿杯时，就能得到透湿杯质量的减少量。减重法的优点是可以长时间保持透湿杯内部环境相对湿度为 100%，而增重法对使用的透湿杯及干燥剂都有一些限制，如各相关标准中明确要求透湿杯中应有足够的空间使得操作者在每次称量后都能轻微振动杯中干燥剂使其上下混合，使其干燥剂效用减弱，而且在干燥剂干燥效果明显减弱之前必须完成试验。下面以减重法作介绍。

（1）测试仪器

测试仪器主要由气源、连接管、主机和显示器组成。

用蒸馏水可产生透湿杯的内测湿度是 100%。通过控制测试腔湿度（透湿杯外侧湿度），实现 10%~98%试验湿度。控制透湿杯外侧湿度可用两种方法：一种用气源；另一种是在测试腔内放入干燥皿（内盛干燥剂），可以辅助控制湿度。

（2）试样要求

试样应平整、均匀，不得有孔洞，针眼、皱折、划伤等缺陷。试样的厚度应小于 3mm（或按要求定制相应的仪器），测试面积 33cm²。

试样裁取。如图 10-11 所示，把试样平放在黑色的橡胶垫上，放上取样器，拔出定位销，轻按取样器手柄顺时针旋转 120°即可完成裁样。取样完毕后轻轻提起手柄，调整定位销使其恢复到初始位置。

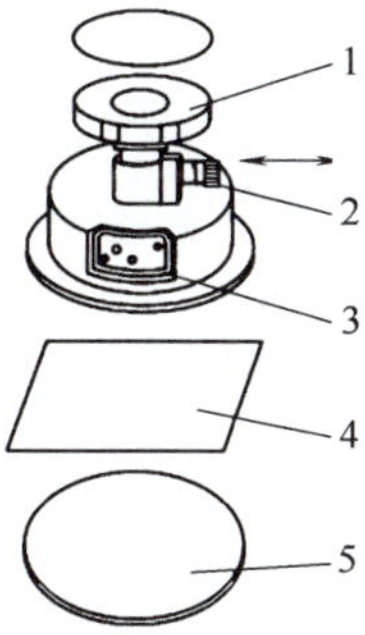

图 10-11　取样器使用示意图

1—旋转手柄　2—定位销　3—刀片　4—待裁试样　5—橡胶垫

（3）操作步骤

水蒸气透过试验操作

测试操作按设备手册和国家标准进行。

试验参数设置分公共参数、试验杯 1、试验杯 2 和试验杯 3 这 4 个参数项。

试验杯参数设置，包括试验类型选择（一般选择标准模式）、循环次数、试验面积（默认面积为 33.18cm²，可根据试样要求修改）。

公共参数设置包括：选择测试方法（减重法）、预热时间、试验温度和测试时间等。试验温度为 38℃，湿度为 90%时，测试时间设置按表 10-9 进行。

表 10-9　透湿法测试时间设置

| 试样类型 | 测试时间/min |
|---|---|
| 透湿量大于 16g/m²·24h | 120 |
| 透湿量大于 5g/m²·24h,透湿量小于 16g/m²·24h | 120 |
| 透湿量大于 0.5g/m²·24h,透湿量小于 5g/m²·24h | 180 以上 |
| 透湿量小于 0.5g/m²·24h | 240 以上 |

试验过程中，系统自动控温控焜、称重。状态页面实时显示当前状态；试验运行时间达到试验模式的结束条件后，同时弹出试验结果，勾掉自动弹出选项可以取消结果的自动弹出。

## 10.4.2　电解分析法

电解分析法是利用电解池传感器来检测试样透湿性能的方法。测试标准有 ISO 15106-3、DIN 53122-2 和我国的 GB/T 21529—2008。

将试样装夹到渗透腔内后，试样将渗透腔分成干腔（水蒸气浓度低）和湿腔（水蒸气浓度高），在干腔中有干燥的载气（氮气）流通过。由于湿度梯度的存在，水蒸气会从湿腔穿过薄膜扩散到干腔，透过的水蒸气被流动的干燥氮气携带至电解池传感器电解氢气和氧气，并产生同比例的电流信号，通过对传感器电信号的分析计算，从而得出试样的水蒸气透过率等参数。对于包装容器而言，干燥氮气则在容器内流动，容器外侧处于高湿状态。

（1）测试仪器

测试仪器由渗透腔、电解池传感器、流量调节阀、干燥管、换向阀等构成，见图 10-12。

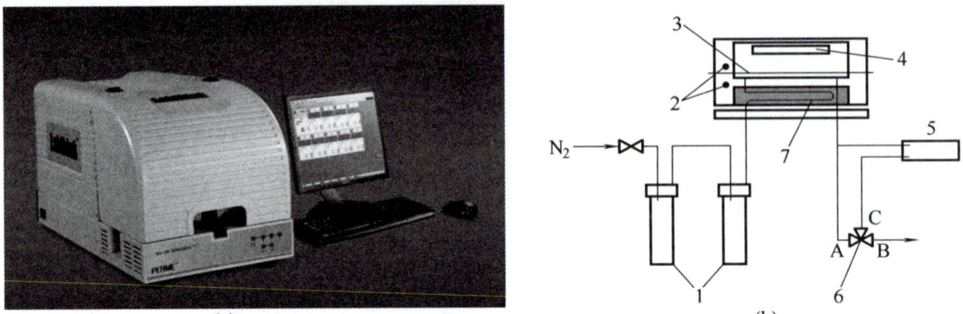


(a) (b)

图 10-12　电解分析法测试仪器结构原理图

1—干燥管　2—渗透腔　3—试样　4—玻璃纤维板（浸有硫酸溶液）

5—电解池　6—换向阀　7—铜管（用于提供载气）

渗透腔由干腔和湿腔构成，在两腔之间装夹试样，渗透面积应在 5～100$cm^2$ 之间。渗透腔的温度应控制在测试温度±0.5℃的范围内。

电解池传感器内有两个螺旋形金属电极，电极安装在玻璃毛细管内壁上，电极表面涂有一薄层五氧化二磷。载气通过玻璃毛细管，由载气所携带的水蒸气被五氧化二磷定量地吸收，生成磷酸。通过给电极施加一定的直流电压，将水蒸气电解成氢气和氧气，在两电极之间出现电解电流，同时五氧化二磷再生。被电解的水蒸气的质量将从得到的电流中计算出来。

（2）试样

应有代表性，厚度均匀，无折痕、褶皱、针孔，数量不少于 3 个。试样的面积应大于渗透腔的透过面积。

在温度 23℃±2℃，相对湿度 50%±10%条件下对试样进行状态调节，调节时间至少 4h。并按照 GB/T 6672—2001 的规定测量厚度，每个试样至少等间距测量 3 个点。

（3）湿度环境

将盛有合适浓度的硫酸溶液或蒸馏水或饱和盐溶液等介质的多孔盘放到渗透腔的湿腔中，用来形成恒定的湿度环境。

蒸馏水可产生 100%的相对湿度环境。硫酸溶液、饱和盐溶液相对湿度与浓度之间的关系可按 GB/T 21529—2008 标准中附录进行调节。

（4）操作步骤

按仪器的使用手册和 GB/T 21529—2008 标准规定进行。

① 将试样放置到渗透腔的干、湿腔之间，关闭且密封好渗透腔，试样应密封装夹好。将换向阀调节到合适的位置，使载气经过干燥管到干腔，绕过电解池直接通向大气。以避免在装夹试样的过程中进入干腔的湿气被带入电解池，从而使电解池受潮，使试验结果无效。

② 向电解池施加一定的直流电压，并一直保持在工作通电的状态，除非长时间不使用它。

③ 大约 30min 后，将换向阀调节到试验位置，使载气通过电解池。

④ 按一定的时间间隔定时测量电解电流的变化量，当相邻 3 次电流采样值波动幅度不大于 5%时，可视为电流已保持恒定，水蒸气渗透达到稳定状态，记录下电流值。

（5）结果表示

每个试样的水蒸气透过率：

$$WVTR=\frac{m}{A\cdot t}=8.067\cdot\frac{I}{A} \tag{10-25}$$

式中：$WVTR$——试样的水蒸气透过率，g/（$m^2$·24h）；

$m$——$T$ 时间内透过试样的水蒸气量，g；

$A$——试样的透过面积，$m^2$；

$t$——透过时间为 24h；

$I$——电解电流，A；

8.067——仪器常数。

测试结果以 3 个或 3 个以上试样的算术平均值表示。当数值小于 1 时，结果保留小数点后 2 位，当数值大于 1 时，结果保留小数点后 1 位。每一个试样的测试值与算术平均值的偏差不得超过 10%。

## 10.4.3 影响因素讨论

塑料透湿性与其组成、分子结构、分子聚集状态、结晶度、密度有关，测试环境的温度、相对湿度、试样的制备等都会影响测试结果的准确性。

（1）样品结构的影响

在水蒸气分子扩散过程中，材料自身内部各种因素起着主要作用，如化学结构、结晶度、链长、密度、支链、相对分子质量、聚合度、双链、添加剂、以及高分子聚合物的交联度等。一般而言，分子极性小，或分子中含有极性基团少的材料，其亲水倾向小，吸湿低；含有极性基团的材料吸水性强，水蒸气透过率和透气率较大。在相同的外部条件下，根据水蒸气透过量由大到小的顺序将常用塑料薄膜排列如下： PVC＞PET＞PE-LD＞PVDC＞PE-HD＞PP。

（2）试样厚度的影响

在恒定状态下，气体透过率与薄膜暴露的面积成正比，与膜的厚度成反比。从透湿的热力学过程可见，试样厚度增加会提高对湿气的阻隔性。试样越厚，水分子透过包装材料越难，水蒸气透过量越小，但在大多数情况下，水蒸气透过量与厚度并非成线性关系。

（3）温度和相对湿度的影响

表 10-10 是几种塑料薄膜在不同的测试温度和相对湿度条件下的透湿度。可以看出相对湿度差的变化对透湿量的影响是较大的，对于相同厚度的同种薄膜，如果高、低湿侧的湿度差相同，则透湿度随温度的升高而增加。

表 10-10　　几种塑料薄膜在不同温度和相对湿度条件下的透湿度

| 薄膜（0.03mm） | 透湿度（$g/m^2 \cdot 24h$），（低湿侧湿度均为 0%） | | |
|---|---|---|---|
| | 温度 40℃，高湿侧 90% | 温度 40℃，高湿侧 65% | 温度 25℃，高湿侧 90% |
| PE-LD | 15.0 | 10.2 | 4.0 |
| PE-HD | 9.0 | 6.4 | 2.2 |
| PP | 10.0 | 7.1 | 2.3 |
| PET | 17.0 | 10.3 | 4.8 |
| PVDC | 2.5 | 1.5 | 0.5 |

## 任务实施

按 GB 1037—1988 标准测定 PET、PP、PE-LD 塑料薄膜的透湿系数。

（1）样品：PET、PP、PE-LD 塑料薄膜。试样面积 33$cm^2$ 的圆片，每组 3 个试样。

（2）仪器与工具：①W320/330 透湿性测试仪及配件（透湿杯）；②电子天平，感量为 0.1mg；③量具（测厚仪），精度为 0.001mm；④制样器或剪刀和镊子；⑤鼓风恒温干燥箱；⑥量筒；⑦干燥器、干燥剂；蒸馏水。

（3）试验步骤

① 根据试样尺寸及要求裁剪一组（3 个）良好试样。

② 测量裁好的试样厚度，均匀测量 5 个点，取算术平均值。

③ 测试准备：①将放有干燥剂的干燥器置于恒温干燥箱内，进行恒温干燥。②将 3 个透湿杯内分别注入 15mL 蒸馏水，将试样两侧用橡胶垫圈夹住放置于透湿杯内的凸台上并用杯盖压紧。

④ 按标准和仪器的使用手册，分别测试上述样品的水蒸气透过率。

⑤ 记录试验数据，分析 3 种塑料薄膜水蒸气的透过试验结果，完成测试报告。

实验过程记录。如表 10-11；并将测量记录及计算结果填入表 10-12。

表 10-11　　试验环境

| 时间 | 气温/℃ | 气压/kPa | 相对湿度/% | 实验地点 | 备注 |
|---|---|---|---|---|---|
| | | | | | |

表 10-12　　测试记录及计算结果

实验条件：　　温度　　℃　　试样两侧相对湿度：　　一侧：　　另一侧：

<table>
<tr><th>样号</th><th>试样面积（S）</th><th>试样平均厚度（d）</th><th colspan="3">稳定透过时的透过速率两次质量差/时间间隔（q/t）</th><th>透湿量（$Q_v$）</th><th>透湿系数（$\rho_v$）</th></tr>
<tr><td rowspan="2">1#</td><td rowspan="2"></td><td rowspan="2"></td><td></td><td></td><td></td><td rowspan="2"></td><td rowspan="2"></td></tr>
<tr><td colspan="3"></td></tr>
<tr><td rowspan="2">2#</td><td rowspan="2"></td><td rowspan="2"></td><td></td><td></td><td></td><td rowspan="2"></td><td rowspan="2"></td></tr>
<tr><td colspan="3"></td></tr>
<tr><td rowspan="2">3#</td><td rowspan="2"></td><td rowspan="2"></td><td></td><td></td><td></td><td rowspan="2"></td><td rowspan="2"></td></tr>
<tr><td colspan="3"></td></tr>
</table>

（1）透湿量：
$$Q_v = \frac{q \cdot 24 \times 3600}{t \cdot s \cdot 10^{-4}} \quad (g/m^2 \cdot 24h) \tag{10-26}$$

（2）透湿系数：
$$\rho_v = \frac{q \cdot d}{t \cdot s \cdot \Delta p} \tag{10-27}$$

式中：$q/t$——稳定透过时，单位时间内透湿杯减少（或增加）质量的算术平均值（$g/s$）；

$S$——试样的实验面积，本试验仪器为 33cm²；

$d$——试样厚度，cm；

$\Delta P$——试样两侧的蒸气压差，cmHgh。

## 10.5 塑料吸水性与水分含量测试

### 10.5.1 塑料吸水性

塑料吸水性是指塑料吸收水分的能力。由于塑料中即使含有极少量水分也能显著影响其某些主要性能，例如力学性能、电性或光学性能，因此不能忽视塑料的吸水性。吸水性是塑料的重要指标之一。了解吸水性，为合理选择材料，制订加工工艺，确定使用范围提供重要依据。特别是制订加工工艺时，对吸水性强的塑料材料，加工前必须进行严格的干燥处理。因此在塑料生产中和制品使用过程中对吸水指标都有要求。

塑料的吸水性很大程度上取决于材料的基本类型和基本组成。只含有碳氢的材料，如 PE 和 PS，都很耐水；而含有氧和氢氧基团的材料则很容易吸水，醋酸纤维和 PA 是强吸水性塑料的典型例子。含有氯、溴或氟的材料具有防水性，氟碳化合物如聚四氟乙烯就是防水材料之一。加入填料、玻璃纤维和增塑剂后，会改变塑料的吸水性。

（1）塑料吸水试验原理

将试样浸入保持一定温度（通常温度为 23℃）的蒸馏水中经过一定时间后（24h）或浸泡到沸水中一定时间（30min）后，测定浸水后或再干燥除水后试样质量的变化，求出吸水量。通常以试样原质量与试样失水后的质量之差与原质量之比的百分比来表示；也可以用单位面积的试样吸收水分的量表示；还以直接用吸收的水分量来表示其吸收水分的能力。对于一般塑料的吸水性可以参照 GB/T 1034—2008 塑料吸水性的测定。泡沫塑料的吸水性的测定试验按照 GB/T 2669—2004《泡沫塑料吸水性试验方法》。

（2）试验步骤

① 将试样放入（50+2）℃烘箱中干燥至少 24h，然后在干燥室内冷却至室温，称量每个试样的质量，精确至 0.1mg，表示为 $m_1$，重复本步骤至试样的质量变化在+0.1mg。

② 将试样浸入蒸馏水中，水温控制在（23+1）℃；浸水（24+1）h 后，取出试样，用清洁、干燥的布或滤纸迅速擦除试样表面的水，再次称量每个试样的质量，精确至 0.1mg，表示为 $m_2$。试样从水中取出后应在 1min 内完成称重。

③ 或将试样完全浸入沸腾蒸馏水中经（30+2） min 后，取出试样浸入处于室温的蒸馏水中，冷却（15+1） min，从水中取出试样，同样用清洁、干燥的布或滤纸迅速擦除试样表面的水，再次称量每个试样的质量，精确至 0.1mg，试样从水中取出到称量完毕必须在 1min 之内完成，也表示成 $m_2$。如果试样的厚度小于 1.5mm，最好在称量瓶中称量试样。

若要考虑浸水过程中抽取试样所含水溶性物质，在完成步骤②或③后，可将浸水后的试样再次干燥，重复步骤①至试样的质量恒定，表示为 $m_3$，精确至 0.1mg。

（3）试样的吸水质量分数计算

试样相对于初始质量的吸水质量分数为 $W_m$，用吸水百分率来表示，数值以%表示：

$$w_m=(m_2-m_1)/m_1\times 100\% \tag{10-28}$$

或

$$w_m=(m_2-m_3)/m_1\times 100\% \tag{10-29}$$

在某些情况下，需要用相对于最终干燥后试样的质量表示吸水百分率：

$$w_m=(m_2-m_3)/m_3\times 100\% \tag{10-30}$$

式中：$m_1$——试样干燥处理后，浸水前的质量，mg；

$m_2$——试样浸水后的质量，mg；

$m_3$——试样浸水后最终干燥后的质量，mg。

试样结果以相同暴露条件下得到的 3 个结果的算术平均值表示。

（4）试样

每种材料至少需要用到 3 个试样，它们既可以通过模塑加工制备，也可以通过机械加工制备。试样需要满足平整、洁净、光滑、无裂痕的条件。若试样表面被影响吸水性的材料污染时，需要用对塑料吸水性能没有影响的清洁剂擦拭。清洁后需要进一步处理才能进行试验。表 10-13 是不同类型试样的尺寸要求。

表 10-13 对试样的尺寸要求

| 试样类型 | 试样尺寸 |
|---|---|
| 模塑料 | 长、宽 60mm+2mm，厚度（1.0+0.1）mm 或（2.0+0.1）mm 的方形试样 |
| 管材 | 直径≤76mm 时，沿径向切取 25mm+1mm 长的一段；直径 >76mm 时，沿径向切取长 76mm+1mm，宽 25mm+1mm 样片 |
| 棒材 | 直径≤26mm 时，切取 25mm+1mm 长的一段；直径 >26mm 时，切取 13mm+1mm 长的一段 |
| 片或棒材 | 边长为 61mm+1mm 的正方形，厚度为（1.0+0.1）mm |
| 成品、挤出物、薄片或层压片 | 长、宽 60mm+2mm，厚度（1.0+0.1）mm 或者（2.0+0.1）mm 的方形试样；或被测材料的长宽 61mm+1mm，一组试样有相同的形状（厚度和曲面） |
| 各向异性的增强塑料 | 边长≤100mm×厚度 |

（5）试验设备

天平（分度值 0.1mg）、烘箱（常温～200℃，温控精度为+2℃）、干燥器（内装无水 $CaCl_2$ 或 $P_2O_5$）、恒温水浴（控制精度为 0.1℃）、量具（精度为 0.02mm）。

（6）影响因素

① 试样尺寸的影响。试样尺寸不同，吸水量不同。因此标准规定每一类型的材料的统一

尺寸，只有尺寸相同时，才能相互比较。

② 材质均匀性。对均质材料可以进行比较，对非均质材料，无论是吸水量或吸水百分率或单位面积吸水量，只用在试样尺寸相同时才可以进行比较。

③ 试验的环境条件。试验环境有一定要求，要求尽可能在标准环境下进行，因为试样浸水后需要擦干再次称量，如果环境温度、湿度低，则在称量时就一边称量一边在减轻，使结果偏低，反之结果偏高。

④ 试验温度。试验温度要严格按照标准规定，太高太低都会给测试结果带来影响。

## 10.5.2 塑料的水分含量

水分的存在对塑料的性能及成型加工会产生有害的影响，水在高温下会汽化，使制品产生气泡。塑料中含水分测定方法有：干燥恒重法、汽化测压法、卡尔．费休试剂滴定法。通常以试样原质量与试样失水后质量之差与原质量之比的百分比来表示。

（1）干燥恒重法

干燥恒重法是将试样放在一定温度下干燥到恒重，根据试样前后质量变化，计算水分的含量。

（2）汽化测压法

汽化测压法是利用水的挥发性。在一个专门设计的真空系统中，加热试样，试样内部和表面的水蒸发出来，使系统压力增高，由系统压力的增加，求得试样的含水量。

（3）卡尔·费休试剂滴定法

用专门配置的试剂（卡尔·费休试剂）利用碘氧化二硫时，需要定量的水这一原理来测定水分含量。测试方法可以参照 GB/T 6283—2008 化工产品中水分含量的测定卡尔·费休法（通用方法）。以甲醇为例，卡尔．费休试剂与水的反应如下：

$$C_5H_5N\cdot I_2+C_5H_5N\cdot SO_2+C_5H_5N+H_2O+CH_3OH \longrightarrow 2C_5H_5N\cdot HI+C_5H_5N\cdot HSO_4CH_3 \quad (10-31)$$

① 卡尔·费休试剂的配制在 1000mL 干燥棕色磨口瓶中溶解（133+1）g 碘于（425+2）mL 无水吡啶中，摇匀。再加入（425+2）mL 无水甲醇，摇匀后在冰浴中冷至 4℃以下，缓缓通入二氧化硫，使其增重 102～105g，盖紧瓶塞，摇匀，于暗处放置 24h 备用。使用前用同体积无水甲醇稀释。每毫升该试剂约相当于 3mg 水。

② 滴定终点：用卡尔·费休试剂水分测定仪滴定，在浸入溶液的两铂电极间加上适当的电压，因溶液中存在着水而使阴极极化，电极间无电流通过。当滴定至终点时，阴极去极化，电流突然增大至最大值，并保持 1min 左右，即为滴定终点。

③ 含水量的计算。

$$T=m_1/V_1 \quad (10-32)$$

$$w_s=TV_2/m_2\times 100\% \quad (10-33)$$

式中：$w_s$——被测试样的含水量，%；

$T$——卡尔·费休试剂的滴定度，g/mL；

$V_1$——滴定空白试样用卡尔·费休试剂的体积，mL；

$V_2$——滴定被测试样用卡尔·费休试剂的体积，mL；

$m_1$——标定卡尔·费休试剂消耗空白试样中水的质量，g；

$m_2$——被测试样的质量，g。

### 任务实施

参照 GB/T 1034—2008 测定同一尺寸 PET、PA、PP 和 PE 塑料片材的吸水性，并对比分析不同材料吸水性不同的原因。

## 10.6 塑料卫生性能测试

塑料卫生性能测试

塑料是有毒，塑料卫生性能如何测试？可以扫码进行微课学习。

塑料主要由以碳氢为主的高分子聚合物，其性质基本是稳定且无毒的。但在塑料加工过程中，往往为了增加塑料的可塑性，赋予产品外观绚丽多彩、耐久适用等性能，在配方工艺过程中需要加入稳定剂、增塑剂、润滑剂和着色剂等各种添加剂，这些塑料添加剂中有些是有毒性的；另外部分塑料产品如 PVC、PS 等聚合单体中含有氯、苯环等基团，其单体也是带有毒性。塑料制品在使用过程中，在一定条件下这些有毒成分会从塑料中析出，溶入到与其接触的物品中，如包装的食品、药品等，因此可能会影响人的身体健康。

塑料制品的卫生性能检测各国都相当重视，均制订有严格的卫生标准和管理法规，例如美国 FDA 有关规定，欧盟的 RoHS 标准等。我国也根据国情制订并颁布了部分塑料及制品卫生标准。如：

GB/T 5009.58—2003 食品包装用聚乙烯树脂卫生标准的分析方法；

GB/T 5009.60—2003 食品包装用聚乙烯、聚苯乙烯、聚丙烯成型品卫生标准的分析方法；

GB/T 5009.61—2003 食品包装用三聚氰胺成型品卫生标准的分析方法；

GB/T 5009.67—2003 食品包装用聚氯乙烯成型品卫生标准的分析方法；

GB/T 5009.70—2003 食品容器内壁聚酰胺环氧树脂涂料卫生标准的分析方法；

GB/T 5009.127—2003 食品包装用聚酯树脂及其成型品中锗的测定；

GB/T 32462—2015 聚酯树脂及其成型品中锑迁移量的测定 原子荧光光度法。

### 10.6.1 溶出试验

塑料溶出试验

按规定的取样方式抽取试验样品数，然后以一定的试验条件使塑料样品浸泡在食品模拟物的试液中，浸泡一定的时间后，对浸泡液进行分析测定。常用的模拟浸泡液与试验条件见表 10-14。

表 10-14　常用的试验浸泡液及试验条件

| 试验浸泡液 | 试验条件 | |
|---|---|---|
| | PE、PS、PP、三聚氰胺塑料 | PVC |
| 水 | 60℃,2h | 60℃,0.5h |
| 4%乙酸 | 60℃,2h | 60℃,0.5h |
| 65%乙醇 | 室温,2h | 室温,0.5h |
| 正己烷 | 室温,2h | 室温,0.5h |

（1）高锰酸钾消耗量测定

样品经浸泡液浸泡后，测定其高锰酸钾消耗量，以此表示可溶出有机物质的含量。测试步骤：

① 先配制 0.01mol/L 高锰酸钾标准滴定溶液和 0.01mol/L 的草酸标准滴定溶液。

② 准确吸取 100mL 样品的水浸泡液（有残渣则需过滤）于经处理干净的 250mL 的锥形瓶中，加入 5mL 硫酸（1+2）及 10mL 的高锰酸钾标准滴定溶液，放入玻璃珠 2 粒，准确煮沸 5min 后，趁热加入 10mL 草酸标准滴定溶液。

③ 以 0.01mol/L 的高锰酸钾标准滴定溶液滴定至微红色，记取两次高锰酸钾溶液滴定量。

④ 另取 100mL 蒸馏水，按上同样的方法做试剂空白试验。结果（10-34）计算：

$$X_1=\frac{(V_1-V_2)\times c\times 31.6\times 1000}{100} \tag{10-34}$$

式中：$X_1$——样品中高锰酸钾消耗量，mg/L；

$V_1$——样品浸泡液滴定时消耗高锰酸钾溶液的体积，mL；

$V_2$——试剂空白滴定时消耗高锰酸钾溶液的体积，mL；

$c$——高锰酸钾标准滴定溶液的实际浓度，mol/L；

31.6——与 1.0mL 高锰酸钾标准滴定溶液（0.01mol/L）相当的高锰酸钾质量，mg。

（2）蒸发残渣实验

样品经用各种溶液浸泡后，以蒸发的残渣量表示在不同浸泡液中的溶出物的多少。分析步骤：

① 取各浸泡液 200mL，分次置于预先在（100±5）℃干燥至恒量的 50mL 玻璃蒸发皿或恒量过的小瓶浓缩器（为回收正己烷用）中，在水浴上蒸干，于（100±5）℃干燥 2h，在干燥器中冷却 0.5h 后称量，再于（100±5）℃干燥 1h，取出，在干燥器中冷却 0.5h，称量。

② 取同样未浸泡的试液进行空白试验。结果计算如下式所示：

$$X_2=\frac{(m_1-m_2)\times 1000}{200} \tag{10-35}$$

式中：$X_2$——样品浸泡液（不同浸泡液）蒸发残渣，mg/L；

$m_1$——样品浸泡液蒸发残渣质量，mg；

$m_2$——空白浸泡液的质量，mg。

（3）重金属含量测试

测试浸泡液中重金属方法一般是用浸泡液（以铅计）与硫化钠作用，在酸性溶液中形成黄棕色硫化铅，然后与标准样的颜色进行比较。

① 配制硫化钠溶液。称取 5g 硫化钠，溶于 10mL 水和 30mL 甘油的混合液中，或将 30mL 水和 90mL 甘油混合后分成二等份，一份加 5g 氢氧化钠溶解后通入硫化氢气体（硫化铁加稀盐酸）使溶液饱和后，将另一份水和甘油混合液倒入，混合均匀后装入瓶中，密塞保存。

② 配制铅标准溶液。准确称取 0.1598g 硝酸铅，溶于 10mL 硝酸（10%）中，移入 1000mL 容量瓶内加水稀释至刻度。此溶液每毫升相当于 100μg 铅。

③ 铅标准使用液。吸取 10.0mL 铅标准溶液，置于 100mL 容量瓶中，加水稀释至刻度。此溶液毫升相当于 10μg 铅。

④ 测试。吸取 20.0mL 乙酸（4%）浸泡液于 50mL 比色管中，加水至刻度。另取 2mL 铅标准使用液 50mL 比色管中，加 20mL 乙酸（4%）溶液，加水至刻度混匀，两液中各加硫化钠溶液 2 滴，混匀后，放 5min，以白色为背景，从上方或侧面观察，样品呈色不能比标准溶液更深。

结果的表述：显色大于标准管样品，重金属（以 Pb 计）报告值>1。

（4）氯乙烯单体测定

氯乙烯单体的测试主要针对 PVC 包装材料，一般采用气相色谱仪进行测试。

根据气体平衡定律，将样品放入密封平衡瓶中，用溶剂溶解，在一定温度下，氯乙烯单体扩散，达到平衡时，取液上气体注入气相色谱仪中测定实验样品的谱图。以同样的方法测定氯乙烯标准液的谱图，对照两谱图的峰值。按下式求出氯乙烯单体的含量。

$$X=\frac{m_1\times1000}{m_2\times1000} \tag{10-36}$$

式中：$X$——样品中氯乙烯单体含量，mg/kg；

$m_1$——标准曲线求出氯乙烯质量，μg；

$m_2$——样品质量，g。

具体的操作方法可以扫描二维码，观看视频。

## 10.6.2 塑料添加剂的分析

塑料助剂种类繁多，在一个塑料产品内往往同时含有多种添加剂，在鉴别分析塑料助剂之前，需要从塑料中先把各种助剂分离，然后借用现代分析技术进行定量检测。下面对常用的分离方法做介绍。

（1）溶剂萃取法

主要是根据塑料本体和助剂在同一溶剂中溶解度不同来分离的，选择一个适合的溶剂萃取塑料样品，使塑料主要组分聚合物与助剂达到初步分离。溶剂选择必须符合对塑料不溶而对助剂具有良好的溶解性的要求。

根据萃取手段不同又分为索氏提取法、回流提取法、室温浸渍提取法、超声波提取法及超临界提取法等。目前还发展了一种集萃取、浓缩、解吸于一体的样品前期处理技术固相微萃取（SPME），它具有方便、快捷、不使用有机溶剂、灵敏、价廉等优点，能用于气态、液态、固态样品中有机物的前处理及痕量分析。

（2）溶解/沉淀法

将塑料样品先溶于适合的溶剂中制成样品溶液，然后向此溶液中缓慢倒入沉淀剂，或者将此溶液缓慢加入到沉淀剂中，使塑料本体沉淀析出而助剂留在溶液中，从而达到分离的目的。根据塑料种类而选择合适的溶剂和沉淀剂。表 10-15 是一些常见塑料溶剂与沉淀剂。

**表 10-15　常见塑料溶剂与沉淀剂**

| 塑料名称 | 适合溶剂/沉淀剂对 |
| --- | --- |
| PE | 甲苯、二甲本/正丙醇；二甲苯/丙二醇 |
| PP | 环己烷/乙二醇、邻苯二甲酸二甲酯；二甲苯、十氢萘/甲醇 |
| PS | 环己酮/甲醇、丁醇，丙酮/甲醇、正丁醇、甲醇水（1∶3）、异丙醇 |
| PVC | 环己酮/甲醇，丁醇，环己烷/丙酮；四氢呋喃/甲醇、乙醇、水 |
| 聚醋酸乙烯 | 苯/异丙醇、石油醚、丁酮；丙酮/水、石油醚、水-甲醇（1∶3） |
| 聚氟乙烯<br>聚三氟氯乙烯 | DMF/水；1-三氟甲基-2,5~氯代苯/邻苯二甲酸二乙酯 |

（3）层析分离法

从塑料本体分离出的溶液，通常是含有多种助剂的混合物。为了减少或避免在鉴别助剂种类试验中不同种类助剂之间的相互干扰，提高剖析鉴别的准确性，需要利用层析技术将助剂溶液中各组分加以分离。

层析操作：将已经初步分离的助剂试液加入到已添装好的层析柱中，以 40kPa 左右的氮气加压，加入洗脱剂于分液漏斗中，打开分液漏斗活塞，使洗脱剂在氮气压力下进入层析柱并均匀下渗，控制流速 5~10mL/min。根据相似相溶原则，利用极性不同的洗脱剂对加有样品的层析柱进行多次洗脱，按极性不同，分别收集助剂溶剂中不同组分，以供剖析鉴别助剂种类之用。

层析溶剂极性由弱至强为：石油醚、环已烷、四氯化碳、苯、二氯甲烷、氯仿、乙醚、乙酸乙酯、吡啶、丙酮、正丙醇、乙醇、甲醇、水、乙酸。

塑料样品经过上述方法分离得到的试液，可以采用化学滴定法、色谱法、光谱分析法或通过测定其物理常数等手段作进一步的定性或定量分析，具体操作按相关标准规定或仪器操作规程进行。

图 10-13 和图 10-14 分别是 PE、PVC 分析实验流程图。

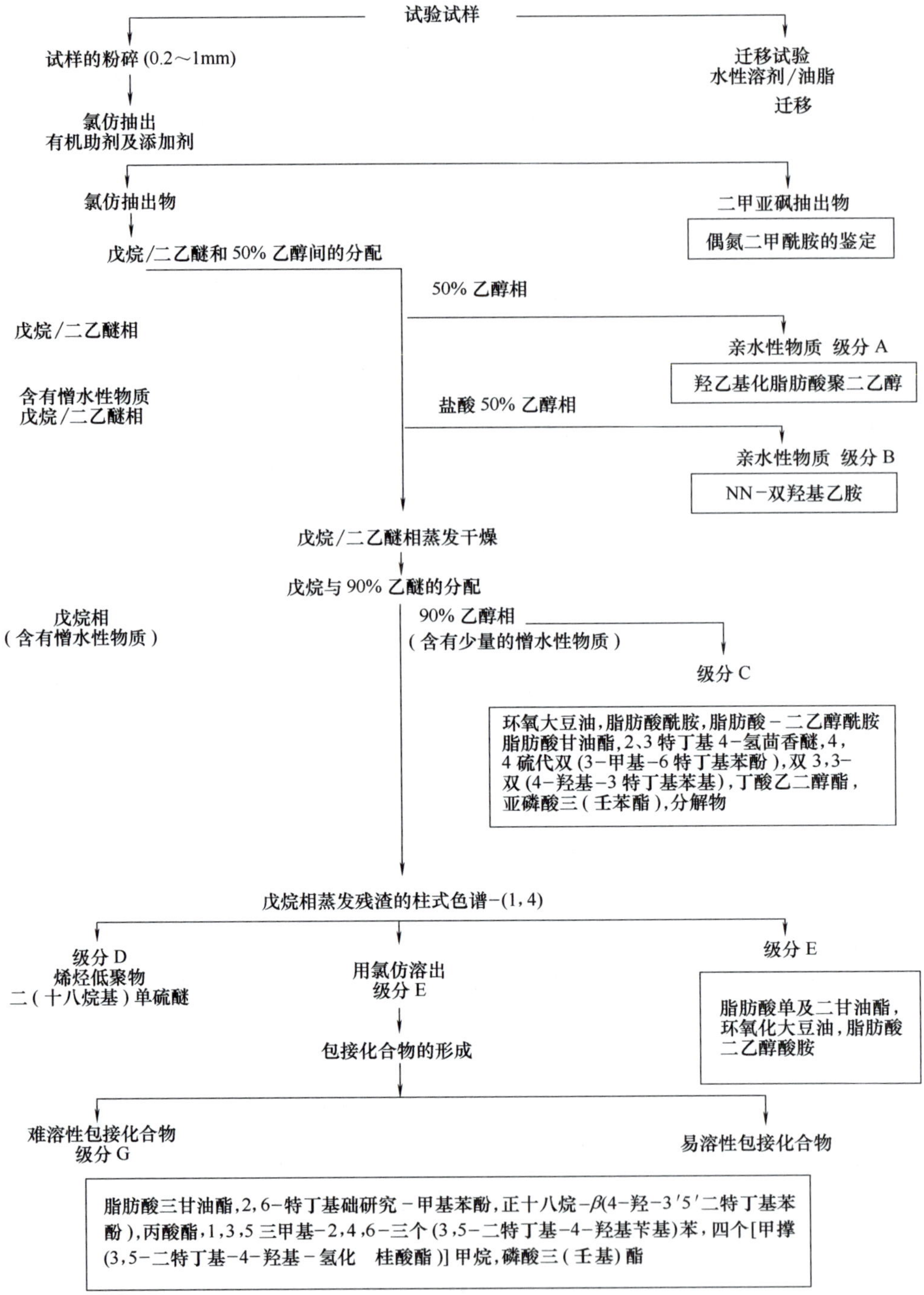


图 10-13 PE 分析流程图

## 项目总结

密度和相对密度是塑料的基本物理常数，常用于塑料的分类、命名和产品鉴别，是塑料加工设备和模具设计的重要依据。塑料密度的测试方法有浸渍法、液体比重瓶法和滴定法等，非

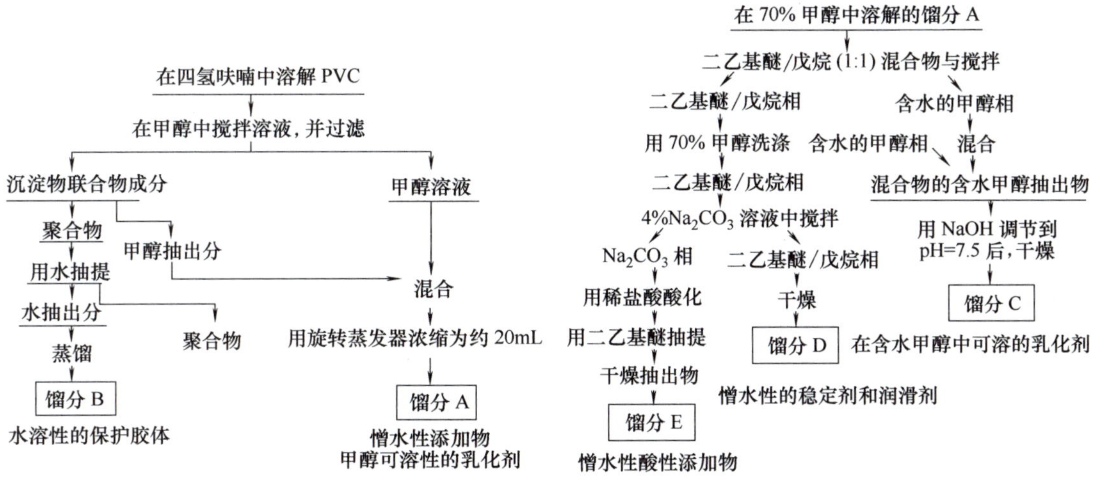


图 10-14 PVC 分析流程

泡沫塑料密度测试可按 GB/T 1033. 1—2010 标准进行。

塑料对光线的吸收、散射与材料本身的结构、表面特征和所含其他物质相关。透光性是指材料透过光线的能力，通常用透光率或雾度（浑浊度）来表征，一般采用雾度计和分光光度计进行测试，可按 GB/T 2410—2008 标准方法进行。

透气性能常用气体透过系数和气体透过量来表征。塑料对气体的阻隔性能与聚合物的分子组成、交联、结晶度、晶粒大小及加工过程等有关，同时也因透过气体的种类、气体的压力（浓度）以及温度等因素的影响。塑料透气性测试标准方法有： GB/T 1038—2000 塑料薄膜和薄片气体透过性试验方法（压差法）和 GB/T 19789—2005 塑料薄膜和薄片氧气透过性试验（库仑计检测法）；透湿性测试方法有： GB/T 1037—1988 塑料薄膜和片材透水蒸气性试验方法（杯式法）和 GB/T 21529—2008 塑料薄膜和薄片水蒸气透过率的测定（电解传感器法）。

非发泡塑料的吸水性测试可以参照 GB/T 1034—2008 塑料吸水性的测定。将试样浸入保持一定温度（通常温度为 23℃）的蒸馏水中经过一定时间后（24h）或浸泡到沸水中一定时间（30min）后，测定浸水后或再干燥除水后试样质量的变化，求出吸水量。通常以试样原质量与试样失水后的质量之差与原质量之比的百分比来表示；也可以用单位面积的试样吸收水分的量表示；还以直接用吸收的水分量来表示其吸收水分的能力。

卫生性能是塑料的重要的性能之一。凡各类食品、药品等塑料包装材料，其卫生性能指标必须要满足标准的规定。测试塑料的卫生性能一般采用模拟性实验方法，将样品浸泡在与其接触的模拟物的试液中，在一定的试验条件，浸泡一定的时间后，对浸泡液进行分析测定。测定指标主要有高锰酸钾消耗量、重金属、氯乙烯等含卤化合物含量，蒸发残渣等，在产品标准都有严格的指标规定和分析测试方法。

## 思考题

（1）为什么测试复合膜等试样的透湿量要测正、反两面？其测试结果是否会相同？

（2）试样厚度是否会影响透湿系数和透湿量的测试结果？

（3）从薄膜材质分析，影响透湿系数的因素有哪些？

（4）透湿性实验过程中哪些操作因素会影响实验测定结果？

（5）高分子材料中的水分是如何产生的？如何减少高分子材料中的含水量？

（6）同种高分子材料，牌号不同，其密度有无差别？为什么？

（7）试样的几何尺寸对雾度测定有何影响？制样方法呢？

（8）试样厚度对透光率值有无影响，为什么？

（9）测定塑料吸水性和含水量的方法？

项目11

# 塑料制品质量检验

## 学习目标

塑料被广泛用于农业、工业、建筑、包装、国防、交通等各个领域，保证和提高塑料制品的质量，不论对企业，还是消费者都显得十分重要。塑料产品的质量检验是借助某种手段或方法来测定塑料产品的一个或多个质量特性，然后把测得的结果同规定的产品质量标准进行比较，从而对塑料制品做出合格或不合格判断的活动。通过本项目的学习，掌握塑料制品质量检验的方法与步骤，理解产品质量检验的基本概念，了解抽样检验的知识内容。学习的具体目标见表11-1。

表11-1　　项目学习目标

| 序号 | 类别 | 目　标 |
|---|---|---|
| 1 | 知识 | ①塑料制品的生产与质量控制等知识<br>②质量检验的概念、检验计划等相关知识<br>③常见塑料产品检验内容与方法、检验标准<br>④塑料产品检验的抽样方法 |
| 2 | 技能 | ①能完成塑料产品标准及相关文献的检索与阅读<br>②能按产品质量标准，制定质量检验方案<br>③能完成塑料制品检验的抽样及常规性能检验<br>④会评判检验产品的质量，并给出产品检验报告 |
| 3 | 职业素质 | ①团队合作与沟通能力<br>②自主学习、分析与解决问题的能力<br>③安全生产、质量与环境保护意识<br>④客观公正，严谨认真的职业道德 |

## 工作任务

塑料制品品种多、数量大，用途也广，因此，对各种塑料制品的质量要求各不一样。这些不同的质量要求在有关塑料制品的质量标准中都有明确规定，它是质量检验与评定的依据，一般包括产品的外观、尺寸规格、理化性能等技术指标。本项目主要工作任务掌握塑料薄膜、管材、容器和注塑制品的外观、尺寸和一般性能检验，见表11-2。

表 11-2 学习工作任务

| 序号 | 任务名称 | 要 求 |
| --- | --- | --- |
| 1 | 聚乙烯(PE)塑料薄膜的质量检验 | ①检索和阅读标准:GB/T 4456—2008<br>②熟悉 PE 塑料薄膜生产与质量检验程序<br>③制定检验方案,确定检测项目、检验仪器、方法标准等<br>④按检测项目完成取样与制样工作<br>⑤了解使用仪器的结构与原理,熟悉仪器的操作<br>⑥完成出厂检验和雾度、透光率、水蒸气透过系数等性能检验 |
| 2 | 聚氯乙烯(PVC)塑料管材的质量检验 | ①检索和阅读标准:GB/T 10002.1—2006<br>②熟悉企业塑料管材的生产与质量控制措施<br>③制定检验方案,确定检测项目、测量仪器、方法标准<br>④按检测项目完成取样与制样<br>⑤了解仪器的结构与原理,熟悉仪器操作规程<br>⑥完成标准规定的出厂检验项目 |
| 3 | PE 塑料容器的质量检验(可选) | ①检索和阅读标准:GB/T 13508—2011 和 GB/T 23887—2009<br>②熟悉塑料容器生产工艺与食品包装容器生产规范<br>③制定检验方案,确定检测项目、方法标准<br>④按检测项目完成取样与制样<br>⑤仪器准备与校准,熟悉仪器操作<br>⑥完成出厂检验和跌落试验 |
| 4 | 注塑制件的检验 | ①检索和阅读注塑件的质量检验标准<br>②熟悉注塑制品生产工艺、设备与模具<br>③熟悉注塑制品的质量检验程序与方法,制定检验方案<br>④按检测项目完成取样与制样<br>⑤完成出制品的外观与规格检验 |
| 5 | 总结与提高 | ①根据检验结果,判定产品等级(合格与否)<br>②讨论、分析检验结果,撰写检验报告,提出整改措施<br>③根据实习企业的生产状况,试着为企业编制产品标准 |

## 11.1 质量检验基本常识

质量检验是借助于某种手段和方法，对产品和质量特性进行测定，并将测得的结果同规定的产品质量标准进行比较，从而判断其合格或不合格。不合格的产品进行适当处理，如返工、拒收等。不合格的产品进行适当处理，如返工、拒收等。

由于产品的形成过程是一个复杂的过程，产品的质量受人员、机器、材料、方法、环境等主客观因素的影响，造成产品质量发生波动是必然的。因此，在生产过程的各个环节和各道工序，都需要进行质量检验。

### 11.1.1 质量检验方法

塑料产品的质量检验，主要运用如感官检验、化学检验、仪器分析、物理测试等检验手段，从而判断其是否符合标准或贸易合同的规定。选择合适的检验方法，可以获得真实的产品质量，缩短检验周期，节约费用。检验方法有多种分类，如按检验内容分为品质检验、规格检验、数量检验、包装检验和涉及安全卫生项目的检验；按被检验产品数量上分为全数检验和抽样检验两种；根据实施检验的人员职责分为自检、互检和专职检验。

（1）按检验内容分类

① 品质检验。影响产品品质的因素主要分为内在质量和外观质量两方面。因此，品质检验大体上也可以划分为内在质量检验和外观质量检验两方面。内在质量检验指借助仪器设备对产品力学性能的测定和化学性质的分析。如塑料的力学性能（拉伸强度、弯曲强度、冲击强度、硬度）、耐热性能、耐候性、电绝缘性、耐老化性、耐化学药品性、尺寸稳定性、抗蠕变性、吸水性、耐磨性、卫生性能等性能的检验。外观质量检验大多采用官能检验法，如塑料包装薄膜的表面质量（杂质、疵点，色泽）等检验。由于官能检验带有较多的人为影响因素，所以有一些外观质量检验项目需用仪器检验替代了人的官能检验，如光度仪、显微镜、白度仪等。随着科学技术的迅猛发展，产品检验的方法和手段也不断增多，涉及的范围也更加广泛。比如，对于一些价值较高的单件产品，为不损坏其完整性和改变其性质时，可以采用无损检验技术，借助超声波、光、电等测量手段，对塑料品内部缺陷和非均匀区进行检测。

② 规格检验。产品的规格一般是指按各类制品的外形、尺寸（如塑料管材的公称直径、壁厚、长度）等属性划分的类别。塑料品的规格及其检验方法在有关的塑料产品标准中都有明确的规定，生产企业应按规定的规格要求组织生产，检验部门则根据规定的检验方法和要求对塑料产品规格做全面检查，以确定其是否符合有关标准的规定。

③ 数量检验。各种不同类型产品的计量方法和计量单位是不同的，有些是按长度计量，有些是按质量计量，也有是按数量计量。若按质量计量，则应考虑到包装材料质量和水分等其他物质对质量的影响。质量主要有毛重和净重两种计量表述。毛重是指产品本身质量加上包装质量；净重是产品本身质量，即除去包装物质量后的实际质量。

④ 包装检验。包装检验是根据贸易合同、标准或其他有关规定，对各类产品的外包装、内包装以及包装标志进行检验。产品包装既要保证质量、数量完好无损，又要使用户和消费者便于识别。产品包装检验的主要内容是核对商品标记、运输包装（俗称大包装或外包装）和销售包装（俗称小包装或内包装）是否符合贸易合同、标准以及其他有关规定。

（2）按被检验产品的数量分类

① 全数检验。全数检验是对所有产品逐个进行检验，也称为 100%检验。全数检验能提供较完整的检验数据，获得较全面的质量信息，检验结果一般比较可靠。但全数检验也存在工作量大，检验周期期长，检验成本高，占用较多的检验人员和设备等缺点。

全数检验一般用于下述情况： a）检验方便、检验费用较低，或对质量影响较大的质量特性实行全数检验； b）存在质量问题、质量不够稳定的零部件、产品或过程； c）采用抽样检验时，对于不合格的批产品，可采用全数检验进行重检和筛选。

对破坏性的检验项目，如产品寿命试验、材料疲劳试验、零件强度检测等不适用。

② 抽样检验。抽样检验是按照规定的抽样方案，随机地在一批产品中抽取少量个体进行检验，并以抽样检验的结果来推断总体的质量。抽样检验存在两类风险：一是将合格批误判为

不合格批，称为“生产方风险”；二是把不合格批误判为合格批的错误，也叫“使用方风险”。为使判断错误的概率控制在合理范围内，抽样检验时，需要事先制定能够使样本较好地反映总体的状况抽样方案。

在塑料品的检验中，产品内在质量检验大多采用抽样检验方式；而对那些单件价值很高的塑料件，即便出现一个废品也会带来很大的损失时，才采用全数检验。或者在抽样检验中，发现不合格的塑件比较多，或整批塑件均不合格时，则需对后续产品进行全数检验。

（3）按检验人员分类

根据实施检验的人员职责分为自检、互检和专职检验。自检、互检、专检是全员参与质量管理的一种基本形式，通称为三检制。

① 自检。由操作者在生产过程中，对自己生产的产品根据质量规范进行的自我检验、实现自我把关活动。通过自检，可以让操作者充分了解自己生产产品的质量，从而发现问题和解决问题。因此，自检是员工参与质量管理的重要形式之一，它能充分调动操作者的积极性和能动性，不断改进产品质量。

② 互检。操作者之间对生产的产品进行相互质量检验方式。互检一般由生产班、组长参加检验，也可以由操作者之间进行检验。互检的主要形式有：下道工序对上通工序流转过来的产品检验；同一工作地交接班时的相互检验；班组长对班组成员所生产产品的检验。互检是对自检的补充，有利于员工之间产生良好的协助关系。

③ 专职检验。由专职的检验人员负责对产品进行质量检验。专职检验人员对产品的技术要求和工艺知识比较精通，掌握检验仪器和工具，能够比较好地完成检验职能。同时，专职检验人员和受检对象无直接的利害关系，所以专检的结果一般比较公正，客观，能够比较好地防止自检和互检的漏洞，是质量检验的主体。

另外，按生产工艺流程的不同阶段，还可以分为入厂检验、工序检验和成品检验等。

### 11.1.2 抽样检验

塑料品的检验，实际上只能限于全部产品中的极小一部分。一般情况下，被测对象的总体总是比较大的，且大多数是破坏性的，不可能对它的全部进行检验。通常都是从被测对象总体中抽取子样进行检验。子样检验的结果能在多大程度上代表被测对象总体的特征，取决于子样试样量的大小和抽样方法。在塑料产品检验中常采用《GB/T 2828.1—2012 计数抽样检验程序 第 1 部分：按接收质量限（AQL）检索的逐批检验抽样计划》和《GB/T 2828.2—2008 计数抽样检验程序 第 2 部分：按极限质量 LQ 检索的孤立批检验抽样方案》的标准。

（1）基本概念

① 批量（lot size）。指每批中产品的数量。批是由同型号、同等级、同类、同尺寸和同成分，在基本相同的时段和一致的条件下制造的产品组成。

GB 2828 将批量分为 15 档。1~8 为第一档，9~15 为第二档，16~25 为第三档……一直到≥500 001 为第 15 档为止。

② 样本（sample）。指取自一个批并且提供有关该批的信息的一个或一组产品。样本中产品的数量成为样本量（samplesize）是以 $n$ 表示。

③ 接收质量限（acceptance quality limit，AQL）。指当一个连续系列批被提交验收抽样时，可允许的最差过程平均质量水平。

在 GB/T 2828 中接收质量限 AQL 被作为一个检索工具，与样本量字码用于检索所需要的抽样方案和抽样计划。当为某个不合格或一组不合格指定一个规定的 AQL 值时，它表明如果质量水平（不合格品百分数或每百单位产品不合格数）不大于指定的 AQL，抽样计划会接收绝大多数的提交批。在标准中把 AQL 从 0.010 至 1000 按 $R_e$ 优先数系分为 26 级，其公比大约为 1.5，见 GB 2828.1 中抽样方案表。

④ 检验水平。检验水平标志着检验量。 GB/T 2828.1 给出了 Ⅰ、Ⅱ和Ⅲ等 3 个检验水平和 4 个特殊检验水平 S-1、 S-2、 S-3 和 S-4。

一般使用Ⅱ水平。当要求鉴别力较低时可使用Ⅰ水平；当要求鉴别力较高时使用Ⅲ水平。当用于样本量必须相对地小而且能容许较大抽样风险的情形，如破坏性检查，寿命试验，产品的单价又较昂贵时可使用特殊检验水平。

⑤ 抽样方案。抽样方案指所使用的样本量和有关批接收准则的组合。依据它去决定如何抽样（一次抽或分几次抽、抽多少），并根据抽出产品检验的结果决定接收或拒收该批产品。

抽样方案的表达式为：($n$；$A_c$，$R_e$)，其中的 $n$ 表示样本量。 $A_c$ 表示接收数，$R_e$ 表示拒收数，$d$ 为不合格数。当 $A_c$、$R_e$、$d$ 的单位与 AQL 保持一致，即当规定的 AQL 是不合格品百分数时，$A_c$、$R_e$ 是指不合格品数，同时应统计样本中的不合格品数 $d$，并与 $A_c$、$R_e$ 比较。

GB/T 2828.1 给出了一次、二次和多次的抽样方案类型。

一次抽样方案如图 11-1 所示。由样本大小 $n$ 和判定数组（$A_c$、$R_e$）结合在一起组成的抽样方案。若 $d \leqslant A_c$，则接收此批；若 $d \geqslant R_e$，则拒收此批。其中 $d$ 是样本中的不合格品数。

二次抽样方案如图 11-2 所示。从交验批抽取两个样本 $n_1$， $n_2$（GB 2828 中规定 $n_1 = n_2$）对应也有两个合格判定数 $c_1$和 $c_2$，不合格判定数为 $\gamma_1$，$\gamma_2$，两次样本中不合格数分别为 $d_1$和 $d_2$，其抽检和判断过程如下：

a）先抽取第一个样本 $n_1$，检验后如不合格品数是 $d_1 \leqslant c_1$，判为合格；如 $d_1 \geqslant \gamma_1$，判为不合格。当 $c_1 \leqslant d_1 \leqslant \gamma_1$，则需由第二个样本来判定。

b） $n_2$ 中的不合格品数 $d_2$，由 $d_2$ 和 $d_1$ 加在一起与 $c_2$ 的 $\gamma_2$ 进行比较，如 $d_1+d_2 \leqslant c_2$，判为合格；当 $d_1+d_2 \geqslant \gamma_2$判为不合格。

多次抽样方案与二次抽样方案相似，但抽检次数多，合格判定数和不合格判定数也多。

⑥ 转移得分规则。如图 11-3 所示，在产品质量正常的情况下，采用正常抽样方案进行检验，而当产品质量变坏或生产不稳定时，则换用一个严一些的抽样方案，以使存伪错误的概率小些；而当产品质量比所要求质量好且稳定时，则可换用一个宽些的抽样方案，使抽检样品数量减少，又可以节约检验的费用。

正常检验（normal inspection）。当过程平均优于接收质量限时，采用的一种抽样方案，此时抽样方案具有为保证生产方以高概率接收而设计的接收准则。

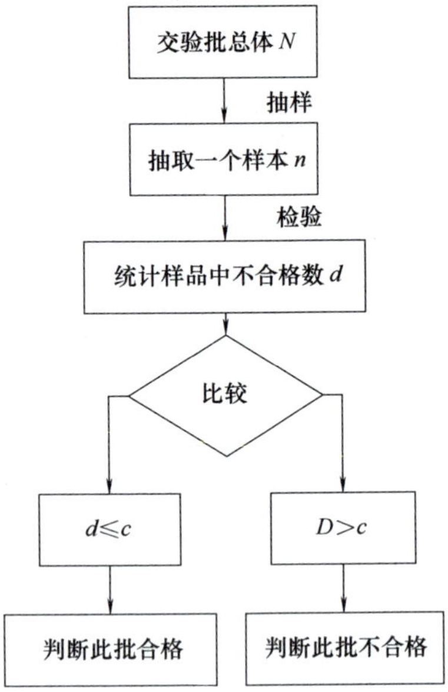


图 11-1　一次抽样方案

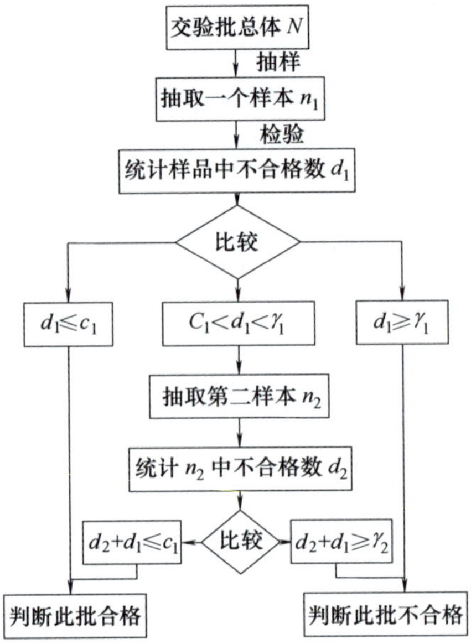


图 11-2　二次抽样方案

加严检验（tightened inspection）。具有比相应正常检验抽样方案接收准则更严厉的接收准则的抽样方案的一种使用法。

放宽检验（reduced inspection）。具有样本量比相应正常检验抽样方案小，接收准则和正常检验抽样方案的接收准则相差不大的抽样方案的一种使用法。放宽检验的鉴别能力小于正常检验。

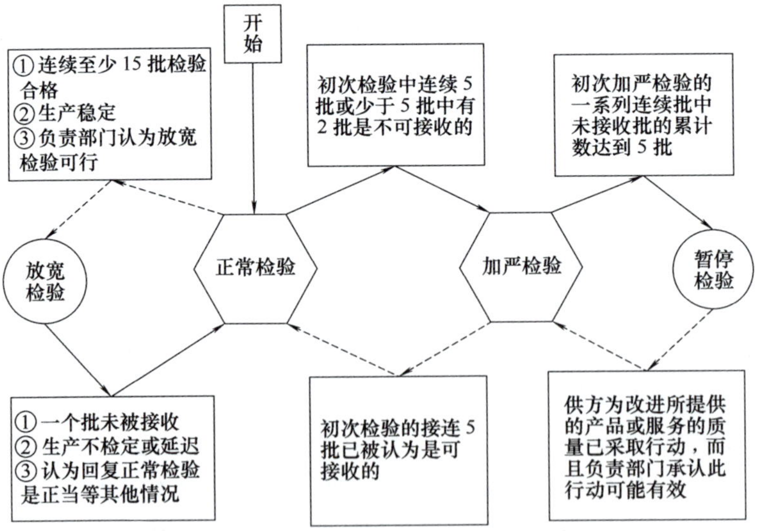


图 11-3　转移得分规则

（2）抽样方案

GB/T 2828.1 是一个按批量范围、检验水平和 AQL 检索的计数抽样检验系统，只要满足系统规定范围的抽样计划，都可以采用接收质量限（AQL）来检索抽样方案。具体步骤如下：

① 估计过程平均。过程平均是过程处于统计控制状态期间的质量水平（不合格品百分数或每百单位产品不合格数），按式（11-1）计算。

$$p = 100 \times \sum_{1}^{m} d_i / \sum_{1}^{m} n_i \tag{11-1}$$

式中：$P$——过程平均不合格率；

$d_i$——第 $i$ 批样本中发生的不合格品数（或不合格数）；

$n_i$——第 $i$ 批抽取的样本量（$i=1$，2，……$m$）；

$m$——批数。

一般取 $m=10\sim20$ 或更大一些，$m$ 越大，估计值越精确。如果只需了解最近一个时期的生产状况，可取 $m=5$。

② 确定接收质量限。接收质量限 AQL 值是质量目标，AQL 值因不同产品或不同的用户要求而确定。当 AQL 较小时，相应的抽样方案的样本量就大，导致检验费用高，成本就高。因此，在产品技术标准或订货合同中，应由收货方与供货方协商确定接收质量限 AQL 值。

③ 确定检验水平。检验水平反映了批量（$N$）和样本量（$n$）之间的关系，一般正常检验均采用水平Ⅱ平。当需要的判别力比较低时，可规定使用一般检验水平Ⅰ，当需要的判别率比较高时，可规定使用一般检验水平Ⅲ。

检验水平选择应兼顾到样本量和判断精度（质量保证程度）这两个方面。特别注意的是在正常、加严和放宽检验间进行转移时，已规定的检验水平应保持不变。

④ 确定检验严格程度。当产品批初次被送入检验时，无特殊规定，一般使用正常检验抽样方案。在使用正常检验抽样方案时，如果发现被检验产品的批质量一致地劣于合格的质量水平，大部分的批将被拒绝，极小部分批将被接受的情况下，就应采用加严检验抽样方案；当被检验的产品批的质量一致地优于接收质量限，可以采用放宽检验方案。

注意：对连续批的检验不允许仅使用正常抽样方案，要使用系列抽样方案（包括转移规则）或称为抽样计划。

⑤ 检索抽样方案。根据接收质量限和检验水平，从表 11-3 中找到样本量字码。在抽样方案表（见 GB/T 2828.1）中由该字码所在行向右，在样本量栏内读出样本量 $n$，再以样本量字码所在行和指定的接收质量限所在列相交处，读出接收数 $A_c$ 和拒收效 $R_e$。若在相交处是箭头，则沿着箭头方向读出箭头所指的第一个接收数 $A_c$ 和拒收数 $R_e$，然后由此接收数和拒收数所在行向左，在样本量栏内读出相应的样本量 $n$。

**表 11-3　样本量字码**

| 批量 | 特殊检验水平 | | | | 一般检验水平 | | |
|---|---|---|---|---|---|---|---|
| | S-1 | S-2 | S-3 | S-4 | Ⅰ | Ⅱ | Ⅲ |
| 2~8 | A | A | A | A | A | A | B |
| 9~15 | A | A | A | A | A | B | C |
| 16~25 | A | A | B | B | B | C | D |
| 26~50 | A | B | B | C | C | D | E |

续表

| 批量 | 特殊检验水平 | | | | 一般检验水平 | | |
|---|---|---|---|---|---|---|---|
| | S-1 | S-2 | S-3 | S-4 | Ⅰ | Ⅱ | Ⅲ |
| 51～90 | B | B | C | C | C | E | F |
| 91～150 | B | B | C | D | D | F | G |
| 151～280 | B | C | D | E | E | G | H |
| 281～500 | B | C | D | E | F | H | J |
| 501～1200 | C | C | E | F | G | J | K |
| 1201～3200 | C | D | E | G | H | K | L |
| 3201～10000 | C | D | F | G | J | L | M |
| 10001～35000 | C | D | F | H | K | M | N |
| 35001～150000 | D | E | G | J | L | N | P |
| 150001～500000 | D | E | G | J | M | P | Q |
| 500001 及其以上 | D | E | H | K | N | Q | R |

## 案例

某塑料容器厂的 PP 瓶的出厂检验采用 GB/T 2828.1 标准，已知 $N$ =500，AQL =0.10，IL =Ⅱ，正常检验一次抽样方案检索如下：由 $N$ =500，IL =Ⅱ，查表 11-3 得样本量字码为 H；根据样本量字码为 H，接收质量限 AQL =0.10，在 GB/T 2828.1 标准中正常检验一次抽样方案表查找抽样方案：由样本量字码 H 所在行向右，与 AQL =0.10 所在列的相交处查到“⇩”。这表明，应使用箭头下面所指的第一个抽样方案 N（125；0，1），即 $n$ =125，$A_c$ =0，$R_e$ =1。

### 11.1.3 质量检验指导书

质量检验指导书是产品形成过程中，用以指导检验人员规范、正确地实施产品和过程完成的检查、测量、试验的技术文件，又称检验规程或检验工艺卡。在指导书上应确定检验对象、检验方法和手段、检验标准、检验记录和检验报告等内容。根据质量形成的不同阶段，可分原材料入厂检验指导书，加工检验指导书，装配和成品检验指导书等。对产品的关键和重要的零部件都应编制检验指导书。例如，某空调塑料件的质量指导书见表 11-4。

表 11-4 检验指导书示例

| 产品名称 | | 台板 | 产品编号 | 2021.01.05 | 文件编号 | | GDSU-2030158 | |
|---|---|---|---|---|---|---|---|---|
| 工序名称 | | 制造部 QC | | | 客户名称 | GDQY | 版次 | 2021.1 |
| 部门 | 制造 QC | 编制日期 | 2021-4-8 | 批准 | | 审核 | 编制 | |
| 序号 | 检查项目 | 判断标准 | | | 检查方法 | 频度 | 工具 | 备注 |
| A | 标签状态 | ①产品编号与施工单编号一致；<br>②包装数量与实际装箱数一致；<br>③生产日期与实际生产日期一致 | | | 目视 | 1/2H | | |

续表

| 序号 | 检查项目 | 判断标准 | 检查方法 | 频度 | 工具 | 备注 |
|---|---|---|---|---|---|---|
| B | 包装状态 | ①包装箱完整、完好、无破损；<br>②包装材料；<br>③包装方法：如图所示；<br>④数量：4 件/箱 | 目视 | 1/2H | | 见图 1 |
| C | 外观 | 产品完整、无异样、符合塑料成型件出货检查标准要求（对照生产样板） | 目视 | 1/2H | | 见图 2 |
| | 色调 | H6C（对生产样板） | 目测 | 1/2H | | |
| D | 外形幅 | $616^{+1}_{-0}$mm | 游标卡尺 | 1/2H | 量最小位置 | 见图 3 |
| E | 外形右奥行 | (495.8±0.5)mm | 游标卡尺 | 1/2H | | 见图 3 |
| F | 外形左奥行 | (495.8±0.5)mm | 游标卡尺 | 1/2H | | 见图 3 |
| G | 质量 | (2530±30)g | 电子秤 | 1/2H | | |

图1

图2

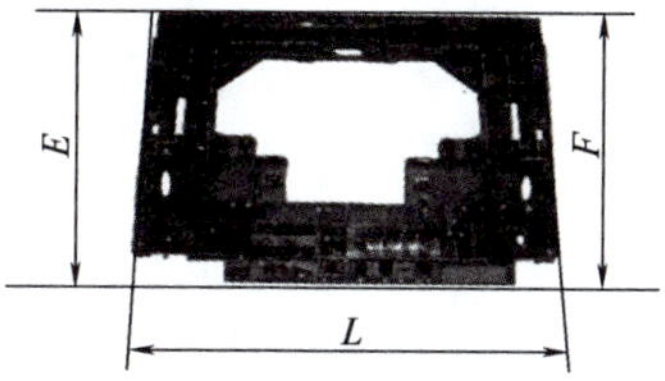

图3

## 任务实施

（1）查阅并理解 GB/T 2828.1 标准内容。

（2）参观塑料制品生产企业，了解塑料产品抽样方法和检验程序。

# 11.2 塑料薄膜的质量检验

塑料薄膜主要用于产品的内外包装、农业生产、电气绝缘零件等场合，品种有 PE 薄膜、聚丙烯（PP）薄膜、PVC 薄膜、聚酯（PET）薄膜、聚酰胺（PA）薄膜等。成型方法包括压延法、挤出吹塑成型、挤出流涎法、溶液流涎法、双向拉伸成型等。塑料薄膜质量与成型方法、原料、工艺条件和设备等有很大关系。

塑料薄膜的质量检验一般按其产品标准规定进行，主要包括外观、规格尺寸、力学性能、卫生性能等指标的检验。常用的一些塑料薄膜的标准如下：

《GB/T 4456 —2008 包装用聚乙烯吹塑薄膜》；

《GB/T 10003—2008 普通用途双向拉伸聚丙烯（BOPP）薄膜》；

《GB/T 16958—2008 包装用双向拉伸聚酯薄膜》；

《GB/T 17030—2008 食品包装用聚偏二氯乙烯（PVDC）片状肠衣膜》；

《GB/T 20218—2006 双向拉伸聚酰胺（尼龙）薄膜》；

《GB/T 20202—2019 农业用乙烯-乙酸乙烯酯共聚物（EVA）吹塑棚膜》；

《GB/T 4455 —2019 农业用聚乙烯吹塑棚膜》；

《GB 13735—2017 聚乙烯吹塑农用地面覆盖薄膜》；

《GB/T 10457—2009 聚乙烯自粘保鲜膜》；……等。

（1）薄膜的外观检验

塑料薄膜外观表面应当平整，无明显的凹凸不平、黑点、杂质、晶点和僵块；没有条纹、斑痕、暴筋等弊病；无皱折、气泡、针孔及破裂；表面应清洁干净，无灰尘、油污等现象。

外观检查常用目视方法，在自然光下观察。检查时，除了注意材料的表面有没有气泡、穿孔、破裂、暴筋等问题外，还要针对不同材料在生产过程中可能遇到的问题进行特别的检查。如双向拉伸聚丙烯（BOPP）薄膜，在生产过程中有可能遇到双向拉伸不均匀而导致其边沿出现波纹。对这些缺陷的检查最好有两个人，一起拉住材料的两端将它展开，就很容易地看出是否存在对应的缺陷。又如镀铝层薄膜，在加工生产过程中可能碰到刮伤表面的问题。检查时，由于材料表面的反光作用，较难注意到。对这类材料的检查，可以将镀铝层朝内，对着自然光，让光线透过材料的表面，这时就能看到表面有没有被刮伤了。

（2）尺寸偏差检验

塑料薄膜的宽度、厚度及其偏差应当符合标准规定，要求厚薄均匀，横、纵向的厚度偏差小，且偏差分布均匀。尺寸规格的检验通常使用厚度计、螺旋测微尺、游标卡尺、钢板尺，卷尺等测量工具。

测量塑料薄膜的长度和宽度按 GB/T 6673—2001 标准进行；厚度按 GB/T 6672—2001 标准或 GB/T 20220—2006（称量法）进行。测试时，试样表面应无油污、灰尘等污染，无折皱和其他缺陷。试样应在（23±2）℃条件下调节至少 1h，对于湿敏薄膜，如 PA 薄膜，状态调节时间和环境条件按被测试材料的规定或由共需双方进行商定。对于试样长度≤300mm 时，测量 10 点；试样长度在 300~1500mm 之间时，测量 20 点；试样长度≥1500mm 时，测量 30 点；对于未裁边的样品，应在距边 50mm 开始测量。

塑料薄膜的外观和尺寸偏差检验，以批为单位，按 GB/T 2828. 1—2003 规定的两次正常抽样方案，采用一般检查水平Ⅱ，接收质量限（AQL）为 6. 5 检验。

（3）理化性能检验

理化性能指标反映塑料制品的内在质量，说明制品的耐用程度及适用范围，它包括力学性能和化学性能指标。这些性能检验方法应参照有关标准进行，一般采用抽样方式，在成品膜上按规定裁取试样。其中拉伸强度、断裂伸长率、透气、透光性和雾度、电性能、耐热性能和耐老化性能等已在本书前面章节中介绍，在此不再重复。

## 任务实施

（1）查阅并理解 GB/T 4456—2008，制定 PE 塑料包装薄膜的质量检验方案。

（2）参观塑料薄膜生产企业，了解薄膜检验的抽样方法。并根据检测项目进行制样和对试样进行预处理。

（3）准备测试仪器、工具。熟悉所用仪器的使用方法。

（4）按产品标准规定，完成聚乙烯塑料薄膜的外观、尺寸和一般性能（透湿性、透光率与雾度）的项目检验。

（5）记录、分析和处理检验结果，对照产品质量标准，判定检验薄膜是否合格，并完成检验报告，提出合理化建议。

# 11.3　塑料管材的质量检验

塑料管材具有质量轻、耐腐蚀、水流阻力小、安装施工方便、维护能耗低的优点，广泛用自来水管、排污管、农业灌溉用管、化工管道、通讯管道、煤气管道等。塑料管材的性能与其成型工艺、原料和设备有关。常见的管材有 PVC-U 管，PE 管、PB 管、PEX 管、PP-C 管、PP-R 管以及金属—塑料复合管。塑料管材主要采用挤出成型方法生产，如图 11-4 所示。塑料原料通过挤出机熔融塑化，经过模头、定型套、冷却、牵引等设备和工序，得到具有一定规格的管材。

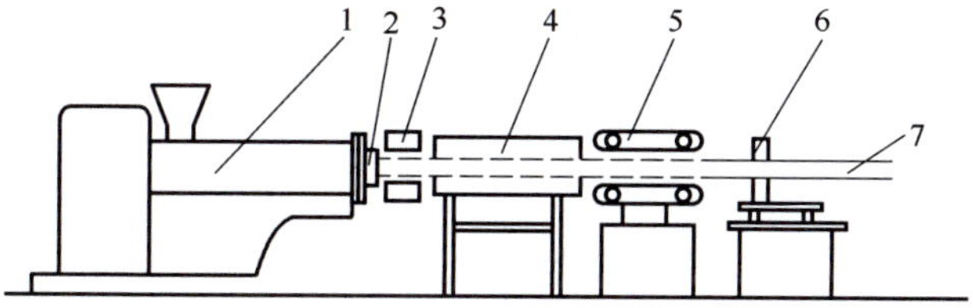


图 11-4　塑料管材（型材）工艺流程示意图

1—挤出机　2—机头　3—定型装置　4—冷却水槽
5—牵引装置　6—切割装置　7—塑料管材（型材）

用途不同的管材生产所用的原料，加工工艺都有不同，产品的质量标准各有差异，下面是一些常用管材的产品标准。

《GB/T 18742. 2—2017 冷热水用聚丙烯管道系统　第 2 部分：管材》；

《GB/T 4219. 1—2008 工业用硬聚氯乙烯（PVC-U）管道系统　第 1 部分：管材》；

《GB/T 5836. 1—2018 建筑排水用硬聚氯乙烯（PVC-U）管材》；

《GB/T 10002. 1—2006 给水用硬聚氯乙烯（PVC-U）管材》；

《GB/T 13664 —2006 低压输水灌溉用硬聚氯乙烯（PVC-U）管材》；

《GB/T 16800—2008 排水用芯层发泡硬聚氯乙烯（PVC-U）管材》；

《GB/T 18477. 1—2007 埋地排水用硬聚氯乙烯（PVC-U）结构壁管道系统　第 1 部分：双壁波纹管材》；

《GB/T 20221—2006 无压埋地排污、排水用硬聚氯乙烯（PVC-U）管材》；

《GB/T 18992. 2—2003 冷热水用交联聚乙烯（PE-X）管道系统　第 2 部分：管材》；

《GB/T 19472.1—2019 埋地用聚乙烯（PE）结构壁管道系统　第1部分：聚乙烯双壁波纹管材》；

《GB/T 19472.2—2017 埋地用聚乙烯（PE）结构壁管道系统　第2部分：聚乙烯缠绕结构壁管材》；

《GB/T 19473.2—2004 冷热水用聚丁烯（PB）管道系统　第2部分：管材》；

《GB/T 18993.2—2003 冷热水用氯化聚氯乙烯（PVC-C）管道系统　第2部分：管材》；

《GB/T 20207.1—2006 丙烯腈-丁二烯-苯乙烯（ABS）压力管道系统　第1部分：管材》；……。

管材的质量检验方法应按其产品标准规定进行。现以《GB/T 10002.1—2006 给水用硬聚氯乙烯（PVC-U）管材》为例进行介绍。

（1）产品规格检测

塑料管材一般按公称压力和规格尺寸进行分类，如 PVC-U 管材的公称压力与规格尺寸见表 11-5。

表 11-5　公称压力等级和规格尺寸

| 公称外径 $d_n$/mm | 公称壁厚 $\delta_n$/mm | | | | | | |
|---|---|---|---|---|---|---|---|
| | PN0.63 | PN0.8 | PN1.0 | PN1.25 | PN1.6 | PN2.0 | PN2.5 |
| 20 | — | — | — | — | — | 2.0 | 2.3 |
| 25 | — | — | — | — | 2.0 | 2.3 | 2.8 |
| 32 | — | — | — | 2.0 | 2.4 | 2.9 | 3.6 |
| 40 | — | — | 2.0 | 2.4 | 3.0 | 3.7 | 4.5 |
| 50 | — | 2.0 | 2.4 | 3.0 | 3.7 | 4.6 | 5.6 |
| 63 | 2.0 | 2.5 | 3.0 | 3.8 | 4.7 | 5.8 | 7.1 |
| 75 | 2.3 | 2.9 | 3.6 | 4.5 | 5.6 | 6.9 | 8.4 |
| 90 | 2.8 | 3.5 | 4.3 | 5.4 | 6.7 | 8.2 | 10.1 |
| 110 | 2.7 | 3.4 | 4.2 | 5.3 | 6.6 | 8.1 | 10.0 |
| 125 | 3.1 | 3.9 | 4.8 | 6.0 | 7.4 | 9.2 | 11.4 |
| 140 | 3.5 | 4.3 | 5.4 | 6.7 | 8.3 | 10.3 | 12.7 |
| 160 | 4.0 | 4.9 | 6.2 | 7.7 | 9.5 | 11.8 | 14.6 |
| 180 | 4.4 | 5.5 | 6.9 | 8.6 | 10.7 | 13.3 | 16.4 |
| 200 | 4.9 | 6.2 | 7.7 | 9.6 | 11.9 | 14.7 | 18.2 |
| 225 | 5.5 | 6.9 | 8.6 | 10.8 | 13.4 | 16.6 | — |
| 250 | 6.2 | 7.7 | 9.6 | 11.9 | 14.8 | 18.4 | — |
| 280 | 6.9 | 8.6 | 10.7 | 13.4 | 16.6 | 20.6 | — |
| 315 | 7.7 | 9.7 | 12.1 | 15.0 | 18.7 | 23.2 | — |
| 355 | 8.7 | 10.9 | 13.6 | 16.9 | 21.1 | 26.1 | — |
| 400 | 9.8 | 12.3 | 15.3 | 19.1 | 23.9 | 29.7 | — |

续表

| 公称外径 $d_n$/mm | 公称壁厚 $\delta_n$/mm | | | | | | |
|---|---|---|---|---|---|---|---|
| | PN0.63 | PN0.8 | PN1.0 | PN1.25 | PN1.6 | PN2.0 | PN2.5 |
| 450 | 11.0 | 13.8 | 17.2 | 21.5 | 26.7 | 33.1 | — |
| 500 | 12.3 | 15.3 | 19.1 | 23.9 | 29.7 | 36.8 | — |
| 560 | 13.7 | 17.2 | 21.4 | 26.7 | — | — | — |
| 630 | 15.4 | 19.3 | 24.1 | 30.0 | — | — | — |
| 710 | 17.4 | 21.8 | 27.2 | — | — | — | — |
| 800 | 19.6 | 24.5 | 30.6 | — | — | — | — |
| 900 | 22.0 | 27.0 | — | — | — | — | — |
| 1000 | 24.5 | 30.6 | — | — | — | — | — |

管材长度一般为 4m 和 6m，也可由供需双方协商确定。长度不允许负偏差。

外径和壁厚根据管材规格而定，其允许偏差要求详见 GB/T 10002.1—2006。

（2）外观质量检测

管材内外表面应光滑，无明显划痕、凹陷、可见杂质和其他表面缺陷。色泽应均匀一致，不透光，颜色可由供需双方协商。端面应切割平整并与轴线垂直，要求管材同一截面的壁厚偏差不得超过 14%。管材允许有一定的弯曲度（见表 11-6），不允许呈 S 形弯曲。

**表 11-6　　管材弯曲度**

| 公称外径 $d_n$/mm | ≤32 | 40～200 | ≥225 |
|---|---|---|---|
| 弯曲度/% | 不规定 | ≤1.0 | ≤0.5 |

抽样方式按 GB 2828 标准采用正常检验一次抽样方案，取一般检验水平 Ⅰ，接收质量限（AQL）6.5。抽样方案如表 11-7 所示，检验结果中任意一条不符合规定时，则判该批产品为不合格。

**表 11-7　　抽样方案**

| 批量 $N$ | 样本量 $n$ | 接收数 $A_c$ | 拒收数 $R_e$ |
|---|---|---|---|
| ≤150 | 8 | 1 | 2 |
| 151～280 | 13 | 2 | 3 |
| 281～500 | 20 | 3 | 4 |
| 501～1200 | 32 | 5 | 6 |
| 1201～3200 | 50 | 7 | 8 |
| 3201～10000 | 80 | 10 | 11 |

检测方法：塑料管材的颜色和外观检查，在自然光下用肉眼观察。

① 不透光性检查，取 400mm 管段，将一端用不透光的材料封严，在管材侧面有自然光的条件下，用手握住光源方向的管壁，从管材开口端用肉眼观察试样的内表面，不见手遮挡光源的影子为合格。

② 塑料管材的直径、长度、壁厚和不圆度等尺寸及其偏差检查按 GB/T 8806—2008 标准进行。测量量具通常用厚度计、游标卡尺、钢板尺，卷尺等测量工具，也可以使用非接触式量

具或仪器，如光学或超声波测量仪等。管材不圆度是测量同一截面的最大外径和最小外径，以用最大外径减去最小外径表示。平均壁厚测量：在管材同一截面沿圆周均匀测量 8 点的壁厚，计算算术平均值，为平均壁厚，精确到 0.1mm。最大壁厚减去最小壁厚为壁厚偏差；平均壁厚与公称壁厚的差为平均壁厚偏差。

③ 管材承口深度和内径测量，按图 11-5 所示的部位，用精度为 0.02mm 的游标卡尺测量承口深度；用精度为 0.01mm 内径测量仪测量承口中部两个相互垂直的内径，计算算术平均值，为平均内径。

管材适用性
检验方法

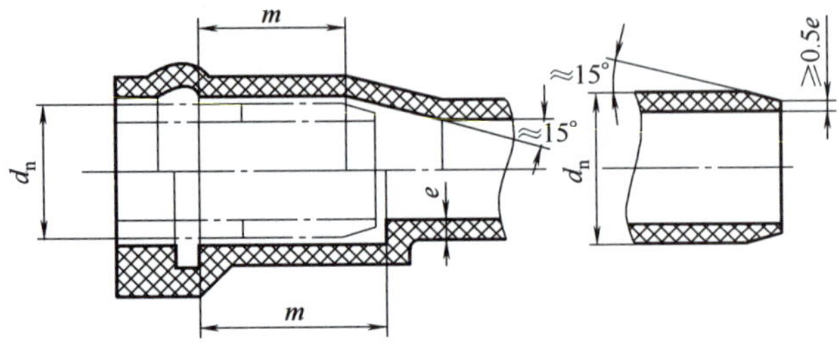


图 11-5　弹性密封圈式承插口尺寸

（3）系统适用性

管材与管材，管材与管件连接后需做接密封试验。用弹性密封圈连接方式的管材还需进行偏角和负压试验，如表 11-8 所示。

**表 11-8　　系统适用性试验**

| 项目 | 要求 | 试验方法 |
|---|---|---|
| 连接密封试验 | 无破裂，无渗漏 | GB/T 6111—2003，20℃，试验压力 2.0×PN，时间 1h |
| 偏角试验 | 无破裂，无渗漏 | 按 GB/T 19471.1—2004 测定 |
| 负压试验 | 无破裂，无渗漏 | 按 GB/T 19471.2—2004 测定 |

（4）理化性能检测

管材的物理、力学性能测试按表 11-9 规定的试验方法进行，检测结果应满足表中的指标要求。试验样品在外观和尺寸计数抽样合格的产品中，随机抽取足够的样品进行测试。测试结果中有一项性能达不到要求，则在该批中随机抽取双倍样进行该项复验，如仍不合格，则判该批为不合格批。

**表 11-9　　物理力学指标**

| 项目 | 技术指标 | 试验方法 |
|---|---|---|
| 密度/kg·m$^{-3}$ | 1350~1460 | 按 GB/T 1033—1986 中 A 法测定 |
| 维卡软化温度/℃ | ≥80 | 按 GB/T 8802—2001 测定 |
| 纵向回缩率/% | ≤5 | 按 GB/T 6671—2001 测定 |
| 二氯甲烷浸渍试验（15℃，15min） | 表面变化不劣于 4N | 按 GB/T 13526—2007 测定 |
| 落锤冲击试验 0（0℃）TIR/% | ≤5 | 按 GB/T 14152—2001 方法 |
| 液压试验 | 无破裂，无渗漏 | 按 GB/T 6111—2003 方法 |

（5）卫生性能

给水管的卫生性能应符合 GB/T 17219—1998 标准要求，主要指标见表 11-10。

**表 11-10　　饮用水输配水设备浸泡水的卫生要求**

| 项目 | 卫生要求 | 项目 | 卫生要求 |
| --- | --- | --- | --- |
| 色度 | 不增加色度 | 挥发酚类（以苯酚计） | ≤0.002mg/L |
| 浑浊度 | 增加量≤0.5 度 | 砷 | ≤0.005mg/L |
| 臭和味 | 无异臭和异味 | 汞 | ≤0.001mg/L |
| 肉眼可见物 | 不产生任何肉眼可见的碎片杂物等 | 铬（六价） | ≤0.005mg/L |
| pH | 不改变 pH | 镉 | ≤0.001mg/L |
| 铁 | ≤0.03mg/L | 铅 | ≤0.005mg/L |
| 锰 | ≤0.01mg/L | 银 | ≤0.005mg/L |
| 铜 | ≤0.1mg/L | 氟化物 | ≤0.1mg/L |
| 锌 | ≤0.1mg/L | 硝酸盐（以氮计） | ≤2mg/L |
| 氯仿 | ≤6μg/L | 苯并（α）芘 | ≤0.001μg/L |
| 四氯化碳 | ≤0.3μg/L | 蒸发残渣 | 增加量≤10mg/L |
| 高锰酸钾消耗量 | 增加量≤2mg/L | 氯乙烯单体含量 | ≤1.0mg/kg |

生产 PVC-U 管材的主要原料是 PVC 配混料，其中 PVC 树脂应符合 GB/T 5761—1993 规定要求，树脂的 $K$ 值应大于 64，氯乙烯单体含量小于 5mg/kg。加入的添加剂应确保管材长期卫生性能，不应使用铅盐稳定剂。

## 任务实施

（1）查阅并理解 GB/T 10002.1—2006 标准，制定 PVC 塑料管材质量检验方案。

（2）参观塑料管材生产企业，了解塑料管材检验的抽样方法。并根据检测项目进行制样和对试样进行预处理。

（3）准备测试仪器、工具。熟悉所用仪器的使用方法。

（4）按产品标准规定，完成 PVC 塑料管材的外观、尺寸和一般性能的检验。

（5）记录、分析和处理检验结果，对照产品标准，判定检验管材是否合格，并完成检验报告，提出合理化建议。

# 11.4 塑料包装容器的检验

塑料包装容器主要有各种塑料袋、瓶、罐、桶，箱、盒等，具有质量轻、不易碎、耐腐蚀、可再回收利用等特点，广泛用于盛装各种化工品、食品、药品、饮料等固体或液体物质。塑料袋由各种塑料薄膜制成，其性能与生产薄膜的原料、工艺（复合膜）及薄膜的质量直接相关；塑料瓶、罐、桶、箱等通常以注射或挤出吹塑成型为主，吹塑工艺流程为：挤出或注射成型所得的半熔融态的管坯（型坯）置于各种形态的模具中，在管坯中通入压

HDPE 瓶的性能测试

缩空气将其吹胀，使之紧贴于模腔壁上，再经冷却脱模得到所需要形状的容器。此外，也有用各种片材通过吸塑成型方法制成各类薄壁容器，如各类杯、碗、食物盒等。

塑料容器的检验应根据使用要求和产品标准规定进行，常见的产品类别和执行标准如下：

《GB/T 13508—2011 聚乙烯吹塑容器》；

《GB/T 18006.1—2009 塑料一次性餐饮具通用技术要求》；

《GB/T 17876—2010 包装容器　塑料防盗瓶盖》；

《GB/T 5737—1995 食品塑料周转箱》；

《GB/T 5738—1995 瓶装酒、饮料塑料周转箱》；

《GB/T 10454—2000 集装袋》。

现以 GB/T 13508—2011《聚乙烯吹塑容器》和 CCGF 209.1—2010《食品用塑料容器产品质量监督抽查实施规范》为例进行介绍。

（1）产品规格与尺寸偏差检验

PE 包装容器分开口式和闭口式两种形式，注入口径大于 70mm 为开口式，注入口径不大于 70mm 为闭口式。容器的口、盖采用螺纹或其他结构。对透气性容器，还需具有液体密封性和透气功能。

产品规格以容量（L）划分，优先采用的规格为： 5、10、15、20、25、30、40、50、60、100、120、125、150、160、180、200、220、230、250L。

容器的规格检验使用经过计量检验合格的量具，精度应满足测试标准要求。

① 满口容量偏差。 PE 容器的满口容量应不小于公称容量 1.05 倍。

检验方法：取 3 个试样，装满温度为（23±2）℃的自来水，测定水的质量，然后按水的密度 1kg/L 换算成容量，按式（11-2）计算满口容量偏差。取 3 个试样的平均值，精确到 0.01。

$$P=V_1/V_2 \tag{11-2}$$

式中：$P$——满口容量偏差，以倍表示；

$V_1$——满载容量，L；

$V_2$——公称容量，L。

② 质量偏差。容器体（不含盖）实际质量与核定质量的允许偏差应符合表 11-11 要求。按式（11-3）计算容器的偏差。

$$q=\frac{m_1-m_2}{m_2}\times 100\% \tag{11-3}$$

式中：$q$——质量偏差，%；

$m_1$——实际质量，g；

$m_2$——核定质量，g。

**表 11-11　质量偏差**

| 规格/L | ≤5 | 10～30 | 40～100 | >100 |
|---|---|---|---|---|
| 质量偏差/% | ±4.0 | ±3.5 | ±3.0 | ±2.5 |

③ 尺寸偏差。容器测量采用精度为 0.5mm 的量具测量。

试样容器体的垂直投影最大尺寸为外径尺寸（不包括提手部分），试样水平投影最大尺寸为高度尺寸。实际尺寸与设计尺寸的允许偏差应符合表 11-12 规定。

表 11-12　　尺寸偏差

| 规格/L | ≤5 | | | 10～30 | | | 10～250 | | |
|---|---|---|---|---|---|---|---|---|---|
| 项目 | 外径 | 高度 | 口径 | 外径 | 高度 | 口径 | 外径 | 高度 | 口径 |
| 尺寸偏差/mm | ±3 | | ±1 | ±5 | | ±2 | ±8 | | ±2 |

④ 壁厚。测量壁厚用精度不低于 0.02mm 的量具（测厚仪）。最小壁厚及对称部位壁厚比应符合产品标准规定。容器的最小壁厚：取 5 个试样薄处（端手、底部和容器口颈部位除外）壁厚的最小测量值。

对称部位壁厚比：以容器体中截面上连接塑模接缝的中线或与其相互垂直的中线为对称轴（如图 11-6 所示），在该面任意选取不在同一侧的对称点，测出壁厚，按式（11-4）计算。

$$n=\frac{d_1}{d_2} \tag{11-4}$$

式中：$n$——对称部位壁厚比；

$d_1$——较厚处壁厚，mm；

$d_2$——较薄处壁厚，mm。

当产品规格≤50L 时，对称部位壁厚比为≤1.3∶1.0；当产品规格≥50L 时，对称部位壁厚比为≤1.5∶1.0。

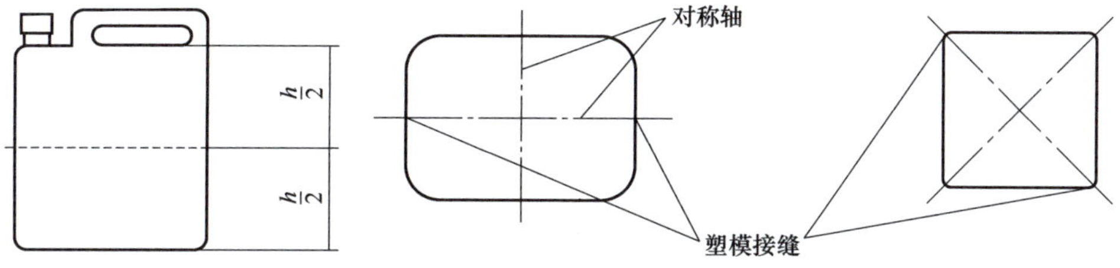


图 11-6　容器体对称部位示意图

（2）外观性能要求与检验

容器的外观性能应符合表 11-13 的要求。

表 11-13　　PE 吹塑容器的外观要求

| 项目 | | 规格/L | | | |
|---|---|---|---|---|---|
| | | ≤2.5 | 3～5 | 10～50 | 60～250 |
| 气泡 | 个数 | ≤2 | | ≤3 | ≤5 |
| | 泡径 mm | ≤1 | ≤2 | ≤3 | ≤4 |
| | | 螺纹处和容器底部不得有间距小于 30mm 的气泡 | | | |
| 黑点杂质 | 个数 | ≤5 | ≤8 | 每 $100cm^2$ 表面中≤5 | |
| | 最大长度 $l$/mm | 0.5<$l$≤4 | | 0.5<$l$≤2；4<$l$≤6 的不多于 3 个 | |
| | | 分散分布，不影响使用；$l$≤0.5mm 不计；不允许有穿透状杂质 | | | |

续表

<table>
<tr><th rowspan="2">项目</th><th colspan="4">规格/L</th></tr>
<tr><th>≤2.5</th><th>3～5</th><th>10～50</th><th>60～250</th></tr>
<tr><td>塑化不良</td><td colspan="4">不允许容器内壁成絮状或颗粒状</td></tr>
<tr><td>裂缝孔洞</td><td colspan="4">不允许</td></tr>
<tr><td>变形</td><td colspan="4">不应有影响使用的变形</td></tr>
<tr><td>油污</td><td colspan="4">允许轻度油污</td></tr>
<tr><td>色差</td><td colspan="4">允许轻度色差，多层容器的内层颜色不得外露</td></tr>
<tr><td>粘把</td><td colspan="4">中空把手内部不得粘连、不积液</td></tr>
<tr><td rowspan="2">擦痕</td><td colspan="2">轻微，约小于表面积的5%</td><td colspan="2">轻微，约小于表面积的10%</td></tr>
<tr><td colspan="4">不允许影响容器外观整体美观性</td></tr>
<tr><td>液位线清晰度</td><td colspan="4">可看到内装物的液位</td></tr>
<tr><td>口盖配套</td><td colspan="4">配合适宜；采用螺纹结构时，扣旋紧应1圈以上</td></tr>
</table>

外观检验方法：气泡、黑点杂质采用精度0.02mm的量具测量，黏把检验采用在试样中灌水的方法，检查提手内部是否保持流通和积液；其余项目在自然光线下目测。

取样和判定：依照GB/T 2828.1—2003标准规定，采用一般检查水平Ⅰ类，AQL值为4.0的抽样方案，可根据标准中规定的转移规则调整二次抽样方案。

（3）物理力学性能检验

塑料容器的物理力学性能必须要满足使用要求，如《GB/T 13508—2011 聚乙烯塑料容器性能要求》见表11-14。

**表11-14 容器的性能要求**

<table>
<tr><th>序号</th><th>项目</th><th colspan="5">规　定</th></tr>
<tr><td>1</td><td>密封试验</td><td colspan="5">不泄漏，对透气口、盖应透气</td></tr>
<tr><td>2</td><td>跌落试验</td><td>拟装物液体（水）</td><td colspan="4">无破损、不蹦盖、撞击时允许容器口部有少量漏液，之后不得再渗漏</td></tr>
<tr><td rowspan="3">3</td><td rowspan="3">悬挂试验[a]</td><td>拟装物固体（沙）</td><td colspan="4">无破损、不蹦盖，如果全部内装物仍留在样品之中，即使封闭装置不再防筛漏，试样即通过试验</td></tr>
<tr><td>公称容量/L</td><td>≤5</td><td>10～25</td><td>30～50</td><td>60～250</td></tr>
<tr><td>残留变形量/mm</td><td>≤2</td><td>≤3.5</td><td>≤5</td><td>不裂</td></tr>
<tr><td>4</td><td>堆码试验[b]</td><td colspan="5">不倒塌</td></tr>
<tr><td>5</td><td>应力开裂试验[c]</td><td colspan="5">开裂的试样数（容器体、盖）小于投入试验试样数50%</td></tr>
<tr><td>6</td><td>耐内装液试验[d]</td><td colspan="5">符合本表第1、2、4项的规定</td></tr>
<tr><td colspan="7">注：a：仅有端手结构的容器不进行本试验；b：造型结构不能堆高的容器，由供需双方协商是否进行该项试验；c：通过耐内装液试验的容器可不进行本试验；d：耐内装液试验若供需双方认为不影响使用，可不进行本试验。</td></tr>
</table>

一般在定型检验和型式检验中对产品标准规定的性能项目进行检验。如果检验结果若有不合格时，应从原批加倍再次抽取样品，对该项目进行复检，复检结果全部合格则该项合格，复检结果仍不合格则该项不合格。

## 任务实施

（1）查阅并理解 GB/T 13508—2011 标准，制定 PE 塑料容器质量检验方案。

（2）塑料容器企业参观，了解塑料容器的生产与产品质量检验程序。按检验项目抽取检验样品，制备试样。

（3）按检验方法和标准规定，准备测试仪器、工具，熟悉其使用方法。

（4）按产品标准规定，完成 PE 容器的外观、尺寸和一般性能的检验。

（5）记录、分析和处理检验结果，对照产品标准，判定检验容器是否合格，并完成检验报告，提出合理化建议。

## 11.5 注塑塑料制品的性能检验

注射成型是塑料主要成型方法之一，产品有日用品（桶、盘、杯、盒子），交通（汽车、飞机、轮船）、电子电器、通信器材及各种机械的零配件等。注射制品的质量与成型所用的原料、成型工艺和设备（注塑机和模具）有关。

塑料饭盒的质量检验

注塑件的检验项目一般包括外观质量检测和功能应用检验。现以冰箱用注塑件产品标准为例进行介绍。

（1）注塑件的外观质量检验

注塑制品外观是一项重要的质量特性，一般以制品表面疵点和色泽方面的外观指标表示。色泽是指制品表面的光洁度、透明度、色彩均匀度和鲜艳度等；疵点是在生产过程出现的外部质量问题。例如：充填不足、熔接痕、孔洞、凹坑、分层、银丝、冷块、裂纹、烧焦痕、浇口残迹等各种各样的外观缺陷。

鉴别这些缺陷不仅对保证塑件的外观质量是必要的，而且对评价塑件的总体质量也很重要。如塑件表面出现裂纹，说明塑件在成型过程中的内应力过大或顶出时受力过大，这种缺陷会造成塑件的强度、耐蚀性能下降。又比如塑件表面出现放射性银丝，多数是成型物料的含湿量过高，而较大的含水率使树脂在很高的成型温度下发生水解，导致塑件的强度和电绝缘性等性能下降。注塑制件的常见外观缺陷见表 11-15。

表 11-15　注塑件一般外观缺陷

| 缺陷名称 | 具体描述 | 产生原因 |
|---|---|---|
| 缺料 | 塑件充填不足，塑件不饱满，外形残缺不完整 | ①模具排气结构欠佳，浇口位置不平衡；流道堵塞，浇口或流道截面积小而长；没有冷料井或冷料井设计不合理；②熔料温度低；模温或注射压力太低；保压时间太短；③注射速度慢；原料“搭桥”或缺料；④注塑机故障；螺杆与机筒的间隙大；注射量小于塑件质量；喷嘴堵塞；止逆阀故障，熔体倒流；⑤塑件厚度与长度不成比例，形状复杂、成型面积大；⑥原料含水量过大，或较多的挥发性物质；配方不合理，润滑剂过少，再生料过多，流动性差。 |

续表

| 缺陷名称 | 具体描述 | 产生原因 |
| --- | --- | --- |
| 流痕 | 塑件表面产生以浇口为中心的年轮状、螺旋状或云雾状的波形凹凸不平的流痕 | ①模具浇口的位置和形状设置不当；浇口及流道截面积过小；冷料进入型腔；②模温冷却不均匀；③注射速度过大或过小；模具温度过低；保压时间过短；④原料流动性差或不一致；润滑剂使用过少。 |
| 真空泡 | 在塑件内部产生缩孔现象 | ①浇口形式不当，面积过小，或位置不正确；②模温低，熔体温度高；注射时间短，或保压压力不够，熔料回流；③塑件厚薄不均匀；④原料收缩率较大或再生料加入过多。 |
| 气泡 | 因气体混入熔体中，随熔体一起冷却成型而在塑件内部形成的气泡 | ①模具排气不良或堵塞；流道过长或过细；流道中有贮气死角；②多腔模具中各型腔的大小不一致，较大的塑件易出现气泡缺陷；③注射速度快，熔体温度高，冷却不均匀；模具温度控制失当；保压压力不够或保压时间不足；④塑件厚薄悬殊过大部分，有特厚部分；⑤原料颗粒直径相差较大；粉末料太多；水分较多，含挥发物较多。 |
| 鱼眼 | 因熔体塑化不完全，在塑件上出现的白点 | ①背压太低；螺杆转速太快；熔体温度较低；②注塑机的机筒直径较小；螺杆的磨损太大，长径比太小，压缩比太小，不能均匀塑化；③原料颗粒差异大，或混有异料或不相溶的杂料。 |
| 色斑 | 在塑件形成色泽、性能与本体塑料均不相同的现象 | ①模具无冷料井，或冷料井容量太小，或位置不对；②熔体温度太低；或注射压力太低，熔料塑化不良；③模具温度太低；④注塑机故障。 |
| 裂纹 | 塑件因应力太大或者应力集中释放所致出现裂纹 | ①模具结构设计不当；顶杆的位置不对或安装不当；脱模斜度太小，脱模阻力增大；浇口的形式或位置不当；②模具温差较大；③注射压力过高；保压时间过长；熔料温度低，模温低；制件有锐角、棱边等急剧变化；塑件带嵌件；④原料含水量较多；相容性差，再生料加入过多。 |
| 尺寸不稳定 | 塑料出现收缩或胀大等尺寸变化的现象 | ①模具设计和制造精度低；模架刚性不够，导向精度欠佳；②熔体充模时间和保压时间较短；模温过低，注射压力过小，注射速度偏低；③注塑机塑化容量不足，供料不稳定；机筒及喷嘴处的加热系统故障；④原料颗粒不均匀，粉末料多，再生料过多，塑化不均匀造成塑件尺寸不稳定。 |
| 银纹 | 塑件表面出现细长的如针状的白色细纹 | ①模具浇口过小；排气不良；冷却水渗入模腔；②熔体温度过高；保压时间过长；注射速度过快；熔体在料筒中滞留的时间过长而分解；③原料中含水量大；脱模剂多；原料降解。 |
| 凹陷 | 塑件表面不平整，向内产生浅坑或陷窝现象 | ①模具的浇口位置不对称，浇口及流道截面积过小；排气不良；型腔内的压力不均衡且偏低；冷却不均衡或冷却不足；②熔体温度过高，或模具温度过高，塑件冷却不足；注射时间和保压时间太短；③注射压力太低；保压压力太低；④塑件壁厚相差太大；过渡变化太快；塑件有嵌件；⑤注塑机供料不稳定；喷嘴孔太小或局部堵塞；⑥原料收缩率越大，水分或可挥发成分含量过多。 |

续表

| 缺陷名称 | 具体描述 | 产生原因 |
| --- | --- | --- |
| 熔接痕 | 在塑件出现彼此不能熔合为一体而形成熔合印痕 | ①模具浇口形式和浇口位置不合理、数量太多或截面积过小;冷料井不够大或位置不正确;主流道进口部位或分流道的截面积太小,导致熔体流入阻力增大;冷却系统设计欠佳;②注射压力过低,速度过慢,熔体温度过低;③注塑机的塑化能力不够,喷嘴孔直径过小,使得充模速度较慢;④塑件壁厚相差过大,嵌件过多;⑤原料中含湿量大或易挥发物含量高;熔体的流动性差;脱模剂用量太多或品种不符。 |
| 塑件翘曲 | 塑件因内应力的存在引起不同程度的变形,如产生旋转或扭曲,平坦的地方有起伏,直边向里或向外弯曲或扭曲等现象 | ①模具强度不够,在成型时发生变形;冷却不好,冷却水入口和出口处的温度差值不能太大:塑件冷却不均匀,不充分;浇口形式或位置不当,熔体进入型腔时直接冲击型芯;脱模斜度不够,顶杆的顶出面积太小或顶杆分布不均匀,脱模力太大;抽芯装置或嵌件设置不当;②注射压力过高;熔体温度过高,流动较缓;保压压力过高。 |
| 顶白 | 塑件表面有比较明显的白化现象,即出现霜状裂纹 | ①型腔的表面粗糙,脱模斜度过小,脱模阻力过大;顶杆与塑件的接触面过小,顶在塑件的薄弱处;②熔体和模具温度相差过大,使得塑件中残余应力加大;冷却时间太短;注射压力太大,保压压力太高,时间太长。 |
| 雾状 | 塑件表面呈现泛白、无光、浊雾状的现象 | ①模具排气不良,浇口的位置不正确;截面积小,流道有急拐弯;②熔体温度过高,注射压力过高,注射速度过快;机筒温度太低,熔体塑化不良;冷料进入型腔;③原料润滑剂过多;结晶型树脂,熔融温度很高,易发生表面混浊。 |
| 糊斑 | 因熔体在高温高压条件下,过热分解而碳化在熔体中而成糊斑。在塑件表面或内部有许多暗黑色条纹或黑点 | ①模具浇口形式和位置布置不当,使熔体流动不畅或排气不良;型腔表面不够光滑,或喷嘴与模具的主流道吻合不良时,黏附少量积料而焦化;②熔体温度过高,注射压力太大,注射速度过快;③螺杆转速过高,背压过大;④机筒、喷嘴处有积料、死角,或喷嘴处的温度太高,引起熔体的过热焦化;⑤机筒排气不良,气体聚积在机筒中造成熔体局部过热而分解;⑥注塑机选用不当,容量太大或注塑螺杆的几何尺寸与成型原料不配套;⑦止逆阀处有熔体滞留;⑧原料中的水分和易挥发物含量过多,加入再生料多,或含有的粉末料过多;⑨脱模剂使用过多又涂覆不均匀,它们使塑件表面部分焦化产生糊斑。 |
| 飞边 | 熔体溢入模具合模面缝隙间,并留存于塑件上的剩余料,形成薄薄的飞边现象 | ①模具制造精度不够,不能完全密合,导致溢料产生;②动、定模板不平行,或出现变形,使模板合不拢,或不能合严而产生溢料;③型腔与型芯间的滑动件磨损过大,过大的间隙导致溢料;④分型面上有异物粘附,使得模板不能密合而溢料;⑤分型面排气间隙太大而溢料;⑥熔体温度过高,注射压力过大,或注射压力在型腔中分布不均匀,使模具各部分所受压力不均衡而出现溢料;⑦注射量过多产生溢料;⑧注塑机的合模力太小,或拉杆变形或长短不齐,使动、定模板合拢不严而溢料;⑨原料熔体黏度小,或润滑剂使用过多,熔体的流动性极佳,易出现溢料。 |

续表

| 缺陷名称 | 具体描述 | 产生原因 |
|---|---|---|
| 光泽差 | 塑件表面灰暗无光或光泽不均匀 | ①模具加工精度低，型腔表面有伤痕、微孔、磨损、粗糙、油污、水渍等缺陷；脱模剂使用太多，使塑件表面发暗、没有光泽；②塑件脱模斜度太小，脱模时受力过大；③模具排气不良；④浇口和流道截面积过小或突然变化，熔体在其中流动时受剪力作用太大，呈湍流态流动，导致光泽不良；⑤注射速度偏小，保压压力不足，保压时间偏短，塑件表面不密实；⑥熔体温度过低，使得流动性较差，导致光泽不良；⑦厚壁或结晶型塑件，冷却不充分，其表面会发毛，光泽偏暗；⑧原料粒度差异大，再生料加入过多，或混有异物，杂料或不相溶的物料，难均匀塑化；⑨原料中水分或易挥发物含量高，受热时挥发成气体；在高温时会分解变色导致光泽不良；⑩润滑剂用量过少，熔体流动性较差，塑件表面不致密，使得光泽不良。 |
| 色泽不均匀 | 塑件表面的颜色有深有浅，缺乏应有的色泽均匀性 | ①模具排气不良；②模具内有机油、脱模剂，污物混入熔体中；③机筒或喷嘴处温度过高，熔体在分解、碳化、焦化，使塑件表面色泽不均；④注射和保压压力高，时间长均易使塑件表面色泽不均；⑤注塑机塑化能力不强，塑化不均匀；⑥机筒内有积料或死角；熔体在机筒中停留的时间过长，因过热分解出现色泽不均；⑦原料热稳定性差，受高热时产生分解；⑧原料中的杂质量太多，着色不良，分散不均；⑨原料中的水分或挥发物含量过多。 |

塑件的外观缺陷一般采用目测方法进行检验。将制品在自然光线或 40W 日光照射下，距离 30~50cm，用肉眼观察、评定，看其是否符合质量要求，如需计算瑕疵点的分散度，则可用 10cm × 10cm 的框板等辅助工具。

直接用肉眼观察只能发现塑件表面上较明显、尺寸较大的缺陷，而对于塑件上的细微缺陷，难以发现的细微缺陷，则需要辅以相关仪器进行确认。例如，塑件上的细裂纹，可以将荧光颜料涂在塑件的表面上，利用荧光颜料渗进裂纹中，当塑件放在紫外光下检查时，裂纹就会显现可见的亮线，从而确认了缺陷的存在。

外观检验特点是以“人”作为计测工具，它具有简便、快捷的优点。但由于个人的判断主观性因人而异，会造成评价的客观性较差，即使同一塑料件，不同的检验人员的检验结果常可能会不一致。另外，在进行目测检验时，最易受外界环境的影响，因此，应尽量排除环境因素的干扰。例如，不能在照明不良处作外观检验，不能在人工照明下作颜色检验等。

（2）注塑件的功能检验

注塑件的功能检验通常是利用仪器设备来测定塑料件的各种性能和物理常数，包括力学性能（拉伸强度、弯曲强度、冲击强度、硬度）、耐热性能、耐候性、电绝缘性、耐老化性、耐化学药品性、尺寸稳定性、抗蠕变性、吸水性、耐油性、耐磨性、卫生性等。

塑料制品功能检验的目的是考察塑件是否达到相关标准所规定的技术指标。由于塑件的成型过程、形状、结构和用途的不同，所涉及的性能非常广泛，对塑料制品来讲，不可能对每种性能都要一一检查，而只是针对其中一些关键性能进行重点检验。比如对用于食品包装的塑件，其卫生性和防霉性是应当重点关注的；对用于汽车、电器上的塑件，其电绝缘性、机械强度、耐热性、耐老化性和燃烧性能是主要性能指标；而对于在化工设备中使用的塑件，它的耐化学药品性、耐老化性、耐候性又十分关键。

塑料制品的大部分常规性能检验，试样可直接从塑件上切割下来，但对小制件或某些单件产品，或二次加工的制品，无法从制品上切割标准试样时，其性能的测试可考虑直接在整体制品上进行，或采用与成型制品相同的原料注塑标准样条进行测试。

注塑件的检验项目和各种性能的测试方法按产品的标准规定（附录 2）和相关测试标准进行。

## 任务实施

（1）检索和阅读注塑塑料产品的生产与质量检验标准等文献资料。

（2）根据注塑塑料件的使用要求与检验标准，确定检验项目与检验方法。

（3）按检验方法和标准规定，准备检验试样和仪器。

（4）对照产品质量标准，对注塑塑料件的外观、尺寸和一般性能的检验。

（5）记录、分析和处理检验结果，判定塑料件是否合格，并完成检验报告，提出合理化建议。

## 项目总结

质量检验是全面质量管理的重要组成部分，是保证产品质量的重要手段，随着生产和技术进步而不断改进。质量检验有多种方式，按实施检验的人员分自检、互检和专检；按生产的不同阶段分为入厂检验、工序检验和成品检验；按被检验产品的数量分为抽样检验和全数检验等。质量检验应按计划进行，质量检验计划是对检验涉及的活动、过程和资源及相互关系做出的规范化的书面（文件）规定，用以指导检验活动正确、有序、协调地进行，主要内容有设计质量检验流程图和编制质量检验指导书。

塑料产品的质量检验是以产品质量标准为依据，借助某种手段或方法来测定塑料产品的一个或多个质量特性，从而对塑料制品作出合格或不合格判断的活动。各种塑料制品的质量要求各不一样，都在相关的塑料制品的质量标准中进行明确的规定，一般包括产品的外观、尺寸规格、理化性能等技术指标。塑料产品检验采用抽样检验方式，对于连续批的检验一般按 GB/T 2828. 1—2003 抽样方案进行。

## 思考题

（1）塑料制品的成型工艺有哪几种，举例说明。

（2）常见的塑料薄膜品种有哪些？各有哪些用途？如何对其性能进行检验？

（3）塑料管材质量检验包括有哪几方面？

（4） PET塑料饮料瓶有需要检验哪些项目？

（5）如何编制PPR塑料水管的检验指导书。

（6）一批塑料瓶出厂检验采用GB/T 2828.1，已知批量 $N$ =17000， AQL =6.5， IL = Ⅱ，其正常检验一次抽样方案是什么？加严检验一次抽样方案以及放宽检验一次抽样方案是什么？

项目12

# 塑料检测实验室建设与管理

## 学习目标

随着经济水平的提高以及人民群众消费观念的转变，对产品质量的要求越来越高。对于制造型企业而言，产品质量是企业在激烈的市场竞争中立足以及发展的关键。建立检测实验室，进行原材料把关、生产过程管控及成品检测，是企业质量管理工作中非常重要的一步。因此，了解产品检测实验室的建立流程与管理规范，熟悉实验室的运作，是学生适应未来工作岗位的能力要求。本项目学习目标见表12-1。

表12-1　项目学习目标

| 序号 | 类别 | 目　标 |
|---|---|---|
| 1 | 知识 | ①了解实验室的组成与分类<br>②了解实验室的设备与药品使用和管理<br>③了解实验室的安全与环境保护知识<br>④了解实验室的质量与评价 |
| 2 | 技能 | ①能根据实验室任务要求，完成实验室的规划设计<br>②能编写实验室的设备操作规程、样品与药品的使用与管理章程<br>③能发现和处理实验室的安全隐患，正确处置突发事故<br>④熟悉实验室质量认证的基本程序 |
| 3 | 职业素养 | ①具有团队合作与沟通能力<br>②具有自主学习、分析与解决问题的能力<br>③具有安全生产、质量与环境保护意识<br>④具有客观公正、严谨认真的职业道德 |

## 工作任务

通过本项目学习，了解塑料测试实验室管理主要要素，实验室质量管理体系建立，认可与认证证书的换取程序，熟悉简单的塑料产品检测实验室设计，能参与实验室的管理。具体工作任务见表12-2。

表12-2　学习工作任务

| 序号 | 任务名称 | 要　求 |
|---|---|---|
| 1 | 参观塑料产品检测实验室 | ①了解企业生产的产品与质量控制制度<br>②了解产品检验的项目及检验程序<br>③了解检测室的基本职能，人员配置与分工，实验室档案管理情况<br>④熟悉实验室的允许情况，企业5S管理体系 |

续表

| 序号 | 任务名称 | 要　求 |
| --- | --- | --- |
| 2 | 聚乙烯(PE)吹塑薄膜检验实验室的设计 | ①检索阅读实验室设计的文献资料<br>②根据设计任务的要求,确定检验室的功能<br>③分析讨论检验室设计方案<br>④完成设备购置计划,人员岗位设置、实验室用房与设备的布置<br>⑤编制实验室管理体系文件,仪器设备作业指导书,记录表格和检验报告格式<br>⑥草拟检验室验收与认可的程序 |

## 12.1 实验室的建设

实验室是指从事检测、校准，以及与后续检测或校准相关的抽样等一种或多种活动的机构。实验室可以为科学技术研究及各类测试提供可靠的受控条件。但由于实验室用途、处理的产品/材料类型以及容纳设备人员数量的差异很大，因此，在实验室建设过程中，了解实验室的预期功能分类及测试流程，进行规范化设计以及设备设施合理化配置至关重要。

### 12.1.1 实验室一般分类

实验室的分类方式较多，这里主要通过服务对象、学科领域、产品、功能等进行分类。

（1）按服务对象分类，实验室可分为第一方、第二方及第三方实验室。第一方实验室主要是对本机构生产的产品进行检测，检测数据供本机构使用，目的是控制和提高本机构生产的产品质量；第二方实验室主要是对本机构供应商供应的原材料或产品进行检测，检测数据供本机构使用，目的是控制和提高供应商的产品质量从而保障本机构的产品质量；第三方实验室是指为社会提供检测或校准服务的独立实验室，检测或校准数据供社会所用，目的是提高和控制社会产品质量。大部分企业内部实验室都属于第一方或第二方或两者共存的实验室。

（2）按学科领域分类，实验室可划分为化学实验室、物理机械实验室、电气实验室、阻燃实验室、生物实验室、医学实验室等。

（3）按产品分类，实验室可划分为塑料产品实验室、汽车产品实验室、建筑材料实验室、医疗器械实验室等，由于产品种类较多，在此不一一列明。

（4）按功能分类，实验室可划分为样品储存室、常规实验室、精密仪器室、天平室、高温室、恒温恒湿室、洁净实验室、防静电实验室、消音实验室、辐射实验室、燃烧实验室等，不同功能的实验室，其设计、验收及管理要求差异较大，需要特别注意。

### 12.1.2 实验室的组成条件

虽然实验室的分类千差万别，但其组成都离不开“人、机、料、法、环” 5大要素。

"人"，即人力资源（manpower），是实验室的最重要的部分。人员的技术、经验，以及质量意识、责任心和纪律性，直接决定了实验室整体水平。

"机"，即机器（machinery）或设备，是实验室科学性以及效率性的物质基础。如果没有核心的机器或设备，大部分的测试、过程控制及质量保证都无法实现，整个实验室将缺乏科学性；如果机器或设备数量不足或故障，也会导致实验室的生产效率降低。

"料"，即材料（materials）或原料，包括试剂类耗材（各类试剂、药品、标准物质、实验室用水等）以及非试剂类耗材（器皿、气体、设备用耗材及工具等），是实验室的必备物资。实验室配备的材料，必须与实验室的定位以及设备方法要求保持一致：在高精度要求的测试中使用低标准的耗材，如痕量分析采用了化学纯试剂或自来水，将直接导致测试结果偏差以及对测试设备造成污染；而在测试要求不高的情况下，使用高标准的耗材，也将使得实验室的运营成本大大增加。

"法"，即方法（method），包括影响实验室测试结果所采用的检测标准、测试方法、作业指导书、操作规程甚至于设备的技术参数设置等，是保障实验室检测结果准确性以及重现性的一个重要条件。

"环"，即环境（mother-nature/environment），包括实验室的现场布置、温度、湿度、噪声、振动、光照、室内外污染等，是实验室内外部影响因素的结合体。

### 12.1.3 塑料检测实验室的设计

实验室设计的首要目标是为实验人员提供一个安全可靠的环境来保障工作开展；第二目标是为实验人员提供最大的灵活性。因此，实验室设计中，应该对健康和安全危害进行预测和评估，以便尽可能将保护措施纳入设计中。

对于塑料测试实验室的设计，除遵守常规实验室的设计要求（包括选址、总平面布置、标准单元、建筑设计、通用实验室设计、办公区设计）外，还需要针对其特定的"人、机、料、法、环" 5 大组成要素，深化其专用实验室（包括精密仪器室、天平室、高温室、恒温恒湿室、燃烧实验室等）设计。

（1）选址

选址需考虑与易燃、易爆生产及储存区之间的安全距离以及避开噪声、振动、电磁干扰、大气污染源等。第一、二方实验室选址宜靠近企业生产基地；第三方实验室选址宜靠近当地产业集聚区，并同时兼顾技术交流、培训等相关活动的开展。

（2）总平面布置

实验室总平面布置应合理利用现有场地条件及公用设施等，根据实验室检测能力可持续发展的要求，节约用地并预留近远期的发展空间。工作区域与公共服务、辅助配套、对外接待等区域宜分区合理，并应联系方便但互不干扰。

使用或储存危险化学品的区域宜与主体建筑分开设置；当条件限制必须建设在主体建筑内或贴邻建设时，应设置为独立防护单元。

有用气需求的实验室，宜设置集中供气系统，并应针对可燃气体放置区域进行防爆报警设计。有污染物排放的实验室，宜设置集中处理系统。噪声源宜集中布置，必要时采取降噪措施，并应远离非噪声作业区、办公区等。

（3）标准单元

具有标准化、通用化的机电设备及结构布置方案（包括空调、排风、电力、尺寸等），满足各类实验工作开展及设备配置的模数化建筑空间的实验单元，称为标准单元。一个标准单元的长度及宽度均不宜小于 6.00m。同类型实验室，宜设计一个标准单元，以适应其中所有的子实验室的要求。

（4）建筑设计

应根据实验室的建设规模、使用性质以及操作流程，设置各类功能区，做到分区明确、流程顺畅、联系方便、互不干扰。

实验室门应符合下列规定：①由 1/2 个标准单元组成的实验室门洞，宽度不应小于 1.20m，高度不应小于 2.10m；由一个及以上标准单元组成的实验室，至少有一个门宽度不应小于 1.50m，高度不应小于 2.10m。②有设置大型设备或其他特殊要求房间的门洞尺寸应按具体情况确定。③实验室的门扇应设观察窗、闭门器及门锁，门锁及门的开启方向宜开向疏散方向，并应符合相应实验环境的防火、防爆及防盗要求。

实验室走道最小净宽不宜小于表 12-3 的规定。

**表 12-3　　实验室走道最小净宽**

| 走道形式 | 最小净宽/mm | |
|---|---|---|
| | 单面布房：1500 | 双面布房：1800 |
| 单走道 | 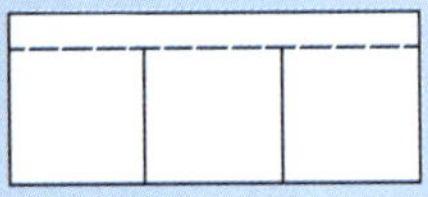 | 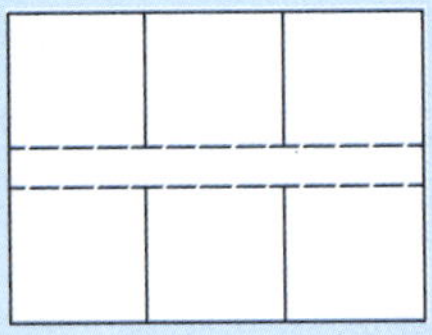 |
| 双走道或多走道 | 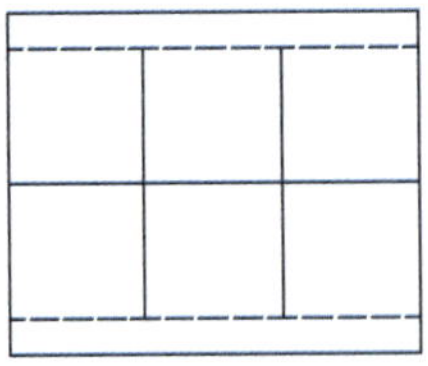 | 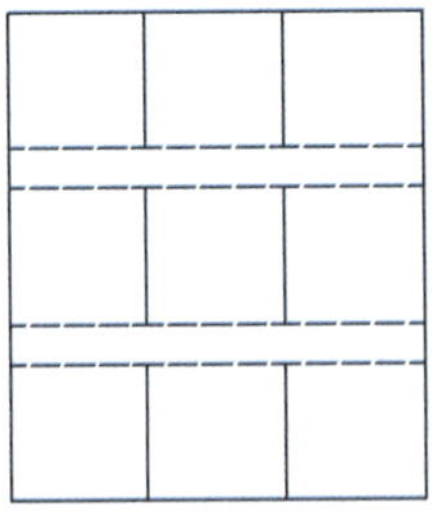 |

一般实验区域的室内净高应符合下列规定：①当不设置空气调节时，不宜小于 2.80m。②当设置空气调节时，不宜小于 2.60m。③走道净高不宜小于 2.40m。

公用设施用房（包括制冷机房、空调机房、排风机房、给水排水及水处理用房、变配电室、强弱电间、弱电机房、液体气体供应室、化学品储藏室、危险品储藏室等）应靠近相应的使用负荷中心布置；当公用设施用房布置于地下室时，应采取防潮、防水、防火及通风等措施。实验用易燃、易爆、极低温、易泄漏等危险化学品的液体罐、气体罐，应设相应分类的液体室、气体室，宜靠外墙设置，并应设不间断机械通风及监测报警系统。

### 12.1.4 实验室设计通用要求

（1）当实验室内产生有毒有害气体、蒸气、粉尘等污染物时，应优先设置通风柜；通风柜的设置应符合下列规定：

① 通风柜的设置应避开主要人流及主要出入口，并应避开送风口及外窗气流的干扰。

② 通风柜宜采用标准设计产品。

③ 通风柜内衬板及工作台面，应具有而耐腐、耐火、耐高温及防水等性能，应采用盘式工作台面并设杯式排水斗；通风柜外壳应具有耐腐、耐火及防水等性能。

④ 通风柜内的公用设施管线应暗敷，向柜内伸出的龙头配件应具有耐腐及耐火性能，各种公用设施的开闭阀、电源插座及开关等应设于通风柜外壳上或柜体以外易操作部位。

⑤ 通风柜柜口窗扇以及其他玻璃配件，应采用透明安全玻璃。

（2）实验台应符合下列规定：

① 实验台宜采用标准设计产品。

② 实验台台面应根据使用性质不同，具有相应的耐磨、耐腐、耐火、耐高温、防水及易清洗等功能，常用台面包括实芯理化板、环氧树脂板、大理石板、陶瓷板等。

③ 各种公用设施管线及水池、电源插座及开关等配件，应与实验台体公用设施支架或管槽统一设计。

④ 靠边的实验台上方设置嵌墙式或挂墙式物品柜（架）时，物品柜（架）底部距地面不应小于1.20m。

（3）由1/2个标准单元组成的实验室，沿两侧墙布置的边实验台之间的净距不应小于1.60m，当沿一侧墙布置通风柜或实验仪器设备时，其与另一侧实验台之间的净距不应小于1.50m。

（4）由一个标准单元组成的实验室，沿两侧墙布置的实验台、通风柜或实验仪器设备与房间中间布置的中央实验台、通风柜或实验仪器设备之间的净距不应小于1.50m，岛式实验台端部与外墙之间的净距不应小于0.60m。

（5）实验台与墙平行布置时，与墙之间的净距不应小于1.20m，实验台不宜与外窗平行布置。需与外窗平行布置时，其与外墙之间的净距不应小于1.30m。

（6）不宜沿有窗外墙布置边实验台，不应沿有窗外墙布置需要公用设施供应的边实验台。

（7）沿侧墙布置的边实验台的端部与墙之间的净距不宜小于1.20m。中央实验台的端部与走道墙之间的净距不应小于1.20m。当实验室设置内凹外开门时，则实验台端部与内凹门的墙垛之间的净距不应小于1.20m。实验室一侧墙或两侧墙靠近走道墙部位开设通向其他空间的门时，则实验台端部与走道墙之间的净距离不应小于1.20m。

（8）当通风柜的操作面与实验台端部相对布置时，其间的净距不应小于1.20m。

（9）通用实验区宜集中靠建筑物外墙布置。设置空气调节的通用实验区宜布置在北向。

### 12.1.5 专用实验室设计

（1）精密仪器室

精密仪器室应符合下列规定：

① 应根据精密仪器具体要求，保持恒定温湿度，确保仪器的稳定工作状态。

② 一般应配置不间断电源，其容量应至少能满足所负载的精密仪器在市电断电后的正常关机操作；不具备配置不间断电源条件的，应配备稳压电源保障供电稳定性；宜针对每台设备设置独立地线。

③ 实验室应做好防火、防震、防潮、防尘、防磁、防噪、防腐、防有害气体的设计，其中防火设计中优先选用气体灭火系统并设置外开门，不应选用自动喷水、干粉、泡沫等可能造成仪器设备永久性故障的灭火系统。

④ 为避免人员频繁走动对仪器设备的影响，在条件允许情况下，实验室宜采用人机分离设置，使得操作间与设备间分开。

（2）天平室

天平室应符合下列规定：

① 万分之一及以上精度天平，应集中放置于天平室内。

② 为避免阳光直射，天平室宜布置在北向。

③ 天平室应保持温湿度恒定，且尽量减少气流波动（可设置缓冲前室）。

④ 天平台台面和台座，应做隔振处理。天平台沿墙布置时，应与墙分离，台面宜采用平整、光洁、有足够刚度的台板，并不应采用木制工作台。设在楼层上的天平台基座，应设在靠墙及梁柱等结构刚度大的区域。

（3）高温室

① 用于进行高温试验的设备（包括烘箱、电热鼓风干燥箱、高温箱、热空气老化箱、马弗炉）较多时，宜集中放置于高温室内。

② 工作空间宜大于放置设备总体积的3倍。

③ 应设置排风散热装置，包括但不限于排气扇、空调、冷风机等，确保夏天最高温度条件下全部设备运转时室内环境不高于30℃。

④ 为方便实验人员的放样及取样，避免弯腰或抬手操作，应根据设备开口位置考虑是否需要设置承载台面以及承载台面的高度。

（4）恒温恒湿室

① 主体结构宜采用便于室内空间灵活分割的大跨度柱网布置，不宜采用内墙承重体系。

② 为保证保温性及密封性，恒温恒湿室内不应由抗震缝、伸缩缝穿越。

③ 宜采用上送风、下回风的送回风设计；换气次数应根据温度要求精度而定。

④ 新建的恒温恒湿室内不应设给排水、供暖管线设施。由原实验房间改建的恒温恒湿室内的给排水、供暖管线设施应按规范作隔热防潮处理。

⑤ 受控环境区和非受控环境区之间应设置缓冲间。

⑥ 空调机房应独立设置；一般应设置在有外墙的位置，配备独立供电系统、接地系统和给排水系统。

（5）燃烧实验室

① 实验室使用的液化石油气、甲烷、乙炔、丙烷、氢气等可燃气体宜集中放置并与设备放置区域及办公区域分隔。可燃气体集中放置区应针对所使用气体设置可燃气体报警器及常开排气扇，区域内的门、窗、墙体及电气设备均应采用防爆设计。当条件受限时，也可将可燃气体气瓶放置于带报警装置及联动排风的装置防爆气瓶柜内。

② 小火焰尺度的仪器宜集中放置，中大型火焰尺度的仪器设备应单独放置。

③ 实验室墙体材料宜采用实心混凝土砖，天花及地面材料均应采用 A 级不燃材料。

④ 有污染物排放的实验室，宜设置集中处理系统。

（6）办公区设计

办公区宜独立布置，也可与其他实验区域混合布置。混合布置或贴邻布置时，应避免互扰，并对污染采取相应的防治措施。宜采用连廊等形式，保证实验人员在不同实验空间活动的便捷性。办公区宜设置便于公共交往的开放研讨区，但不应影响交通组织和安全疏散。办公区中的工作室及相关区域中的办公工位数量应按使用要求确定，工作室的使用面积不宜小于 $5m^2$/人，敞开式办公区每个工位的平均使用面积不宜小于 $6m^2$。

## 12.2　实验室的设备管理

设备是实验室的重要资产，是提供检测结果或辅助检测的重要依据。做好实验室的设备管理，是实验室管理体系的要求，也是检测工作的需要。

### 12.2.1　塑料检测仪器的类别

实验室根据承检产品的检测方法和标准的要求配置仪器设备。塑料检测仪器分为一般仪器、精密分析仪器和专业检测设备。

（1）常规仪器

指常用的玻璃仪器、量具、加热以及简单检测设备等，主要用于塑料的物理或化学前处理、简单鉴别与分析等。仪器的规格型号、量程及精度应根据检测任务选用。常用的塑料检测常规仪器见表 12-4。

（2）精密分析仪器

指用于塑料材料的化学性能、材质、结构分析的仪器设备；这些设备多为进口设备，价格昂贵、环境要求严格、维护成本高，应放置于受控环境条件中并由专人进行保管使用。常见的精密分析仪器见表12-5。

表12-4 塑料检测常规仪器

| 序号 | 通用名称 | 常用测量范围 | 常用精度 | 用途 |
|---|---|---|---|---|
| 1 | 玻璃仪器 | — | — | 试样的化学分析或前处理 |
| 2 | 电子天平 | 0~120g/300g/600g | ±0.1g/±0.1mg | 称重 |
| 3 | 密度天平 | 0~100g | ±0.001g/cm$^3$ | 塑料颗粒密度测量 |
| 4 | 表观密度测试仪 | — | — | 塑料表观密度测量 |
| 5 | 游标卡尺 | 0~25mm | ±0.02mm | 尺寸测量 |
| 6 | 千分尺 | 0~25mm | ±0.001mm | 试样高度或管材内外径测量 |
| 7 | 钢直尺 | 0~100mm/500mm/100mm | ±1mm | 试样尺寸测量 |
| 8 | 电热鼓风干燥箱 | 室温+10~200℃ | ±2℃ | 试样干燥或前处理 |
| 9 | 马弗炉/电阻炉 | 室温+10~1000℃ | ±5℃ | 塑料灰分测定或高温处理 |
| 10 | 高/低温试验箱 | -40~150℃ | ±1℃ | 试样高低温环境处理 |
| 11 | 水浴锅 | 室温~100℃ | ±0.1℃ | 提供恒温环境或辅助加热 |
| 12 | 湿热试验箱 | 湿度:0~100%R.H.<br>室温:+10~150℃ | ±5%R.H.<br>±1℃ | 试样湿热环境处理 |

表12-5 塑料检测精密分析仪器

| 序号 | 通用名称 | 用途 |
|---|---|---|
| 1 | 傅里叶变换红外光谱仪 | 通过中远红外的透射、反射、吸收光谱表征化合物结构 |
| 2 | 紫外-可见分光光度计 | 通过紫外可见光的透射、反射、吸收光谱表征化合物结构 |
| 3 | 能量色散型X射线荧光光谱仪 | 各类元素的定性分析及半定量分析，主要应用于快速筛查 |
| 4 | 波长色散型X射线荧光光谱仪 | 各类元素的定性分析及定量分析 |
| 5 | 气相色谱仪 | 对多组分的复杂混合物进行定量分析 |
| 6 | 气相色谱-质谱联用仪 | 对多组分的复杂混合物进行定性及定量分析 |
| 7 | 常温/高温凝胶渗透色谱仪 | 塑料相对分子质量及其分布检测 |
| 8 | 差示扫描量热仪(DSC) | 测量样品和参比物之间的热流差随温度或时间的函数 |
| 9 | 热重分析仪(TGA) | 程序控温条件下测量样品的质量与温度关系 |
| 10 | 热机械分析仪(TMA) | 程序控温条件下施加一定的机械力，测量样品在一定方向上的尺寸随温度或时间的变化关系 |
| 11 | 动态热机械分析仪(DMA) | 程序控温条件下施加单频或多频的振荡力，研究样品的机械行为，测定其储能模量、损耗模量和损耗因子随温度、时间与力的频率的函数关系 |

（3）专业测试设备

指用于测试塑料材料或制品的物理力学性能、电学性能、老化性能、热性能、燃烧性能、工艺性能的检测设备。常见的精密分析见表12-6。

表 12-6　　塑料检测专业测试设备

| 序号 | 通用名称 | 用　　途 |
| --- | --- | --- |
| 1 | 电子万能材料试验机 | 片材、卷材、薄膜拉伸、压缩、弯曲等各种性能测定 |
| 2 | 落锤式冲击试验机 | 板材、管材的抗冲击性能测试 |
| 3 | 摆锤式冲击试验机 | 材料冲击性能测试,包括简支梁和悬臂梁测试 |
| 4 | 洛氏硬度计 | 洛氏硬度测试 |
| 5 | 邵氏硬度计 | 邵氏硬度测试 |
| 6 | 球压痕硬度计 | 球压痕硬度测试 |
| 7 | 低温脆化测试仪 | 低温脆化性能测试 |
| 8 | 低温柔性测试仪 | 薄膜、卷材低温柔性测试 |
| 9 | 介电强度测试仪 | 介电强度测试 |
| 10 | 介电损耗测试仪 | 介电常数及介质损耗因数测试 |
| 11 | 电阻率测试仪 | 体积电阻率和表面电阻率测试 |
| 12 | 氙灯老化试验箱 | 人工光源-氙灯老化测试 |
| 13 | 荧光紫外老化试验箱 | 人工光源-荧光紫外老化测试 |
| 14 | 臭氧老化箱 | 臭氧老化测试 |
| 15 | 热空气老化箱 | 热空气老化测试 |
| 16 | 导热系数测试仪 | 材料导热系数的测定,常见方法包括热线法、热流计法、防护热板法、激光闪射法 |
| 17 | 热变形维卡软化点温度测试仪 | 热塑性塑料材料的热变形、维卡软化点温度测试 |
| 18 | 线膨胀系数测试仪 | 材料热膨胀性能测试 |
| 19 | 单体燃烧试验装置(SBI) | 基于耗氧原理,通过模拟实体房间墙角火试验,计算塑料制品的热释放速率从而对其燃烧性能进行判定 |
| 20 | 锥形量热仪/耗氧量热仪 | 基于耗氧原理,以锥形加热器加热模拟小型材料着火,计算材料的热释放速率、质量损失率等对其燃烧性能等级进行判定 |
| 21 | 水平垂直燃烧测试仪 | 对样品进行水平位置或垂直位置的小火焰点燃试验,通过燃烧时间、速率或试验现象对材料燃烧性能等级进行判定 |
| 22 | 可燃性测试仪 | 对样品进行垂直位置的小火焰点燃的可燃性试验,通过燃烧时间及试验现象对材料燃烧性能等级进行判定 |
| 23 | 氧指数测试仪 | 测定材料在氮氧混合气体中维持平衡燃烧所需的最低氧浓度 |
| 24 | 烟密度测试仪 | 在规定空间内建立模型火试验,通过测定生成的烟对空间内光束的衰减表征材料的生烟性 |
| 25 | 产烟毒性测试仪 | 将实验动物暴露于材料阴燃产生的烟气中,通过分析实验动物的暴露状况表征材料的产烟毒性 |
| 26 | 转矩流变仪 | 聚合物材料的加工性能和流变性能的测试 |
| 27 | 熔体流动速率测试仪 | 热塑性高聚物在高温下的流动性测试 |
| 28 | 平板硫化机 | 塑料原材料的加工成型,用于后续理化测试 |
| 29 | 注塑机 | 塑料原材料的加工成型,用于后续理化测试 |
| 30 | 开炼机 | 塑料原材料的加工成型,用于后续理化测试 |

## 12.2.2　仪器与设备的管理

仪器设备的管理一般包括购置、验收、档案管理、计量校准及期间核查、使用、维护维修及报废等环节。

（1）仪器设备的购置

购置仪器设备前，要进行科学论证，满足使用要求。拟购置的仪器设备的功能应与可预见的发展计划任务相适应，同时要考虑其技术先进性与通用性。充分做好市场调查，包括仪器设备的型号规格、现有同型号仪器的使用情况、生产厂家的技术条件、售后服务等。然后对各因素进行全面的综合评价，尽量选购性价比高、市场评价好、售后服务优的仪器设备。

（2）仪器设备的验收

仪器设备的计量验收是保证仪器设备质量的关键环节，是仪器设备投入正常使用的基础。设备到位后，一般应由设备的管理部门、采购部门、使用部门和生产商/供应商组成仪器设备验收组，对仪器设备进行常规验收和技术验收。

常规验收是指对仪器设备的自然情况按采购合同条款进行检验。主要检查仪器设备是否按采购合同要求购入，到货的仪器设备包装、外表是否完好，核对零配件、备件以及说明书等技术资料是否齐全。技术验收是针对已通过常规验收的仪器设备，按照说明书的要求安装调试，检验仪器设备的各项技术指标是否达到规定性能要求。必要时，可申请第三方机构进行计量检定验收。

验收人员必须做好仪器验收记录，验收记录是仪器设备的技术档案的重要组成部分之一。如果验收中发现有残缺损坏、数量和质量不符合合同规定要求或不按合同供货的，应和采购人员一起查明原因，及时办理退、换、补等手续。验收合格的仪器设备应及时投入使用。

（3）仪器设备的档案管理

设备档案管理是仪器设备常规管理的主要内容，是正确使用仪器设备，以及考核和评价仪器设备完好程度的重要依据。实验室应健全档案管理制度，包括仪器设备的名称、标识分类、编号和登记、操作规程或作业指导书、仪器设备使用与保管、仪器设备的出借、转让和调拨、仪器设备事故处理等文件的整理与归档工作。

① 原始档案。包括仪器设备的申请报告、论证报告、招标合同、验收记录，以及随仪器设备带来的全部技术资料（如仪器设备结构原理图、电路图、出厂检验单及合格证、使用说明书、附件、备件明细表等）。

② 使用档案。包括工作日志和履历卡。工作日志主要记录仪器设备每次使用的操作人员、操作时间、仪器设备允许情况、工作内容及结果等，是考核仪器设备使用效益的重要依据。履历卡主要记录故障现象、原因、排除故障采取的措施、维修记录、质量鉴定及精度校验记录、技术改造记录等技术状态情况，是仪器设备的性能和技术指标的历史记录，也是考核仪器设备技术状态的依据。

（4）仪器设备的计量校准及期间核查

实验室使用的仪器设备（包括软件和硬件）及参与检测用的辅助装置、设施均应处于受控状态，进行定期计量校准，必须满足实验室承检产品的检测方法和标准的要求。实验室控制中的所有设备应有唯一标识表明其计量校准状态，包括上次计量校准日期和有效期。

标识一般分为绿色、黄色和红色进行管理。经计量校准并确认有效的仪器设备量具应粘贴“绿色”（合格）状态标识，证明其符合检测要求。经计量检定、验证/自校达不到使用要求的，应粘贴“红色”（停用）状态标识；经计量检定、验证/自校证明性能下降或未按国家鉴定规程全检的，或部分功能、量程合格，仍可以使用的，应粘贴“黄色”（准用）状态标识。

在仪器设备的两次计量校准的间隔期间，对于部分使用频率高、精度高、易损坏或性能不稳定的仪器设备，由于操作方法、环境条件（振动、电磁干扰、辐射、温湿度变化等）以及样品和试剂溶液污染等因素的影响，并不能保证计量校准状态的持续可信度。为确保仪器设备的有效性及可靠性，必须针对具体的仪器设备，编制相应的期间核查方法，主要核查仪器的稳定性、分辨率、灵敏度等指标是否持续符合仪器本身的检测/校准工作的技术要求。

针对不同特性的仪器设备，可使用不同的核查方法，如仪器间比对、方法间比对、标准物质验证、添加回收标准物质等。期间核查的时间间隔一般以在仪器设备的计量校准周期内进行1、2次为宜。对于使用频率比较高的仪器，应增加核查的次数。

（5）仪器设备的使用

仪器设备应处于正常状态和计量校准有效期内，使用环境条件应符合要求，严禁仪器设备带故障及超负荷运行。仪器设备的使用登记本和受控的操作规程、作业指导书应在仪器设备旁边方便取用。

每台仪器设备应定专人保管。仪器设备操作者必须掌握所使用仪器的性能、原理及操作规程。使用前仔细检查该仪器设备的状况并做好准备工作；使用中严格按照规程操作或作业指导书，密切注意仪器设备的运行情况；使用完毕后，要切断电源、水源、气源等，做好清洁、防尘、防锈等保养工作，使仪器设备处于正常停机状态。

每次使用后应做好使用记录登记。仪器设备在使用中一旦发生异常情况、或显示数据有可疑、或经校准不合格，使用者应立即停止使用，做好记录并报设备管理部门处理。

（6）仪器设备的维护维修及报废

仪器设备的日常维护保养工作一般由保管人员或使用人员实施（主要是清洁、防尘、防锈等）。较长时间没有使用的仪器设备应定期通电检查、运行，使仪器设备保持良好状态，保管人员或使用人员应做好日常维护保养记录。仪器设备的定期维护保养工作一般有设备管理部门实施，周期根据仪器设备的具体特性或要求确定。

仪器设备出现故障或不符合使用要求的情况，设备管理部应安排人员进行检查维修，属仪器事故损坏的仪器设备，应待做出处理意见后，方可进行维修。仪器设备修理完毕后，使用部门应进行验收，并在维修记录上签字，维修人员要做好检验检测设备的维修记录。

对检测结果有影响的仪器设备维修后需安排安排计量校准或验证/自校，符合要求后方可投入使用；同时使用部门应追查仪器设备出现故障对进行维修以前的检测结果是否有影响。

## 12.3 检测样品与药品的管理

### 12.3.1 塑料样品的管理

检测结果取决于检验样品真实有效。因此，需要对塑料样品的运输与接收、识别、流转与保管、处置等各个环节实施有效控制。

（1）运输与接收

对于抽检样品，抽样人员抽取的样品需有防拆封措施并加贴样品标签，根据样品要求的保存条件对样品妥善保管存放并运输至实验室，防止出现样品损坏、变质或丢失等情况。

对于委托方直接交到实验室的样品，工作人员应根据委托要求以及检测需要，查看样品状态并做好记录，如遇到异常情况、对样品是否适用于检测有疑问、或样品与所提供的信息不符合时，应询问委托方并做好记录。

（2）识别

应采用统一的样品标签作为样品的标识，不同样品的标签贴于样品（如塑料板材、管材等制品）或样品（如塑料原材料、塑料薄膜等）包装袋上。每批次样品对应一个样品标签，样品标签上标注唯一性标码。

为防止样品发生漏检、重检、未检即退样或不合格样品不留样等情况，样品在实验室检测的各阶段均应有状态标记识别，包括检验状态标记“未检”、“在检”、“检毕”以及检验结果标记“合格”、“不合格”、“不判定”。

样品标签在检测期间都应保留；涉及到在多个专业实验室同时进行检测的样品，要确保不同实验室所检样品标识的唯一性。对于只用于复检仲裁或申诉的备份样品，除贴样品标签外，另要贴“留样”专用标识，以免混用。

（3）流转

样品送达实验室后，样品管理员应在样品台账上签收并核查样品状况。按检测专业进行分类和标识（缺标签的样品要加贴内部标签），送入各专业实验室“待试区”分类存放，检验员将检验信息单和“待试区”样品进行对照，符合后转入“在试区”并进行检验检测，同时在检验状态标注“在试”。

检验员根据检测样品多样性对样品进行二次细分标签标识，保证样品标识在检验检测整个过程中的唯一性，维持检测样品的可追溯性。样品制备完成后，要采取灵活的方式，对已经根据检测方法要求制备好的样品进行再次标识，标识内容应包括但不限于样品标识号、样本细分编号、监测项目、制备时间、要求完成时间、制备人、在检状态等信息。样品在检测传递过程中应严格遵守有关样品的使用说明，避免受到非检测性损坏，并防止丢失。

样品检测完毕后转入“试毕区”存放，检测状态标注识变成“检毕”，同时标注检测的“合格”、“不合格”、“不判定”等标识，“试毕区”的样品应由样品管理员统一退库，统一管理。

（4）保管

样品在进入检测流程的各个阶段都需要有适当的设施，保证样品不发生破坏检测有效性、损坏或丢失等情况。应遵守随样品提供的处置说明书，如果样品需要在规定的环境条件储存或预处理时，应保证贮存条件并维持、监控和记录这些条件；对在检测之后还要恢复相关功能性的样品，需确保在检验检测流程中不致使其功能性丧失。易燃易爆和有毒危险样品应隔离存放，做出明显标记，实验室应根据专业要求，对危险样品保管的处理做出具体规定。对于贵重样品，实验室要配备保险柜等设备，这类样品的任何流转环节都应有交接签收手续。检测完毕的样品应在检测结果出具后及时退样。退样仓库需根据样品种类分类存放，做到账物一致。

（5）处置

实验室在完成检测后必须将验余样品退还至样品仓库进行统一返还至委托方或清理处置。实验室在受理委托样品时应明确委托方对样品处置的要求，包括处置类别（检验消耗、退回未损样品、全部退回）、退样时间等。检测不合格的样品，应在检测报告异议期结束后方可退样。对于无须退样或委托方不办理退样手续的样品，应由实验室成立样品处置小组，根据样品的情况进行无害化处理。

## 12.3.2　其他检测用物品的管理

（1）标准物质

塑料检测中常用的各种标准物质，应优先选购能溯源到国际单位制（SI）单位或国家最新《标准物质目录》中的有证标准物质。未能在国家《标准物质目录》中找到或因标准物质生产者的原因，可以从国外或国内满足 ISO 17034 要求的标准物质生产者中购进。在国家《标准物质目录》内的标准物质，其证书和标签上均应有 CMC 标记；进口的标准物质应有该标准物质及发布机构或制造单位签发的证书。购进的标准物质（消耗性标准物质）由实验室指定专人负责查验或验证。标准物质的验收应有记录，验收记录和证书应统一存档。标准物质应在合格有效期内使用；如验收不合格者，不能使用。标准物质的使用等级必须依据检测标准要求由实验室提出，并按其证书中给出的使用指南和参照有关检测方法等技术资料要求投入使用。

标准物质应指定专人负责保管，对存放条件有特殊要求的标准物质，应有满足要求的条件，如低温、保持干燥等以防污染、变质、损坏，确保其完整性。正在使用的标准物质有唯一性状态标识或标签，且附有必要的技术数据和有效日期。如果标准物质数据中包含参考值或修正因子，应确保该参考值和修正因子得到更新和应用，以满足规定要求。对超过有效期的标准物质要及时处理，做好隔离及防护措施；暂未处理的，要有明显标识，防止误用。

标准物质应建立台账并实行有效的管理。台账应包含以下内容：标准物质名称、批号、型号规格、等级（准确度）、数量、购入日期、有效期（保质期）、证书编号、验证结果、领用人（保管人）、领用人签名等信息。

（2）化学试剂

塑料检测中经常会用到各类化学试剂，包括各类通用试剂、试纸、仪器分析用试剂以及塑料领域专用试剂（树状分子砌块、单体、聚合物添加剂、聚合试剂、聚合物等）。由于大部分试剂都具备挥发性、腐蚀性或易燃易爆性，因此在试剂的保管、使用都需要特别小心，预防中毒、腐蚀、化学灼伤等。

试剂应有专人保管，分类存放，并定期检查使用及保管情况。易燃易爆试剂不宜大量购置，在实验室内保存的少量试剂要放在阴凉通风处或专用的防爆试剂柜内。所有存放化学试剂的容器，必须贴有标签，标明其名称、浓度、配制日期及配制人。实验室内的化学试剂用后必需盖好，并应及时放回适当的位置。放置时要注意将标签向外，以方便识别。

剧毒试剂管理应做到“5双”，即双人保管、双人领用、双人使用、双把锁、双本账。保管人员要到公安部门登记备案并严格执行有关法规及制度。剧毒试剂应放置在指定房间的保险柜内，房间及保险柜应符合公安部门要求，不得放置其他物品，必须保证账物相符（包括品种、规格、数量等）。剧毒试剂的使用人员必须具备相应的知识和技能，严格按照规程且必须两人以上操作。剧毒试剂的使用必须有使用记录，内容至少应包括：使用时间、使用人员、用量和用途，使用记录应至少保存3年。

我国对化学试剂分类及适用情况见表12-7所示。

**表12-7　化学试剂的分类及用途**

| 类别 | 用途 | 备注 |
| --- | --- | --- |
| 国标试剂 | 适用于检验、鉴定、检测 | 我国国家标准所规定 |
| 基准试剂(JZ,绿标签) | 作为基准物质,标定标准溶液 | — |
| 优级纯(GR,绿标签) | 用于精确分析,可作为基准物质 | 一级品,纯度很高 |
| 分析纯(AR,红标签) | 适用于工业分析及化学实验 | 二级品,纯度较高,干扰杂质很低 |
| 化学纯(CP,蓝标签) | 适用于化学实验和合成制备 | 三级品,纯度较高,存在干扰杂质 |
| 实验纯(LR,棕黄标签) | 适用于一般化学实验和合成制备 | 纯度较差,杂质含量不做要求 |
| 教学试剂 | 适用于教学实验 | 不会造成化学反应现象偏差 |
| 指定级(ZD) | 为特定用户定做的化学试剂 | 按照用户要求的质量控制指标 |
| 高纯试剂(EP) | 适用于配制标准溶液 | 对分析结果有干扰的杂质含量很低 |
| 色谱纯(GC)气相 | 气相色谱分析专用试剂 | 纯度高,杂质对气相色谱峰干扰少 |
| 色谱纯(LC)液相 | 液相色谱分析专用试剂 | 纯度高,杂质对液相色谱峰干扰少 |
| 指示剂(ID) | 适用于配制指示溶液 | 可替代化学纯,适用于有机合成 |
| 光谱纯(SP) | 适用于光谱分析 | 用于各类光谱的标准品 |

## 12.4 塑料检测实验室的安全管理

塑料检测实验室的安全管理是一项复杂的系统工程，主要包括防盗、防火、防爆、防毒、防污染、防辐射等各方面工作。一方面，在实验室新建、扩建过程中，应把安全建设标准纳入实验室基础设施规划与建设中，加大实验室安全设施的投入力度，以保证安全为前提，按专业实验室的特点，充分考虑实验室的设计、建设、仪器设备购置及布置、水电气管线设施的规范完善等问题；另一方面，要加强实验室安全管理制度的制定与执行，落实安全责任人，对人员进行实验室安全知识培训，持证上岗，防患于未然。

### 12.4.1 实验室的防火与防爆

塑料检测实验室存放或使用多种有机、无机试剂和药品，如酒精、乙醚、内酮、煤油、甲醇等，以及氢气、煤气、乙炔、乙烯、甲烷、氨等各类气体。在测试中也常使用诸如酒精灯、煤气灯、电炉、马弗炉各种火源。当火源与可燃物相接触或接近，或者在热源连续作用后会燃烧而引发火灾、爆炸。而且燃烧与爆炸相伴相生，有时候先是发生燃烧，继而发生爆炸；也有先是爆炸发生，而后再延续燃烧。因此，实验室应制定和执行严格的防火、防爆管理制度。

（1）实验室设计要符合安全防火要求，设置安全通道、安全门，安全通道严禁堆放物品，安全门在工作时间必须打开（特殊原因不能打开的，钥匙须悬挂在门边明显处），确保一切安全通道、出入口畅通无阻。

（2）火源、电源要有专人负责。因工作原因需要动火时，要火在人在，人走火灭，严加防范。定期检查维修电气设备和电线线路，消除电气火灾隐患。

（3）实验室不得存放过多易燃易爆溶剂，如乙醚、酒精、丙酮、二硫化碳、苯等。在实验室里操作和处理易爆、易燃溶剂时，应远离火源。易挥发溶剂应在打开通风的通风橱内操作，使挥发气体及时排出。此类废弃物切不可倒入下水道，以免集聚引起火灾。

（4）使用和存放金属钠、钾、铝粉、电石、黄磷及金属氢化物等，必须严格按要求操作，避免上述物品与水直接接触。

（5）所有仪器设备在使用前一定按操作说明书安装、调试、检查。一旦发生火灾事故，应首先切断电源，然后迅速将周围易燃东西移开。

（6）实验室应配备完好防火、防爆设施，特定位置安装可燃气体浓度监测与报警装置，配置相应种类和数量的消防器材并安放在固定位置。实验室工作人员应了解各种物质火灾爆炸危险特性，掌握防火防爆的方法，学会使用各类灭火器材，懂得现场急救的基本知识。万一发生火灾，应冷静对待，在确保人员安全的前提下，采取适当措施。

### 12.4.2　实验室用电安全

塑料检测实验室常用电为频率 50Hz，电压 220V 或 380V 的交流电。由于塑料检测实验室使用的电器较多，为保障人身安全，必须做好以下措施。

（1）使用动力电前，先了解仪器设备要求使用的电源、相数、电压、功率等参数；确认合适后，应先检查仪器设备的电源开关、电机和各部分是否良好，如有故障，应先排除后，方可接通电源。

（2）严格遵守电器设备使用规程，不得超负荷用电，修理或安装用电器设备时，应先切断电源，不应用双手同时触及设备，以防止触电时电流通过心脏。

（3）人员较长时间离开房间或电源中断时，要切断电源开关，尤其是要注意切断加热仪器设备的电源开关。

（4）电源或电器设备的保险烧断时，应先查明烧断原因，排除故障后，再按原负荷选用适宜的保险丝进行更换，不得随意加入或用其他金属导线代替。

（5）线路及电器接线必须保持干燥和绝缘。不得有裸露线路，电器外壳应接地线，以防漏电及伤人。

（6）电器或线路过热，应停止运行，断电后检查处理。实验过程中发生停电，应关闭一切电器。恢复供电后，再按规定进行必要的检查后重新送电进行实验工作。

（7）定期检查漏电保护开关，确保其灵活可靠，电气开关箱内，不准放置杂物，并定期进行清洁。禁止用金属柄刷子或湿布清洁电气开关。

（8）使用高压电源时（如电气击穿试验等），要按规定穿戴绝缘手套、绝缘靴，并站在橡胶绝缘垫上，用专用工具操作，不能用试电笔去试高压电。

（9）室内有可燃气体或蒸气时，禁止开、关电器，以免发生电火花而引起爆炸、燃烧。

（10）发现有人员触电，应首先切断电源，然后再实施抢救。

特别注意！救护触电伤员人员，要先拉下电闸，或用干燥木棍等绝缘工具将触电者从电源上拨开，在断开电源后，才能采取人工呼吸、心脏挤压等救护措施。触电处的皮肤常因高热火花烧伤，要防止感染，并应及时送医院治疗。如果发现有人员在火灾中受伤时，应立即采取果断的救护措施。

### 12.4.3 实验室的环境保护

绿色环保已成为世界经济可持续发展趋势。为建立环境管理体系，减少各项活动所造成的环境污染，节约资源，改善环境质量，促进企业和社会的可持续发展，国际标准化组织于1996年9月正式颁布ISO 14000环境保护标准系列。实施ISO 14000并通过其认证，已为企业参与市场竞争的一道门槛。

为满足环境保护管理体系的要求，保障工作人员的人身安全，减少对实验室周边环境的影响，必须做好以下措施。

（1）提高环保意识，加强环境治理，坚持“谁污染，谁治理”的原则，各专业实验室对管辖内废弃物的排放、处置负直接责任。

（2）实验室应加强噪声、粉尘、生物污染、病菌污染等的治理工作。配备用于废弃物排放、倾倒、消除的专门设备、设施（对超标噪声逐步完善消声或隔离装置），其数量、性能、功效设计与检验规模相匹配，污染程度测出数据符合国家标准。对于无法进行无害处理的废液、废渣等，应安排人员进行收集、回收并联系相关有资质的处理单位进行转移处理。

（3）实验室应建立环境污染发生应急预案，预防突发性环境污染事故的发生或能在环境污染事故发生后进行迅速有效的控制与处理，确保现场及周边地区人员及环境安全。

## 12.5 塑料检验实验室的质量管理

质量管理是指在质量方面指挥和控制组织的协调的活动，通常包括制定质量方针和质量目标、质量策划、质量控制、质量保证和质量改进。

### 12.5.1 质量管理的基本原则

国际标准化组织（ISO）对质量管理的提出八大原则：①以顾客为关注焦点；②领导作用；③全员参与；④过程方法；⑤管理的系统方法；⑥持续改进；⑦基于事实的决策方法；⑧与供方互利的关系。

8 项质量管理原则体现了实验室质量管理应遵循的基本原则，包括了实验室质量管理的指导思想和基本方法，提出了实验室在质量管理中如何处理好与顾客、员工和供方三者之间的关系。质量管理八项原则构成了实验室质量管理体系标准的基础，也是实验室质量管理体系建立与实施的基础。

### 12.5.2 质量体系的建立与实施

（1）学习标准

首先应组织各级员工，尤其是各管理层认真学习 ISO/IEC 17025（GB/T 27025）、RB/T 214 等实验室质量管理体系相关标准，重点是学习质量管理体系的基本概念和基本术语，质量管理体系的基本要求，通过学习，端正思想，找出差距，明确方向。

（2）确定质量方针和质量目标

应根据实验室的宗旨、发展方向确定与实验室的宗旨相适应的质量方针，对质量做出承诺，在质量方针提供的质量目标框架内规定实验室的质量目标以及相关职能和层次上的质量目标。质量目标应是可测量的。

（3）质量管理体系策划

实验室应依据质量方针、质量目标，应用过程方法对实验室应建立的质量管理体系进行策划，并确保质量管理体系的策划满足质量目标要求。在质量管理体系策划的基础上，进一步对检测过程及其他过程进行策划，确保这些过程的策划满足所确定的质量目标和相应要求。

（4）确定职责和权限

实验室应依据质量管理体系策划以及其他策划的结果，确定各部门、各过程及其他与质量工作有关人员应承担的相应职责，并赋予相应的权限并确保其职责和权限能得到沟通。

最高管理者还应在管理层中指定一名管理者代表，代表最高管理者负责质量管理体系的建立和实施。

（5）编制质量管理体系文件

实验室应依据质量管理体系策划以及其他策划的结果确定质量管理体系文件的框架和内容，在质量管理体系文件的框架里确定文件的层次、结构、类型、数量、详略程度，规定统一的文件格式，编制质量管理体系文件。

（6）学习质量管理体系文件

在质量管理体系文件正式发布或即将发布而未正式实施之前，认真学习质量管理体系文件对质量管理体系的真正建立和有效实施至关重要。各部门、各级人员都要通过学习，清楚地了解质量管理体系文件对本部门、本岗位的要求以及与其他部门、岗位的相互关系的要求，只有这样才能确保质量管理体系文件在整个实验室内得以有效实施。

（7）质量管理体系文件的发布和实施

质量管理体系文件在正式发布前应认真听取多方面意见，并经授权人批准发布。

质量手册必须经最高管理者签署发布。质量手册的正式发布实施即意味着质量手册所规定的质量管理体系正式开始实施和运行。

（8）质量管理体系的运行

质量管理体系运行主要反映在两个方面：一是实验室所有质量活动都在依据质量策划的安排以及质量管理体系文件要求实施；二是实验室所有质量活动都在提供证实，证实质量管理体系运行符合要求并得到有效实施和保持。

（9）质量管理体系内部审核

实验室在质量管理体系运行一段时间后，应实验室内审员对质量管理体系进行内部审核，以确定质量管理体系是否符合策划的安排、ISO/IEC 17025（GB/T 27025）或 RB/T 214 等标准要求以及组织所确定的质量管理体系要求，是否得到有效实施和保持。内部审核是实验室自我评价、自我完善机制的一种重要手段。实验室应每年按策划的时间间隔坚持实施内部审核。

（10）管理评审

在内部审核的基础上，实验室的最高管理者应就质量方针、质量目标，对质量管理体系进行系统的评审（即管理评审），确保质量管理体系持续的适宜性、充分性和有效性。管理评审包括评价质量管理体系改进的机会和变更的需要，包括质量方针、目标变更的需要。管理评审和内部审核一样都是实验室自我评价、自我完善机制的一种重要手段，实验室应每年按策划的时间间隔坚持实施管理评审。

## 12.6 实验室的资质评价

实验室通过内部审核和管理评审，在确认质量管理体系运行符合要求且有效的基础上，可向实验室资质评价机构提出认证认可的申请。

我国检测实验室资质评价制度主要有资质认定（CMA）和实验室认可（CNAS）两种形式。资质认定包括计量认证（CMA）和审查认可（CAL）两种方式，但随着 2018 年 1 月 1 日新修订的《中华人民共和国标准化法》实施，审查认可的法律依据不复存在，虽仍在惯性实施，但已逐步退出历史舞台，故在此将不作讨论，下文的资质认定仅表示计量认证。

资质认定与实验室认可两种资质评价制度的相互关系见表 12-8。

① “CMA”是“中国检验检测机构资质认定”（China inspection body and laboratory mandatory approval）英文缩写字母组成的符号，代表产品质量检验机构资质认定合格；同时也是“中国计量认证”（China metrology accreditation）英文缩写字母组成的符号，代表产品质量检验机构计量认证合格。

表 12-8 资质认定（计量认证）与实验室认可两种资质评价制度的相互关系

| 评价制度 | 资质认定（计量认证）CMA | 实验认可 CNAS |
|---|---|---|
| 依据 | 《中华人民共和国计量法》及其实施细则 | ISO/IEC 17025 及其系列标准 |
| 评审对象 | 为社会提供公证数据的产品质量检验机构 | 社会各界的实验室 |
| 实施主体 | 国务院有关部门以及相关行业主管部门依法成立的检验检测机构，其资质认定由国家认证认可监督管理委员会（CNCA）负责组织实施；其他检验检测机构的资质认定，由其所在行政区域的省级资质认定部门负责组织实施 | 中国合格评定国家认可委员会 |
| 现行评审准则 | RB/T 214—2017《检验检测机构资质认定能力评价 检验检测机构通用要求》 | CNAS-CL01:2018《检测和校准实验室能力认可准则》（ISO/IEC 17025:2017） |
| 效力 | 获证机构出具的检测报告具有法律效力 | 获认可机构出具的检测报告获得国际实验室合作组织的成员互认 |

②“CAL”是“中国考核合格检验实验室”（China accredited laboratory）英文缩写字母组成的符号，代表产品质量检验机构考核合格。

③“CNAS”是中国合格评定国家认可委员会（China national accreditation service for conformity assessment）颁发给已认可实验室，供其在认可范围内出具的报告/证书上加盖认可标志的印章。

④“CNCA”是国家认证认可监督管理委员会（Certification and accreditation administration of the people's republic of China），简称国家认监委。

## 12.6.1 资质认定（计量认证）

国家实行统一的认证认可监督管理制度，国家认监委和各省、自治区，直辖市资质认定部门实施的资质认定（计量认证）评审工作，实施工作程序见表 12-9。

申请单位必须符合以下条件：（1）依法成立并能够承担相应法律责任的法人或者其他组织；（2）具有与其从事检验检测活动相适应的检验检测技术人员和管理人员；（3）具有固定的工作场所，工作环境满足检验检测要求；（4）具备从事检验检测活动所必需的检验检测设备设施；（5）具有并有效运行保证其检验检测活动独立、公正、科学、诚信的管理体系；（6）符合有关法律法规或者标准、技术规范规定的特殊要求。

符合条件的申请单位按归属地或部门向国家认监委或省级资质认定部门提出资质认定（计量认证）申请。申请材料包括：申请书（机构名称、地址、技术负责人及各类技术人员情况等内容）；法律地位证明文件（法人资格证或法人授权证明、机构设置批准证明等）；技术能力证明（场所、设施、人员、以往检测报告抽样复印件）、管理体系文件（质量手册、程序文件，质量记录）等。

表 12-9　　资质认定（计量认证）实施工作程序

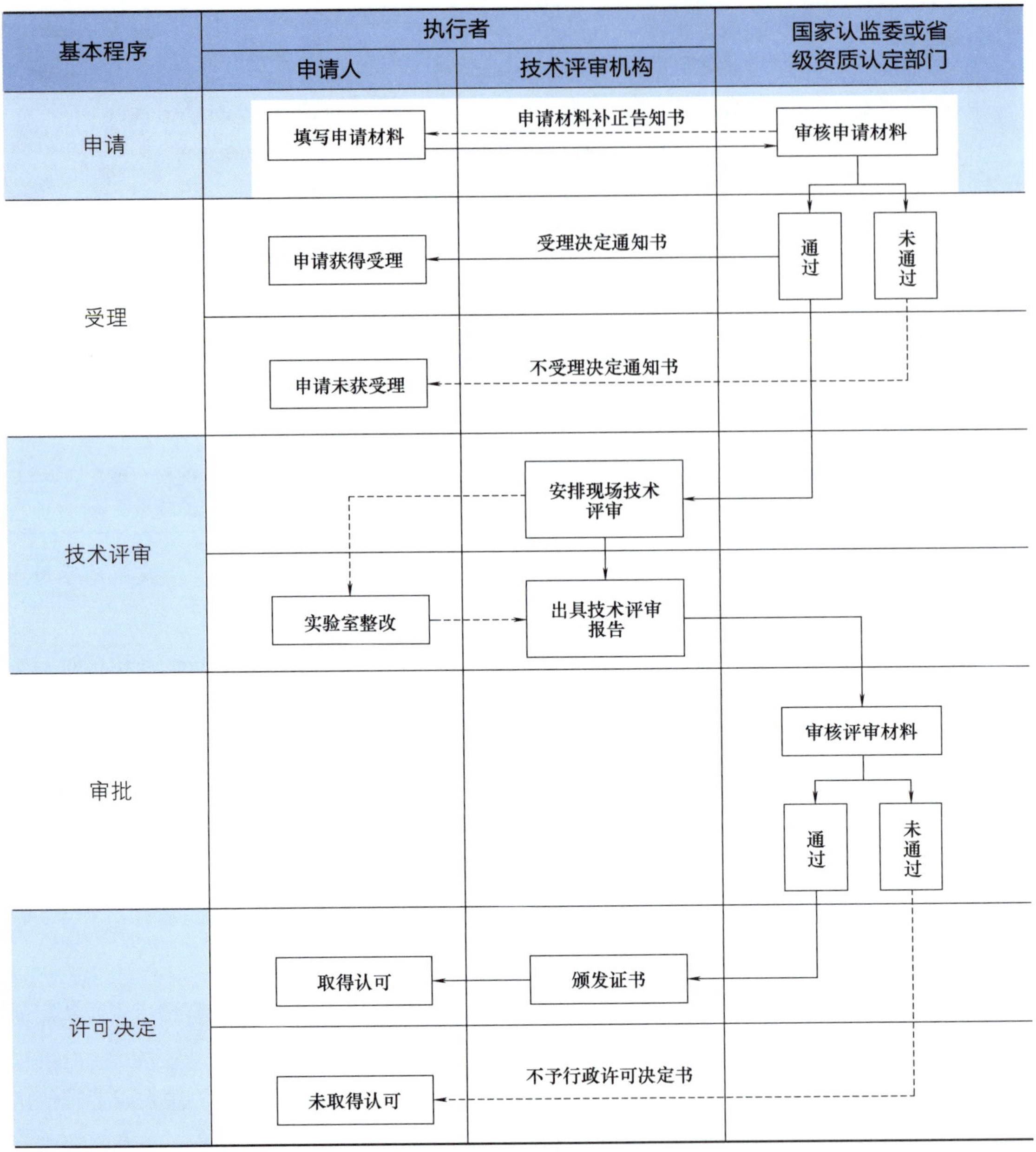


国家认监委或省级资质认定部门收到申请单位提交的申请材料后，在规定的时间内，对申请书的填写内容及递交的证明材料是否符合要求进行审核，及时与申请方沟通，通知其是否已被受理。

申请获得受理后，技术评审机构依据《RB/T 214—2017 检验检测机构资质认定能力评价 检验检测机构通用要求》对申请人进行评定，评审的内容包括：组织机构、仪器设备、人员情况、检测工作、环境及工作制度等。

申请单位接到受理通知后，应立即做好相关准备工作，如编制《质量管理手册》，检定仪器设备，进行量值溯源、人员培训与考核，环境整顿等。技术评审机构则组成评审专家组，审查被评审方的质量手册、程序文件等资料，制定评审计划。

评审分初查和预审、现场评审两个阶段。初查和预审是技术评审机构根据需要派评审员到申请单位，了解其规模、特点等概况，商定评审考核计划，解答相关问题，保证现场评审顺利通过。现场评审通过提问、聆听、观察、检查等方法，对质量检验机构或实验室项目进行考核，判定其检测能力，考核其管理水平，保证其出具的检验数据准确可靠。评审组人数可根据被评审方规模、人数和申请项目的多少而定。

现场评审的主要程序是：预备会议→首次会议→参观实验室→软、硬件小组评审一评审组沟通、汇总情况→与被评审方领导沟通→末次会议。评审组汇总软、硬件两组评审情况，确定评审通过的项目，提出存在问题和整改要求，形成评审结论和评审记录，填写评审报告。被评审方对于现场评审提出的问题和整改要求，在两个月内进行整改，并将整改后的书面材料交评审组长确认。

现场评审完成后，评审组将评审材料，包括评审报告、整改报告、现场考核材料（检验报告、座谈会记录）、申请材料等报送国家认监委或省级资质认定部门。国家认监委或省级资质认定部门对评审材料进行审查，经审查符合要求的，颁发资质认定合格证书，允许检测机构在检验报告上使用“CMA”标志，并在标志下加印证书编号。经审查不符合要求的，由评审组长组织补充完善或另组织重新评审。

## 12. 6. 2　实验室认可

实验室认可是指认可机构按照相关国际标准或国家标准要求，对从检测活动的实验室实施评审，证实其满足相关标准要求，进一步证明其具有从事检测活动的技术能力和管理能力，并颁发认可证书。获得实验室认可表明实验室具备实施特定检测评价工作能力的第三方证明。

根据《中华人民共和国认证认可条例》（国务院令第 666 号）的规定，国家认监委（CNCA）批准设立并确定中国合格评定国家认可委员会（CNAS）统一负责对认证机构、实验室和检验机构等相关机构的认可工作。 CNAS 作为国际认可论坛（IAF）的多边承认协议（MLA）和国际实验室认可合作组织（ILAC）的相互承认协议（MRA）的签署方，经 IAF 和 ILAC 批准， CNAS 对实验室的认可结果，获得 IAF 互认成员和 ILAC 互认成员的承认。

（1）实验室认可依据

CNAS 依据 ISO/IEC、IAF、ILAC 和 APAC 等国际组织发布的标准、指南和其他规范性文件，以及 CNAS 发布的认可规则、准则等文件，实施认可活动。

认可规则规定了 CNAS 实施认可活动的政策和程序，目前已发布通用认可规则（代号：R） 3 份，如 CNAS-R01《认可标识使用和认可状态声明规则》、 CNAS-R02《公正性和保密规则》、CNAS-R03《申诉、投诉和争议处理规则》，以及实验室专用认可规则 9 份（代号：RL），如 CNAS-RL01《实验室认可规则》、CNAS-RL02《能力验证规则》等。

认可准则（代号： CL）是 CNAS 对认证机构、实验室和检验机构等合格评定机构应满足的基本要求，是认可评审的基本依据，目前已发布认可准则 9 大类，如 CNAS-CL01《检测和校准实验室能力的通用要求》（等同 ISO/IEC 17025）、 CNAS-CL02《医学实验室质量和能力认可准则》（等同 ISO 15189）等。

认可指南（代号：GL）是对认可准则的说明或应用指南，CNAS 按照认可规范的规定对认证机构、实验室和检验机构的管理能力、技术能力进行符合性评审，目前已发布认可指南 39 份，如 CNAS-GL001《实验室认可指南》、 CNAS-GL002《能力验证结果的统计处理和能力评价指南》等。

另外还有认可方案（代号：SL）、认可说明（代号：EL）、技术报告（代号：TRL）、认可信息类文件（代号：AL）等，在此不一一说明。

（2）实验室认可实施过程

实验室认可实施过程分申请、评审、认可批准 3 个阶段，如图 12-1 所示。

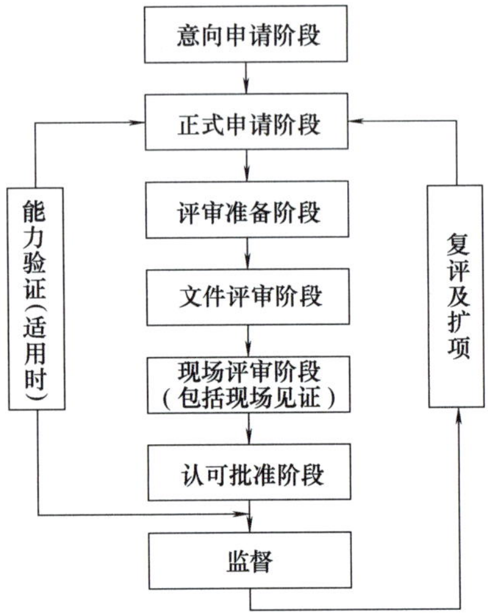

图 12-1 实验室认可流程图

申请人按 CNAS 秘书处的要求提供申请资料，并交纳申请费用。申请材料包括申请书及附件材料，可在 CNAS 网站（http：//www. cnas. org. cn）下载。

CNAS 秘书处将审查申请人正式提交的申请资料。若申请人提交的资料齐全、填写清楚、正确，对 CNAS 的相关要求基本了解，质量管理体系正式运行超过 6 个月，并进行了完整的内审和管理评审，至少参加过一项适宜的能力验证计划、测量审核或比对计划，获得满意结果，则可予以正式受理。在正式受理后， CNAS 秘书处一般在 3 个月内安排评审。

评审分为初次评审、扩项评审、监督评审和复评审四种类型。而初次评审、扩项评审和复评审需要被评审实验室提出申请，监督评审则由 CNAS 根据有关规定实施。

① 评审准备。 CNAS 秘书处以公正性原则指定具备相应技术能力的评审组，并征得申请人同意。秘书处根据评审组长的提议，认为需要时，可与申请人协商进行预评审。

② 现场评审。现场评审覆盖申请范围所涉及的所有活动及相关场所， CNAS 将把申请人在能力验证中的表现行为是否给予认可的重要依据。评审时，会充分考虑和利用申请人参与能力验证活动的情况及结果，必要时评审组也会安排测量审核。评审中，如发现被评审实验室在相关活动中存在违反国家有关法律法规或其他明显有损于 CNAS 声誉和权益的情况，应及时报告 CNAS 秘书处。情况严重时， CNAS 有权中止认可过程，并采取相应处理措施。

评审组长应在现场评审末次会议上，将现场评审结果提交给被评审实验室。对于评审中发现的不符合，被评审实验室在明确整改要求后应拟订纠正措施计划，通常在 3 个月内完成。评审组应对纠正措施的有效性进行验证。纠正措施验证完毕后，评审组长将最终评审报告和推荐意见报 CNAS 秘书处。

（3）认可评定

CNAS 秘书处负责将评审报告、相关信息及推荐意见提交给评定委员会，评定委员会对申请人与认可要求的符合性进行评价并做出决定。

评定结果可能是以下 4 种类型之一：①同意认可；②部分认可；③不予认可；④补充证据或信息，再行评定。

CNAS 向获准认可的实验室颁发认可证书，以及认可决定通知书和认可标识章，列明批准的认可范围和授权签字人。实验室在认可有效期和认可范围内，可以在签发的报告或证书、内部文件、办公用品、宣传品、电子文件和网站宣传等使用 CNAS 认可标志。 CNAS 认可标志可采用印刷电子图文和认可标志章等方式使用。认可证书有效期一般为 3 年。 CNAS 秘书处负责公布获得认可的实验室及其被认可范围，列入获准认可实验室名录，予以公布。

（4）扩大、缩小认可范围

获准认可的实验室在认可有效期内可以向 CNAS 秘书处提出扩大认可范围的申请。 CNAS 根据情况可以在监督评审、复评审时对申请扩大认可范围进行评审，也可以根据获准认可实验室需要单独安排扩大认可范围的要求安排评审。扩大认可范围的认可程序与初次认可相同，必须经过申请、评审、评定和批准。

获准认可实验室自愿申请缩小其原认可范围；或业务范围变动使获准认可实验室失去原认可范围内的部分能力；或监督评审、复评审或能力验证的结果表明获准认可实验室的某些技术能力或质量管理不再满足认可要求，且在 CNAS 规定的时间内不能恢复。上述 3 种情况，均可以申请缩小认证范围。

（5）监督评审

监督评审的目的是为了证实获准认可的实验室在认可有效期内持续地符合认可要求，并保证在认可规则和认可准则修订后，能够及时实施并纳入管理体系。在监督评审中，如果发现获准认可实验室不能持续符合认可条件时， CNAS 将要求其限期采取纠正或纠正措施，情况严重时可立即予以暂停、撤销认可。监督评审又分为定期监督评审和不定期监督评审两类。

① 定期监督评审。获准认可实验室在认可批准后的 12 个月内接受 CNAS 安排的定期监督评审。定期监督评审不需提出申请，有关评审要求和现场评审程序与初次认可相同。定期监督评审的范围可以是认可领域以及认可要求的全部或部分内容。对多地点的获准认可实验室，监督将覆盖所有地点。

监督中发现不符合时，被评审方在明确整改要求后应拟订并实施纠正措施计划，纠正措施完成期限一般为 2 个月，对于严重不符合，应在 1 个月内完成。 CNAS 将对纠正措施的有效性进行验证，纠正措施未能通过验证时， CNAS 可以视情况作出暂停、缩小认可范围或撤销认可的决定。

② 不定期监督评审。在获准认可实验室存在如下情况时， CNAS 秘书处可随时安排不定期监督评审或不定期的访问：获准认可实验室的名称、地址、法律地位和主要政策发生变化；获准认可实验室的组织机构、高级管理和技术人员、授权签字人发生变更；认可范围内的重要试验设备、环境、检测、校准工作范围及有关项目发生重大改变；其他可能影响其认可范围内业务活动和体系运行的变更；在 CNAS 的认可要求变化或 CNAS 认为需要对投诉、其他情况反

映进行调查时， CNAS 秘书处可随时安排不定期监督评审或不定期的访问。

（6）复评审获准

认可实验室应在认可有效期到期前 6 个月向 CNAS 秘书处提出复评审申请。 CNAS 秘书处在认可有效期到期前将根据获准认可机构的申请组织复评审，并决定是否延续认可至下一个有效期。复评审的其他要求和程序与初次认可一致，是针对全部认可范围和要求的评审。

## 12.7 塑料管材管件检验实验室建设案例

有一个生产聚氯乙烯（PVC）塑料管材管件的企业，为保障产品质量，提高、开发新产品，提升该企业的市场竞争力，需要建一个检验实验室，用于生产原、辅材料，产品性能的检验。要求我们根据已学习的知识，查阅相关资料，帮助企业完成实验室建设任务。

### 12.7.1 实验室需求分析及目标分解

（1）实验室需求

实验室建成后，企业希望实现的功能包括：①满足 PVC 塑料管材管件生产中使用主要原、辅材料的性能要求及标准（方法）规定检测项目测试；②完成产品规格与产品标准规定的性能检测；③建立完善的实验室质量管理体系。

（2）目标分解

确定检测项目和试验方法。生产 PVC 塑料管材管件主要原料有 PVC 树脂和增塑剂、稳定剂、润滑剂、填料和改性剂等组成。根据企业所使用的具体原材料进行分析，得到其原材料检测标准及项目，见表 12-10 所示。

**表 12-10　原材料检测标准及项目**

| 检测对象 | 检测项目 | 检测方法 |
|---|---|---|
| PVC 树脂 | 外观 | 《GB/T 5761—2006 悬浮法聚氯乙烯树脂》 |
| | 黏数 | 《GB/T 3401—2007 用毛细管黏度计测定聚乙烯树脂稀溶液的黏度》 |
| | 杂质粒子数 | 《GB/T 9348—2008 聚氯乙烯树脂的杂质与外来物粒子数的测定方法》 |
| | 挥发物 | 《GB/T 2914—2008 塑料　聚乙烯均聚和共聚树脂　挥发物(包括水)的测定》 |
| | 表观密度 | 《GB/T 20022—2005 氯乙烯均聚物和共聚物树脂表现密度的测定》 |
| | “鱼眼”数 | 《GB/T 4611—2008 通用型聚氯乙烯树脂“鱼眼”测试方法》 |
| | 增塑剂吸收量 | 《GB/T 3400—2002 塑料　通用型聚乙烯均聚和共聚树脂室温下　增塑剂吸收量的测定》 |
| | 白度 | 《GB/T 15595—2008 聚氯乙烯树脂热稳定性试验方法　白度法》 |

续表

| 检测对象 | 检测项目 | 检测方法 |
| --- | --- | --- |
| PVC 树脂 | 热稳定性 | 《GB/T 2917. 1—2002 以氯乙烯均聚和共聚物为主的共混物及制品在高温时放出氯化氢和任何其他酸性产物的测定　刚果红法》 |
| 氯化聚乙烯 | 外观 | 《HG/T 2704—2010 氯化聚乙烯》 |
| | 氯的质量分数 | 《GB/T 7139—2002 塑料　氯乙烯均聚物和共聚物氯含量的测定》 |
| | 熔融焓 | 《HG/T 2704—2010 氯化聚乙烯》 |
| | 挥发物 | 《GB/T 2914—2008 塑料　聚乙烯均聚和共聚树脂　挥发物(包括水)的测定》 |
| | 杂质粒子数 | 《HG/T 2704—2010 氯化聚乙烯》 |
| | 灰分 | 《GB/T 9345. 1—2008 塑料　灰分的测定　第 1 部分:通用方法》 |
| | 拉伸强度 | 《HG/T 2704—2010 氯化聚乙烯》 |
| | 邵氏硬度 | 《GB/T 531. 1—2008 橡胶袖珍硬度计压入硬度试验方法　第 1 部分:邵氏硬度计法(邵尔硬度)》 |
| 工业沉淀碳酸钙 | 外观 | 《HG/T 2226—2010 工业沉淀碳酸钙》 |
| | 主含量 | 《GB/T 19281—2014 碳酸钙分析方法》 |
| | pH | 《HG/T 2226—2010 工业沉淀碳酸钙》 |
| | 挥发物 | 《GB/T 19281—2014 碳酸钙分析方法》 |
| | 盐酸不溶物 | 《GB/T 19281—2014 碳酸钙分析方法》 |
| | 沉降体积 | 《GB/T 19281—2014 碳酸钙分析方法》 |
| | 细度 | 《HG/T 2226—2010 工业沉淀碳酸钙》 |
| | 白度 | 《HG/T 2226—2010 工业沉淀碳酸钙》 |
| | 吸油值 | 《HG/T 2226—2010 工业沉淀碳酸钙》 |
| | 黑点 | 《HG/T 2226—2010 工业沉淀碳酸钙》 |
| 工业活性沉淀碳酸钙 | 外观 | 《HG/T 2567—2006 工业活性沉淀碳酸钙》 |
| | 主含量 | 《GB/T 19281—2014 碳酸钙分析方法》 |
| | pH | 《HG/T 2567—2006 工业活性沉淀碳酸钙》 |
| | 挥发物 | 《GB/T 19281—2014 碳酸钙分析方法》 |
| | 盐酸不溶物 | 《GB/T 19281—2014 碳酸钙分析方法》 |
| | 筛余物 | 《HG/T 2567—2006 工业活性沉淀碳酸钙》 |
| | 白度 | 《HG/T 2567—2006 工业活性沉淀碳酸钙》 |
| | 吸油值 | 《HG/T 2567—2006 工业活性沉淀碳酸钙》 |
| | 活化度 | 《GB/T 19281—2014 碳酸钙分析方法》 |
| 二氧化钛 | 外观 | 《GB/T 1706—2006 二氧化钛》 |
| | 二氧化钛含量 | 《GB/T 1706—2006 二氧化钛》 |
| | 挥发物 | 《GB/T 5211. 3—1985 颜料在 105℃挥发物的测定》 |
| | 水溶物 | 《GB/T 5211. 2—2003 颜料水溶物测　热萃取法》 |

续表

| 检测对象 | 检测项目 | 检测方法 |
|---|---|---|
| 二氧化钛 | 筛余物 | 《GB/T 5211. 14—1988 颜料筛余物的测定　机械冲洗法》 |
| | 颜色 | 《GB/T 1864—2012 颜料和体质颜料通用试验方法颜料颜色的比较》 |
| | 预处理后挥发物 | 《GB/T 1706—2006 二氧化钛》 |
| | 水悬浮液 pH | 《GB/T 1717—1986 颜料水悬浮液 pH 值的测定》 |
| | 吸油量 | 《GB/T 5211. 15—2014 颜料吸油量的测定》 |
| 硬脂酸 | 外观 | 《GB/T 9103—2013 工业硬脂酸》 |
| | 皂化值 | 《GB/T 9104—2008 工业硬脂酸试验方法》 |
| | 酸值 | 《GB/T 9104—2008 工业硬脂酸试验方法》 |
| | 凝固点 | 《GB/T 9104—2008 工业硬脂酸试验方法》 |
| | 水分 | 《GB/T 9104—2008 工业硬脂酸试验方法》 |

成品的性能检测应按产品标准规定的测试方法进行；根据企业生产的产品用途进行分析并查阅相关产品标准和测试方法标准，得到其成品检测标准及项目，见表 12-11 所示。

**表 12-11　　成品检测标准及项目**

| 产品标准 | 检测项目 | 检测方法 |
|---|---|---|
| GB/T 5836. 1—2006《建筑排水用硬聚氯乙烯(PVC-U)管材》 | 外观颜色 | 《GB/T 5836. 1—2006 建筑排水用硬聚氯乙烯(PVC-U)管材》 |
| | 平均外径 | 《GB/T 8806—2008 塑料管道系统　塑料部件　尺寸的测定》 |
| | 壁厚 | 《GB/T 8806—2008 塑料管道系统　塑料部件　尺寸的测定》 |
| | 有效长度 | 《GB/T 5836. 1—2006 建筑排水用硬聚氯乙烯(PVC-U)管材》 |
| | 不圆度 | 《GB/T 8806—2008 塑料管道系统　塑料部件　尺寸的测定》 |
| | 管材承口 | 《GB/T 5836. 1—2006 建筑排水用硬聚氯乙烯(PVC-U)管材》 |
| | 弯曲度 | 《QB/T 2803—2006 硬质塑料管材弯曲度测量方法》 |
| | 密度 | 《GB/T 1033. 1—2008 塑料　非泡沫塑料密度的测定　第 1 部分　浸渍法、液体比重瓶法和滴定法》 |
| | 维卡软化温度 | 《GB/T 8802—2001 热塑性塑料管材、管件　维卡软化温度的测定》 |
| | 纵向回缩率 | 《GB/T 6671—2001 热塑性塑料管材　纵向回缩率的测定》 |
| | 二氯甲烷浸渍试验 | 《GB/T 13526—2007 硬聚氯乙烯(PVC-U)管材　二氯甲烷浸渍试验方法》 |

续表

| 产品标准 | 检测项目 | 检测方法 |
| --- | --- | --- |
| GB/T 5836.1—2006《建筑排水用硬聚氯乙烯(PVC-U)管材》 | 拉伸屈服强度 | 《GB/T 8804.2—2003 热塑性塑料管材 拉伸性能测定 第2部分 硬聚氯乙烯(PVC-U)、氯化聚氯乙烯(PVC-C)和高抗冲聚氯乙烯(PVC-HI)管材》 |
| | 落锤冲击 | 《GB/T 14152—2001 热塑性塑料管材耐外冲击性能试验方法 时针旋转法》 |
| GB/T 5836.2—2006《建筑排水用硬聚氯乙烯(PVC-U)管件》 | 外观颜色 | 《GB/T 5836.2—2006 建筑排水用硬聚氯乙烯(PVC-U)管件》 |
| | 壁厚 | 《GB/T 8806—2008 塑料管道系统 塑料部件 尺寸的测定》 |
| | 承口中部平均内径 | 《GB/T 5836.2—2006 建筑排水用硬聚氯乙烯(PVC-U)管件》 |
| | 插口平均外径 | 《GB/T 8806—2008 塑料管道系统 塑料部件 尺寸的测定》 |
| | 承口和插口长度 | 《GB/T 5836.2—2006 建筑排水用硬聚氯乙烯(PVC-U)管件》 |
| | 密度 | 《GB/T 1033.1—2008 塑料 非泡沫塑料密度的测定 第1部分 浸渍法、液体比重瓶法和滴定法》 |
| | 维卡软化温度 | 《GB/T 8802—2001 热塑性塑料管材、管件 维卡软化温度的测定》 |
| | 烘箱试验 | 《GB/T 8803—2001 注射成型硬质聚氯乙烯(PVC-U)、氯化聚氯乙烯(PVC-C)、丙烯腈-丁二烯-苯乙烯三元共聚物(ABS)和丙烯腈-苯乙烯-丙烯酸盐三元共聚物(ASA)管件热烘箱试验方法》 |
| | 坠落试验 | 《GB/T 8801—2007 硬聚氯乙烯(PVC-U)管件坠落试验方法》 |
| GB/T 10002.10—2006《给水用硬聚氯乙烯(PVC-U)管材》 | 外观颜色 | 《GB/T 10002.1—2006 给水用硬聚氯乙烯(PVC-U)管材》 |
| | 不透光性 | 《GB/T 10002.1—2006 给水用硬聚氯乙烯(PVC-U)管材》 |
| | 长度 | 《GB/T 10002.1—2006 给水用硬聚氯乙烯(PVC-U)管材》 |
| | 弯曲度 | 《QB/T2803—2006 硬质塑料管材弯曲度测量方法》 |
| | 平均外径及偏差和不圆度 | 《GB/T 8806—2008 塑料管道系统 塑料部件 尺寸的测定》 |
| | 壁厚及偏差 | 《GB/T 8806—2008 塑料管道系统 塑料部件 尺寸的测定》 |

续表

| 产品标准 | 检测项目 | 检测方法 |
| --- | --- | --- |
| GB/T 10002.1—2006《给水用硬聚氯乙烯(PVC-U)管材》 | 承口最小深度和平均内径 | 《GB/T 10002.1—2006 给水用硬聚氯乙烯(PVC-U)管材》 |
| | 密度 | 塑料　非泡沫塑料密度的测定　第1部分　浸渍法、液体比重瓶法和滴定法 GB/T 1033.1—2008 |
| | 维卡软化温度 | 《GB/T 8802—2001 热塑性塑料管材、管件　维卡软化温度的测定》 |
| | 纵向回缩率 | 《GB/T 6671—2001 热塑性塑料管材　纵向回缩率的测定》 |
| | 二氯甲烷浸渍试验 | 《GB/T 13526—2007 硬聚氯乙烯(PVC-U)管材　二氯甲烷浸渍试验方法》 |
| | 落锤冲击 | 《GB/T 14152—2001 热塑性塑料管材耐外冲击性能试验方法　时针旋转法》 |
| | 液压试验 | 《GB/T 6111—2018 流体输送用热塑性塑料管道系统耐内压性能的测定》 |
| | 卫生性能 | 《GB/T 17219—1998 生活饮用水输配水设备及防护材料的安全性评价标准》 |
| GB/T 10002.2—2003《给水用硬聚氯乙烯(PVC-U)管件》 | 外观 | 《GB/T 10002.2—2003 给水用硬聚氯乙烯(PVC-U)管件》 |
| | 尺寸 | 《GB/T 8806—2008 塑料管道系统　塑料部件　尺寸的测定》 |
| | 维卡软化温度 | 《GB/T 8802—2001 热塑性塑料管材、管件　维卡软化温度的测定》 |
| | 烘箱试验 | 《GB/T 8803—2001 注射成型硬质聚氯乙烯(PVC-U)、氯化聚氯乙烯(PVC-C)、丙烯腈-丁二烯-苯乙烯三元共聚物(ABS)和丙烯腈-苯乙烯-丙烯酸盐三元共聚物(ASA)管件　热烘箱试验方法》 |
| | 坠落试验 | 《GB/T 8801—2007 硬聚氯乙烯(PVC-U)管件坠落试验方法》 |
| | 液压试验 | 《GB/T 6111—2018 流体输送用热塑性塑料管道系统耐内压性能的测定》 |
| | 卫生性能 | 《GB/T 17219—1998 生活饮用水输配水设备及防护材料的安全性评价标准》 |

## 12.7.2　实验场地选择与规划

根据确定的检测项目以及企业场地的实际情况，确定实验室间数及各功能室的面积，实验台规格要求、绘制实验室的平面布置图（如图 12-2 所示）。注意水、电、气，照明，安全及辅助设施配套。

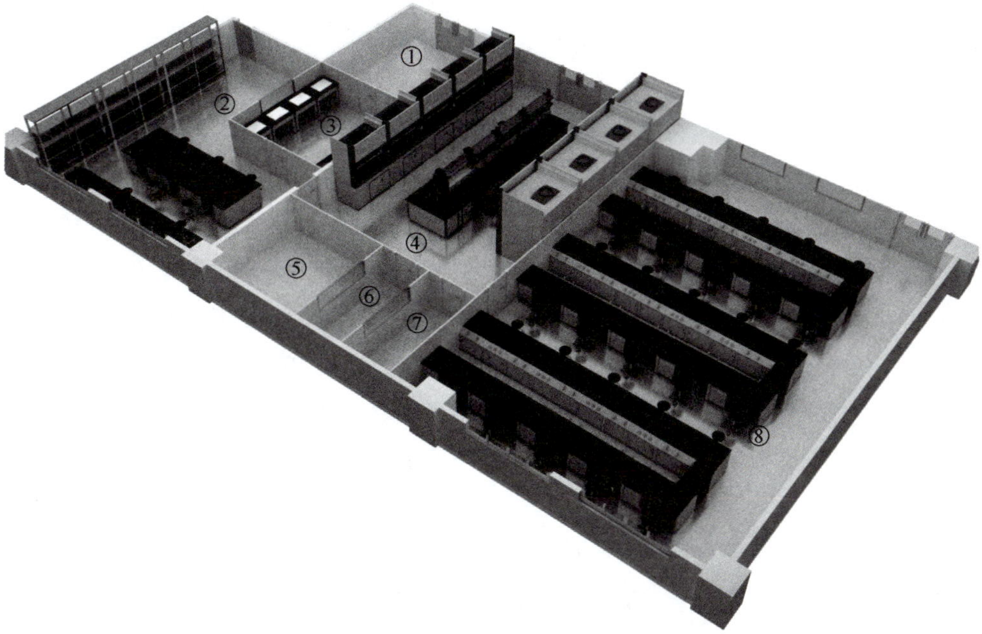


图 12-2　PVC 塑料管材管件生产企业实验室规划布置图

①—烘箱室　②—物理前处理室　③—天平室　④—化学分析室

⑤—储存室　⑥—试剂室　⑦—气瓶室　⑧—物性仪器室

### 12.7.3　确定人员配备

根据检测项目以及检测工作量需求配备实验室人员，任命质量负责人、技术负责人、检验报告审核员、批准员。检验人员一般应具有大专以上学历，熟悉本专业技术知识和操作技能，掌握质量管理等相关知识，经专业培训后能上岗。

### 12.7.4　制定仪器设备购置计划

根据测试项目，编制仪器设备的购置清单。仪器设备应货比 3 家，到有关业务的测试室和厂家调研，列出设备清单征求专家意见。

## 项目实施

项目主要分为如下步骤：

① 根据实验室的设计要求，组织人员进行施工，完成仪器购置、安装调试与验收。

② 编制实验室质量管理体系文件及各项规章制度。包括人员职责规范，实验室的安全管

理措施，仪器设备操作规程或作业指导书。设计好设备、仪器台账和使用维护记录，检验报告原始记录、检验报告等格式文件。

③ 组织验收实验室试运行一段时间正常后，申请相关部门或当地质监部门组织验收，根据实验室需要决定是否进行实验室资质申请，经批准后即可正式开始启动实验室工作。

## 项目总结

塑料检测实验室的建设与管理是一个系统工程，牵涉多方面因素。首先实验室的建设应根据其功能要求，检测项目类别，合理选用实验仪器和设计实验用房。其次实验室的有效运行必须满足以下一些基本条件，包括机构设置、人员配备，实验用房及仪器设备和管理制度建设。

营造一个安全环保、文明有序的工作环境和条件，是保障实验室工作人员身体健康，检测工作顺利进行，检测数据准确可靠的基本条件。塑料测试检验中经常会用到各种化学药品和各类仪器设备，以及水、电、煤气，还经常遇到高温、低温、高压、真空、高电压、高频等实验条件和仪器。因此，要做好实验仪器设备的使用与维护，样品与药品的管理，加强对检验人员的防火、防爆、防腐和救护知识的培训，强化安全意识，掌握一些必备的事故处理技能。

实验室能否向社会出具高质量（准确、可靠、及时）的报告和（或）证书，并得到社会各界的依赖和认可，已成为实验室能否适应市场经济需求的核心问题，建立有效的实验室质量管理是确保检测报告准确可靠的重要手段。实验室管理体系应依据 ISO/IEC 17025 系列标准要求，分析检验质量形成过程（质量环）的影响因素，按程序构建有效的质量体系，并经过试运行后，按要求进行评审和改进。经过一定评审通过的检验室可以向有关机构或中国合格评定国家认可委员会申请资质认定-计量认证（CMA）和实验室认可（CNAS）。获得 CMA 机构出具的检验检测报告具有法律效力，获得 CNAS 的实验室具有国际互认。

## 思考题

（1）什么是实验室资质评价制度，实验室资质评价分为哪几类，并试述其依据、内容、和主要区别。

（2）什么是 CNAS 认证，请阐述其认可的流程和评审时的注意事项。

（3）什么是实验室质量管理体系文件，其内容包括哪些？

（4）设计一个塑料保温材料产品质量检测实验室。

# 附　录

## 附录 1　常见聚合物红外吸收光谱的特征谱带

| 高聚物 | 谱带位置及其对应基团震动谱带 | |
|---|---|---|
| | 最强谱带 | 特征谱带 |
| Ⅰ区（1700～1800cm$^{-1}$）的高聚物 | | |
| 聚醋酸乙烯酯 | 1740<br>$\nu$(C═O) | 1240　1020　　1375<br>$\nu$(C═O)　　$\delta_s(CH_3)$ |
| 聚丙酸乙烯酯 | 1735<br>$\nu$(C═O) | 1180　　720<br>$\nu$(C═O)　　$r(CH_3)$ |
| 聚丙烯酸甲酯 | 1735<br>$\nu$(C═O) | 1170　1200　　1260　　2960<br>$\nu$(C═O)　　$\nu_{as}(CH_3)$ |
| 聚丙烯酸丁酯 | 1730<br>$\nu$(C═O) | 1165　1245　　2980　　960　940<br>$\nu$(C═O)　　$\nu_{as}(CH_3)$　　丁酯特征 |
| 聚甲基丙烯酸甲酯 | 1730<br>$\nu$(C═O) | 1150　1190　1240　1268　2995<br>$\nu$(C—C—O—C) |
| 聚甲基丙烯酸乙酯 | 1725<br>$\nu$(C═O) | 1150　1180　1240　1268　2980　1022<br>同上 |
| 聚甲基丙烯酸丁酯 | 1730<br>$\nu$(C═O) | 1150　1180　1240　1268　2965　970　950<br>同上 |
| 聚邻苯二甲酸酯 | 1735<br>$\nu$(C═O) | 1280　1125　　1070　745　705<br>$\nu$(C—O)　　$\gamma$(CH) |
| 聚对苯二甲酸酯 | 1730<br>$\nu$(C═O) | 1265　1100　　1050　　730<br>$\nu$(C—O)　　$\delta$(CH)　　$\gamma$(CH) |
| 聚间苯二甲酸酯 | 1730<br>$\nu$(C═O) | 1230　1300　　730<br>$\nu$(C—O)　　$\gamma$(CH) |
| 以己二酸为基的醇酸树脂 | 1735<br>$\nu$(C═O) | 1165　1140　　1250　1080<br>$\nu$(C—O)　　许多小峰 |
| 以 H. E. T. 酸为基的醇酸树脂 | 1740<br>$\nu$(C═O) | 1605　1335　1190　1110<br>$\nu$(C—O) |
| 植物油 | 1740<br>$\nu$(C═O) | 1165　　1235　1100　　998-965<br>$\nu$(C—O)　　主峰两侧的肩带　　$\gamma$(═CH) |
| 松香酯 | 1730<br>$\nu$(C═O) | 1240　1175　1130　1110<br>$\nu$(C—O) |

续表

| 高聚物 | 谱带位置及其对应基团震动谱带 | |
|---|---|---|
| | 最强谱带 | 特征谱带 |
| **Ⅰ区（1700~1800$cm^{-1}$）的高聚物** | | |
| 聚酯型聚氨酯 | 1735<br>$\nu$(C=O) | 1540　　其他特征同聚酯<br>$\delta$(NH)+$\nu$(C—N) |
| 聚酰亚胺 | 1725<br>$\nu$(C=O) | 1780<br>$\nu$(=CH) |
| 聚丙烯酸 | 1700<br>$\nu$(C=O) | 1170　1250<br>$\nu$(C—O) |
| 聚酮 | 1710<br>$\nu$(C=O) | 1450<br>$\delta(CH_2)$ |
| 松香 | 1700<br>$\nu$(C=O) | 1285<br>$\nu$(C—O) |
| 聚马来酸酐 | 1785<br>$\nu$(C=O) | 1850　1240　950<br>$\nu$(C=O)　$\nu$(C—O) |
| **Ⅱ区（1700~1500$cm^{-1}$）的高聚物** | | |
| 聚酰胺 | 1640<br>$\nu$(C=O) | 1550　3090　3300　700<br>$\delta$(NH)+$\nu$(C—N)上面的倍频　$\nu$(NH)$\gamma$(NH) |
| 聚丙烯酰胺 | 1650　1600<br>$\nu$(C=O)$\delta(NH_2)$ | 3300　3175　1020<br>$\nu(NH_2)$ |
| 聚乙烯吡咯烷酮 | 1650<br>$\nu$(C=O) | 1280　1410 |
| 聚脲-6 | 1625　1565<br>$\nu$(C=O)$\delta$(NH) | 1250<br>$\nu$(C—N)+$\delta$(NH) |
| 脲-甲醛树脂 | 1640<br>$\nu$(C=O) | 1540　1250<br>$\nu$(C—N)+$\delta$(NH) |
| 硫脲-甲醛树脂 | 1640<br>$\nu$(C=O) | 3230　1350　1290　1010 |
| 三聚氰胺-甲醛树脂 | 1555　1510　1640<br>环的振动　$\nu$(C=O) | 1370　1370　1020　1530　3300<br>环的　环的　$\nu$(C—O)+$\delta$(NH)　$\nu$(NH) |
| 松香酸的钠盐 | 1543<br>$\nu_{as}$(C=O) | 1400　1670<br>$\nu_s$(C=O)　$\nu$(C=O) |
| 聚丙烯酸钠盐 | 1575<br>$\nu_{as}$(C=O) | 1410<br>$\nu_s$(C=O) |
| **Ⅲ区（1300~1500$cm^{-1}$）的高聚物** | | |
| 聚乙烯 | 1470<br>$\delta(CH_2)$ | 731　720<br>$r(CH_2)$ |
| 全同聚丙烯 | 1376<br>$\delta_s(CH_3)$ | 1166　998　841　973<br>与结晶有关 |
| 聚异丁烯 | 1385　1365<br>$\delta_s(CH_3)$ | 1230<br>$\nu$(CC) |
| 全同聚丁烯-1 | 1445<br>$\delta(CH_2)$ | 921　847　797　758<br>$r(CH_2)$ |

续表

| 高聚物 | 谱带位置及其对应基团震动谱带 | |
|---|---|---|
| | 最强谱带 | 特征谱带 |
| **Ⅲ区（1300～1500$cm^{-1}$）的高聚物** | | |
| 萜烯树脂 | 1465<br>$\delta(CH_2)$ | 1385 1365 3400 1700<br>$\delta_s(CH_3)$ |
| 天然橡胶 | 1450<br>$\delta(CH_2)$ | 835<br>$\gamma(CH)$ |
| 氯磺化聚乙烯 | 1475<br>$\delta(CH_2)$ | 1250 1160 1316(肩带)<br>$\delta(CH)$ $\nu(S=O)$ |
| 氯丁橡胶 | 1440<br>$\delta(CH_2)$ | 1670 1110 820<br>$\nu(C=C)$ $\nu(CC)$ $\nu(CH)$ |
| 石油烷烃树脂 | 1475<br>$\delta(CH_2)$ | 750 700 1700<br>强度变化很大，有时成最强吸收 $\nu(C=O)$ |
| 聚丙烯腈 | 1400<br>$\delta(CH_2)$ | 2242<br>$\nu(C\equiv N)$ |
| **Ⅳ区（1200～1300$cm^{-1}$）的高聚物** | | |
| 双酚A型环氧树脂 | 1250<br>$\nu$(C—O) | 2980 1300 1188 830<br>$\nu_{as}(CH_3)$ $\gamma(CH)$ |
| 酚醛树脂 | 1240<br>$\nu$(C—O) | 3300 815<br>$\gamma(CH)$ |
| 叔丁基酚醛树脂 | 1212<br>$\nu$(C—O) | 1065 878 820<br>$\nu$(C—O) |
| 双酚A型聚碳酸酯 | 1240<br>$\nu$(C—O) | 1780 1190 1165 830<br>$\nu(C=O)$ $\gamma(CH)$ |
| (二乙二醇双烯丙基)聚碳酸酯 | 1250<br>$\nu$(C—O) | 1780 790<br>$\nu(C=O)$ |
| 双酚A型聚砜 | 1250<br>$\nu$(C—O) | 1310–1160 1110 830<br>$\nu(S=O)$ |
| 聚氯乙烯 | 1250<br>$\delta(CH)$ | 1420 1330 700–600<br>$\delta(CH_2)$ $\delta(CH)+t(CH_2)$ $\nu(CCl)$ |
| 以二苯基醚为基的聚合物硝化纤维素 | 1240 1285<br>$\nu$(C—O) $\nu$(N—O) | 1160 1020 873 752 692 1660 845 1075<br>$\gamma(CH)$ 醋酸酯 特征 |
| 三醋酸纤维素 | 1240<br>$\nu$(C—O) | 1740 1380 1050<br>醋酸酯 特征 |
| **Ⅴ区（1100～1200$cm^{-1}$）的高聚物** | | |
| 聚乙烯基醚类 | 1100<br>$\nu$(C—O) | 只有碳氢吸收 |
| 聚氧乙烯 | 1100<br>$\nu$(C—O) | 945 |
| 聚苯撑二亚甲基醚 | 1190<br>$\nu$(C—O) | 1305 1020 857 |
| 聚乙烯醇缩甲醛 | 1020<br>$\nu$(C—O) | 1060 1130 1175 1240<br>缩甲醛特征 |

续表

| 高聚物 | 谱带位置及其对应基团震动谱带 | |
|---|---|---|
| | 最强谱带 | 特征谱带 |
| V 区（1100 ~1200cm$^{-1}$）的高聚物 | | |
| 聚乙烯醇缩乙醛 | 1140<br>$\nu$(C—O) | 1340　940<br>缩乙醛特征 |
| 聚乙烯醇缩丁醛 | 1140<br>$\nu$(C—O) | 1000 |
| 纤维素 | 1050<br>$\nu$(C—O) | 1158　1109　1025　1000　970<br>在主峰两侧一系列肩带 |
| 纤维素醚类 | 1100<br>$\nu$(C—O) | 1050　3400<br>残存 OH 吸收 |
| 单醋酸纤维素 | 1050<br>$\nu$(C—O) | 1740　1240　1380<br>醋酸酯特征 |
| 醋酸丁酸纤维素 | 1075<br>$\nu$(C—O) | 1150　920　800　750<br>丁酸酯特征 |
| 聚醚型聚氨酯 | 1100<br>$\nu$(C—O) | 1540　1690　1730<br>$\nu$(C—N)+$\delta$(NH)　$\nu$(C═O) |
| 乙烯-$SO_2$<br>共聚物（聚砜） | 1110<br>$\nu$(S═O) | 1300　785<br>$\nu$(S═O) |
| LP 型聚硫 | 1070<br>$\nu$(C—O) | 1195　1152　1112　1030<br>$\nu$(—O—C—O—) |
| A 型聚硫 | 1190 | 1410　1250　1105<br>均为邻接 S 的 $CH_2$ 吸收 |
| 聚甲基硅氧烷 | 1100　1020<br>$\nu$(Si—O) | 1260　800<br>$\delta_s(CH_3)$　$\nu$(Si—C) |
| 聚甲基、苯基硅氧烷 | 1100　1020<br>$\nu$(Si—O) | 3066　3030　1430　1260<br>$\nu$(CH) |
| 聚偏氯乙烯 | 1070　1045<br>$\nu$(C—C)$\nu$(C—C)<br>+2×$\nu_{as}$(CCl) | 1405<br>$\delta(CH_2)$ |
| 聚四氟乙烯 | 1250~1100<br>$\nu$(CF) | 637　624　554 |
| 聚三氟氯乙烯 | 1198　1125<br>$\nu$(CF) | 970　1280<br>$\nu$(CCl) |
| 聚偏氟乙烯 | 1175<br>$\nu$(CF) | 1395　1070　875 |
| Ⅵ区（600 ~1000cm$^{-1}$）的高聚物 | | |
| 聚苯乙烯 | 700　760<br>单取代苯特征 | 3100　3080　3060　3022　3000 |
| 聚茚 | 750<br>$\gamma$(CH) | 850~1250<br>很多尖锐的弱的谱带 |
| 聚对甲基苯乙烯 | 815<br>$\gamma$(CH) | 720 |

续表

| 高聚物 | 谱带位置及其对应基团震动谱带 | |
|---|---|---|
| | 最强谱带 | 特征谱带 |
| Ⅵ区（600 ~1000cm$^{-1}$）的高聚物 | | |
| 1,2-聚丁二烯 | 911<br>γ(═CH) | 990 1642 700<br>γ(═CH) ν(C═C) |
| 反-1,4-聚丁二烯 | 967<br>γ(═CH) | 1667<br>ν(C═C) |
| 顺-1,4-聚丁二烯 | 738<br>γ(═CH) | 1646<br>ν(C═C) |
| 聚甲醛 | 935 900<br>ν(C—O—C)+r($CH_2$) | 1091 1238 |
| 聚硫甲醛 | 732<br>ν(C—S) | 709 1175 1370 |
| (高)氯化聚乙烯 | 670<br>ν(CCl) | 760 790 1266<br>ν(CCl) δ(CH) |
| 氯化橡胶 | 790<br>ν(CCl) | 760 739 1280 1250<br>ν(CCl) δ(CH) |

# 附录 2 注塑件生产质量标准

本标准规定注塑件的分类、技术要求、检验方法、检验规则及标志、包装、运输、贮存。

## 1 产品分类

注塑件分透明塑件和非透明塑件。按非透明注塑件对外观的影响程度，分为Ⅰ、Ⅱ、Ⅲ 3类。

Ⅰ类：指外观质量要求高的重要制件。通称为“A 面”，如塑件的出面。

Ⅱ类：指外观质量要求高的次要制件。通称为“B 面”，如塑件的侧面，背面，内饰件。

Ⅲ类：指外观质量要求一般的制件。通称为“C 面”，如组装在一起的制件底面，不可见面。

## 2 技术要求

（1）一般要求

① 文字图案清晰、正确，图案及字体符合图纸要求。不得有花、刮花等缺陷。

② 各类注塑件允许存在不明显的由模具结构决定、工艺无法解决的熔接痕，但不得影响整机外观。具体按封样状态执行。

③ 各类注塑件不得存在影响装配、结构、外观存在质量隐患的飞边；不得存在影响装配、结构、外观的批伤等现象。

④ 注塑组件应安装正确，装配灵活可靠、间隙均匀，符合图纸及相关文件规定，或按封样状态执行。各配合部位不得有卡死、松脱、裂烂及传动异声等缺陷；转动部位必须涂硅脂油，以肉眼可见为准，不得有过多或不足现象。

（2）透明注塑件外观质量

① 颜色：以标准色板或样板为标准进行检验。色差符合标准色板上下限范围要求。

② 表面光洁度：应达到样板表面光洁度的要求。

③ 透明度：不低于样板透明度，并且满足零部件设计要求。

④ 外观缺陷：透明注塑件允许存在以下的外观缺陷。

a）流痕：轻微，正视不明显，且不在零件主要位置。

b）凹痕：轻微，正视不明显，且不在零件主要位置。

c）晶（黑）点：微小（≤0.5mm），正视不明显，且不在零件主要位置。

d）杂点：杂点（≤0.5mm），正视不明显，且不在零件主要位置。

e）机械损伤：每件（部件）允许出现划痕二条，划痕长度≤3mm，且不在零件的主要位置。

f）顶白：允许在零件次要位置由正视可见不明显的顶白，（塑料件的应力集中产生的）允许顶白长度≤10mm。

g）长条状缺陷：轻微，正视不明显，且不在零件主要位置。

（3）非透明注塑件的外观质量

① 零部件颜色要求：所有注塑件颜色应符合标准色板，与标准色板比较，允许色差值 $\Delta E \leqslant 1.0$。

② 整机装配后颜色要求：任何两个主要外观注塑件的相对色差 $\Delta E \leqslant 1.0$。

③ 光洁度：光洁面、磨砂面、亚光面的表面光洁度应符合样板或封样件要求。

④ 外观缺陷划分及判定：外观缺陷划分及判定要求按表 1 的规定。

**表 1　非透明注塑件外观缺陷划分及判定**

| 缺陷项目 | 零件类别 | | |
|---|---|---|---|
| | Ⅰ类 | Ⅱ类 | Ⅲ类 |
| 第一类：长条状缺陷（包括：长条收缩痕、气纹、色纹、银纹、顶白等。） | 不允许存在明显可见的该类缺陷。各卡扣、螺钉柱等连接部位和四周转角处不允许存在顶白（发白）。 | 允许存在不明显的熔接痕，其长度不超过 20mm。<br>不得有长度超过 25mm 的气纹和明显的长条状收缩痕、色纹、顶白等。<br>各卡扣、螺钉柱等连接部位和四周转角处不允许存在明显顶白（发白）。 | 不允许存在严重的熔接痕（有明显手感）。<br>气纹收缩痕的长度不超过 50mm。<br>收缩痕的深度不影响其性能与使用，允许轻微顶白（顶白 ≤ 4mm × 4mm）。<br>各卡扣、螺钉柱等连接部位和四周转角处不允许存在明显顶白（发白）。 |

续表

| 缺陷项目 | 零件类别 | | |
|---|---|---|---|
| | Ⅰ类 | Ⅱ类 | Ⅲ类 |
| 第二类：点状缺陷(黑点、亮点、气泡、点状收缩痕等。) | 每两点点状缺陷间的距离≥100mm。<br>点状收缩痕应不明显，且不能在产品的可见表面出现。<br>黑点、亮点直线距离≤500mm；分散的直径≤0.5$\phi$≤0.9mm的点状缺陷，其数量不得超过两个。<br>黑点、亮点两点之间距离≤200mm的直径$\phi$≤0.5mm的点状缺陷，其数量不得超过3点。<br>黑点、亮点两点之间距离≥200mm，分散的直径$\phi$≤0.5mm的点状缺陷，其数量不得超过5点。 | 黑点、亮点的直径$\phi$≤1.0mm，且每件点状缺陷总点数不得超过3点。<br>每两点间距≥120mm。<br>允许存在轻微点状收缩(及手模有轻微手感)。 | 黑点、亮点直径$\phi$≤2mm，且每件点状缺陷的总点数不得超过5点。<br>不得存在严重点收缩(长度≤50mm)。 |
| 第三类：机械损伤(划痕、擦伤、拉伤等。) | 不允许存在轻微的机械损伤。 | 每件产品上轻微的机械损伤不多于3条，其长度≤20mm，间距≥250mm。 | 每件产品上轻微的机械损伤不多于5条，其长度≤30mm，间距≥250mm。 |
| 第四类：弯曲变形 | 变形量以不影响装配、使用性能及外观为标准，若有异议时与样板进行比较。 | | |
| 第五类：应力微裂纹 | 表面(拐角)应无明显的应力微裂纹(应在自然光(光源充足)的条件下目测)。 | | |

注：(1) 不明显收缩痕：是指用手摸收缩处无明显凹凸感且在垂直于工件表面顺光目测时不明显。
(2) 轻微机械损伤：是指目测时可以明显看见。
(3) 表1所注的缺陷为单体组件，如：底盘组件、面板面框组件、出风框（导风条）组件。
(4) 对不易判定的外观缺陷（不影响使用性能），可采用封样件的形式进行判定。
(5) 结构尺寸：应符合样件或图纸技术要求，未注圆角不得小于$R$3mm。
(6) 阻燃性要求：有阻燃性要求的塑料零部件其阻燃性等级应符合相应技术条件要求。

## 3 检验方法

（1）各类注塑件的检验要求，主要针对产品的外观正面。背面及其它表面的外观质量可适当降低，但应以不影响产品外观、装配及使用性能为原则。

色差值以色差仪的测量值为准。(精度±0.1)。

（2）透明注塑件。零件颜色要求在自然光下（不允许在阳光直射下及鲜艳颜色的背景下）与标准色板或样板进行比较；表面光洁度和透明度检验可在同一光源下与标准色板或样板比较；对允许存在的缺陷检验时，要求肉眼距离零件表面200mm处顺光进行。

（3）非透明注塑件。外观质量目视检验时应光源充足，必须垂直于工件表面且顺光检测，产品与眼睛垂直距离为400mm。

## 4 检验规则

（1）进货检验

进货检验为每批进行检验。

① 进货检验的检验项目、标准要求、检验方法、质量特性、不合格（缺陷）程度描述、不合格（缺陷）类别、编码、抽样方案、缺陷代号按表2规定。

② 对新确认厂家首批物料使用时，需要按照检验标准进行进货检验和型式试验的检验。

③ 对停止供货1年以上，又重新供货的企业，其产品首批使用时也必需按照检验标准进行进货检验型式试验的检验。

（2）出厂检验

出厂检验的检验项目、标准要求、检验方法、质量特性、不合格（缺陷）程度描述、不合格（缺陷）类别、缺陷代号、编码、抽样方案按表2规定。其中检验项目为表2中的序号3、6、7、8、9、10、11、12、14、15、16、17、18项。抽样判定按成品有关规定执行。

**表2 进货检验、型式检验的检验项目、要求、不合格（缺陷）分类及编码**

| 检验类别 | 序号 | 检验项目 | 质量特性 | 不合格（缺陷）程度描述 | 不合格（缺陷）类别 | 抽样方案 |
|---|---|---|---|---|---|---|
| 标志 | 1 | 标志 | C | 标志欠缺或内容与图样不符 | B | GB/T 2828.1—2003 |
| | | | | 标志印刷模糊或无法辨认 | B | |
| | | | | 标志印刷模糊难以辨认 | C | |
| | | | | 标志印刷模糊但可以辨认 | D | GB/T 2828.1—2003 |
| 包装 | 2 | 包装 | B | 无防挤压、刮擦及相互磕碰等措施 | B | |
| | | | | 防挤压、刮擦及相互磕碰等措施不符合规定 | C | |
| 一般要求 | 3 | 文字图案 | C | 内容不符或无法辨认，有明显花、刮花等缺陷 | B | GB/T 2828.1—2003 |
| | | | | 较难辨认，有轻微花、刮花等缺陷 | C | |
| | 4 | 熔接痕 | D | 有明显的熔接痕出现 | D | |
| | 5 | 凹缺 | D | 对装配、结构及外观产生严重影响 | B | GB/T 2828.1—2003 |
| | | | | 对装配、结构及外观产生一般影响 | C | |
| | | | | 对装配、结构及外观产生轻微影响 | D | |

续表

| 检验类别 | 序号 | 检验项目 | 质量特性 | 不合格（缺陷）程度描述 | 不合格（缺陷）类别 | 抽样方案 |
|---|---|---|---|---|---|---|
| 一般要求 | 6 | 飞边 | D | 对装配、结构及外观产生严重影响 | B | GB/T 2828. 1—2003 |
| | | | | 对装配、结构及外观产生一般影响 | C | |
| | | | | 对装配、结构及外观产生轻微影响 | D | |
| | 7 | 装配质量 | B | 注塑组件装配错误或无法装配 | B | （10;0,1） |
| | | | | 注塑组件配合部位有卡死、松脱、裂烂及传动异声等缺陷 | C | |
| | | | | 注塑组件装配不灵活或间隙不均匀 | D | |
| 透明注塑件外观 | 8 | 颜色 | C | 颜色与标准色板或样板严重不符合 | B | GB/T 2828. 1—2003 |
| | | | | 颜色与标准色板或样板一般不符合 | C | |
| | | | | 颜色与标准色板或样板轻微不符合 | D | |
| | 9 | 表面光洁度 | C | 表面光洁度与样板严重不符合 | B | |
| | | | | 表面光洁度与样板一般不符合 | C | |
| | | | | 表面光洁度与样板轻微不符合 | D | |
| | 10 | 透明度 | C | 与样板透明度比较偏差较大 | B | |
| | | | | 与样板透明度比较偏差一般 | C | |
| | | | | 与样板透明度比较偏差较小 | D | |
| | 11 | 外观缺陷 | C | 外观缺陷与规定要求严重不符 | B | |
| | | | | 外观缺陷与规定要求一般不符 | C | |
| | | | | 外观缺陷与规定要求轻微不符 | D | |
| 非透明注塑件外观 | 12 | 零部件颜色 | C | 与标准色板相比色差偏差较大 | B | GB/T 2828. 1—2003 |
| | | | | 与标准色板相比色差偏差一般 | C | |
| | | | | 与标准色板相比色差偏差微小 | D | |
| | 13 | 整机装配后色差 | C | 任意两个主要零部件的相对色差严重不符合规定 | B | |
| | | | | 任意两个主要零部件的相对色差一般不符合规定 | C | |
| | | | | 任意两个主要零部件的相对色差轻微不符合规定 | D | |
| | 14 | 光洁度 | C | 表面光洁度与样板严重不符合 | B | |
| | | | | 表面光洁度与样板一般不符合 | C | |
| | | | | 表面光洁度与样板轻微不符合 | D | |

续表

| 检验类别 | 序号 | 检验项目 | | 质量特性 | 不合格（缺陷）程度描述 | 不合格（缺陷）类别 | 抽样方案 |
|---|---|---|---|---|---|---|---|
| 非透明注塑件外观 | 15 | 外观缺陷 | 长条状缺陷 | C | 有明显可见长条收缩痕、气纹、色纹、银纹或顶白 | C | GB/T 2828.1—2012 |
| | | | | | 有明显的长条状收缩痕、熔接痕、色纹、顶白或长度大于15mm的气纹 | C | |
| | | | | | 有严重的熔接痕、顶白或气纹收缩痕大于50mm，或收缩痕的深度影响性能与使用 | C | |
| | | | 点状缺陷 | C | 不符合规定要求 | C | |
| | | | 机械损伤 | C | 有明显的划伤、拉伤或擦伤等 | C | |
| | | | | | 不符合规定要求 | C | |
| | | | | | 划伤、擦伤或拉伤等严重 | C | |
| | | | 弯曲变形 | C | 严重变形，影响装配及使用 | C | |
| | | | | | 一般变形 | C | |
| 结构尺寸 | 16 | 结构尺寸 | | C | 结构尺寸严重超差 | B | (5;0,1) |
| | | | | | 结构尺寸一般超差 | C | |
| | | | | | 结构尺寸轻微超差 | D | |
| 阻燃性 | 17 | 阻燃性 | | B | 阻燃性不符合规定要求 | B | (2;0,1) |

## 5 标志、包装、运输和贮存

（1）标志。注塑件包装应附有合格证，并标示出注塑件的名称、型号、生产日期和生产厂家名称及生产批号。注塑件的包装图示标志及储运标志按GB 191的规定执行。

（2）包装。供应商应按照用户的要求对注塑件进行包装，注塑件包装应采取可靠的防挤压及刮擦等措施。多件产品同箱时，应有良好的防相互磕碰等措施。

（3）运输。应避免注塑件在运输的过程中，直接受雨、雪、暴晒和各种污染的影响。装卸时应避免用力过大，应轻拿轻放，在运输中塑料组件周转箱的码放不允许超过4层，不得使用有损产品质量的工具。

（4）储存。注塑件应在常温下储存，远离热源，避免日光直射。存放在通风、干燥的仓库，短期露天存放必须有良好的苫、垫等防护措施。